住房城乡建设部土建类学科专业“十三五”规划教材
高等学校工程管理专业系列教材

BIM 技术原理及应用

张金月　主　编
高　颖　张大昕　副主编

中国建筑工业出版社

图书在版编目（CIP）数据

BIM技术原理及应用 / 张金月主编；高颖，张大昕副主编. — 北京：中国建筑工业出版社，2021.9

住房城乡建设部土建类学科专业“十三五”规划教材 高等学校工程管理专业系列教材

ISBN 978-7-112-26532-9

Ⅰ. ①B… Ⅱ. ①张… ②高… ③张… Ⅲ. ①建筑设计—计算机辅助设计—应用软件—高等学校—教材 Ⅳ. ①TU201.4

中国版本图书馆CIP数据核字(2021)第176693号

本教材分为BIM技术原理、BIM技术应用和BIM技术实践三部分。BIM技术原理部分系统介绍了BIM技术的发展历史、技术要求和标准、各国政策和主流软件；BIM技术应用部分首先介绍了基于BIM技术的工程项目管理模式和流程，接下来按照规划决策、设计、招标投标、施工、运营维护等不同阶段讨论了BIM技术的具体应用方法；BIM技术实践部分则以Autodesk Revit和Navisworks软件为例，通过一个小别墅项目的建模和施工组织模拟，对BIM软件的基础操作进行实际演练。本教材的原理与应用部分可以作为课程的理论教学参考，而实践部分则可以作为上机实验教学的参考。

本书的特色是从原理、到应用、再到实践，对BIM技术实现的全方位覆盖，是一本综合性的BIM技术概述性教材，适合高等院校土木建筑类专业的BIM技术入门课程作为教材或教学参考用书，也可供建设行业专业技术人员和管理者在工程实践中参考使用。

为更好地支持相应课程的教学，我们向采用本书作为教材的教师提供教学课件，有需要者可与出版社联系，邮箱：jckj@cabp.com.cn，电话：（010）58337285，建工书院 http://edu.cabplink.com。

责任编辑：张　晶　王　跃　牟琳琳
责任校对：赵　菲

住房城乡建设部土建类学科专业“十三五”规划教材
高等学校工程管理专业系列教材
BIM技术原理及应用
张金月　主　编
高　颖　张大昕　副主编
*
中国建筑工业出版社出版、发行（北京海淀三里河路9号）
各地新华书店、建筑书店经销
北京红光制版公司制版
天津画中画印刷有限公司印刷
*
开本：787毫米×1092毫米　1/16　印张：21½　字数：534千字
2021年12月第一版　2021年12月第一次印刷
定价：**55.00**元（赠教师课件）
ISBN 978-7-112-26532-9
(38090)

序　言

全国高等学校工程管理和工程造价学科专业指导委员会（以下简称专指委），是受教育部委托，由住房城乡建设部组建和管理的专家组织，其主要工作职责是在教育部、住房城乡建设部、高等学校土建学科教学指导委员会的领导下，负责高等学校工程管理和工程造价类学科专业的建设与发展、人才培养、教育教学、课程与教材建设等方面的研究、指导、咨询和服务工作。在住房城乡建设部的领导下，专指委根据不同时期建设领域人才培养的目标要求，组织和富有成效地实施了工程管理和工程造价类学科专业的教材建设工作。经过多年的努力，建设完成了一批既满足高等院校工程管理和工程造价专业教育教学标准和人才培养目标要求，又有效反映相关专业领域理论研究和实践发展最新成果的优秀教材。

根据住房城乡建设部人事司《关于申报高等教育、职业教育土建类学科专业“十三五”规划教材的通知》（建人专函［2016］3号），专指委于2016年1月起在全国高等学校范围内进行了工程管理和工程造价专业普通高等教育“十三五”规划教材的选题申报工作，并按照高等学校土建学科教学指导委员会制定的《土建类专业“十三五”规划教材评审标准及办法》以及“科学、合理、公开、公正”的原则，组织专业相关专家对申报选题教材进行了严谨细致地审查、评选和推荐。这些教材选题涵盖了工程管理和工程造价专业主要的专业基础课和核心课程。2016年12月，住房城乡建设部发布《关于印发高等教育　职业教育土建类学科专业“十三五”规划教材选题的通知》（建人函［2016］293号），审批通过了25种（含48册）教材入选住房城乡建设部土建类学科专业“十三五”规划教材。

这批入选规划教材的主要特点是创新性、实践性和应用性强，内容新颖，密切结合建设领域发展实际，符合当代大学生学习习惯。教材的内容、结构和编排满足高等学校工程管理和工程造价专业相关课程的教学要求。我们希望这批教材的出版，有助于进一步提高国内高等学校工程管理和工程造价本科专业的教育教学质量和人才培养成效，促进工程管理和工程造价本科专业的教育教学改革与创新。

高等学校工程管理和工程造价学科专业指导委员会

前　言

数字建造是信息技术与建造技术的深度融合的结果，已经成为国内外建筑业转型升级的重要技术手段。建筑信息模型（Building Information Modeling，BIM）技术是数字建造技术的基础，其作用是在工程项目的规划、设计、施工和运营维护全过程充分、高效共享信息，使工程技术和管理人员能够对项目信息做出高效、正确的理解和应对，最终提升项目的交付质量。

随着BIM技术的推广和应用，我国建筑行业急需熟悉BIM技术、掌握BIM能力的人才，因此在高等教育的土木建筑类专业中开设BIM相关课程也是大势所趋。本教材即是在这样的大背景下，作为住房城乡建设部土建类学科专业“十三五”规划教材，编辑出版的一本BIM概论类教材，其内容覆盖BIM技术原理、BIM技术应用和BIM技术实践三个部分。

BIM技术原理部分共分6章，系统介绍了BIM技术的发展历史、技术要求和标准、各国政策和主流软件，包括BIM技术概述、建模技术的发展、数据交换和模型互操作性、BIM技术标准和指南、BIM技术相关政策和BIM软件。BIM技术应用部分则侧重BIM技术在工程建设的不同领域、不同阶段的应用方法，也有6章，包括基于BIM技术的工程项目管理方法、BIM技术在规划决策阶段的应用、BIM技术在设计阶段的应用、BIM技术在招标投标阶段的应用、BIM技术在施工阶段的应用和BIM技术在运维阶段的应用。BIM技术实践部分，则以Autodesk Revit和Navisworks软件为例，通过一个小别墅项目的建模和施工组织模拟，对BIM软件的基础操作进行实际演练。本教材的原理与应用部分可以作为课程的理论教学参考，而实践部分则可以作为上机实验教学的参考。

全教材由天津大学张金月拟定总体结构、修改定稿。天津大学高颖参与了BIM技术原理部分的撰写工作，天津大学张大昕参与了BIM技术应用部分的撰写工作。参与BIM实践部分撰写的有：天津大学崔兵、王天宇、陈子超、刘相池、刘睿麒、王梦真、左心月、龙雅婷、吕思泉、向云超、陈琰、胡培宁、林红、李晨楠、常鑫、鲁丹、付冉冉、刘轶等。中国建筑工业出版社编辑也为本书的出版付出了辛勤劳动。同时，本教材在编写过程中得到了行业内多位学者、专家的悉心指导和热心帮助，引用了国内外相关研究与应用的成果。对以上为本教材做出贡献的人员，在此一并表示感谢。

从原理、到应用、再到实践的全方位覆盖，是本教材作为BIM概论类教材的特色。由于水平有限、编写时间匆忙，著者对BIM技术和数字建造的理解和认识难免存在偏颇，甚至谬误，恳请大家批评指正。

张金月

2021年8月

目　录

第一篇　BIM 技术原理

第二篇 BIM技术应用

第三篇 BIM技术实践

第一篇　BIM 技术原理

1　BIM 技术概述

2　建模技术的发展

3　数据交换和模型互操作性

4　BIM 技术标准和指南

5　BIM 技术相关政策

6　BIM 软件

1 BIM 技术概述

1.1 BIM 的兴起

1.1.1 什么是 BIM

在人类发展的历史中，建筑工程领域一直在追求技术的进步。古埃及人已经可以使用简单的图形和实物来研究他们的建筑物，比如拉美西斯四世的陵墓和戈拉布神社。在中世纪期间，罗马人开始在纸上创建建筑物的结构。对于重要的大型工程（比如大教堂），在真正开始建造之前，人们越来越多地使用实物模型来验证设计的可靠性和建造的可行性。近几十年，一系列的计算机信息技术已经对建筑工程行业产生了重要影响，从 20 世纪 70 年代开始使用鼠标进行 CAD 制图到最近建筑信息模型（Building Information Modeling，简称 BIM）技术的广泛应用。

在计算机中对建筑物进行三维虚拟建模的概念最早是由美国佐治亚理工大学的 Chuck Eastman 教授于 1975 年前后提出来的。由于计算机软硬件能力的限制，这项技术在接下来的三十年里主要停留在实验室研究阶段，而在工程项目上的实际应用非常有限。新世纪到来之后，随着计算机软硬件能力的提升，三维虚拟建模技术逐渐开始进入工程实践，并且有了一个统一的名字“建筑信息模型”，也就是 BIM。

BIM 在英文中除了是“Building Information Modeling”的缩写，其实还是“Building Information Model”的缩写。前者描述的是一个过程，准确的翻译应该是“建筑信息建模”，而后者描述的是一个产品，是建模过程产生的虚拟数字模型。BIM 到底应该是模型本身，还是建模的过程，早期也曾存在一定争议。“小 BIM（Little BIM）”支持者认为 3D 模型是核心，因为其整合了全部需要的信息，能支持行业内具体的应用。“大 BIM（Big BIM）”的支持者虽然也认为模型很重要，但更为重要的是构建模型的方法论，包括技术上、管理上和政策上的协同。

行业内现在普遍认为，单纯的小 BIM 或单纯的大 BIM 都无法完整代表 BIM 技术，而应该将二者整合。这种整合的 BIM 定义最早出现在第一版美国国家 BIM 标准中：“BIM 是一种改良过的工程项目实施过程。这个过程使用标准化的、计算机可理解的数字模型对每个新的（或旧的）工程项目进行规划、设计、建造和运维。该模型包含在该工程设施整个生命周期中所有创建或收集的信息，这些信息应该可以被全部项目参与人员以适当形式再利用。”同时，该标准也明确界定了 BIM 模型是物理世界中工程设施的数字表达形式，应该被看作关于该工程设施全部信息的知识库，用于支持该设施全生命周期中的决策行为。

1.1.2 为什么要用 BIM

建筑业之所以要采用 BIM 技术，是因为传统的设计和施工方法导致了比较低的劳动生产率。斯坦福大学CIFE研究中心调查了美国从1964年到2009年之间各个非农产业的劳动生产率（也就是每小时完成的合同额，用当年某产业扣除通货膨胀因素的合同总额数除以完成这些合同所用人工时数）。如图1-1所示，深色曲线代表的是美国全部非农产业的平均劳动生产率，而浅色曲线代表的是美国施工行业的劳动生产率。如果都以1964年的数字作为100%进行比较，在45年间，美国非农产业的平均劳动生产率翻了一倍以上。也就是说，1964年需要1h完成的合同额，到2009年只需要不到30min。而施工行业的劳动生产率在这45年间起起伏伏，并没有特别明显的变化。

仔细观察图1-1，读者会发现在1970年代末两条曲线的发展趋势发生了变化。1970年代末之前，虽然施工行业的劳动生产率低于全部非农产业劳动生产率的平均值，但二者的变化趋势是相似的，然而，1980年代初开始，二者的差距就越来越大了。巧合的是，随着IBM公司在1981年推出第一台个人电脑（Personal Computer，简称PC机），各行各业都快速采用计算机信息技术提升其工作效率。然而，由于行业的局限性（比如野外工作），建筑施工领域对新技术的敏感度一直不高。

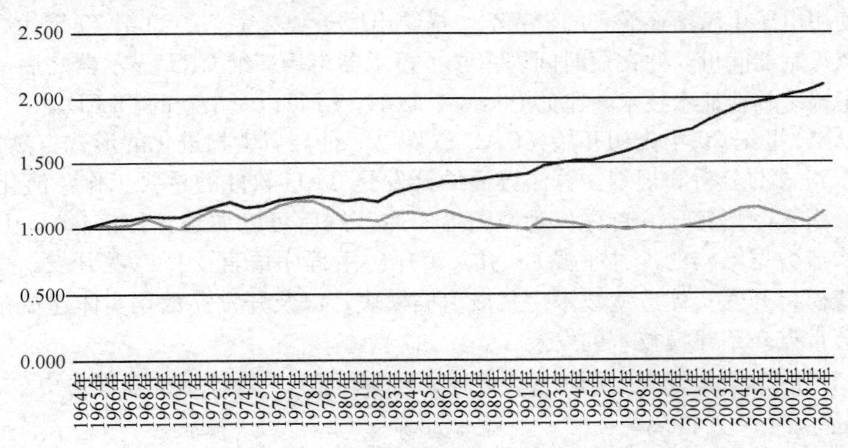

图1-1 1964—2009年美国施工行业和非农产业劳动生产率比较

在建筑行业内部纵向比较，无论是从建筑材料还是施工工艺，过去几十年的确出现了很大的技术进步。然而，如果横向比较，就不难发现，制造业等其他行业已经利用信息技术有效改善了供应链管理、提升了协作效率、实现了流程自动化。建筑业在这些领域还有巨大的进步空间。如今，全世界的建筑行业都面临着巨大的外部压力，例如利润率下降、业主期望值提高、技术快速变化以及劳动力的减少。BIM被认为是一种"社会-技术"系统，可用于改善整个项目生命周期中的团队沟通、提升协同效率、减少返工、降低风险、消除不确定性并实现更好的资产运营和维护。这些潜在的效益导致全球各国近几年来开始着手推进BIM技术。

1.2 建筑行业CAD的发展历史

CAD软件从来都是技术密集型的应用程序，通过高端的功能来激发潜在的应用市场，并驱动技术的发展。早期的软硬件技术（包括操作系统、显示设备、处理器等）不能满足

CAD软件的要求，从而制约了建筑工程领域三维建模技术的发展。如今，硬件技术已经逐渐满足了软件技术发展的需求，不但个人电脑已经普及，功能强大的图形工作站也不再高不可攀，因此BIM技术也逐渐在建筑业普及开来。

1.2.1 CAD技术及其在建筑行业的应用

Chunk Eastman教授在他2000年出版的《建筑产品模型》一书中总结了CAD应用程序的三个支撑技术：CPU运算速度、显示器技术以及软件算法。

(1) 在个人电脑出现之前，CAD软件主要应用在微型计算机上（比如Digital Equipment PDP-11）。随着PC机的出现，CPU技术的发展从20世纪70年代的8086芯片开始，逐渐遵循摩尔定律：每18个月，CPU中集成的晶体管数量就会增加一倍，而CPU的价格也会下降50%。随着计算能力的不断增强，CAD技术的功能也越来越强，到目前已经支持虚拟现实设计。

(2) CAD技术带动了第一批图形显示技术的发展。最早的计算机并不是为了显示什么内容，而是为了解决复杂公式的自动计算。20世纪60年代中期，出现了一种叫作笔迹显示的技术，使用电子束激活显像管的磷光剂，描绘出线条和文字。20世纪70年代后期，基于像素的位图显示器问世，并在短时间内占领了显示器市场。继CRT显示器之后，近些年市场上出现了很多其他显示技术，比如Plasma、LCD、LED以及最新的OLED。

(3) 从20世纪70年代初开始，CAD软件以一种类似生物进化的形式自然发展起来，并没有基于正式的分析和规划。算法方面的开发是CAD软件的重要工作，演化出的一些功能包括：引入图形符号（首先作为纯图形实体，然后可以加载各种信息），引入层的概念（作为构造数据结构的一种手段），引入用户应用程序语言支持二次开发，引入3D线框和曲面建模，开发实体造型技术，集成渲染模块，以及开发参数化实体建模技术。本书第2章中会重点介绍建模技术的发展。

图软公司的一个报告中引用图1-2概述了建筑行业CAD技术的发展历史。在20世纪

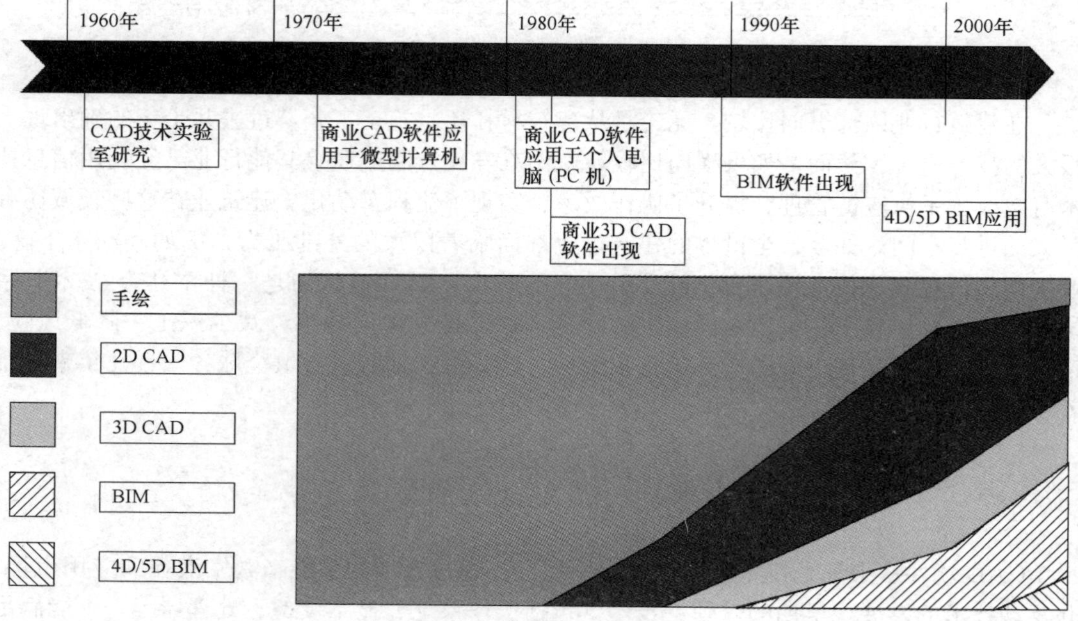

图1-2 建筑行业CAD技术的发展

80年代出现用于个人电脑的商业CAD软件之前，建筑行业全都是手工绘图。在二维CAD软件出现不久后，市场上就出现了三维CAD商用软件，并在20世纪80年代中期开始在建筑行业应用。我国建筑行业在20世纪90年代初开始提出“甩图板”的口号，从手绘图全面转向CAD绘图，并在20世纪90年代中后期基本完成过渡。最早的BIM软件是匈牙利的图软公司于20世纪80年代末推出的ArchiCAD建筑设计软件，4D/5D BIM直到新世纪之后才逐渐被建筑行业采用。从图1-2中可以看到，二维CAD自从进入市场后，其份额快速增加，但到2000年以后，随着三维CAD、BIM和4D/5D BIM技术的出现，其市场份额不但不再增加，而且出现了下降的趋势。

1.2.2 从2D CAD到*n*D BIM

2D CAD可以被看作一个电子绘图板，仅能建立二维图，不具备三维立体建模能力。2D CAD和手绘图相比，最主要的优点包括：精准地定位、快速方便地修改和编辑以及自动化绘图功能（比如自动填充和自动标注尺寸）。和其他高级CAD程序相比，2D CAD简单易用，文件体积较小，对硬件的要求也较小。很多手绘图用户可以很轻易地转到2D CAD平台进行设计，因为2D CAD和手绘图有着同样的思维路径，原来在硫酸纸上画什么，现在就在屏幕上画什么，而且功能更强大。2D CAD的最大缺点是不能在不同图纸间进行数据关联并实现变更管理。一张图上的变化不能自动关联到另外一张图上。

3D CAD允许用户建立建筑物（或其构件）的空间模型。3D信息和2D信息可以在同一个文件中共存。大部分3D CAD应用都内置有可视化工具并且支持面积和体积的计算——在设计师看来这是3D CAD最重要的优点，因为可以方便地发现设计问题；在某些3D CAD应用中，立面图和剖面图可以从模型中生成，并在一定程度上支持文档管理。3D CAD和BIM相比较，最大的缺点在于3D CAD仅仅能表达建筑构件的空间几何信息，但不携带任何建筑工程语义信息。比如，3D CAD模型中有一个立方体，我们可以知道它的三维空间尺寸，但不知道它是一根结构柱还是一堵二次装修隔墙。因此，3D CAD模型不能支持更多的工程计算和分析。

BIM技术在3D空间模型的技术上增加了构件的建筑工程语义信息，也就是说，用真实的梁、板、墙、柱等工程构件创建模型，并且在空间几何信息之外，附加了更多的非空间属性和行为信息，比如门的防火等级和门的开启范围等。一个完善的BIM模型不但支持信息的查询，而且可以按需生成各种图纸（平面图、立面图、剖面图、详图等）。模型和图纸之间有非常强的关联性，任何模型修改都会引起不同图纸的相应修改。比如，修改了楼板的厚度，则四个立面图、剖面图、详图上的楼板厚度都会相应修改。构件中整合的非空间信息可以进一步支持设计、施工和运维中的分析和优化，比如能耗分析和工程量计算。和2D/3D CAD相比较，应用BIM技术进行设计需要较多的训练和学习，特别是对于已经习惯传统CAD设计的专业人士，因为从CAD转向BIM不同于从手绘图转向2D CAD，需要适应全新的工作模式和业务流程。

4D/5D BIM的应用，已经超越了传统的CAD应用阶段。传统CAD主要用于设计阶段，当BIM技术可以支持更多的工程分析和优化的时候，施工和运维阶段对BIM技术的需求就越来越显著。4D BIM是在BIM的空间模型上整合时间轴，主要用于施工组织计划、工艺模拟等；5D BIM则进一步整合成本维度，支持预算结算、物资采购、成本控制等施工管理工作。目前，行业内对第六个维度还没有统一的定义，大部分人认为应该把运维信息作为第六个维度，也有人支持把绿色可持续相关的信息作为第六个维度。其他更高维度的应用还包括施工安全管理、全面质量管理等。

1.3　BIM技术的特点和应用

1.3.1　BIM技术的特点

如果按照CAD软件的定义，BIM软件也是一种CAD软件，是CAD软件的一个子集，因为它也是通过计算机技术来辅助设计的一种软件。然而，BIM技术的应用流程却和CAD技术的应用流程相去甚远。从手绘图到2D CAD，设计交付物并没有改变（都是设计图纸），改变的只是生产质量和效率。BIM技术的应用流程不再采用平面、立面、剖面来表达一个设计，而是采用真实的建筑构件，像搭积木一样创造一个建筑产品。在2D CAD流程中，设计师先创作一套建筑图纸，然后再建造“真实的”3D模型（即现实中的建筑物），而在BIM流程中，设计师则先创建“虚拟的”3D模型，然后再用模型生成一套建筑图纸。如果有人试图把BIM解释成为一种更高级的CAD，就好比把Excel软件解释成为一种更好的计算器一样可笑——计算器以更快的速度和更精确的结果取代了手算，但Excel软件带给使用者的是强大的数据分析和处理能力。

BIM技术的特点可以概括为三个方面：参数化、协同性和集成性。

参数化：“参数化”指的是通过修改描述几何形状的参数的参数值来改变模型几何形状的能力。参数化是BIM应用的核心技术，也是BIM技术和传统CAD技术的重要区别。本书第2章会重点讲参数化技术的原理。

（1）参数化建模要求模型数据必须具有良好的一致性和非冗余性，一个参数不允许在模型中被定义两次。例如，在2D CAD中一个立方体的长度会在平面图和立面图中定义两次。

（2）当新构件插入建筑模型中或对两个关联对象中的一个进行修改时，模型中内置的规则会自动修改相关的几何形状。例如，墙壁会自动开洞允许一扇门安装到墙上，而当门调整在墙上的位置时，墙壁也会随之适应。

（3）参数化建模可以在不同的聚合级别定义建筑构件，比如可以定义墙（较大级别的构件）或者墙内部的龙骨（较小级别的构件）。也可以在层次结构的任意级别中定义和管理构件，例如，墙壁中龙骨重量的变化会自动引起整个墙壁的重量发生相应变化。

协同性：传统建筑工程项目实施中出现的很多问题，都是由于相关部门和人员协同不力造成的。比如，设计阶段各个专业之间的协同不充分，造成设计图纸和说明存在“错、漏、碰、缺”的问题；施工阶段，设计师和承包商之间沟通渠道不畅，造成对设计图纸的错误理解等。工程变更通常是沟通协调不到位的结果，直接导致工程成本的增加以及工期的延误。BIM技术通过计算机建模技术实现虚拟设计和施工，允许项目的不同参与方将各自的设计成果和施工计划整合在同一个模型中，而不是表达在各自的施工图纸上。这个模型是真实世界中工程设施的数字孪生兄弟，如果在模型中各个专业、各个参与方之间都完美协同了，那么在真实世界中的工程建设也就不会出现冲突。当然，这只是理想状态，在虚拟设计和施工的模拟过程中，也许还存在某些没有考虑到的问题，但是大部分协同问题都会在模拟中暴露出来，并在实际施工之前得到解决。本书第3章将重点讲解数据交换与协同技术。

集成性：由于 BIM 技术支持在虚拟模型中整合尽可能多的工程信息，因此能支持项目全生命周期的信息集成管理。从某些意义上讲，BIM 与建筑物全生命周期管理（Building Lifecycle Management，简称 BLM）有很多相似之处。BLM 是从制造业的“产品全生命周期管理”（PLM）演化来的，注重通过集成设计和施工流程提升项目质量并减少浪费、降低风险。BIM 则更强调其作为集成信息平台的作用，支持项目全生命期中数据和信息的复用。BIM 的集成性既包括纵向集成，也包括横向集成。纵向可以集成项目从规划、设计、施工到运维的全生命周期内的工程信息，横向可以在生命期的不同阶段集成多专业、多参与方的信息。随着物联网技术的发展，建筑设施在运营维护阶段对数据和信息的依赖度会越来越高，在项目的规划、设计、施工阶段尽早集成项目的几何和语义数据，对提升项目的运维能力的重要性不言而喻；同时，一个项目运维数据的积累又可以反哺下一个项目的规划、设计和施工。

1.3.2 BIM 技术的应用

任何好技术只有被合理应用才能产生价值，BIM 也不例外。宾夕法尼亚州立大学的研究团队总结了 BIM 技术在项目全生命周期中的主要应用点，如图 1-3 所示。这些应用点总结起来包括三大类应用：可视化应用（主要用于支持项目参与方的沟通）、仿真分析和优化应用、信息和文档管理应用。本书第二篇会全面讨论 BIM 技术在工程建设项目中的应用。

可视化应用：在三维几何空间内将具有语义的建筑构件实现可视化，是 BIM 技术应用最基础和最显而易见的应用需求。这种可视化应用从 3D CAD 开始就是设计师最得力的模型应用方式，通过渲染和漫游与业主沟通设计意图。在 BIM 中支持构件的工程语义

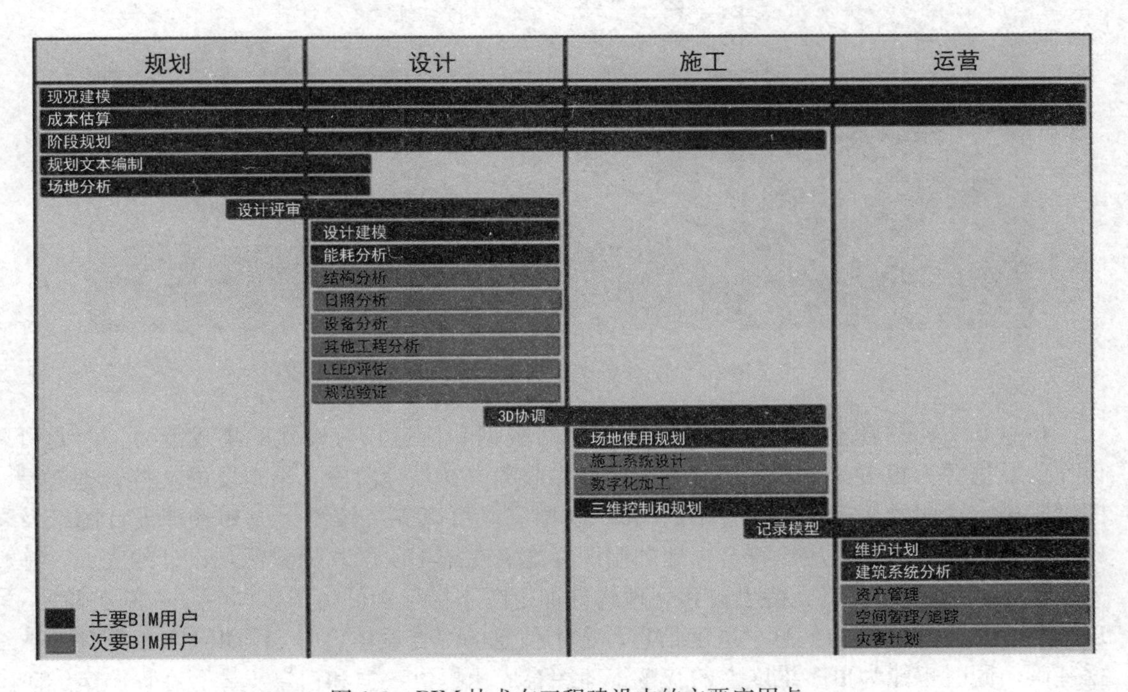

图 1-3 BIM 技术在工程建设中的主要应用点

信息后，设计师可以通过准确的空间模型和不同专业的设计人员进行设计协同，避免冲突。在施工阶段，通过4D BIM应用可以将施工进度在三维空间可视化，支持总包商与业主沟通进度安排、与分包商沟通工序协调。同时，对于复杂的构造节点（比如多构件相交处复杂节点的钢筋绑扎），三维可视化能全方位呈现构造细节，有效支持施工交底等工作。工程建设过程中很可能需要跟非专业人士进行项目沟通，例如医院建设项目中的医生（设施用户）、公共项目中的社区居民（利益相关人）等。三维可视化能有效提高和这些非专业人士的沟通效率。随着虚拟现实（VR）技术和增强现实（AR）技术的普及，可视化的应用潜力越来越大。

仿真、分析和优化应用：因为BIM模型不但可以携带空间几何信息，还可以携带非几何信息，而且这些信息能够进行参数化编辑，所以支持各种仿真、分析和优化。这种是BIM技术比3D CAD更强大的根本原因。工程项目的各阶段都需要通过仿真和分析来作出最优决策。比如，在项目规划阶段，需要对造价进行估算、对建筑体量和场地进行空间分析；在设计阶段，需要对建筑性能（结构受力、能耗、光照、声环境等）进行分析和优化、对建筑内外交通进行模拟；在施工阶段，需要对施工组织进行仿真和优化、对施工工艺和可施工性进行分析；在运维阶段，需要对建筑空间使用进行分析和优化。通过整合BIM模型的参数，相应的分析软件就可以快速推演不同场景并生成分析结果。有些软件甚至可以依据想要的结果，逆向推演出合理的设计（参见第15章中的生成式设计部分）。结合前面提到的可视化应用，这些仿真和分析的结果，通过BIM技术可以形象生动地展示出来，而不再是传统分析软件输出的枯燥数字和报表。比如，图1-4是Revit软件中结构分析模型和结构分析结果的交互对比。

图1-4　Revit结构分析模型和结构分析结果的可视化

信息和文档的管理应用：由于BIM模型对数据和信息具有极强的集成能力，因此可以作为数据源为很多信息和文档管理应用提供服务。在设计阶段，最重要的文档管理就是图纸和施工说明的管理。一个合格的BIM模型应该可以支持按需生成和管理设计图纸及施工说明，并且其格式应该符合当地的制图标准。在施工阶段，随着深化设计的完成，施工BIM模型还应该可以支持生成和管理构件加工图来指导构件生产。同时，在施工阶段，BIM模型作为空间几何信息、进度信息、成本信息的综合载体，是5D BIM项目管理的数据基础，同时也能为更多维度上的智慧工地综合应用提供数据和信息支撑。在设施运维阶段，BIM模型可以为资产管理应用、维护计划及实施、空间运营管理等服务提供信息和文档支持。比如，当水泵发生故障的时候，运维人员可以快速从BIM模型中找到切断水源的阀门位置信息，同时在资产管理系统中找到这个水泵的采购和保修记录，再通过调出给水专业的设计图纸和竣工图纸，从而制定适合的维修方案。

1.4 BIM技术的价值

1.4.1 BIM技术对建设单位的价值

在项目规划阶段，项目建设单位在评估和比较不同的方案时，必须回答一个问题：在有限的预算和周期内，能不能按照预期的规模、质量、功能完成项目建造？项目建设单位都希望能尽早获得这个问题的答案，并且希望这个答案有比较大的可信度，而不希望经过大量的时间和精力的投入之后才发现某一特定的设计方案明显超出预算或者技术上存在巨大风险。在项目规划阶段建立相对低精度的体量BIM模型，并通过调整模型参数对造价、功能等方面进行估算，可以更好地保证项目的可行性。

在设计阶段，建设单位在设计师的配合下，可以对建筑物的各种性能表现进行充分的仿真和分析，以获得最优设计。在传统CAD设计模式下，很多评估都只能在设计完成后才能进行，而BIM技术可以支持建设单位在初步设计阶段（甚至方案设计阶段）就对项目结构形式、能耗水平、使用功能（比如交通流线）、日照和阴影环境等进行评估和优化。

在施工阶段，建设单位主要依靠BIM技术和总包单位确认合同执行情况。在传统模式下，建设单位很难准确认定项目执行进度和质量，工程量也通常只能在项目结束后进行结算的时候才能确认。随着5D BIM的广泛应用，建设单位可以方便地核查项目实际进度和进度计划的差异，并根据实际进度快速确定实际发生的工程量，以此作为和施工企业进行进度款结算的依据。

在项目竣工交付的时候，所有在设计和施工过程中形成的数据和信息，都可以快速迁移到建设单位选定的设施管理平台，作为运维系统的原始数据源。工程设施在后续运行过程中，建设单位可能会对其使用功能，甚至是结构和机电系统进行改动，原始的竣工模型也应该随之调整，保持和真实的工程设施信息一致（也就是数字孪生），以更好地支持运维工作和相关决策。

1.4.2 BIM技术对勘察设计企业的价值

对勘察设计企业来说，BIM技术的第一个重要价值就是信息一致性带来的设计文档质量的提升。BIM建模软件中内置的参数化规则可以自动修正设计过程中的低级错误，比如对齐问题。同时，在设计的任何阶段，设计师都可以快速从模型提取一套准确的平面图、立面图、剖面图、立体轴测图以及详图，而且这些图纸的信息一致性非常高，不会存在几何空间的冲突信息。这种快速提取准确图纸的能力对设计师在设计过程中提升沟通效率至关重要，既包括与业主方的沟通，也包括不同专业设计师之间的沟通。

BIM技术为勘察设计企业带来的第二个价值就是仿真、分析和优化能力。无论是建筑功能，还是结构受力，以及造价、能耗、日照、采光等，在设计的过程中就可以随时进行计算分析，并且根据反馈的结果进行设计调整和优化，为全面提升工程设施的质量提供重要支持。

更早和更充分的多专业协同是勘察设计企业应用BIM技术的另外一个动力。BIM技术能支持多专业的设计师在同一个平台上协同工作，而且在一个共享模型（或多个协同的共享模型）下工作的效率要比通过图纸来协同工作的效率高很多。这种协同工作在提升设计效率的同时，也通过减少不同专业之间的设计冲突来保证了设计质量。在EPC总承包等项目交付模式下，在设计阶段已经确定了施工单位。如果能够在设计平台上尽早和施工单位进行协同，则更能将施工行业专家的意见整合到设计过程中，为业主提供更大的价值。

1.4.3 BIM技术对施工企业的价值

设计文档中的错、漏、碰、缺会造成施工变更，从而延误工期和增加成本。如果设计师应用了BIM技术，这些问题应该已经得到很大程度上的改善。如果设计单位使用的是传统的2D/3D CAD技术，或者虽然设计单位使用了BIM技术，但由于合同约定，没有为施工企业提供BIM模型（依然以二维图纸作为设计交付物），施工企业依然可以通过创建施工BIM模型来实现其价值。针对以二维图纸作为交付物的项目，施工BIM模型最为直接的价值就是发现设计中存在的冲突问题，同时通过BIM模型来更有效地应对随后的设计变更。

BIM技术对施工企业最重要的价值是通过4D/5D信息整合进行项目管理，实现效益最大化。施工企业项目管理中，进度管理和成本管理占有很重要的地位。通过4D BIM模拟施工组织设计，并与实际进度进行直观比较，发现差异，快速准确决策进度纠偏的方法，可以有效避免工期延误。同时，通过5D BIM精细化成本管理，实现不同阶段的工程量准确计算，以此为依据预测并管理人、材、机等资源需求，有效降低成本，提高利润。BIM技术还可以和其他技术相结合，支持工地现场安全管理、质量管理、绿色施工等需求，是智慧工地的底层数据源和信息中心。

BIM技术也为施工企业开拓新的业务领域带来了新的机遇。除了传统的竣工图纸，现在很多项目业主都要求施工企业提交竣工模型。然而，大部分项目业主都没有维护竣工模型的技术能力，因此施工企业可以提供后续的技术服务，对项目的数字模型进行全生命期维护。有些施工企业利用掌握BIM模型中相关信息的优势，在常规的保修期之外，拓展其设施运维服务。比如，机电安装企业通过对自己实施项目的数据库管理，在必要的时候提醒自己服务过的业主，安排主要设备的检修或者养护服务。

1.4.4 BIM技术对监理企业的价值

监理企业受建设单位委托，在施工阶段对建设工程质量、造价、进度进行控制，对合同、信息进行管理，同时还要协调工程建设相关方的关系，并对建设工程安全生产管理进行监督。其很大程度上同时代表甲方利益，并承担部分政府监管职责。项目监理企业以BIM模型整合的设计信息为依据，可以实现更便捷的、以预防为主的质量控制；在4D BIM施工模拟的基础上，可以针对施工重点难点提前进行预控，防止工期延误；在5D BIM成本管控平台上可以实时监督项目实际发生工程量。在发生工程变更的情况下，通过BIM技术的协助，监理企业可以快速、准确获得工程量变更数据，并根据合同条款进行确认，极大程度上减少合同争议。

1.4.5 BIM技术对政府管理部门的价值

在工程建设项目中，BIM技术对建设管理部门的主要价值存在于报建（规划报建和施工报建)、验收、修详等工作中。我国住房和城乡建设部《2016—2020 年建筑业信息化发展纲要》中特别提出，要建成一体化的行业监管和服务平台，数据资源利用水平和信息服务能力要有明显提升。基于 BIM 模型进行报建可以有效提升审批效率，避免因为审批人员技术水平差异引起的审批结果不一致，同时也可以逐步实现与“多规合一”管理平台的衔接和整合。随着人工智能技术的成熟，计算机软件能够对 BIM 模型和报建规则有更好的理解，也会提升 BIM 技术在政府行政行为中的价值。

BIM 技术对政府行政管理的另外一个价值体现在对智慧城市建设的支持。GIS 技术与 BIM 技术的结合，可以将城市尺度的信息和建筑尺度的信息整合起来。在竣工验收环节，竣工 BIM 模型不仅仅对工程设施的运维存在价值，同时也为智慧城市建设提供了数据支持。政府行政部门如果能获得所有新旧设施的数字模型，并且将这些富含各种信息的数字模型整合到智慧城市平台，可以有效支持公共安全管理、应急疏散管理、节能减排等工作。

1.5 与 BIM 技术相关的困惑

作为项目参与各方的主要沟通语言，二维图纸已经在建筑工程行业应用了几百年。虽然近几十年从手绘图变成计算机绘图，但其二维图纸的本质没有改变。行业内的合作模式、合同法规、业务流程都是基于图纸这种信息传递模式而形成的。当我们的沟通语言从图纸变成模型之后，全行业都面临巨大挑战。这一节围绕以上三个方面讨论 BIM 技术相关的困惑：各参与方（内部和之间）的合作方式、法律法规方面以及具体实施的流程。本节并不能完全回答这些困惑，这里只是提出问题，本书第二篇中会对这些问题进行讨论。

BIM 技术的核心是那个 BIM 模型，所以第一个问题是：谁应该负责创建那个用于多方协同的 BIM 模型？理论上来说，设计师比承包商更早接触到项目，而建筑师又是设计团队中牵头负责与建设单位沟通的人，所以建筑专业的设计师应该最早从方案阶段开始创建 BIM 模型，随着设计深度的增加，不断与其他专业的设计师协同完成设计模型，之后移交给施工单位。然而，如果设计企业采用的是传统 2D CAD 技术，或者虽然设计企业应用了 BIM 技术，但合同中没有规定 BIM 模型的交付，施工企业应该怎么办？如果设计合同规定了 BIM 模型的交付，那么设计阶段创建的 BIM 模型是不是应该包含施工 BIM 应用所需要的信息？如果设计阶段不同专业使用了不同的 BIM 建模平台，或者虽然设计阶段各专业用了统一的 BIM 建模平台，但这个平台和施工企业的 BIM 平台不同，模型数据应该如何传递才能保证没有信息损失？这些都是与合作模式相关的问题。

BIM 技术的应用带来了新的交付物，即模型和数据。围绕着这些新的交付物，出现了很多合同和法律方面的疑问。BIM 模型一般是由多专业参与人在多个阶段共同创建的，模型的知识产权如何界定？谁应该为创建模型的工作支付费用？BIM 技术应用要求各项目参与方共享 BIM 模型和数据，那么谁应该在什么时间有权利获得哪些数据？谁来制定这个规则？模型的创建者和数据的提供方是否有义务保证模型和数据的正确性并及时更新数据？如果因为使用错误的模型和数据造成损失，谁应该为此负责？当传统二维图纸和模型共存但信息不一致的时候，以哪个为准？这些跟合同和法律相关的问题如果不能很好地解决，会严重制约 BIM 技术的发展和应用。

1990年代初，建筑行业开始接纳和采用CAD技术时也在企业内引起过冲击，但完全不能与采用BIM技术对一个企业引起的冲击相比。手绘图转向CAD只是设计工具的变化，基本不涉及企业业务流程的改变；然而BIM技术则在一定程度上颠覆了企业原有的业务流程。很多企业的决策者都宣称欢迎变革，但如果涉及企业流程的变革，他们就会迟疑起来。很多建筑工程领域的企业之所以不愿意尝试BIM技术，或者说尝试BIM技术的效果不好，通常是遇到了这些问题：我为什么要采用BIM技术？我应该怎么开始？我是组建自己的BIM团队，还是应该将BIM工作外包给专业的BIM咨询公司？我应该给我的团队配置什么软件和硬件？公司内什么人应该接受什么样的培训？如果有资深员工拒绝变革，不愿意采用BIM技术，应该怎么改变他们？应该在多大范围和深度上应用BIM技术，是从局部应用开始尝试，还是应该全面采用BIM技术？应该如何评估BIM技术的投入和相应的效益？只有解决了这些困惑，一个企业才能走上BIM技术良性应用的道路。

1.6 未来十年BIM技术的发展方向

过去十年，包括中国在内，全球建筑业已经充分认识到BIM技术的价值，并且在不同程度上开始应用BIM技术。未来十年，建筑业将全面转向数字建造，而BIM将是工程项目的信息和数据的核心。随着网络基础设施和物联网、边缘计算技术的不断进步，数字建造所需要的数据将极大丰富，而获得这些数据的时间和成本将急速降低。这些数据能更好地支持工程设施长期的运营和维护工作，并且为新项目的设计和优化提供数据支持。同时，由于网络速度的提升和计算能力的增强，项目参与方之间基于BIM模型的协作效率也会大幅度提升，很多现在需要异步协同的工作，将来可能会实现同步协作。由此可能会进一步引起建筑业工作流程和协作模式的变化。数字建造最终也会突破工程项目的边界，和GIS模型整合，形成城市信息模型（City Information Modeling，简称CIM），进而支持智慧城市的各种应用。

随着BIM技术的持续推广和应用，装配式建筑将会有突破式发展。近十年来住房和城乡建设部一直在大力推进装配式建筑的应用，包括出台各种强制规定和支持政策，然而市场对装配式建筑的接受度并不高。主要原因在于装配式建筑的成本高于同样性能质量的现浇式建筑。未来十年，BIM技术的成熟，会带动装配式建筑从设计，到构件生产，到现场装配，以及运营维护全产业链的逐步完善。数字设计和制造技术给制造业带来的变革，必然会在装配式建筑领域出现，因为装配式建筑的根本思维就是像汽车制造一样先生产构件（汽车零件），然后现场装配（总装厂拼装）。当设计信息可以无缝传递到构件生产企业和装配现场，同时构件生产企业也具备了利用这些数据进行自动化生产的能力时，大规模的场外制造就会实现。同时，这种无缝的数据传递加上自动化生产，也为大规模个性化构件制造提供了极大的空间。比如，一个内装项目的所有墙板全都是异形或者虽然尺寸相同但有不同的镂空雕刻，那么墙板生产企业完全可以在其生产线上整合这些个性化数据实现自动生产。

未来十年，BIM技术将会和更多的新技术整合，发挥更大的作用。比如快速成型和3D打印技术结合BIM技术，用于快速制造某些特殊的建筑构件；边缘计算技术和云计算技术结合BIM技术支持智慧工地；物联网技术和大数据技术结合BIM技术支持智慧运维；三维激光扫描技术和倾斜摄影技术结合 BIM 技术进行施工进度对比和跟踪；VR 技术结合 BIM 技术支持施工技术培训和安全管理培训；AR 技术结合 BIM 技术实现远程沟通和施工指导；人工智能技术结合 BIM 技术实现自动设计优化等。在很多应用场景中，也会出现多种技术的联合应用。比如智慧工地中的施工安全管理，可能同时会用到人工智能技术中的计算机视觉技术来识别场地现状以及人员和机械设备的状态，利用大数据技术支持的实名制确定每个施工人员的身份，利用物联网传感器技术中的超低功耗蓝牙技术实现室内人员和设备的实时定位，利用 GPS 技术实现室外车辆的定位，利用 BIM 模型界定临边洞口等危险区域。只有这些技术综合应用，才能让施工安全管理系统具有人的感知能力，及时发现是谁正在走向一台作业中的挖掘机或者走向一个刚刚拆除护栏的临边洞口，准确判断距离危险点的距离，并且及时对其发出预警提示。本书第三篇会讨论部分新技术与 BIM 技术的联合应用。

2　建模技术的发展

2.1　建模的目的和考虑因素

2.1.1　构建模型的目的

在建筑工程领域，很多应用都需要创建模型并关联数据。这一节我们分析在工程项目主要四个阶段构建模型的目的和其对数据的要求。

在项目规划阶段，建模的主要目的是沟通设计方案，包括建设单位和设计师之间的沟通，与政府规划、建设管理部门的沟通，以及和社会相关利益方之间的沟通。这时候创建的模型，以表达建筑空间体量为主要目的，叫体量模型（Mass Model），如图 2-1 所示。这种体量模型一般不包含建筑内部的构件，即使是建筑外立面可见的构件，也不一定包含全部细节，甚至尺寸也不用非常精确，而是通过粗线条的体量块来表达建筑物的体形以及不同组成部分之间的空间关系，用以支持建设单位在项目规划阶段对不同方案进行早期选型。体量模型对材质的要求不高，通常用简单的颜色表达材质就可以满足要求（比如用黄色代表木结构、银色代表钢结构），大部分体量模型甚至完全不考虑材质，而是采用素模来表达体量。

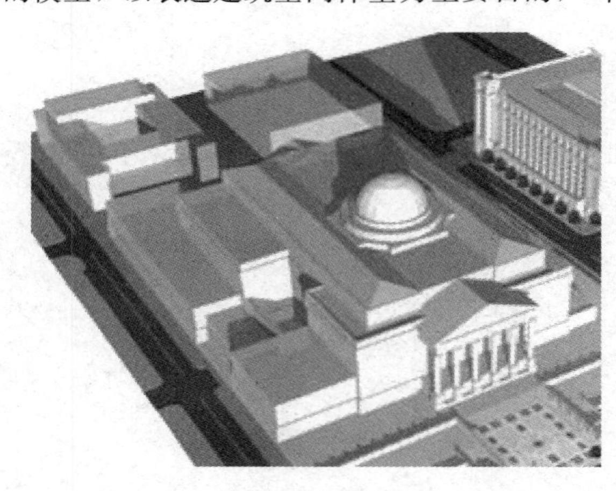

图 2-1　用体量模型表达建筑物的空间尺度

项目规划阶段（包括早期方案阶段），另外一个建模的主要目的是制作渲染图，也叫表现图。建筑师通过渲染图模拟建筑物建成后的样子，让建设单位的决策者更直观地理解设计意图。如果是为创作渲染图进行建模，则建模的详细程度取决于相机位置的远近。相机位置越近，看到的细节就越多，就要求对更多的细节进行建模。这种为制作渲染图进行的建模，并不需要对全部建筑构件进行建模，而仅需要对渲染图中可见的构件进行建模。然而，由于渲染图要求逼真的效果，所以模型对材质的设定要求较高。

在项目设计阶段，特别是施工图设计阶段，建模的主要目的是进行不同专业之间的设计协同。因此，在施工图上需要表达的整个建筑物的所有细节都需要建模，包括建筑构件、结构构件、水暖电等设备构件、景观构件、甚至内装修构件。为了能实现设计协同，这些构件必须有实际的工程含义和属性，比如混凝土结构楼板或者二次装修隔墙。否则，就很难进行真正意义上的多专业协同。如果一个模型中没有定义哪些是结构剪力墙，也没有定义哪些是通风管道，就无法检查是否有通风管道和结构剪力墙发生冲突。除了定义构件的工程属性和空间几何信息之外，如果需要在设计阶段利用设计模型进行各种工程分析和优化，还需要在模型中包含支持这些分析计算的属性数据，比如为能耗分析添加外围护构件的保温隔热系数或者为结构计算添加受力构件的强度信息。

在项目施工阶段，建模的主要目的是辅助施工管理，特别是进度管理、成本控制以及多分包方的施工协同。在施工模型中，三维空间构件需要跟进度信息和成本信息进行关联。三维空间信息主要用来计算工程量，通过跟时间维度的关联，我们就可以知道在什么时间需要施工哪些构件，以及施工这些构件需要消耗多少材料、人工和设备。当材料、人工和设备的价格信息被正确关联到模型，我们也就能够计算施工这些构件所需要的成本。这个时候，模型空间信息和相关联的进度、成本信息的准确性是至关重要的。施工 BIM 模型还用来进行可施工性分析、复杂工艺模拟、多分包单位施工协同等应用。

在建筑物的运营使用阶段，建模的主要目的是支持建筑物使用单位的运营管理和设施维护工作。建筑物的很多使用功能，都需要数字模型辅助管理和优化，比如商业办公楼或者酒店房间的出租或者机场候机楼不同航空公司值机柜台的动态分配。为了达到辅助运营的目的，模型中应该添加跟业务流程相关的信息。同时，建筑物在长时间的运营过程中，其建筑构件和设备也需要定期维护和检修，比如消防设施的定期检查，因此用于设施维护的数字模型不但需要关联维护和检修信息，还应该能够实现和相关部门的数据交换，比如消防管理部门。用于设施运维的数字模型，也不同于设计和施工阶段的模型，但可以充分利用设计和施工阶段创建的 BIM 模型，在轻量化的基础上，整合运维信息和功能。

2.1.2 建模需要考虑的因素

除了建模目的之外，建模工作还要考虑很多技术因素。建筑物体形的复杂程度是我们第一个要考虑的技术因素。现代建筑师更趋向于使用复杂的三维空间曲面造型来表达建筑空间，这就要求建模软件具有强大的空间自由形式的实体建模能力，也需要高性能的硬件支持，而最后生成的数字模型文件通常也比较大。对这种复杂模型进行建模通常需要一些模型管理技巧，比如对大体量复杂模型进行拆分、合理利用模型服务器功能等。

合理控制数字模型文件的大小是非常重要的问题，否则再高端的硬件也无法驾驭那些超大模型。除了模型复杂程度会增加数字模型文件体积之外，更多的大模型文件是由于不适当的建模方法造成的。比如，当我们为了设计协同进行建模的时候，就不应该大量加入不必要的装饰细节。如果电气工程师在电气模型中加入了很多具有精致细节的水晶吊灯，就会使设计模型变得臃肿不堪，因为那些精致的吊灯模型具有大量的三维空间多边形，生成和显示这些多边形会消耗大量的计算资源。为了避免不必要的大模型，建模工程师应该在模型中只保留必要的细节，同时有效利用建模软件中的隐藏物体功能，并且在必要的时候通过外部参考文件的形式引用模型。

建模的工作流程也需要仔细规划。对于简单项目，目前很多主流 BIM 平台都可以实现全部所需功能，比如核心建模工作、对设计文档的管理、可视化、简单的碰撞检查和分析计算等。复杂项目则需要引入各个领域的专门软件和 BIM 软件共同完成建模及各种相关应用。如图 2-2 所示，在项目方案设计阶段，由专门的方案建模软件（比如 SketchUp）创建方案 BIM 模型，然后实现方案模型可视化。当方案通过，进入详细设计阶段后，方案 BIM 模型导入施工图 BIM 平台（比如 Revit）。这时如果有复杂曲面不能在 BIM 平台处

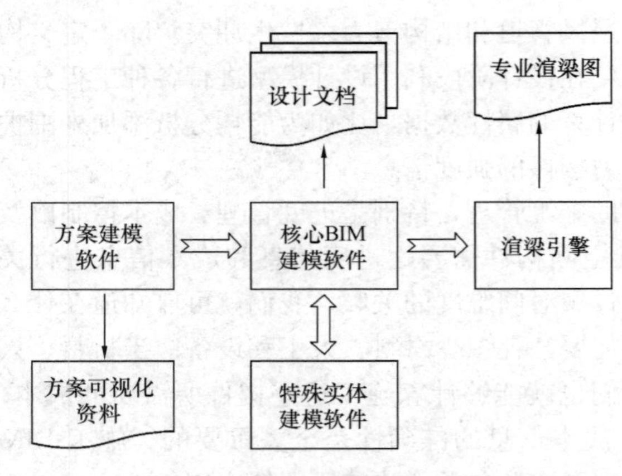

图 2-2 复杂项目建模应用流程示例

理，则需要借助专门的实体建模软件完成特殊形状实体的建模，并导入BIM平台。BIM平台主要完成施工图设计建模并输入施工图和施工说明等文档。BIM平台生成的模型也可以导入专门的渲染软件（比如3DS Max）完成渲染并输出专业级别的渲染图。

最后，硬件的合理配置也是建模工作的重要考虑因素。早期的建模软件主要依赖于中央处理器（也就是CPU）的计算能力。不同建模软件对内存的依赖程度有所不同，有的软件在3D操作方面非常消耗内存，比如Revit，所以如果选用这类软件，就要加大在内存配置上的投入，购买更大、更快的内存。有些软件虽然对内存要求不高，但会频繁读写硬盘，所以对硬盘的配置要求就比较高。随着显示卡技术的发展，除了传统的渲染计算以外，大量的3D实体计算开始由显示卡承担，因此显示卡在BIM图形工作站中的地位也越来越重要。总之，对于硬件性能的追求，永远没有止境。行业内通行的说法是，如果你需要创建并管理超大模型，那么就买你能负担得起的最好的硬件。

2.2 面向对象的参数化建模技术

2.2.1 实体建模技术的发展

自从20世纪60年代开始，学术界就开始积极研发3D空间建模技术，因为3D建模有广泛的行业应用潜力。不但建筑工程设计领域需要3D建模能力，游戏和电影这些高利润行业更需要应用3D模型提升其产品设计能力。在20世纪70年代后期，在通用CAD系统中，科研人员实现了将3D线框图功能。作为早期的3D功能，3D线框图通过添加3D顶点、新的编辑操作和多视图显示，使用户和开发人员可以开始使用3D。

对包含多个简单构件的复杂体形进行建模是一个非常繁琐的任务，涉及定义每个表面，以及表面之间的切割和包含关系等。世界各地的研究小组都曾探索简化的表面建模方法和定义更高级别的编辑操作。1973年，三个独立研究团队在3D实体建模领域取得了具有里程碑意义的成果。斯坦福大学的Bruce Baumgart团队设计了一个形状建模程序，该程序通过界定对象的一组表面来定义对象，如图2-3所示。该程序可以通过布林运算获得两个形状的并集、交集或差值，从而创建复杂体形。大约在同一时间，剑桥大学的Ian Braid团队开发了一个类似的系统。在这种方法中，因为实体是由一组包围实体的表面表示的，所以这种实体建模的形式称为边界表示法(B-Rep)。

与此同时，罗切斯特大学的Ari Requicha团队提出了使用函数表达多个简单形体，然后通过对简单形体进行布林运算从而获得复杂形体的方法。这种方法叫作构造实体几何方法（Constructive Solid Geometry，简称CSG）。如图2-4（a）中所示，圆柱体的函数就是用底面半径R和柱体高度H两个参数确定。通过多个简单的和、交、差等布林运算，

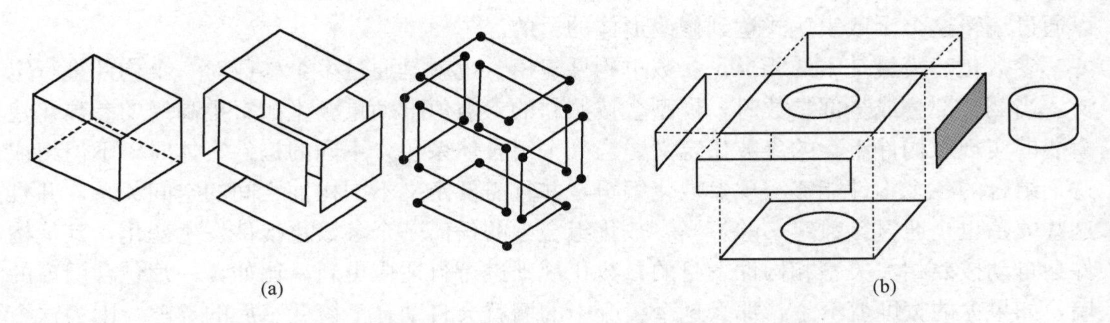

图 2-3　边界表示法中一个立方体的围合面和复杂形体的围合面

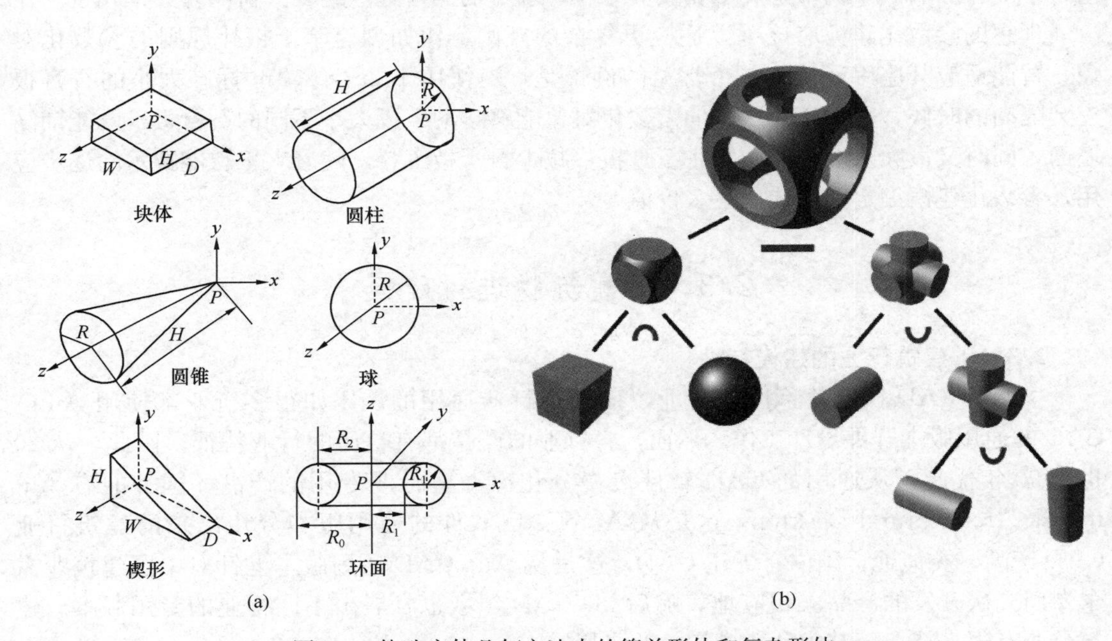

图 2-4　构造实体几何方法中的简单形体和复杂形体

CSG 方法可以创造出各种复杂形体。

3D 实体建模到底应该采用 B-Rep 方法，还是 CSG？很快，人们意识到，与其说二选一，不如将这两种方法结合起来，以便在 CSG 结构树中编辑参数，方便修改形状。在 CSG 中，因为组成复杂形体的各个简单形体是通过参数定义的，当我们修改这些参数的参数值之后，就可以生成一个新的形体。而 B-Rep 使用多个面围合一个实体，所以更适合进行渲染显示和人机交互。现在主流 BIM 建模软件几乎都采用了这两种实体建模技术的组合。

2.2.2　参数化建模

较早的实体建模系统，用户通过输入一系列的参数来定义多个简单形体，然后通过布林运算生成一个复杂形体。然而，复杂形体生成后，这些简单形体的定义以及生成复杂形体所需要的运算过程，并没有被记录在系统中以便后续修改。而参数化建模系统则不但将定义简单形体的函数记录下来，而且也把不同形体间的操作作为参数并记录在系统中。这样，复杂形体的生成就被看作是一系列操作以及被操作对象组成的函数表达式。设计师可以通过编辑这个函数表达式达到修改形体的目的。

参数化建模最基本的要求是参数单构件建模，也就是通过多个参数对一个构件进行定义。当调整部分或全部参数时，模型会按照新的参数值自动重新生成。更高级的参数化建模能够实现对构件组合的参数化定义。当一个组合体系包含不同的构件实体时，不但组成这个组合的各个构件能够实现参数化编辑，并且需要定义不同构件之间的空间关系，并且这些关系也是通过参数定义的。当参数化组合中的任何一个参数化构件发生变化，其他构件会自动按照相关关系和构件本身的参数化规则进行自适应更新。比如，一片包含门窗的墙，如果窗的宽度变窄了，那么这个组合中的墙就会自动补上窗变窄后的空隙，因为这个组合中对窗和墙两个构件定义了相关关系——墙上的洞口边一定要和窗的外边框相接。

理想的参数化建模应该可以适应更复杂的规则，比如创建基于拓扑规则的参数化对象，智能适应其应用环境。一个常见的例子是，当使用1.2m×2.4m标准大小的石膏板安装隔墙的时候，基于拓扑规则的参数化对象能够自动生成大小不同的石膏板，既能铺满墙面，同时又最大限度地利用整张石膏板，减少石膏板废料。随着人工智能技术的逐步应用，参数化建模一定能创造出更多价值。

2.3 对建筑物进行建模

2.3.1 建筑行业的建模特性

早期的CAD软件并不区分行业，而是全行业通用的，比如很多行业都使用AutoCAD的通用版本开展设计工作。然而，各行业的产品都有自己的行业特征，因此，从20世纪90年代起，从通用的CAD软件慢慢分化出一些行业专用的产品。国外的有Autodesk Architectural Desktop，这是从AutoCAD软件的通用版本分化出来的建筑行业CAD产品。类似地，国内有天正CAD，这是从AutoCAD通用版本上针对中国建筑业需求专门二次开发的产品。相应地，随后3D CAD领域也发展出不同行业的专用版本。建筑行业有很多特点，其中和建模相关的包括：

（1）组成建筑物的构件种类相对不多。建筑和结构专业常见的有梁、板、墙、柱、门、窗、台阶等构件种类，设备专业的构件种类略多，但也无法和一架飞机中包含的构件种类数目相提并论。然而，建筑物中构件的总数量却很大，一个普通的住宅楼可能包含几十万个构件，更别说大型综合建筑。如果我们把施工工序考虑进建模过程（比如，对钢筋混凝土构件中的每一根主筋和箍筋都进行建模以模拟钢筋绑扎过程），那么构件的总数量将会非常巨大。

（2）建筑物中各个种类的构件通常都有相对固定的行为规则。比如，一扇门通常会被安装在墙上而不是柱子上，或者一个电缆桥架不会因为空间不够而被放置到一个通风管道中。这些构件自身以及与其他构件之间的关系和规则，可以支持BIM软件更方便、更智能地创建模型，同时避免低级错误。

（3）建筑行业有严格的制图标准，通用的CAD软件一般不能满足建筑设计出图的要求，因此为建筑行业开发的CAD辅助设计软件和BIM建模软件必须能按照行业惯例和制图规范生成图纸。

2.3.2 构件族和构件库

应用参数化建模技术，BIM 建模软件创建的不再是某一个特定的建筑构件的实例，而是一组可以由参数调整的某一类建筑构件的模型定义。例如图 2-5 中的窗，通过不同的标签页，可以定义通用参数、窗框参数、窗格参数、窗套参数、窗台参数、窗楣参数等不同参数值，从而通过一个窗的模型定义生成千变万化的窗的实例。这样的参数化定义，在 BIM 建模软件中被称为构件族（object family）。大量的构件组通过构件库（object library）的形式进行组织和管理。

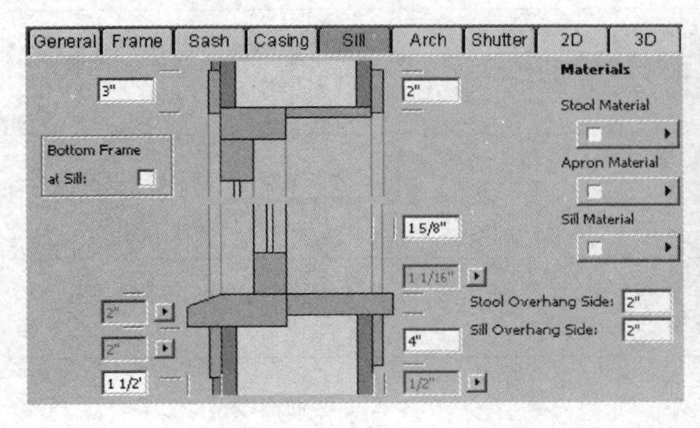

图 2-5 窗的参数变化

以 Autodesk Revit 为例，Revit 中的所有图元都是按照“专业-构件类别-构件族-构件类型-构件实例”这样的结构进行组织的。比如建筑专业构件下面有门、窗、墙等构件类别；窗下面有不同的窗族，比如平开窗、推拉窗等族；推拉窗族下面有不同尺寸的类别，比如 1200mm×1200mm 推拉窗、1800mm×1200mm 推拉窗等。当我们选定了一个具体类别，在模型中插入一个窗，那么被插入的那个窗就是这个类别的实例。

2.3.3 族库资源

建筑构件族库就相当于 BIM 模型中的素材，是用来搭建 BIM 模型的一砖一瓦。应用 BIM 技术进行建模时，如果手头有大量优质族库，可以极大地提高建模效率和质量。目前主要族库资源来自三个方面：BIM 软件中自带的族库、第三方平台提供的族库、自建族库。

每个建模软件都自带丰富的预定义的参数化族库，而且随着新版本的发布，这些预定义的族库还会越来越丰富、越来越完善。目前，市场上主流 BIM 软件都覆盖了大部分常用构件类别（比如梁、板、墙、柱、楼梯、屋顶、风管、桥架等），外加一部分各自软件有特色的构件类别。表 2-1 列举了常用软件自带的预定义构件类别。这些预定义的构件通常遵循建筑行业最基本的行业规范和定义，因为任何使用这个建模软件的人都可能会用到这些预定义的构件，而这些构件的定义必须符合大多数人对这个构件的理解。因为预定义构件的种类和数量越来越多，为了节省计算资源，很多 BIM 软件只在模板文件中加载最重要的一些族库，而其他族库则由用户在需要的时候手动加载。例如，Revit 默认只加载系统族，即最基本的各类族库。以墙系统族为例，对内墙、外墙、基础墙、隔断墙等只定义了最基本的一两个族，而将大量的标准构件族保存在族库中，必要的时候由用户单独加载，而没有必要将几百个用不到的墙族默认加载到项目模型中。

常用BIM软件自带的预定义构件 **表2-1**

软件	建筑结构	设备（水暖电）	软件特有的构件
Revit	场地、梁、板、柱、支撑、墙、屋顶、幕墙、楼梯、门、窗等	卫浴、风管、水管、线管、灯具、空调机组、常用电器、泵、阀门等	坡道、栏杆、基础、连接、竖梃等
BentleyOBD	场地、梁、板、柱、支撑、墙、屋顶、幕墙、楼梯、门、窗等	管道、接头、阀门、照明、配电设施、阻尼器、电信装置等	桁架、水暖、扶手、搁板、竖井等
ArchiCAD	场地、梁、板、柱、墙、复杂截面构件、屋顶、天窗、变形体、门、窗等	管道和设备构件	复杂截面构件、变形体、家具等
Tekla	型钢梁、型钢柱、钢板、螺栓、焊缝、钢筋、钢绞线、钢筋接头等	无	丰富的型钢构件以及多样化的钢结构连接节点
Digital Project	墙、柱、梁、板、楼梯、复杂形体等	管线、常规机械、施工设备等	洞口、开口型材、施工设备等
Catia	型材、板材、螺栓、法兰等标准零件以及各种曲面模型等	无	曲面模型
Vectorworks	地形、基础、墙、柱、梁、板、屋顶、楼梯等	照明设备、电梯、管线、电力设施等	基础、栏杆、电梯、自动扶梯、导轨等

除了软件自带的预定义族库以外，还有大量第三方族库平台提供丰富的族库资源供设计和建模人员使用。这些平台有的是软件开发商搭建的开放、免费平台，比如Autodesk公司的Seek平台和广联达公司的构件坞；也有商业公司提供的免费+付费使用平台，比如BimObject提供大量BIM模型的免费下载，而且支持多种平台格式，但如果要使用某些高级功能，则需要额外付费。作为BIM软件预定义族库的补充，这些第三方平台主要提供特殊类型的构件模型，主要是品牌厂商的产品模型。这些产品模型通常具有特定的几何形状，有些尺寸是参数化的（例如不同大小的阀门），有些尺寸是固定的（例如某个特定型号的空调压缩机组），有些还包含了非空间尺寸信息（例如门的防火等级）。很多第三方族库平台的模型并不是参数化模型，因为一旦固定了厂商和产品型号，其很多参数都已经确定了。这些非参数化或者部分参数化的数字模型，类似于2D CAD时代的图块，可以被调用、修改、复用，只是功能更强大。表2-2列出了目前的主要族库平台及其特性，本书第6章会进一步介绍主要的第三方族库平台。

主要族库平台及其特性 **表2-2**

软件	是否付费	模型内容	模型格式	模型量	用户量
Bimobject	免费	建筑、建材、门、电气、电子、消防、地板、家具、暖通空调	.3ds .rfa .dxf .pln	7万	千万级下载量
National BIM Library	免费	建筑、门窗、电气、建材、机械、家具、结构	.rfa .pln	12万	未知

续表

软件	是否付费	模型内容	模型格式	模型量	用户量
族库大师	免费使用，精品族付费	建筑、结构、给水排水、暖通、电气、园林、施工	. rfa	30 万以上，其中 1 万免费	10 万用户
构件坞	免费	建筑、结构、装饰、暖通、给水排水、电气、园林、施工、路桥	. rfa . gac . skp	2 万以上	10 万用户
毕马汇族助手	免费	建筑设计、结构施工、门窗、电气、暖通、给水排水、场地园林、室内家具等	. rfa . skp	1 万	未知

如果需要的 BIM 族模型，既不包含在 BIM 软件的预定义族库中，也没有第三方族库平台可用，那就只能选择自建族模型了。如果这个新的构件模型和 BIM 软件自带的族很接近，可以通过修改尺寸、行为、规则等参数来扩展现有族以生成一个新族。例如，当需要创建一个四个窗扇的平开窗族时，就可以对原来两个窗扇的平开窗族进行修改，从而生成一个新的四窗扇平开窗族。这样创建的新族可以和原来的基础族构件进行良好协同。如果新族和 BIM 软件中预定义的其他族相差较大，可以选择在原来的构件分类下新建一个全新的族。例如，需要一套不同尺寸但外形都是正八边形的窗，就可以在窗这个构件类别下创建一个新的八边形窗的族。当然，也可以定义一个全新的构件类别，然后再在这个构件类别下面定义新的构件族。

2.3.4　对构件内部进行建模

大多数 BIM 建模软件是为工程设计应用而开发的，并不关注如何将建筑构件建造出来，因此对构件内部建模的需求不够重视。例如，对于钢龙骨隔断墙，很多建模软件允许对墙的构造进行结构“定义”（如图 2-6（a）中墙分层定义），从一侧到另外一侧分别是

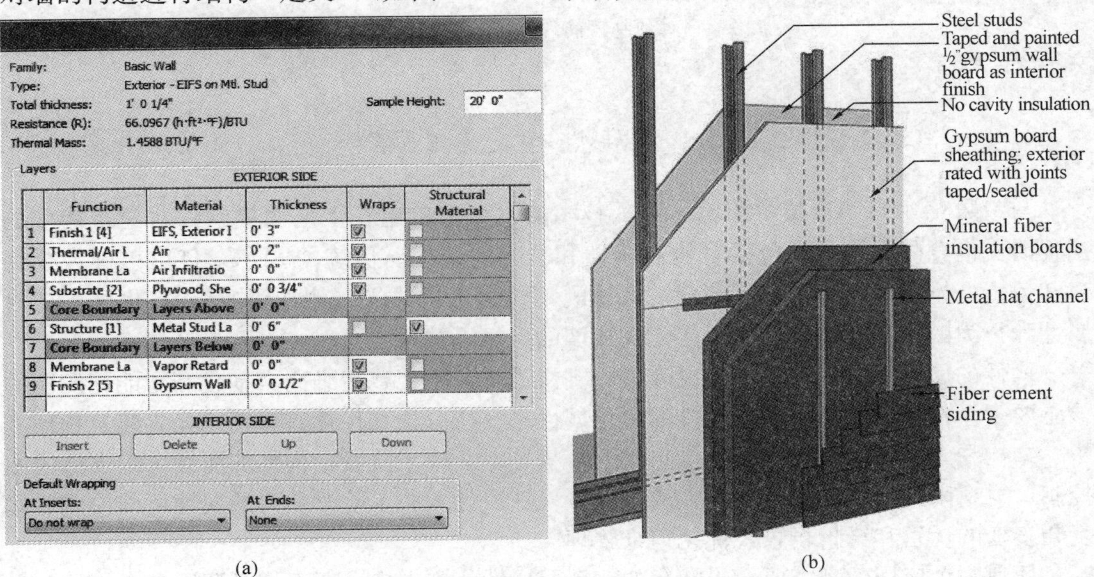

(a)　　(b)

图 2-6　构件内部的“定义”和“建模”

“外墙饰面-空气层-空气渗透膜-石膏板-钢龙骨-防潮膜-石膏板”，但缺乏对构件内部进行参数化“建模”（如图 2-6（b）中三维模型）。如果要支持对建筑构件内部的建模，则需要定义更多的参数化族库模型，例如钢龙骨、石膏板、外墙饰面，甚至各种防潮膜。

然而，对构件内部建模是施工阶段的一个重要需求。如果能够对钢龙骨隔墙的内部进行建模，施工单位就可以准确计算钢龙骨的数量，甚至精确到每根龙骨的切割长度，通过合理设置龙骨切割方案，有效减少浪费，做到精益建造。随着 BIM 技术的发展，越来越多的施工深化设计软件开始支持参数化建模技术并支持对构件内部进行建模。最早应用参数化技术的施工深化设计软件包括 SDS/2 和 Tekla Structures。这些应用早期只是对钢结构构件进行三维参数化布局和配置，通过完善规则定义逐渐增加功能，比如根据荷载大小和构件种类自动选择连接件的大小和螺栓的配置，以及和数控机床配合自动进行钢板的切割和打孔。现在预制混凝土构件的设计和生产也开始借鉴这些钢结构深化设计的三维建模功能，通过参数化建模确定模板形状和尺寸、配置内部钢筋并生成自动钢筋弯折机所需要的数据，以及生成加工图（如图 2-7 所示预制箱梁）。

图 2-7 对预制钢筋混凝土箱梁构件的建模

2.4 对属性和关系的建模

与参数化 3D CAD 技术相比，BIM 技术的优势不单单在于前面提到的对建筑构件的工程语义信息的支持，还包括对构件属性和行为的建模。传统的 3D CAD 可以参数化创建和编辑三维空间实体，但其创建的实体既不包含工程语义（例如梁或墙），也不支持对属性和行为的定义（例如门的开启方式或墙的保温隔热系数）。

构件的属性可以说是模型的灵魂，是支持设计、施工、运维向自动化和智能化发展的核心要素。在设计阶段，需要构件的各种属性来支持分析和优化，包括声光等建筑物理分析、结构受力分析、能耗分析、供水供电分析等。在施工阶段，构件的属性可以支持成本控制、材料采购、装配模拟等。在运维阶段，从设计和施工阶段获得的属性可以快速对接复杂多变的运营和维护场景，优化运维管理。

任何一个应用，都需要一组特定的属性及属性值来支持，而不需要调用一个构件的全部属性。虽然如何定义和管理一个构件的属性是一个重要问题，但行业内还没有就此达成广泛一致。因此，为了减少模型数据交换时出现属性冲突的可能，目前主流 BIM 软件在对构件进行定义时，都默认只包含那些必不可少的属性，而更多的属性需要 BIM 用户根据应用需求自行关联到构件模型。

《BIM 手册》[1] 一书中提到了三种将模型属性信息关联到 BIM 模型的方法。最直接的方法就是对每一个构件种类定义其全部的属性，然后当这个构件插入到 BIM 模型的时候，所有属性及属性值都被带入。这样做的好处是，一旦各种构件的属性被定义好，引用这些属性就变得非常简单。但是，因为每个构件的属性都非常多，而且对于一个特定应用只能用上这些属性的一个很小的子集，所以可能会增加模型的大小并消耗更多的硬件计算资源。第二种方法是为模型属性建立一个属性库，当插入一个构件的时候，由用户从属性库选择一部分属性进行关联。这样可以保证只关联有用的属性，但用户操作起来就非常繁琐，因为对每一个构件都要指定一组属性进行关联。最理想的方式是，行业内就某一项应用（例如能耗分析）需要什么属性，达成共识，并将这些属性分组存储在数据库中，当模型被导入一个特定应用的时候，这一组相关属性被自动关联到模型上。目前，这种理想状态还远没有实现，需要建筑行业共同努力形成标准属性分类系统和针对各种应用的属性集定义。

从 BIM 建模的自动化和智能化角度分析，对于单一构件，属性很重要，对于多个构件，不同构件之间的关系也同样重要。不同构件之间有两种重要的关系，一种是基于拓扑的连接关系（connection），例如墙的底边和楼板的表面相连接；另外一种是基于包含和被包含的集合关系（aggregation），例如某个阀门属于中水系统的一部分。关系可以和属性相结合，实现更多功能。例如，中水系统中包含的每一个构件都有一个属性“成本”，那么就可以通过集合关系，把所有构件的成本属性值相加，从而获得整个中水系统的成本属性值。

2.5　出　　图

我们已经知道 BIM 模型不仅包含了二维图纸中所有的几何空间信息和相关的设计说明信息，而且包含了二维图纸中无法承载的数字化属性信息、关系信息以及由属性和关系构成的各种行为规则，但是在短时间内，传统的二维图纸还具有一定的存在价值，虽然这种价值会越来越小，直到未来某一天完全消失。虽然整个建筑行业都在从 CAD 图纸向 BIM 模型转变，但现在工作流程依然是以图纸为中心的，合同也都是以图纸为依据的。一个 BIM 建模软件功能再好，如果不能有效支持出图，也不能称为好的 BIM 软件。

虽然出图是 BIM 领域非常重要的一个需求，但到目前为止，还不存在一个完美的解决方案。各个国家对工程图纸的表达要求不同，所以目前主流 BIM 软件还无法顾及不同国家的出图标准，更别说不同领域的特殊需求（比如预制混凝土构件的加工图中对预埋件的表达）。早期应用 BIM 技术进行设计的工程师，通常只能从 BIM 模型中导出不同角度的视图，比如平面图、立面图、剖面图，然后手工编辑线型、线宽、标注尺寸、添加注释等。当模型发生变化，或者剖切位置发生移动的时候，这些从模型中提取的视图也会发生

[1] Rafael Sacks, Charles Eastman, Ghang Lee, et al. BIM Handbook［M］. Third Edition. Wiley, 2018.

自动更新，但之后修改的线型、线宽、尺寸标注、注释等则需要手工更新。

通过定义适合的模板文件，甚至对 BIM 软件进行二次开发，都可以有效减少后期修改图纸的工作量。很多大企业和商业公司开发了适合特定市场和用户习惯的模板，从图框和图签到不同视图中的线宽和线型，以及各种标注方式都进行了相应的规定。我国也在 2018 年发布了《建筑工程设计信息模型制图标准》，规定了 BIM 的架构表达、命名规则、模型颜色等，从模型层面确定了相关标准。在二维图纸表达方面，目前依然采用 2017 年发布的《房屋建筑制图统一标准》。虽然通过模板定义和二次开发可以有效提升出图的质量和效率，但是图纸依然是模型的报告，在大多数情况下，调整图纸，并不能自动更新模型。如果需要修改设计，还是需要修改模型，然后重新生成图纸。

理想的情况下，BIM 软件公司应该针对主要地区的出图规范，发布相应的模板文件，同时开放 API 接口，允许不同公司和组织更自由地定义模板形式。相应地，模型和图纸应该是高度关联的，不但图纸是模型的报告，而且通过编辑图纸也可以达到修改模型的目的，并且这种修改还会被传播到其他相关图纸，并自动更新。

虽然模板文件能解决不少出图的问题，特别是针对建筑和结构专业的图纸，但是对于设备专业图纸来说，存在的问题不仅仅是图纸表达规范的问题。例如，电气设计图纸，平面图只是一小部分图纸，大量的系统图需要对电气设备进行非常复杂的定义才能实现。其实 BIM 的优势本来就不在于“出”符合二维 CAD 制图规范的图纸，所以与其争论和研究如何让 BIM 软件更便捷地出图，还不如推动行业尽快认可 BIM 模型替代二维图纸。

3 数据交换和模型互操作性

3.1 互 操 作 性

3.1.1 兼容性、垄断性标准、互操作性

工程项目从规划设计到施工直至运维，任何一个环节都需要多方协作才能完成。每一个环节、甚至一个环节的不同阶段或不同实施主体，都有专门的软件辅助相关工作。据统计，一个典型的设计院一般会用到50～100种不同的设计和分析软件，从建筑设计和各种建筑物理分析（声、光、热等），到不同类型结构分析（钢结构、木结构、预应力结构等），以及设备专业的计算（水、暖、电等）。这些软件既需要承载上游软件的模型获得项目信息，其分析和设计结果也需要继续传递下去，为后续应用提供数据。这就需要不同软件在输入和输出模型的时候，一个阶段生成的数据无需重新输入而在下一阶段的情况下可用，并确保信息的完整和准确，也就是软件之间要有良好的互操作性（interoperability，也称互通性）。

维基百科中对于软件的互操作性是这样描述的：互操作性是用于描述不同程序通过一组通用的交换格式交换数据，读取和写入相同文件格式以及使用相同协议的能力。互操作性在BIM领域的最基本要求是能够将一个软件中生成的数据自动导入到另外一个软件使用，而不需要再次重新手工输入。手工输入已有信息不但导致工作效率低下，而且容易发生人为输入错误，进而产生数据和信息冲突，即同一个数据存在不同数据值。更重要的是，如果不能自动导入上游数据，就无法有效支持工作流的自动化。例如，某些分析和优化计算需要反复修改模型，如果每次都手动输入数据，即使不发生人为错误，也会极大地限制这种优化分析的应用。

为了使BIM软件能够协同工作，我们不仅需要传递信息的能力，而且需要具有传递语义的能力。一个软件发送的内容必须与另一个软件所理解的内容相同。为此，双方必须参照一个通用的信息交换标准。在计算机信息技术领域，不同系统使用通用的数据格式和通信协议。这些格式示例包括XML、JSON、SQL、ASCII和Unicode。相关协议示例包括HTTP、TCP、FTP和IMAP。当系统能够使用这些标准相互通信时，它们将表现出语法上的互操作性。BIM领域也需要类似的格式和协议。

我们还必须区分兼容性和互操作性两个概念。兼容是指两个软件之间能够进行数据交换，如图3-1（a）所示，不同软件之间通过交换协议可以互相读取数据。当行业内出现主导市场的垄断者的时候，例如图3-1（b）中的A软件，其他软件供应商不得不将自己的产品向A软件兼容，这种情况下其实并没有实现真正的互操作性，因为这种交换标准和协议并不是开放性的，而是由行业垄断者A所拥有，并且B、C、D、E、F这些软件产品之间也不一定能通过A软件实现完全的数据互通。图3-1（c）描述了真正的互操作性，

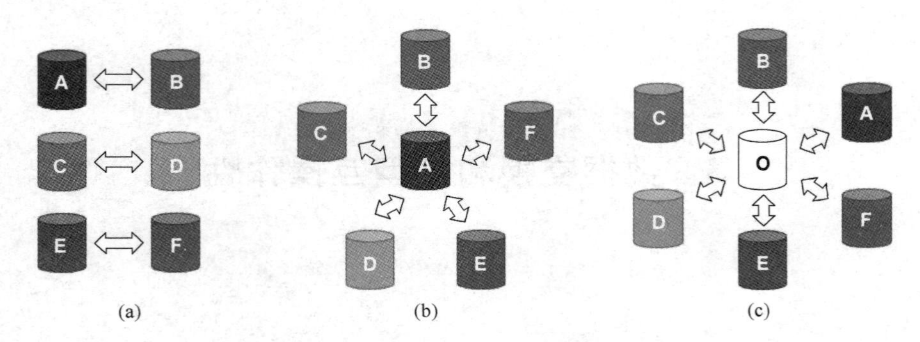

图 3-1 兼容性、垄断性标准和开放的互操作性

即所有软件遵循一个公开的、开放的数据交换标准和协议（中间的O模型定义），从而实现不同软件之间跨平台、跨系统的数据互联互通。在BIM领域，这样的公开、开放的互操作性称为OpenBIM，本书后面会进一步介绍OpenBIM。

3.1.2 互操作性的困局

建筑行业不同参与方普遍认可BIM技术的优势，但也因为互操作性不好限制了BIM技术在更大范围内取得更好的效益。麦格劳希尔公司在其2007年发布的BIM市场价值报告中指出，仅房屋建筑设计和施工领域（不包含市政基础设施领域），由于互操作性不良造成的损失就高达91亿美元，也就是说，即使全行业已经开始全面从CAD转向BIM，但理想中的数据和模型的互操作性还远远没有达到。互操作性的困局来自技术、流程、商业竞争等多个方面。

麦格劳希尔的报告中提及了限制互操作性的多个技术原因，其中最重要的一个是现有开放标准仅能覆盖有限的数据种类，而BIM应用涉及的数据种类范围太广，因此不能实现有效数据交换。以目前最为重要的IFC数据标准来说，虽然每一次发布新的版本，其覆盖的数据种类都会比上一个版本显著增加，但依然只能覆盖一部分数据类型。对某一个具体BIM应用软件来说，如果缺失的数据内容是其关键数据类型，那么缺失的数据定义就像木桶结构中的那块短板一样，限制了这个BIM应用软件的互操作性。

互操作性困局在流程方面的原因主要是对模型版本的有效追踪。工程建设是团队工作，众多参与方使用各自的BIM模型来交换设计和施工信息，但工程项目的数字模型不是静态的，而是动态变化的，因此如何追踪不同BIM软件使用的模型版本，并使其保持一致，是数据交换和协同的重要问题。有的时候，某一合作方在模型上的微小改动都会引起其他合作方的重要调整。例如，建筑师仅仅是将层高减小了10cm，可能通风空调系统就不得不作出重大修改。如果不能有效追踪模型版本变化，互操作性就不能完全实现。

最后，行业竞争也是制约互操作性实现的因素之一。首先，不同的软件商都希望能通过控制数据标准来主导市场，获得更大收益。因此，即使支持开放的数据交换标准和协议（因为也不希望自己在这一领域出局），也会在适合的时机推动自己私有标准和协议的应用。其次，用户之间也可能因为各种竞争关系而不愿意共享数据，包括知识产权原因、数据安全原因、连带责任原因等。有的时候用户仅仅因为合同上没有要求共享数据而拒绝和项目其他参与者共享数据。

3.2 数据交换方法

3.2.1 早期空间几何数据交换方法

软件之间的互操作性问题早在 2D CAD 时代就存在，早期的数据交换通常是点对点数据交换，即两个特定软件通过一个专门的数据交换软件导入和导出信息。20 世纪 80 年代的美国国家航空航天局（NASA）需要使用大量软件进行设计工作，因此他们也支付了大量的费用开发不同软件之间的数据交换工具。波音公司和通用电气合作为 NASA 开发了一种通用数据交换标准，这就是著名的 IGES。使用 IGES 数据交换协议作为一个中间标准，每个软件只需要能够读取 IGES 标准的文件并且输出 IGES 标准的文件，而不需要为协作中的每一个软件单独开发一个数据交换工具。类似的数据交换协议还有 DXF 和 SAT。

随着 CAD 技术的应用，从 2D 到 3D 再到 BIM 逐步发展，数据交换的内容也发生了巨大变化，过去 2D CAD 和 3D CAD 领域行之有效的数据交换标准和协议，在 BIM 时代也不再适用。2D CAD 和 3D CAD 中，数据交换中要解决的问题绝大部分是关于空间几何形体的内容，而涉及属性和关系的内容非常少。而 BIM 模型数据的交换，不但总体数据量比 3D CAD 增加一倍以上，而且几乎增加的这些数据量全部都是关于属性和关系的内容。IGES 等标准和协议，可以有效处理大部分几何空间数据的交换，但无法应对属性和关系。

3.2.2 BIM 数据的不同交换方法

针对图 3-1 中的三种数据交换模式，Sacks 等人总结了 BIM 软件之间的三种数据交换方法，分别是直接交换、基于文件的交换以及基于模型服务器（BIM Server）的交换。

直接交换适用于两个特定软件之间，通过应用程序编程接口（Application Programming Interface，简称 API）即可实现绝大部分数据交换功能，而无需对模型信息进行系统性定义，也就是对应图 3-1（a）的兼容模式。常见的 BIM 软件都选择开放 API 接口（例如 Revit 软件的 Open API、ArchiCAD 软件的 GDL 以及 Bentley 软件的 MDL），并且发布相应的软件开发包（SDK），允许第三方用户通过 C＋＋、C#、VB 等编程语言调用使用这些软件创建的模型所包含的实体的相关信息。这种直接交换方式，不需要考虑对模型数据进行完备的定义，因此使用起来更灵活、没有很多限制。软件公司通常更愿意使用这种直接数据交换模式，因为这种数据交换方式可以把两个软件更好地整合，比如将一个受力分析软件直接嵌入到建模软件中，受力分析软件读取模型中构件的尺寸以及连接方式，然后将计算结果反馈到建模软件中实现可视化展示。因为是两个软件的开发商充分合作开发这样的直接交换接口，而且是针对特定软件，甚至特定版本，所以这样的数据交换的鲁棒性是最好的。只要两个软件的开发商之间的合作关系有效续存，他们也会对这种直接交换接口进行有效维护，比如当软件版本升级的时候，通常新的交换接口也会发布。

基于文件的数据交换方法是指一个 BIM 软件将一个模型的信息按照一定格式封装到一个模型文件中，然后另外一个 BIM 软件通过打开这个文件获得模型信息。理论上这个封装格式既可以是企业私有格式，也可以是公开格式。如果是企业私有格式，对应的就是图 3-1（b）中的垄断性标准。这样一个企业私有标准通常是一个大的软件公司为了满足自己旗下众多软件产品的数据交换需求而制定的。如果一个企业强大到产品众多而必须制定自己内部的数据协同标准，那么一般也会有很多其他软件公司的产品为了与其交换数据而遵循同样的标准。在建筑工程领域，比较重要的企业私有模型标准包括 Autodesk 公司的 DXF 和 RVT，Bentley 公司的 DGN，以及 Graphisoft 公司的 PLN，Spatial Technology 公司的 SAT，以及 3D-Studio 公司的 3DS 等。如果交换标准是开放性标准，对应的就是图 3-1（c）中的互操作性，即行业内的软件产品均服从共同认可的数据标准和交换协议，并在此基础上实现数据协同。目前，BIM 领域的主要标准有工业基础类（Industrial Foundation Classes，简称 IFC）和 CIMsteel Integration Standards（CIS/2）。

基于模型服务器的数据交换方法依赖数据库技术，按照行业内公认的数据标准提供一个数据解析环境。这个数据标准应该是公开、开放的标准，比如 IFC，但也不排除商业公司按照自己的私有数据标准搭建模型服务器提供数据交换服务。早期的 BIM 模型服务器包括芬兰 VTT 开发的基于 IFC 标准的 IMSvr 服务器，佐治亚理工大学开发的基于 CIS/2 标准的 CIS2SQL 服务器，欧洲 Eurostep 开发的 Eurostep Model Server（EMS）等。其中，很多早期的 BIM 服务器项目因为各种原因并没有持续下去，目前主要提供服务的 BIM 服务器包括荷兰应用科学研究组织（TNO）开发的开源 BIM 服务器（BIMserver）以及韩国开发的 OR-IFC 服务器，这两个服务器都是基于国际通行的 IFC 标准。

3.2.3 模型服务器的优势和挑战

前面提到的基于文件的模型信息交换，需要将 BIM 模型文件在个人电脑或者单机工作站上打开，将模型数据载入内存，才能将项目信息准确表达出来。而使用 BIM 模型服务器，任何一个 BIM 应用软件直接从模型服务器按需获得当前项目最新的数据，完成相关工作（例如结构计算或者能耗分析），然后将数据返回模型服务器，并对历史数据进行更新。应用模型服务器最大的优势是保证所有人都在最新版本的模型上进行工作，避免了因为封装文件后模型版本更新造成的数据不一致的问题。这种近似“实时”的数据模型极大地方便了不同专业、不同参与方之间的协作效率，因为客户端程序的任何一次刷新都能捕捉到最新的变化，哪怕这个变化发生在 1s 之前。

应用 BIM 模型服务器进行数据管理和交换还有一个好处，就是可以更方便、简单地开发 BIM 应用程序，因为这些应用程序无需懂得怎么理解全部模型数据而仅仅关注自己需要的那些模型数据（全部模型数据的一个子集）。例如，一个门窗制造商需要了解一个项目中门窗的大小、数量、材质等信息，进而为这个项目所需的门窗安排原材料采购、生产等工作。如果这个门窗制造商所用的 BIM 软件可以直接从 BIM 模型服务器读取门窗这些构件的信息，就无需获得整个项目的模型文件，因此整体应用程序的开发和使用都会简单很多。

同时，使用 BIM 模型服务器还可以通过结合规则甚至人工智能算法，对外部环境进行监控并随时更新数据。还以上面那个门窗制造商为例，如果某个项目门窗要求使用一种特别的合金材料，而这种材料市场上价格波动比较大或者经常断货，这个门窗制造商就可以通过设定算法跟踪设计模型中指定材料的市场情况，并在满足预设条件时通知采购部门（甚至自动下单采购）。图 3-2 描述了 BIM 服务器的功能性生态结构。

BIM 服务器虽然有很多优势，但建筑行业还是更习惯单机工作站。随着计算机软硬件的成熟，建筑行业自 20 世纪 80 年代和 20 世纪 90 年代开始使用电脑建模支持设计和施

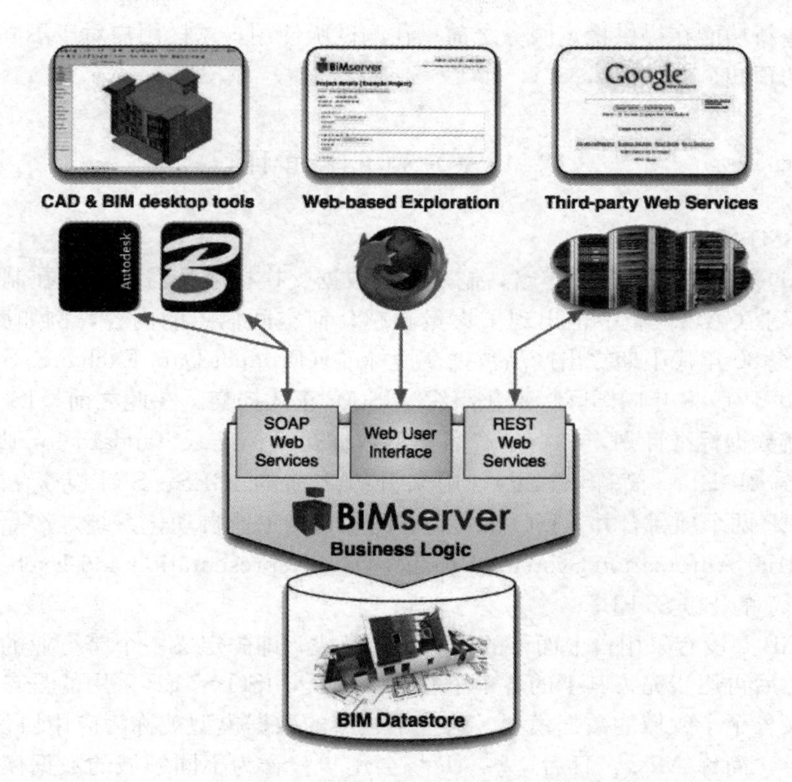

图 3-2 BIM 服务器的功能性生态框架

工。然而那时的网络速度还很慢，特别是跨组织间需要用互联网进行数据交换的时候，建筑模型文件体积大、传输慢的特点迫使整个行业习惯于购买高性能的单机工作站进行相关工作，而不是采用中心化的数据库管理系统模式。这种应用模式也反过来影响了建筑行业软件的发展。很多建筑行业软件不采用中心服务器架构，而针对单机应用进行特别优化。这种互相作用也进而影响了整个行业的合作模式。

除了行业文化以外，实施基于 BIM 服务器的信息交换方法还面临诸多技术挑战，主要包括版本追踪、可扩展性以及鲁棒性：

(1) 首先是在模型服务器端的版本控制问题。虽然使用模型服务器，在应用程序端免除了对不同模型版本的追踪，可以直接调用最新版本的数据，但版本追踪这个工作并没有消失，而是转移到了模型服务器端。基于文件的传统版本追踪方法，通过文件命名规则和变更记录单等方式，管理成本高、效率低，而 BIM 服务器需要对单个物体进行版本追踪并对冲突进行记录，虽然挑战大，但会极大地促进建筑工程行业在版本追踪领域的变革。

(2) 应用 BIM 服务器进行数据交换的第二个挑战来自可扩展性。工程项目的规模可大可小，同时使用模型服务器的人数也可多可少。BIM 服务器的架构和开发环境必须仔细选择才能满足可扩展性的要求，能够同时服务大量用户在大项目模型上同时工作。

(3) 对于依赖 BIM 服务器进行商业项目实施来说，鲁棒性至关重要。商业项目不同于研究性项目，必须确保交换的数据能够准确无误地被传递到各个应用程序。即使某些数据转换错误不能被避免，也要有适合的机制能及时发现这种错误并且通知相关参与方。很多开源软件通过同时发布稳定版本和测试版本来保证系统的鲁棒性——稳定版本提供常规服务，而一些新功能在提供稳定服务之前只在测试版使用，这样用户对于不同功能的鲁棒性会有明确的预知。

3.3　ISO-STEP和IFC

3.3.1　ISO-STEP

随着CAD数据内容的逐步丰富，制定新的数据交换标准的需求首先在制造业等行业出现，因为工业CAD模型中也出现了大量超越几何空间信息的内容，例如属性和关系。美国在20世纪80年代中期提出产品数据交换标准（Product Data Exchange Standard，简称PDES），并于1988年向国际标准化组织（ISO）正式提交。在此之前，ISO于1984年启动了一个新数据标准计划，名字是产品模型数据交换标准（Standard for the Exchange of Product model data，简称STEP），用来升级之前的IGES、SET等标准。1991年，PDES和STEP两个项目合并，ISO正式定名此项目为工业自动化系统之产品数据表达和交换（Industrial Automation Systems-Product Data Representation and Exchange），编号ISO 10303，简称ISO-STEP。

ISO-STEP并没有采用自上而下的信息定义模式，即先定义一个跨行业的完整的信息模型架构，然后再逐步完善其下的各个子领域。相反，ISO-STEP采用的是自下而上的方式，即先定义各个子领域的数据模型。这些子领域的数据模型被称为应用协议（Application Protocols，简称APs），日后这些AP将会逐步整合为不同领域的数据模型。以建筑工程领域为例，可以先定义一些子领域的AP，比如结构钢、钢筋混凝土、幕墙、通风系统等，然后各个子领域的AP定义完备，建筑工程领域的数据模型标准也就自然完成了。

ISO-STEP的AP可以大致归为三类，即设计类、生产制造类、全生命期支持类。表3-1列出了主要的AP，其中和建筑工程行业相关的有AP225（具有明确形状表达的建筑构件）和AP241（建筑工程设施全生命期通用模型）。

ISO-STEP中主要的AP　　**表3-1**

设计类AP
机械领域（Mechanical）
AP 207，Sheet metal die planning and design AP 209，Composite and metallic structural analysis and related design AP 235，Materials information for the design and verification of products AP 236，Furniture product data and project data AP 242，Managed model based 3d engineering
连接导向的电气、电子和通风管道（Connectivity oriented electric，electronic and piping/ventilation）
AP 210，Electronic assembly，interconnect and packaging design. The most complex and sophisticated STEP AP AP 212，Electrotechnical design and installation AP 227，Plant spatial configuration
船舶（Ship）
AP 215，Ship arrangement AP 216，Ship moulded forms AP 218，Ship structures

续表

设计类 AP
其他（Others）
AP 225，Building elements using explicit shape representation AP 232，Technical data packaging core information and exchange AP 233，Systems engineering data representation AP 237，Fluid dynamics has been cancelled and the functionality in AP 209
生产制造类 AP
AP 219，Dimensional inspection information exchange AP 223，Exchange of design and manufacturing product information for cast parts AP 224，Mechanical product definition for process plans using machining features AP 238，Application interpreted model for computer numeric controllers AP 240，Process plans for machined products
全生命周期支持类 AP
AP 239，Product life cycle support AP 221，Functional data and schematic representation of process plants AP 241，Generic Model for Life Cycle Support of AEC Facilities

为了准确定义数据模型，ISO-STEP 专门开发了一种数据建模语言 EXPRESS。使用 EXPRESS 语言定义的数据模型可以有效表达数据对象（data objects）之间的关系，并支持数据库的开发和实现特定领域的数据交换。EXPRESS 数据模型可以通过文本和图形两种方式进行定义。数据模型的表达需要严格的验证并支持某些输入工具（例如 SDAI），这时 ASCII 文件形式的文本表示就很重要。另一方面，图形表示更适合人类使用，让不懂建模语言的领域专家比较容易理解数据的定义。这种图形语言称为 EXPRESS-G（其中 G 表示图形的意思），但必须指出，基于 EXPRESS-G 的图形表示不能全部涵盖以文本形式表示的所有关于数据的定义。图 3-3（a）所示是 Family 这个数据模型的文本形式定义，而图 3-3（b）所示是相应的图形形式定义：模型中一个超级个体 Person 有两个类型 Male 和 Female，而且二者中只能有一个类型发生。每一个 Person 都会有一个强制属性 name

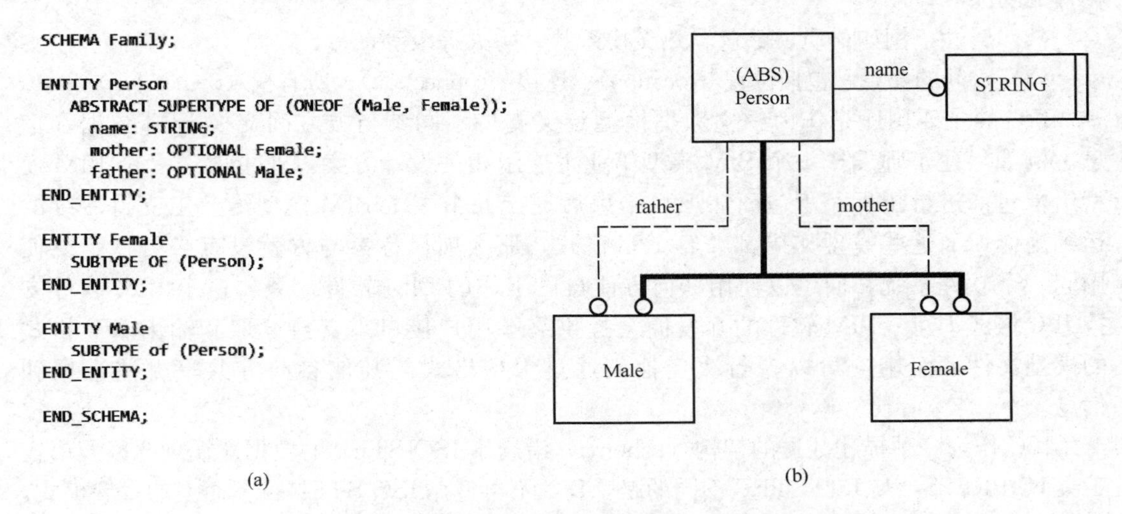

图 3-3　数据模型 Family 的文本和图形表达

以及一个可选属性 mother 和 father，因此一个 Female 的 Person 可以有 mother 的角色，而一个 Male 的 Person 可以有 father 的角色。

3.3.2　buildingSMART 和 IFC

ISO-STEP 采用的自下而上的发展方式，造成不同 AP 之间的进展速度差别很大，大部分领域因为工作量大而处于空白状态，所以不能覆盖大部分数据交换需求。而且，因为各个 AP 独立开发，因此不可避免地存在重叠现象。由于 ISO-STEP 发展缓慢，建筑行业内的软件开始自发组织起来解决互操作性问题。1994 年，Autodesk 公司联合 12 家美国企业成立了“互操作性工业联盟”（Industry Alliance for Interoperability，简称 IAI），基于 C++语言开发一系列建筑工程中使用的构件类别，用以支持不同软件之间的协作。1995 年，联盟对国际上所有感兴趣参与此项工作的公司开放，并在 1997 年更名为“互操作性国际联盟”（International Alliance for Interoperability，简称依然是 IAI）。新联盟的重点工作是发布一套用以表达建筑工程项目全生命周期的各种构件类别的中间数据模型，即工业基础类（Industry Foundation Classes，简称 IFC）。2005 年，该联盟再次更名为 buildingSMART International，简称 bSI，用来反映其组织目标和宗旨。到 2020 年 5 月，bSI 共有包括中国分部在内的 22 个分部。

根据 bSI 官方的定义，IFC 是包含建筑和基础设施在内工程项目全生命周期的标准化的数字描述。IFC 是一个开放的 ISO 标准（ISO 16739），其中立的特点使它不与任何软件商绑定，从而可以在多种用例情境下广泛支持各类软件平台和硬件系统。IFC 的实质是一个标准化的建筑工程行业数据模型，以清晰的逻辑定义了：

（1）领域内的实体构件，例如梁、板、墙、柱等；

（2）抽象概念，例如成本、性能等；

（3）过程，例如安装、运营等；

（4）人和角色，例如业主、设计师、承包商、供应商等。

同时，针对以上概念，还定义了他们的：

（1）身份识别和语义，例如名称（name）、机器可识别的 ID（GUID）、构件的类型、构件的功能等；

（2）属性，例如材质、颜色、热交换系数、防火等级等；

（3）之间的关系，包括位置（location）、连接（connection）、所有权（ownership）等。

IFC 的主要用途是作为中立数据模型定义支持不同参与方之间交换 BIM 数据和信息。例如，建筑师发送一个 BIM 模型给业主展示相关设计方案，业主发送一个 BIM 模型给承包商进行招标，承包商在项目结束后提交一个竣工 BIM 模型给业主支持后续的运维工作，而这些模型如果都兼容 IFC 格式，那么项目各参与方就没有必要一定要使用同一个软件系统，而可以使用任何方便自己工作的 BIM 软件，只要这个 BIM 软件支持 IFC 格式即可。BIM 软件的开发商会提供终端用户接口来支持读取和输出 IFC 格式的模型文件，而用户可以自行决定他们通过 IFC 格式与其他参与方共享哪些数据和信息。

IFC 作为一种描述数据的架构（schema）沿袭了 ISO-STEP 的数据建模理念以及语言工具 EXPRESS。与 ISO-STEP 不同的是，IFC 不再遵循 ISO-STEP 自下而上的发展模式，而采用了一种可扩展的自上而下的框架模型。IFC 首先定义了最广泛且最基本的构件数据，当然这样的定义支持非常有限的信息交换，但 IFC 的策略是首先支持数据定义的广度，然后专业应用领域数据交换所需的深度定义会逐步开发并建立。同时，IFC 框架模型是一种可以扩展的结构，即使某些应用领域现在不包含在框架结构当中，也不妨碍以后增加进来。因此，IFC 数据模型的整体性更强（ISO-STEP 标准相对更“零散”），而且避免了下层数据不兼容的问题。

截止本书写作之时，IFC 最新版本是 2020 年 4 月发布的 IFC 4.3 RC1 版，其中 RC 是预发布版本的意思，也就是 4.3 版第一次预发布。IFC 目前的官方稳定版本是 2018 年 6 月发布的 IFC4.1。图 3-4 描述了 IFC 的系统架构。

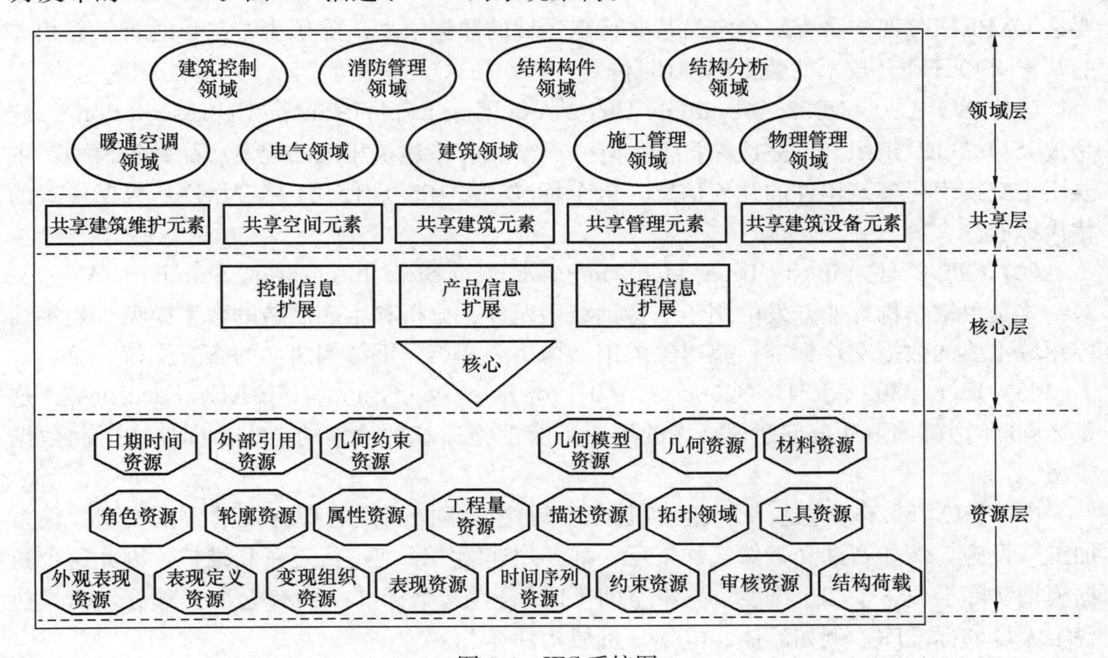

图 3-4 IFC 系统图

（图片来源：https://www.cnblogs.com/lyggqm/p/5358304.html）

（1）处于最下方的是资源层，包含了 21 组基础 EXPRESS 定义，这些定义可以被任何行业、任何基于 ISO-STEP 体系的数据模型标准所调用，并不是 IFC 专有，例如对时间的定义、对空间几何的定义、对材质的定义、对数量的定义、对测量方法的定义等。资源层内定义的实体没有全局唯一标识码（GUID），必须被其上层实体定义包含使用，而不能独立使用。

（2）接下来的核心层定义了全部常用实体，包括产品类实体、控制类实体和流程类实体。核心层及以上各层定义的实体都带有 GUID，可以被独立使用。

（3）再接下来的共享层定义了实体在不同领域的通用数据架构，这些定义主要用于支持不同领域之间的数据共享和交换。

（4）最后是领域层，用来定义各个领域内特有的数据架构，主要用于一个领域内不同软件之间的数据交换，比如用于结构分析的材料刚度的定义。

3.4 其他数据标准

3.4.1 建筑工程领域其他 ISO-STEP 标准

建筑工程领域在ISO-STEP发展的早期就参与到数据模型的定义工作中，只是后来独立发展了基于ISO-STEP数据模型定义技术的IFC标准。有些早期参与ISO-STEP的建筑工程领域相关的标准并没有因为IFC的出现而放弃其数据定义工作，比如前面提到的AP225。另外，有些非ISO-STEP组织也利用开放性的ISO-STEP数据模型定义技术（主要是EXPRESS架构语言）来定义某些特定领域的数据模型。除了IFC，和建筑工程相关的基于ISO-STEP技术的数据标准还有：

（1）ISO 10303 AP225（Building Elements Using Explicit Shape Representation）：这是被ISO-STEP组织开发完成并批准的唯一一个和房屋建筑相关的建筑产品数据模型，主要用于交换房屋建筑构件的几何信息。这个标准主要在欧洲使用，作为DXF数据格式的替代标准。

（2）CIS/2（Computer-Integrated Manufacturing Steel Integration Standard，Version 2）：这是由钢结构行业开发的用于支持钢结构设计、分析和生产制造的数字模型，是钢结构领域重要的数据交换标准，获得美国钢结构协会和英国钢结构协会的官方支持。

（3）ISO 10303 AP241（Generic Model for Life Cycle Support of AEC Facilities）：这是2006年由韩国bSI分部建议开发的用于工业设施和基础设施的全生命周期的产品数据模型。

（4）ISO 15926：这是一个专门为加工厂设施全生命周期管理开发的数据模型。很多加工厂设施，例如石油和天然气加工厂，都必须连续不断地进行运营和维护，因此这个数据模型实际上包含了四个维度（三维空间＋时间）。这个标准一共有七个子部分，而且包含了大量的标准库，例如流体、电气、机械构件等。

（5）ISO 29481（Building Information Models：Information Delivery Manual，简称IDM）：IFC等数据模型面向整个建筑工程领域内的全部数据进行建模和定义，然而在实际应用的时候往往只需要交换全部项目信息的一个子集（Model View Definition，简称MVD）。那么为了不同的业务流程而进行交换的信息子集应该怎么确定呢？IDM定义了确定这样一个子集的方法以及这样一个子集应该怎样表达。IDM和MVD也都是由bSI进行开发和推广的国际数据交换标准。

3.4.2 建筑工程领域其他非 ISO-STEP 标准

建筑工程领域还有很多为数据交换而制定的其他标准，并不一定都遵循ISO-STEP技术标准。而且，定义好了数据模型也不是就完全解决了互操作性问题。例如，不同语言之间的数据怎么交换，我怎么知道中文的推拉门对应英文、德文、西班牙文软件中的哪个实体？还有，成百上千种建筑工程构件，他们应该如何通过编码系统有序组织在一起，方便检索和查找？目前行业内和数据互操作性相关的标准还有：

（1）buildingSMART Data Dictionary（bSDD）是专门处理数据和信息的不同语言表达的一个字典标准。这个字典中，同一个数据在不同语言中的表达通过交叉映射实现互操作性。bSDD源自bSI的International Framework for Dictionary项目，在不同国家的负责机构并不相同，例如在挪威由 bSI 挪威分部负责，在美国则由 Construction Specifications Institute（CSI）负责。

（2）OmniClass 是美国和欧洲共同制定的新一代建筑构件分类编码系统，用以取代同行多年的 Masterformat 和 Uniformat。Masterformat 和 Uniformat 可以很好地管理图纸信息，用于描述建筑构件是什么以及如何建造，但并不能方便地和三维空间中的实体有效映射。目前，OmniClass 已经被 ISO 组织接受为国际分类和编码标准。

（3）Construction Operations Building information exchange（COBie）用来规范承包商在项目竣工后应该向业主提交的信息，用于辅助业主对设施进行运营和维护管理。COBie 定义了设计和施工过程中规范的信息收集和整理流程和标准，以及最终向业主交付的信息内容。

（4）除了 EXPRESS 以外，建筑工程领域还存在另外一个重要的数据架构语言（schema language），即 Extensible Markup Language（XML）。XML 在网络应用方面具有非常大的优势，很多网络应用的交换标准遵循了 XML 架构语言，比较重要的有 GIS 应用领域的 OpenGIS，绿色建筑领域的 gbXML，城市规划领域的 CityGML。ifcXML 是 IFC 数据模型对应的 XML 版本。

4 BIM 技术标准和指南

4.1 不同级别的 BIM 标准

任何一种技术的发展都离不开相关标准。没有标准来规范技术的发展和应用，再好的技术也不能有效发挥作用。第 3 章中提到的 IFC 等数据交换标准，是开放的国际技术标准，各国可以视情况自由选择采用或不采用。而应用标准则从应用层面规定 BIM 技术应该怎么使用。根据制定标准的主体和标准的适用范围不同，BIM 标准又分为国家标准、地方标准、协会标准、企业标准和项目标准。标准有时也被称作指南。

随着全球对 BIM 技术的重视，世界各国都已经制定或开始着手制定国家级 BIM 标准。这些国家级 BIM 标准通常由该国专业团体制定和发布，有些国家的政府行政部门也参与其中（例如中华人民共和国住房和城乡建设部、新加坡建设局等）。国家级 BIM 标准为 BIM 技术在其国内的应用制定了统一要求，并指明了该国 BIM 技术的发展方向。

很多地方政府在国家级 BIM 标准的规范下，也制定并发布了适合本地区 BIM 应用的导则、指南或规范。这些地方标准通常在内容上比国家标准更为详细和具体。国家标准是对全国适用的，但全国范围内各个地方经济发展水平不同、技术应用能力不同，所以需要地方标准来更好地指导当地 BIM 应用。例如，在北京、上海等一线大城市，大型综合建筑多，因此就有必要鼓励甚至要求更多地使用 BIM 技术，才能发挥 BIM 技术的优势、有效提升项目实施水平。相反，在中西部小城市，由于技术应用能力欠缺，就不宜按照北京、上海这些一线城市的要求，对 BIM 应用范围进行硬性规定。因为标准的制定和出台需要一定的时间和流程，因此有可能出现地方 BIM 标准早于国家 BIM 标准的情况。比如北京市 BIM 技术应用标准是我国第一个地方 BIM 技术应用标准，其发布之时，我国国家 BIM 标准还在制定过程中。但地方标准一定要服从国家标准，通常地方标准都会在总则部分明确，如果地方标准和国家标准冲突时，应符合国家标准要求。

因为 BIM 技术涵盖范围大、涉及领域多，因此很多专业技术协会也有必要制定相关协会标准，指导和支持特定领域的 BIM 应用工作。例如，中国高铁技术的快速发展要求在铁路工程建设领域建立和推广相应的 BIM 标准。在此背景下，由中国铁路 BIM 联盟牵头，启动了一系列协会级 BIM 标准的编制，其中《铁路工程信息模型数据存储标准》已经被 bSI 接受并发布为国际公开规范（bSI SPEC）。同样，美国建筑师协会（AIA）也制定了专门标准，作为建筑设计合同附件，针对设计过程中 BIM 模型和数据的创建、传输、使用方法，以及数字知识产权归属等进行明确规定。像地方标准低于国家标准一样，协会标准也低于国家标准。

无论是国家标准、地方标准，还是协会标准，都是在较大范围内规范 BIM 技术的应用，因此不可能太具体（因为适用范围内的用户业务流程差异性太大），也不可能太苛刻

(因为适用范围内的用户应用水平不一)，因此只能粗线条定义一个及格线，不能深入具体。鉴于这种情况，很多大企业为了深度管理企业内多个项目的BIM应用，在各级上位标准的规范下，依据自身情况，量身定制了企业级BIM标准。因为不涉及其他企业外用户，而且自己企业内的BIM应用基础和能力又比较明确，这种企业级BIM标准通常将各项要求明确得非常具体。例如，在数据互操作性的规定上，可以明确要求企业内所有BIM数据必须和某一软件商的格式兼容，原因可能是企业已经采购了这个软件商的项目服务器软件和建模软件。相反，无论是国家级、地方级或者协会级BIM标准都不可能指定特定软件商的数据格式，而只能要求BIM数据具有良好的互操作性，或者要求符合国际通用的、中立的IFC标准。

有些业主企业，在大型复杂项目上，依据其企业级BIM标准，制定了项目专属的项目级BIM标准，用更为具体的要求规范这个特定项目的BIM技术实施。例如，为了保持原生模型的协调兼容，某一个项目可以不但规定所有参与方均采用Autodesk Revit软件建模，甚至会规定必须适用某一特定版本的Revit软件，因为Revit软件不保证其版本向下兼容。又例如，参与项目的各个企业都有自己的企业级BIM标准，但对模型中不同系统的颜色规定互相冲突，就应该靠项目级BIM实施标准来协调这些互相冲突的规定。

4.2 国外相关标准和指南

4.2.1 国家级BIM标准及其主要内容

1. 美国

美国国家建筑信息模型标准（National BIM Standard-US，简称NBIMS-US）是美国国家建筑科学院（National Institute of Building Science，简称NIBS）组织编制的。NIBS下设NBIMS项目委员会，以保证美国国家BIM标准编制的顺利进行。NBIMS委员会最初于2005年以设施信息委员会（FIC）的名义特许成立。从1992年到2008年，FIC的使命是“通过为AEC行业和FM行业建立通用和开放的标准以及集成的生命周期信息模型，提高设施在整个生命周期内的性能”。为了简化流程和强化使命，FIC在2008年改组并命名为NBIMS委员会。NBIMS-US的目标是建立和管理一系列针对建筑信息模型各个方面的开源国家标准和指南。

NIBS分别于2007、2012、2015年发布了基于IFC标准的美国国家BIM标准第一版(NBIMS-USV1)、第二版（NBIMS-USV2）和第三版（NBIMS-USV3）。NBIMS-USV3在以往的基础上进一步深化和扩展，形成了一整套切实可行的BIM标准。它的主要内容框架包括标准引用层、信息交换层和BIM标准实施层三个层次。这三个层次相辅相成，互相依托，形成一整套标准体系。

标准引用层是该体系的最底层，整合了具有互操作性的BIM软件的所有相关标准。这些标准包括：IFC标准、W3C XML数据标准、OmniClass分类标准、IFD/bSDD数据字典、LOD开发等级、BCF协同格式等。信息交换层是该体系的核心，通过前述IDM和MVD标准对业务流程进行建模，描述建筑项目全生命周期不同业务流程的信息交换标准，整合了不同的建筑模型和建筑信息格式，提高BIM软件的互操作性和信息传递效率。目前，主要的信息交换标准包括：设计施工建筑信息交换（COBie)、空间规划验证信息交换（SPV）、建筑能耗分析信息交换（BEA）、建筑成本估算信息交换（QTO）、建筑规划信息交换（BPie）、电气设备信息交换（SPARKie）、HAVC 信息交换（HVACie）、给水排水系统信息交换（WSie）等。标准实施层是 NBIMS 的顶层，包含了 BIM 在实际工程中的应用规划和指导，可以帮助业主和项目专业人员具体实施基于 BIM 的全生命周期业务流程。它包括 BIM 实施规划指南、BIM 实施计划内容、业主 BIM 规划指南等。

2. 英国

PAS 1192 系列标准是英国用于支撑其 BIM Level 2 应用的国家标准。BIM Level 2 是英国国家 BIM 应用成熟度的等级，英国政府要求在 2016 年之后所有政府投资项目都要达到这一等级。关于英国 BIM 政策详见本书 5.2 节。在英国，PAS（Publicly Available Specifications ）是快速指定的标准、规范、业务守则或指南。开发 PAS 的目的主要是满足市场的需要，两年后英国标准协会（BSI）对其进行修订，不再需要的 PAS 会被撤销，有必要保留的 PAS 会称为英国国家标准。PAS 1192 目前包括以下部分：

（1）PAS 1192-2：制定于 2013 年，Part 2 为组织、管理和开发建筑行业的生产信息提供了最佳实践框架。这个标准规定了严格的协作流程以及正确的命名策略，包括用于通用命名约定的模板，并介绍了确保协作的各种方法。Part 2 专注于项目整个实施过程，包含项目信息模型（PIM）的所有信息，例如文档以及图形和非图形数据。因此，这个标准对那些负责建筑物和基础设施资产的设计、建造、交付、运营和维护全过程的人员很有用。

（2）PAS 1192-3：制定于 2013 年，Part 3 指导资产管理者以最佳方式整合长期和短期运营行为中的信息管理。该规范应与 PAS 1192-2 结合使用，因为它侧重于资产的运营阶段。

（3）PAS 1192-4：制定于 2014 年，Part 4 概述了英国在 COBie 方面的用法，该用法促进了业主与供应链之间的信息交换。

（4）PAS 1192-5：制定于 2015 年，Part 5 涉及 BIM 和数字化建成环境管理的安全性方面。该规范鼓励组织内部建立安全的数字信息使用文化，并规范了创建和培养数字信息应用合规性所需的步骤。

随着 PAS 1192 标准在英国、澳洲、中东的影响力增加，英国将其提交 ISO，申请成为国际标准。ISO 在 PAS 1192 的基础上，于 2019 年年初发布了 ISO 19650，用于管理使用 BIM 技术的工程项目全生命周期的信息和数据，目前包括 Part 1“概念和原则”以及 Part 2“资产交付阶段”。

3. 英国以外欧洲其他国家

德国国家 BIM 标准由德国工程师协会（The Association of German Engineers，简称 VDI）负责制定，即 VDI 2552 系列标准。VDI 2552 是德国第一个国家级 BIM 标准，VDI 在标准编制过程中会和德国标准局（German Institute for Standardization，简称 DIN）合作，以保证 VDI 2552 符合德国标准通用规定。VDI 2552 提供了一种结构化方法，可在设计、建造和运营过程中有效实施 BIM。它描述了 BIM 使用的技术规则、经验和发展，这些规则已在国际上得到证明。

2017 年 4 月法国发布了作为其建筑业数字化国家战略一部分的法国 BIM 标准化路线图，称为 Plan for the digital transition in the building industry（PTNB）。法国标准化路线图充分利用了所有建筑行业国际标准化机构已经制定的各种标准，而无需再作类似基础研究。PTNB通过一个三层楼示意图（图4-1），将术语、数据、流程和人员结合在一起，以及这些不同“领域”之间的相互作用，以易于理解的类比提供了BIM标准化“生态系统”的简要概述。

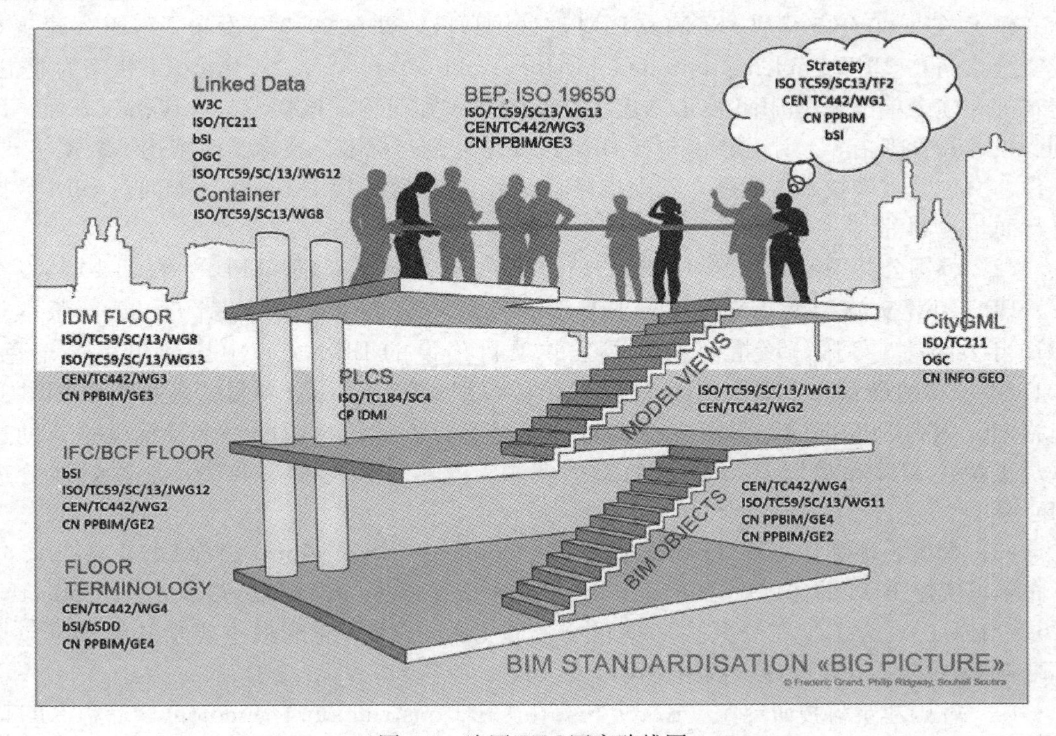

图4-1　法国BIM国家路线图

挪威公共建筑机构（Statsbygg）于2008年发布了Statsbygg BIM Manual 1.0（SBM 1.0），被看作是挪威第一个国家级BIM标准。Statsbygg是为挪威政府提供施工和物业管理顾问服务的机构，该机构是挪威BIM技术推广和标准制作的权威机构。SBM的目的是以开放的IFC格式描述Statsbygg对BIM的要求（通用要求和特定专业要求）。这些要求可以在运营项目期间进行补充或更改。SBM的主要目标受众是设计团队、业主项目团队、设施经理以及参与BIM流程的领域从业人员，也可能为软件应用程序提供商提供指导。SBM 1.0发布并历经几次升级之后，Statsbygg于2015年启动了SBM 2.0的开发工作，并于2019年正式发布SBM 2.0。SBM 2.0框架包括术语定义、通用要求（如基础BIM要求、通用模型结构要求、客户要求等）、专项要求（各个土建细分领域的要求，如建筑、景观、岩土、消防等）、模型的拆分交付以及分类。

bSI的芬兰分部2012年发布了Common BIM Requirements 2012（COBIM 2012），可以算是芬兰国家级的BIM标准。COBIM 2012是在Senate Properties公司（一家管理政府旗下房地产资产的国有公司）2007年发布的《BIM实施要求》的基础上开发的。COBIM 2012包含以下内容：通用BIM要求，建模，建筑设计，结构设计，设备专业设计，质量保障和检验，工程量计算，模型可视化，MEP分析，能耗分析，BIM项目管理，BIM辅助设施管理，BIM辅助施工管理，以及BIM辅助房屋检查等14个部分。

4. 中国以外其他亚洲国家

韩国虽然没有国家统一的BIM标准，但很多政府部门都制定了自己管辖范围内全国适用的BIM标准，可以说是一系列国家标准，主要包括：

（1）韩国国土交通部（Ministry of Land，Infrastructure and Transport，简称MoLIT）在2009年5月启动了国家BIM路线图研究，并在2010年发布了《BIM建筑专业实施指南》（BIM Implementation Guide for Architecture V.1.0）。MoLIT指南为业主、建筑师和施工单位采用BIM技术制定了详细的要求和流程。该指南具体包括三方面：计划、技术和管理指导。计划指南包括BIM的实施计划与标准；技术指南阐述了数据格式、软件、文件管理等技术性问题；管理指导则展示了如何管理BIM项目，如何对BIM数据进行质量控制等。

（2）韩国公共采购服务部（Public Procurement Service，简称PPS）在2010年发布了《PPS BIM实施指南1.0》（The PPS BIM Implementation Guide 1.0），最新版本是2015年发布的1.3版。该指南在韩国公共项目建设的BIM实施中扮演了重要角色。2015年发布的最新版主要包括两个部分：针对PPS员工的BIM项目管理指南和BIM实施指南。因为PPS部门许多员工对BIM并不熟悉，因此该指南的一个目标就是帮助这些员工快速了解和掌握BIM项目的管理技术，改善他们的学习曲线，更高效地管理BIM项目。

（3）韩国土地和住房部（Korea Land & Housing Corporation，简称LH）在2012年发布了《实施BIM的住房设计指南1.0》（BIM-Implemented Design Guide for Collective Housing 1.0），介绍了在公共住房项目中实施BIM技术所需的最小要求和标准，包括BIM项目采购、BIM设计、数据使用以及项目管理等。

（4）韩国建筑科技研究院（Korea Institute of Construction Technology，简称KICT）在2013年发布的《基于BIM的设施管理建模指南》（Modeling Guidelines for BIM-based Facility Management 1.0）偏向于BIM数据的使用，比如使用项目设计和施工阶段积累的BIM数据从而服务于建筑运营阶段的设施管理。

新加坡建设局（Building and Construction Authority，简称BCA）制定的《新加坡BIM指南1.0版》于2012年5月发布，后来经更新并修订为《新加坡BIM指南2.0版》，并于2013年8月发布。该指南包含BIM具体的规范以及BIM的建模和协作程序，概述了在项目的不同阶段使用建筑信息模型（BIM）时项目成员的角色和职责。该指南主要包括BIM规范、BIM建模和协作流程以及附录。BIM规范部分概括了项目成员在BIM项目中不同阶段所扮演的不同角色，并规定了项目成员在不同阶段所应该交付的成果和应达成的目标；BIM建模和协作流程部分则规定项目团队在不同阶段所创建BIM模型的深度要求，并就协作流程和项目成员间的BIM模型成果共享给出了指导。

日本国土交通省（Ministry of Land，Infrastructure and Transport，简称MLIT）2010年宣布开始在政府建筑中试行BIM技术。到了2013年，MLIT开始推动全国公共工程导入CIM（Construction Information Modeling）试行计划，2014年发布了国家级《公共建设项目BIM应用指南》（Guideline for BIM Application in Public Building Projects），主要用于指导公共项目的建设，但不具有强制性。该BIM指南分为三部分：总则、设计业务篇和施工篇。设计人员可参考“总则”和“设计业务篇”，而施工单位则可参考“总则”与“施工篇”，并建议政府工程皆可以这份指南作为准则使用。此份 BIM 指南中说明了 BIM 应用的目的以及 BIM 应用的案例，如各种模拟、内外部的可视化、冲突碰撞检查、BIM 构件（如柱、梁、楼板等）及其详细程度与示例、运用指南后的预期效果等。

5. 澳洲主要国家

澳大利亚的国家标准由 NATSPEC 制定和推广。NATSPEC 通过国家 BIM 门户网站支持重要的澳大利亚 BIM 计划——它充当澳大利亚 BIM 顾问委员会（ABAB）、ACIF-APCC 项目团队集成（PTI）和 BIM 计划的知识中心。《NATSPEC 国家 BIM 指南》（The NATSPEC National BIM Guide）是一套可以用来指导 BIM 项目实施的文档，具体包括：

（1）《NATSPEC 国家 BIM 指南》是主要的参考文件，它定义了项目的角色和职责、协作程序、批准的软件、建模要求、数字可交付成果和文档标准。

（2）《项目 BIM 简要模板》提供了一种方法，用于记录有关单个项目的客户对 BIM 的要求。它可以输入项目的描述性详细信息（例如位置），并指定客户期望的 BIM 交付物和用途。它还用于记录要应用 NATSPEC BIM 参考时间表中的哪些标准。与其他简报文件一样，它概述了项目所需的服务范围，并允许项目团队制订有效的对策。

（3）《NATSPEC BIM 参考清单》是一套可供参考的文件和标准清单，可在《NATSPEC 国家 BIM 指南》中引用。适用于一个项目的特定清单文件会被记录在“项目 BIM 摘要”中。

（4）《NATSPEC BIM 对象/元素矩阵》是一系列 Microsoft Excel 工作表，它们在建筑物生命周期的不同阶段通过 Uniformat 或 OmniClass 分类和开发等级（LOD）定义了大量对象和元素及其属性。

BIM 加速委员会（BIM Acceleration Committee）是新西兰一个非盈利性的行业和政府联合机构，致力于增进对 BIM 的了解和使用。该委员会 2014 年发布了第一本《新西兰 BIM 手册》（The NZ BIM Handbook），目前最新版本是 2019 年发布的第三版。《新西兰 BIM 手册》的目的是促进 BIM 的使用及其收益，并在新西兰创建、维护和运营优质的已建资产。该手册借鉴了世界各地的最佳 BIM 实践并在第三版中包括了最近发布的 ISO 19650 标准。《新西兰 BIM 手册》包含多达 15 个附录，具体参见表 4-1。

《新西兰 BIM 手册》附录明细 **表 4-1**

附录编号	英文名称	中文名称
附录 A	Modeling and Documentation Practice	建模和归档实践
附录 B	BIM Uses across NZCIC Phases	跨 NZCIC 阶段 BIM 使用
附录 C	Levels of Development definitions	开发等级（LOD）定义
附录 D	BIM Uses Definitions	BIM 使用定义
附录 Ei	Project BIM Brief-Example	项目 BIM 摘要-范例
附录 Eii	Project BIM Brief-Template	项目 BIM 摘要-模板
附录 Fi	Model Element Authoring (MEA) schedule-Example	模型单元构建清单-范例
附录 Fii	Model Element Authoring (MEA) schedule-Template	模型单元构建清单-模板
附录 Gi	BIM Evaluation and Response-Example	BIM 评估和反馈-范例
附录 Gii	BIM Evaluation and Response-Template	BIM 评估和反馈-模板
附录 Hi	Project BIM Execution Plan-Example	项目 BIM 执行计划-范例

续表

附录编号	英文名称	中文名称
附录 Hii	Project BIM Execution Plan-Template	项目 BIM 执行计划-模板
附录 I	Model Coordination	模型协同
附录 Ji	Model Description Document（MDD）-Example	模型描述文档-范例
附录 Jii	Model Description Document（MDD）-Template	模型描述文档-模板

6. 主要国家级 BIM 标准内容对比

各个国家的 BIM 标准，虽然出发点相似，但因为国情不同，内容上也各有特色。即使是相同的内容，规范的深度及详细程度也有一定区别。本节审查了与以上各个国家级 BIM 标准有关的 11 个内容，并以这些内容为基础，对比了各个标准在不同内容上的深度，如表 4-2 所示。这 11 个内容分别是：对 BIM 执行计划的规定、对数据互操作性的规定、对模型协同的规定、对模型操作和维护的规定、对 BIM 在项目各阶段功能的规定、对应用 BIM 技术前提条件的规定、对责任和法律义务的规定、对数字文件命名和格式的规定、对 BIM 模型和相关文档归档的规定、对模型开发等级（LOD）的规定、对仿真和分析的规定。

各国 BIM 标准内容对比 **表 4-2**

相关内容	美国（NBIMS）	英国（PAS）	芬兰（COBIM）	澳大利亚（NATSPEC）	新西兰（NZ BIM）	挪威（Statsbygg）	新加坡（S BIM）
BIM 执行计划	★★★	★★★	★★★	★★★	★★★		★★★
数据互操作性	★★★	★★★	★★	★★		★★	★★
模型协同	★★	★★	★	★★★	★★★	★	★★
模型操作和维护	★★★	★★★	★★	★★	★★★	★	★★
各阶段 BIM 功能	★★★	★★	★★★	★★★	★★★	★	★★★
BIM 应用前提条件	★★★	★	★	★	★		
责任和法律	★★★	★★★	★★★	★★★			★★
数字文件	★★★	★★	★★★	★★★	★★★	★	★★
归档	★★★	★★	★★	★	★★	★	★★
模型开发等级（LOD）	★★★	★★★	★	★★★		★	★★
仿真和分析	★★	★★★	★★★	★★		★★	★★

注：★ 初步规定；★★ 一般规定；★★★ 详细规定。

4.2.2 地区和组织级 BIM 标准及其主要内容

由于国外地区和组织众多，限于篇幅，本节仅讨论美国几个对行业 BIM 应用和发展比较重要的地区和组织级 BIM 标准。

1. 地方政府 BIM 标准

威斯康星州政府是美国第一个在全州范围内对公共建设项目要求使用 BIM 技术的州政府，因此于 2010 年出台了第一版《威斯康星建筑师和工程师 BIM 指南和标准》（Wisconsin BIM Guidelines and Standards for Architects and Engineers）。该指南于 2012 年修订为第二版。该指南强调了美国国家BIM标准（NBIMS-US）的重要参照作用，要求建筑设计和工程师采用BIM执行计划（BEP）来执行该指南中提及的所有实施内容，要求所有专业都要创建符合IFC开放格式的数据模型，并遵循规定的模型开发等级（LOD）。所有关键节点的BIM模型，包括最后的竣工模型，都要提交给威斯康星州政府公共事务管理局。

俄亥俄州设施建设委员会于2012年发布了《BIM协议》（BIM Protocol），该协议旨在为各机构和高等教育机构之间的模型开发和管理提供指南，为众多还没有自己的BIM标准的项目的参与方提供标准支持。该协议的目标有三个：建立通用的方法，传达业主对建筑物信息模型中包含的详细程度和数据类型的需求；建立最低限度的建筑信息模型要求，建立能为业主带来直接价值的流程，并且紧扣当前行业能力；鼓励行业进一步采用建筑信息模型，以使业主能够从该技术中获得更多收益。

得克萨斯州设施委员会（Texas Facilities Commission）在2012年出版了《专业承包商指南和标准》（Professional Service Provider Guidelines and Standards），对建筑师和工程师涉及BIM的工作流程给出了统一的标准。

佐治亚州金融和投资委员会（The Georgia State Financing and Investment Commission，简称GSFIC）于2013年发布了其BIM指南（GSFIC BIM Guide），该出版物将帮助建筑师和工程师（建筑和施工）了解GSFIC关于州立项目的建筑信息模型的标准。该指南描述了所有BIM项目的标准，并包括有关建筑物可施工性审查，建筑物生命安全组件审查，冲突检测和第三方BIM验证的详细信息。BIM可交付成果应由GSFIC设计审查小组进行验证。在验证过程中，应根据该指南中概述的四个主要方面对BIM进行审核，包括：建筑施工性审查，建筑生命安全组件审查，冲突检测和建筑模型质量（需第三方BIM验证）。

明尼苏达州于2014年发布了《明尼苏达州BIM指南》（State of Minnesota BIM Guideline）。该指南将通过建筑信息模型（BIM）和数据管理来协助开发集成生命周期管理（ILM）战略。该指南代表明尼苏达州的BIM试点计划和生命周期数据积累工作，并致力于在建筑和设施管理领域中采用技术和流程的改进。该指南将帮助实施当前和未来的BIM项目，并尽可能有效地采用BIM。

纽约工程设计和施工部（Department of Design and Construction，简称DDC）作为纽约市的主要基本建设项目管理者，在2013年发布了《纽约市DDC BIM指南》（NYC DDC BIM Guidelines），该指南旨在确保BIM在所有纽约市公共建筑项目中的使用一致性，提供了在多种建筑类型以及众多市政机构中一致开发和使用BIM的指导。此外，该指南对可能有兴趣将BIM用于纽约市公共项目但没有自己标准的任何机构或组织也很有用。

圣安东尼奥市投资改进管理服务中心（City of San Antonio Capital Improvements Management Services）于2011年发布了《设计与施工的BIM标准》（BIM Development Criteria and Standards for Design and Construction Projects）。该标准的制定旨在为本市设计和建设项目的要素和系统的各个阶段定义使用BIM的流程并建立要求、程序和协议，以用作更有效地管理、维护的工具，并在建筑物的生命周期内对其设施进行翻新。

2. 美国公共机构BIM标准

美国总务管理局（General Service Administration，简称GSA）是全球最早研究并应用BIM技术的组织之一。2003年，GSA通过其公共建筑服务（PBS）制定了国家3D-4D-BIM计划。此后，该计划已通过其治理委员会发展成为公共建筑信息技术服务（PB-ITS）与PBS之间的合作。GSA 3D-4D-BIM计划的目标包括：制定政策要求旗下管理的项目逐步采用BIM技术，为正在进行的BIM项目提供专家支持，为在资产和设施管理中继续使用BIM数据提供指导，评估行业BIM就绪程度和BIM技术成熟度，为BIM项目开发招标和合同文档，与BIM供应商等各相关组织展开合作和研究等。GSA自2007年起发布了一系列BIM应用指南，包括《BIM指南01：3D-4D-BIM概述》《BIM指南02：空间验证》《BIM指南03：3D激光扫描》《BIM指南04：4D进度》《BIM指南05：能耗性能》《BIM指南06：流线和安全验证》《BIM指南07：建筑元素》《BIM指南08：设施管理》。GSA还为使用BIM软件规定了详细的项目标准和技术标准。项目标准规定了参与BIM项目的人员角色和责任，以及数据提交流程和内容。技术标准则包括：命名标准、文件结构和组织、分组和关系、文件参考和关联、参数化内容、最低属性要求、MEP颜色映射、3D图像、软件版本等。

美国退伍军人事务部（Department of Veteran Affairs，简称VA）建设与设施管理办公室（CFM）为退伍军人事务部的建设项目提供计划、设计和施工管理服务。VA在2010年发布《VA BIM指南》(The VA BIM Guide)，要求项目参与方尽可能有效地采用BIM技术，并将BIM流程要求和集成项目交付（IPD）方法学集成到其交付要求中。VA要求2009财年开始的所有主要新建建筑和翻新项目（项目的拨款超过1000万美元），必须符合IFC的BIM建模数据格式。该指南适用于VA为这些项目的设计和施工工作所雇用的建筑师、工程师、其他顾问和承包商。

美国陆军工程兵团（USACE）于2013年发布了《USACE项目BIM要求》(Building Information Modeling (BIM) Requirements on USACE Projects)。本标准适用于每个USACE司令部，其任务是支持军事或民用工程（或两者）的设计和建造。此标准的要求适用于内部设计或外包设计，或者两者的结合。该标准用以指导所有军事和民用土建工程项目中所使用的BIM流程和相关技术。

美国国防部军事卫生系统（Department of Defense Military Health System，DoD MHS）于2014年发布了《MHS设施全国生命周期BIM最低要求》（MHS Facility Life Cycle Management（FLCM）Building Information Modeling（BIM）Minimum Requirements)。该文件详细介绍了UFC 4-510-01中所述的国防部MHS设施项目的最低BIM要求。该文档的主要功能是从FLCM角度确保MHS的BIM标准协调一致。

3. 专业协会BIM标准

美国总承包商协会（Associated General Contractors of America，简称AGC）为指导会员企业顺利对接BIM技术，成功实施采用BIM技术的工程项目，2006年发布了《承包商BIM指南》(Contractor's Guide to BIM)，2010年发布了该指南的第二版。AGC发布的承包商指南作为一个一般性的指导文件，向总承包商解释了BIM在项目中的应用流程，用于协同的BIM工具，由于应用BIM技术带来的相关责任和合约问题，以及相应的风险管理。

美国GSA指南和AGC指南分别从业主视角和承包商视角规范了BIM的应用，美国建筑师协会（American Institute of Architects，简称AIA）则从设计师视角出发，发布了一系列和数字技术相关的标准、指南和合同附件范本（AIA Digital Practice documents），包括：

（1）C106-2013是数字数据授权协议（Digital Data Licensing Agreement），是合同双方之间关于使用和传输数字数据（包括服务工具）的许可协议。AIA文件C106-2013将数字数据定义为特定项目以数字形式创建或存储的信息、通信、图纸或设计。C106允许一方授予另一方在一个特定项目上有限的、非排他性的使用许可，确定传输数字数据的程序，对授予的许可证进行有关限制。此外，C106允许传输数字数据的一方收取接收方使用数字数据的许可费。该文档2007年第一次发布，2013年修订。

（2）E203-2013是BIM和数字数据附件（Building Information Modeling and Digital Data Exhibit），用于作为设计合同的附录，其目的是建立各方对项目中使用数字数据和建立信息模型（BIM）的共识，并提出开发详细的协议和程序的流程，以控制该项目的BIM数字数据的开发、使用、传输和交换。一旦达成协议，E203-2013声明相关协议和程序将在AIA文件G201-2013（项目数字数据协议表格）和G202-2013（项目建筑信息建模协议表格）中阐明。

（3）G201-2013是项目数字数据协议表格（Project Digital Data Protocol Form），与AIA文件E203-2013建筑信息模型和数字数据协议附件一起使用。其目的是记录控制项目上数字数据的传输、使用和交换的商定协议和程序，例如电子项目通信信息、提交的文档、合同文件和付款文件。

（4）G202-2013是项目建筑信息建模协议表格（Project Building Information Modeling Protocol Form），也是与AIA文件E203-2013建筑信息模型和数字数据协议附件一起使用的表格。其目的是记录控制项目上建筑信息模型的开发、传输、使用和交换的商定协议和程序。它确定了五个开发级别的模型内容要求，以及每个开发级别的模型内容的授权使用。通过为每个项目完成这样一个表格，AIA G202-2013文件按项目里程碑分配了每个模型元素的作者身份。G202定义了模型用户可以依赖模型内容的程度，阐明了模型所有权，并提出了建筑信息的建模标准和文件格式。

4. 其他企业和组织BIM标准

洛杉矶社区学院学区（The Los Angeles Community College District，简称LACCD）是美国最大的社区大学学区，由9个学院组成，占地882mi^2。在过去的77年中，这些大学已为300万学生提供了教育，目前他们每年招收225000多名学生。从2000年代初开始，LACCD计划设计和建造65座以上的新建筑，并对许多其他建筑进行改造。这一雄心勃勃的校园转型要求采用建筑信息模型方法，每座建筑均需以3D建模并使用BIM流程进行管理。为此LACCD在2010年发布了两个BIM标准，一个适用于传统的“设计—招标投标—建造”方式，另外一个适用于“设计—建造”总承包模式。目前这两个标准分别更新至2016年版本和2017年版本。

纽约学校建设管理局（SCA）由纽约州立法机构于1988年12月成立，目的是在纽约市1400多所公立学校建筑中建造新的公立学校并管理基本项目的设计、建造和翻新。SCA在2013年发布了《建筑师与工程师建筑信息模型标准与指南》（Building Information Modeling Guidelines and Standards for Architects and Engineers）。该标准的目标是使用建筑信息模型和相关软件产品作为工具，助力于工程项目的建设。因此，设计团队应使用BIM来设计，以满足项目的需求和要求，并在设计过程中协助SCA和其他项目参与者，以便改善决策过程、减少信息请求、产生更好的设计、减少变更单、降低成本、改善整体施工质量和进度。设计团队开发的每个模型都应该满足计划验证、可视化和成本估算的要求。

4.3 国内相关标准和指南（国家、地方、组织）

4.3.1 国家级BIM标准及其主要内容

中华人民共和国住房和城乡建设部在2011年5月发布的《2011—2015年建筑业信息化发展纲要》中指出，“十二五”期间，基本实现建筑企业信息系统的普及应用，加快建筑信息模型、基于网络的协同工作等新技术在工程中的应用，推动信息化标准建设，促进具有自主知识产权软件的产业化，形成一批信息技术应用达到国际先进水平的建筑企业。

2012年1月，住房和城乡建设部发布了《关于印发2012年工程建设标准规范制定修订计划的通知》，五个BIM相关标准《建筑信息模型应用统一标准》《建筑信息模型分类和编码标准》《建筑工程信息模型存储标准》《建筑信息模型设计交付标准》《制造工业工程设计信息模型应用标准》的制定工作宣告正式启动。2013年，住房和城乡建设部印发《2013年工程建设标准规范制订修订计划》的通知，将《建筑信息模型施工应用标准》列入修订计划。2014年，工程建设城建、建工行业标准《建筑工程设计信息模型制图标准》列入修订计划。至此，我国国家级BIM标准一共七个。

2016年8月，住房和城乡建设部印发《2016—2020年建筑业信息化发展纲要》，提到全面提高建筑业信息化，增强BIM、大数据、智能化、移动通信、云计算、物联网等信息技术集成应用能力，建筑业数字化、网络化、智能化取得突破性进展，初步建成一体化行业监管和服务平台。并且强调在工程项目设计中，普及应用BIM进行设计方案的性能和功能模拟分析、优化、绘图、审查，以及成果交付和可视化沟通，提高设计质量；研究制定工程总承包项目基于BIM的各参与方成果交付标准，实现从设计、施工到运行维护阶段的数字化交付和全生命期信息共享；探索基于BIM的数字化成果交付、审查和存档管理。该纲要的发布为我国在“十三五”期间发展建筑信息模型指明了方向。

1.《建筑信息模型应用统一标准》GB/T 51212—2016

《建筑信息模型应用统一标准》由中国建筑科学研究院作为主编单位牵头编制，从2012年3月启动，至2016年12月发布，自2017年7月1日起实施。《建筑信息模型应用统一标准》是我国第一部国家级建筑信息模型应用的工程建设标准，提出了建筑信息模型应用的基本要求，可作为我国建筑信息模型应用及相关标准研究和编制的依据。《建筑信息模型应用统一标准》主要内容包括总则、术语、基本规定、模型结构与扩展、数据互用和模型应用。

(1) 总则：确定了标准使用原则。

(2) 术语和缩略语：规定了建筑信息模型、建筑信息子模型、建筑信息模型元素、建筑信息模型软件等术语，以及“PBIM”基于工程实践的建筑信息模型应用方式这一缩略语。

（3）基本规定：提出了“协同工作、信息共享”的基本要求，并推荐模型应用宜采用P-BIM方式，还对BIM软件提出了基本要求。

（4）模型结构与扩展：提出了唯一性、开放性、可扩展性等要求，并规定了模型结构由资源数据、共享元素、专业元素组成，以及模型扩展的注意事项。

（5）数据互用：对数据的交付与交换提出了正确性、协调性和一致性检查的要求，规定了互用数据的内容和格式，对数据的编码与存储也提出了要求。

（6）模型应用：不仅对模型的创建、使用分别提出了要求，还对BIM软件提出了专业功能和数据互用功能的要求，并给出了对于企业组织实施BIM应用的一些规定。

2.《建筑信息模型施工应用标准》GB/T 51235—2017

《建筑信息模型施工应用标准》由中国建筑股份有限公司和中国建筑科学研究院会同有关单位编制，从2013年立项，至2017年5月发布，自2018年1月1日起实施。该标准直接面向施工技术和管理人员，间接面向软件开发人员（提出功能要求），技术定位于指导（实用、可操作）和引导（适度超前）。该标准应用条文从应用内容、模型元素、交付成果和软件要求几个方面展开。《建筑信息模型施工应用标准》是我国第一部建筑工程施工领域的BIM应用标准，填补了我国BIM技术应用标准的空白，主要内容包括总则、术语与符号、基本规定、施工模型、深化设计、施工模拟、预制加工、进度管理、预算与成本管理、质量与安全管理、施工监理、竣工验收。

（1）总则：确定标准使用原则。

（2）术语：解释标准中使用的专业名词。

（3）基本规定：确定了BIM施工策划和施工应用管理的基本范围。

（4）施工模型：确定了施工BIM模型创建原则、模型细度等级和信息共享方法。

（5）深化设计：明确了现浇混凝土结构、预制装配式混凝土结构、钢结构、机电等不同领域BIM深化设计的流程和方法。

（6）施工模拟：明确了施工组织模拟和施工工艺模拟的BIM应用流程和方法。

（7）预制加工：明确了混凝土预制构件、钢结构构件、机电产品等构件加工中BIM应用的流程和方法。

（8）进度管理：明确了应用BIM技术进行进度计划编制和进度控制的流程和方法。

（9）预算与成本管理：明确了应用BIM技术进行施工图预算和成本管理的流程和方法。

（10）质量与安全管理：明确了应用BIM技术进行质量与安全管理的流程和方法。

（11）施工监理：明确了应用BIM技术进行监理控制与监理管理的流程和方法。

（12）竣工验收：明确了应用BIM技术进行竣工验收的流程和方法。

3.《建筑信息模型分类和编码标准》GB/T 51269—2017

《建筑信息模型分类和编码标准》由中国建筑标准设计研究院有限公司作为主编单位牵头编制，从2012年立项，至2017年11月发布，自2018年5月1日起实施。这本标准直接参考美国的OmniClass，并针对国情作了一些本土化调整，它在数据结构和分类方法上与OmniClass基本一致，但具体分类编码有所不同。值得注意的是，这个标准是对建筑全生命周期进行编码，不只是模型和信息有编码，项目中涉及的人和他们做的事，也都有对应的编码。《建筑信息模型分类和编码标准》的主要内容包括总则、术语、基本规定和应用方法。

（1）总则：确定标准使用原则。

（2）术语：解释标准中使用的专业名词。

（3）基本规定：确定了分类的对象和分类方法，并定义了编码方法和扩展原则。

（4）应用方法：确定了编码逻辑运算符号和编码应用的原则。

4.《建筑工程设计信息模型制图标准》JGJ/T 448—2018

《建筑工程设计信息模型制图标准》由中国建筑标准设计研究院有限公司作为主编单位牵头编制，从 2014 年立项，至 2018 年 12 月发布，自 2019 年 6 月 1 日起实施。《建筑工程设计信息模型制图标准》是 BIM 领域重要标准之一，在后续即将发布的国家标准《建筑信息模型设计交付标准》的基础之上，进一步深化和明晰了 BIM 交付体系、方法和要求，在 BIM 表达方面具有可操作意义的约束和引导作用，也为 BIM 模型成为合法交付物提供了标准依据。《建筑工程设计信息模型制图标准》的主要内容包括总则、术语、基本规定、模型单元制图表达和交付物制图表达。

（1）总则：本标准编制的主要目的是规范建筑信息模型的表达，从框架上指导建筑信息模型的建立和交付过程中对设计信息的表述行为。

（2）术语：本标准根据具体的工程实践，并参考了国内和国际标准的相关内容，力求在术语概念方面形成一个完整、兼容、开放的体系。本标准延续了“模型单元”的概念，并进一步规定了模型单元“几何表达精度”和“信息深度”表达的方法和方式。

（3）基本规定：首先指明了应该按照模型单元的架构表达，除了通过命名和颜色作为快速识别手段外，还规定了充分性、有效性、适宜性三个原则。同时，对于交付物，明确了多样性、关联性的原则。在命名规则中，依次对不同等级的模型单元命名作了详细规定，有利于行业在工程命名方面规范化，便于政府部门以及其他工程参与方的业务实施。模型的颜色设置明确了依照系统设置颜色的规定。

（4）模型单元制图表达：该部分从两个方面规定了模型单元表述建筑设计信息时应遵循的规则，另外也对装配式建筑的特点进行了特殊规定，以支持我国装配式建筑的发展。在装配式方面的规定中，针对装配式建筑特有的集成化、系统化、预制化等观念进行了规定。

（5）交付物制图表达：对于《建筑信息模型设计交付标准》所列出的七种交付物，本标准制定了表达方式和表达方法。

5.《建筑信息模型设计交付标准》GB/T 51301—2018

《建筑信息模型设计交付标准》由中国建筑标准设计研究院有限公司作为主编单位牵头编制，从 2012 年立项，至 2019 年 4 月发布，自 2019 年 6 月 1 日起实施。该标准编制的目的，在于提供一个具有可操作性的，兼容性强的统一基准，以指导基于建筑信息模型的建筑工程设计过程中，各阶段数据的建立、传递和解读，特别是各专业之间的协同，工程设计参与各方的协作，以及质量管理体系中的管控等过程。另外，该标准也用于评估建筑信息模型数据的完整度，以用于在建筑工程行业的多方交付。《建筑信息模型设计交付标准》的主要内容包括总则、术语、基本规定、交付准备、交付物和交付协同。

（1）总则：确定标准使用原则。

（2）术语：解释标准中使用的专业名词。

（3）基本规定：确定了电子文件夹和文件的命名规则和版本管理方法。

（4）交付准备：确定了需交付的模型构架、模型精细度和模型内容。

（5）交付物：确定了各种交付物的类别和交付方式，包括建筑信息模型、属性信息表、工程图纸、项目需求书、建筑信息模型执行计划、建筑指标表、模型工程量清单等。

（6）交付协同：确定了设计阶段的交付协同规定和面向应用的交付协同规定。

6.《制造工业工程设计信息模型应用标准》GB/T 51362—2019

《制造工业工程设计信息模型应用标准》由机械工业第六设计研究院有限公司作为主编单位牵头编制，从2012年立项，至2019年7月发布，自2019年10月1日起实施。该标准是第一批立项的国家BIM标准之一，是国家BIM标准体系的重要组成部分。《制造工业工程设计信息模型应用标准》结合制造工业工程特点，从模型分类、工程设计特征信息、模型设计深度、模型交付和数据安全等方面对制造工业工程设计信息模型应用的技术要求作了统一规定，对提升数字化工厂建设水平和实现工厂设施全生命周期管理具有重要作用。《制造工业工程设计信息模型应用标准》的主要内容包括总则、术语与代号、模型分类、工程设计特征信息、模型设计深度、模型成品交付和数据安全。

（1）总则：确定标准使用原则。

（2）术语和代号：解释标准中使用的专业名词。

（3）模型分类：确定了模型的不同等级，包括零件模型、构件模型、单系统模型、专业系统组合模型和项目整合模型。

（4）工程设计特征信息：确定了模型特征信息的要求，包括项目基本信息、空间组成信息和专业系统信息。

（5）模型设计深度：确定了模型深度等级（包括几何图形深度和属性信息深度）定义，在此基础上定义了工艺、总图、建筑、结构、给水排水、暖通、动力、电气、智能化、室内设计、景观设计、环保卫生等不同领域的模型深度等级。

（6）模型成品交付：确定了模型应用交付的内容要求、质量要求、变更和版本控制方法、模型交付格式和模型交付方式。

（7）数据安全：确定了数据安全相关规定。

7.《建筑工程信息模型存储标准》

《建筑工程信息模型存储标准》由中国建筑科学研究院作为主编单位牵头编制，从2012年立项，至2019年3月发布征求意见稿，标志着该标准的编制即将完成。该标准的目的是为了规范建筑信息模型数据在建筑全生命期各阶段的存储和交换，保证数据存储与传递的安全。该标准中数据模式依据国际标准ISO 16739（IFC 4.1）规定的原则和架构制定，数据存储与交换模式依据国际标准ISO 10303-11以及ISO 10303-28的有关规定制定，适用于建筑工程全生命期各个阶段的建筑信息模型数据的存储和交换，并适用于建筑信息模型应用软件输入和输出数据通用格式及一致性的验证。

4.3.2 地方级BIM标准

1. 香港地区

在我国香港地区行政机关中，香港房屋署（Hong Kong Housing Authority）是最早且最积极使用BIM技术的单位。从2006年起，我国香港地区就开始在公共房屋计划中积极引入BIM技术。自2009年起，香港房屋委员会就陆续推出了一系列BIM指南，包括

《建筑信息模拟标准手册1.0》《建筑信息模拟标准手册2.0》《建筑信息模拟使用指南1.0》《建筑信息模拟组件库设计指南1.0》等。香港房屋委员会发布的BIM指南是广泛运用于我国香港地区BIM项目的第一套官方指南，具有相当的权威性和影响力。同样属于官方单位的香港建造业议会（The Construction Industry Council）作为积极推广BIM技术的机构单位之一，也于2015年推出了《CIC BIM标准（第一阶段）》。该标准2019年8月被《CIC BIM标准-常规》取代，新标准旨在使项目客户/业主能够指定、管理和评估服务提供商（例如建筑师、工程师、测量师和承包商）的BIM交付物。

2. 北京市

北京市地方标准《民用建筑信息模型设计标准》DB 11—1063—2014，经北京市质量技术监督局批准，由北京市质量技术监督局和北京市规划委员会共同发布，于2014年9月1日正式实施。这是我国第一部BIM应用标准，甚至早于第一部国家标准。北京市《民用建筑信息模型设计标准》的核心内容除BIM的基本概念、定义之外，还包括三部分主要内容，即：BIM的资源要求、模型深度要求、交付要求，它们是从BIM的实施过程规范民用建筑BIM设计的基本内容。

3. 上海市

2015年6月，上海市城乡建设和管理委员会发布了《上海市建筑信息模型技术应用指南（2015年版）》。该指南是BIM技术推广应用的一个重要的里程碑。指南主要针对BIM技术基本应用，定义了建设工程项目设计、施工、运营全生命期的23项BIM技术应用，描述了每项应用的目的和意义、数据准备、操作流程以及成果等内容。该指南主要侧重BIM技术的基本应用，同时考虑与国家、地方已发布或在编标准的衔接。该指南2017年进行了改版修订。同时，在指南的基础上，上海市2016年发布了《上海市建筑信息模型应用标准》DG/TJ 08—2201—2016。除此之外，上海市的BIM标准还包括：《城市轨道交通信息模型技术标准》DG/TJ 08—2202—2016、《城市轨道交通信息模型交付标准》DG/TJ 08—2203—2016、《市政道路桥梁信息模型应用标准》DG/TJ 08—2204—2016、《市政给排水信息模型应用标准》DG/TJ 08—2205—2016、《上海市人防工程设计信息模型交付标准》DG/TJ 08—2206—2016，该系列标准于2016年10月1日实施。

4. 天津市

天津市城乡建设委员会于2016年5月发布了《天津市民用建筑信息模型（BIM）设计技术导则》，自2016年9月1日起在天津市实施。该导则主要为天津地区规范应用BIM技术进行民用建筑设计而制定，文件中明确规定了天津市BIM技术应用规范，还充分考虑了国家及天津市BIM行业的实际情况，建立BIM设计基础制度，对于BIM技术在建筑设计中的工作流程、协同工作模式、BIM模型分级和数据传递等环节的应用具有指导意义，有助于今后推动建筑信息模型行业的发展。2019年该导则升级为《天津市民用建筑信息模型设计应用标准》DB/T 29—271—2019。

5. 广东省

2018年7月17日，广东省住房和城乡建设厅批准公布了《广东省建筑信息模型应用统一标准》DBJ/T 15—142—2018为广东省地方标准，自2018年9月1日起实施。该标准借鉴了国内外相关标准和工程实践经验，在国家标准《建筑信息模型应用统一标准》基础上进行各阶段、各专业、各应用方向的细化，并广泛征求行业内有关单位、专家和各地级以上市住房城乡建设主管部门意见。本标准对BIM技术在建筑工程设计、施工、运营维护各阶段中的模型细度、应用内容、交付成果作出了规定，整体考虑了各阶段模型与信息的衔接，是广东省第一部建筑信息模型应用方面的工程标准，也是国内为数不多对建筑工程设计、施工、运营维护全过程应用BIM技术作出具体规定的标准。

2019年8月26日，广东省住房和城乡建设厅发布了《城市轨道交通建筑信息模型（BIM）建模与交付标准》DBJ/T 15—160—2019，自2019年11月1日起实施。该标准由广州地铁集团有限公司主编，由广东省住房和城乡建设厅负责管理。该标准的制定是为了贯彻国家技术经济政策，规范和统一城市轨道交通基于BIM技术应用下各阶段信息系统对设备设施管理的编码原则，明确相关管理要求，确保编码的统一及设备设施数据的一致性，保证数据的可靠性，实现城市轨道交通设备设施全生命周期管理。该标准强调城市轨道交通信息系统覆盖了各个业务领域，在BIM技术的应用中，最关键的是设备设施的全生命期管理，该规范涵盖的业务范围主要包括企业管理、工程管理和运营管理各方面。

6. 浙江省

浙江省住房和城乡建设厅委托浙江大学建筑设计研究院有限公司编制的《浙江省建筑信息模型（BIM）技术应用导则》，于2016年4月27日发布。该导则旨在推动建筑信息模型技术在建设工程中的应用，全面提高浙江省建设、设计、施工、业主、物业和咨询服务等单位的BIM技术应用能力，规范BIM技术应用环境。该导则共分4章1个附录。导则中明确规定了浙江省BIM技术实施的组织管理和各类BIM技术应用点的主要内容，便于建立完整的BIM工作体系和标准规范。

7. 河北省

2016年7月河北省住房和城乡建设厅发布由河北建工集团有限责任公司会同有关单位编制的《建筑信息模型应用统一标准》DB13（J）/T 213—2016，自2016年9月1日起实施。该标准适用于建筑工程项目全生命期内信息模型的建立、应用和管理，包括基本规定、模型环境、模型体系、信息存储与模型交付等内容，是河北省工程建设领域贯彻执行国家建筑信息化发展政策、推动河北省建筑行业信息化发展、统一建筑信息模型应用的通用准则。

8. 福建省

2018年1月，福建省住房和城乡建设厅发布《福建省建筑信息模型（BIM）技术应用指南》。该指南为贯彻落实《住房和城乡建设部关于印发推进建筑信息模型应用指导意见的通知》《福建省人民政府办公厅关于促进建筑业持续健康发展的实施意见》和《福建省人民政府办公厅关于大力发展装配式建筑的实施意见》要求，进一步推动建筑信息模型技术在福建省建设行业中的应用，全面提高福建省建设行业BIM技术应用能力，在总结福建省近年来BIM技术应用经验和研究成果的基础上制定。该指南旨在指导和规范福建省BIM技术的应用，提高建设、规划、勘察、设计、施工、监理、咨询、软件开发、运营维护等单位的BIM应用水平和开发能力，进一步提升福建省建设工程质量、效益和管理水平。

9. 河南省

河南省住房和城乡建设厅于2018年9月发布了若干个BIM有关标准：《民用建筑信息模型应用标准》DBJ41/T 201—2018、《市政工程信息模型应用标准（道路桥梁）》

DBJ41/T 202—2018、《水利工程信息模型应用标准》DBJ41/T 204—2018、《市政工程信息模型应用标准（综合管廊）》DBJ41/T 203—2018。这些标准于2018年11月1日起在河南省施行。目前来看，虽然河南省发布建筑信息模型标准较晚，但是较为系统，不但包含常见的民用建筑，还包括水利工程和市政工程。

10. 安徽省

安徽省住房和城乡建设厅2017年12月发布《安徽省建筑信息模型（BIM）技术应用指南》，从设计（设计项目管理、协同设计、建筑专业BIM应用、结构专业BIM应用、机电专业BIM应用、造价专业BIM应用）、施工（施工BIM实施体系、施工BIM实施管理、施工BIM竣工验收），以及运维管理BIM等方面对BIM技术在安徽省的应用作出指导。

11. 山东省

山东省住房和城乡建设厅2019年8月发布由济南市市政工程设计研究院（集团）有限责任公司主编的《山东省市政工程BIM技术应用导则》JD 14—047—2019，自2019年9月1日起施行。

12. 山西省

山西省住房和城乡建设厅2019年5月发布由山西建设集团有限责任公司主编的《山西省装配式建筑设计导则》。

13. 深圳市

2015年5月深圳市建筑工务署发布了《深圳市建筑工务署BIM实施管理标准》。该标准包括基本规定、管理组织规定、职责要求、项目应用实施管理、交付成果和协同要求。与该标准同时发布的还有《深圳市建筑工务署BIM实施导则》，包括目标及应用点、BIM模型实施管理、项目控制、交付成果要求、协同平台要求、软件标准等。该标准和导则是工务署建筑工程整个BIM实施过程的指南，适用于工务署建筑工程全生命周期内建筑信息模型的建立、应用和管理，是BIM应用的基本原则和通用标准。同时，在深圳市住房和建设局指导和组织下，深圳市建设工程交易服务中心与清华大学共同编制了《深圳市房屋建筑工程招标投标建筑信息模型技术应用标准》并于2019年12月1日实施。

14. 成都市

成都市城乡建设委员会于2016年9月发布通知，为加快推进建筑信息模型技术推广应用，促进成都市建设领域的转型升级，城乡建设委员会组织成都市建筑设计研究院等单位编制了《成都市民用建筑信息模型设计技术规定》（2016年版），批准发布，自2016年10月1日起施行。

4.3.3　组织级BIM标准

1. 中国铁路BIM联盟相关标准

2013年12月，中国铁路BIM联盟由中国铁路总公司工程管理中心、中国铁道科学研究院、铁道第三勘察设计院集团有限公司、中铁第一勘察设计院集团有限公司、中铁二院工程集团有限责任公司、中铁第四勘察设计院集团有限公司、中铁四局集团有限公司、中建交通建设集团有限公司8家单位共同发起成立，共有24家会员单位参加。联盟成立后积极推动铁路相关BIM标准制定工作，至今已经制定并发布《铁路工程信息模型设计阶段实施标准》《铁路工程信息模型施工阶段实施标准》《铁路工程信息模型交付精度标准》《铁路工程信息模型数据存储标准》《铁路工程信息模型分类和编码标准》等几十本行业标准，其中《铁路工程信息模型数据存储标准》已经被 bSI 接受并发布为国际公开规范（bSI SPEC）。

2. 中国建筑集团有限公司相关标准

2014 年中建集团 BIM 工作站发布的《建筑工程设计和施工 BIM 应用指南》第一版，为集团子企业及项目 BIM 技术的管理应用提供了很好的实施依据。该 BIM 工作站还为集团旗下子公司中国建筑一局（集团）有限公司特别编制了《中建一局集团项目 BIM 技术实施标准化手册》，用以加快项目 BIM 团队建设及技术应用的推进速度与应用深度。2016 年，中建集团发布该指南第二版。该指南提到，根据项目应用目标及团队整体能力，项目 BIM 技术的应用可通过委托第三方、企业 BIM 型 BIM 团队与项目 BIM 团队三种模式完成。由于不同的完成方式，有不同的组织架构、工作流程与团队职责分配，项目在应用 BIM 技术过程中应结合项目特点与应用目标选择适当的组织架构，但是随着集团 BIM 技术应用能力的提升，最终集团范围内所属项目团队都应是项目型 BIM 团队。可见，施工单位正在积极采纳 BIM 技术，并且争取向成熟的项目型 BIM 团队转型。该指南主要内容包括建筑施工全过程 BIM 技术实施管理，不同施工阶段、不同结构类型的 BIM 技术应用，从策划到建模、深化设计、竣工验收，从技术管理、质量管理、进度管理、安全管理、造价管理到智能化管理，从模型建模、模型维护到模型交付，协同平台等全方位管理和应用等。

3. 大连万达集团股份有限公司相关标准

作为中国大型房地产集团公司，万达集团从 2011 年开始逐步在设计、施工和其他领域方面应用 BIM，2012 年要求重点项目在设计中应用 BIM，2015 年年初启动总包交钥匙工程，明确要求施工总包必须使用 BIM 技术。2017 年 1 月正式全面实施 BIM 总发包管理模式。为配合 BIM 总发包管理模式，万达集团制定了一系列 BIM 标准，着眼于万达商业地产项目设计、施工、竣工交付、运维管理全生命期的 BIM 应用和万达集团、设计总包、工程总包和监理单位四方协同，同时既遵循了国际国内相关标准，也结合了企业实际情况，同时具有先进性、适用性和可操作性。万达集团 BIM 系列标准包括三个层级：

（1）第一层级为顶层标准，包含《万达建筑信息模型标准总则》。

（2）第二层级为基础标准，包含《万达建筑信息模型构件分类与编码标准》《万达建筑信息模型平台管理标准》《万达建筑信息模型基础标准》。

（3）第三层级为应用标准，包含《万达建筑信息模型设计应用标准》《万达建筑信息模型设计交付标准》《万达建筑信息模型施工应用标准》《万达建筑信息模型竣工交付标准》。

5 BIM 技术相关政策

5.1 BIM 成熟度等级和 BIM 模型开发等级（LOD）

在介绍国内外 BIM 技术相关政策之前，有必要了解 BIM 成熟度等级和 BIM 模型开发等级，因为很多政策是针对这些等级来制定的。例如，英国规定在 2016 年公共建设项目要达到 Level 2 的成熟度。本节主要介绍美国和英国对于 BIM 成熟度等级的定义，以及其他组织对于 BIM 成熟度等级和模型开发等级的定义。

5.1.1 美国 BIM 成熟度评价体系

在美国国家 BIM 标准第三版（NBIMS-US V3）中，提出了一套衡量应用 BIM 程度的模型和工具，即 Capability Maturity Model，简称 CMM，用来评估一个组织 BIM 的实施过程。CMM 包括两种方式：Tabular CMM（表格式，见图 5-1）和 Interactive CMM（交互式，见图 5-2）。它们均是对 11 个相同的维度，按 10 个等级进行了评估，不同的是 Interactive CMM 支持对这 11 项指标以权重的形式进行重要性排序，而 Tabular CMM 的评价是无序的。

（1）数据丰富性（Data Richness）：该指标定义了 BIM 信息的完整性，从一开始无关联的少量数据直到变成有价值的信息，最终形成企业级知识。

（2）生命周期视图（Life-cycle Views）：该指标定义了项目有多少阶段使用了 BIM。在避免重复数据收集方面具有很高的价值，也可以降低成本。

（3）变更管理（Change Management）：该指标定义了一种对企业已实施的业务流程进行变更的方法。如果发现一项业务流程待改善，需要先着手对问题作根本原因分析，然后基于分析结果对业务流程作出一系列调整。

（4）角色或专业（Roles or Disciplines）：角色是指参与业务流程以及信息流转的人。专业通常是参与多个项目阶段的信息提供者或接收者。

（5）业务流程（Business Process）：该指标定义了业务是如何完成的。

（6）时效性/响应（Timeliness/Response）：该指标强调越接近准确的实时信息的数据质量越好，能更好地支持决策分析，甚至改变一些关键的重要决定。

（7）传递方式（Delivery Method）：该指标强调数据传递方式的重要性。信息需要能在受控的网络环境中实时传递给适当的人员。

（8）图形化信息（Graphical Information）：可视化的好处是可以把各种信息直观地展示出来。3D 可视化的作用已被高度认可。随着进度和成本信息的增加，把这些信息可视化的数据接口也变得更重要。

（9）空间能力（Spatial Capability）：这个指标强调理解某个物体在空间的位置对信息接口的重要性。

成熟级别	A 数据丰富性	B 生命周期	C 角色或专业	G 变更管理	D 业务流程	F 时效/响应	E 传递方式	H 图形化信息	I 空间能力	J 信息准确性	K 互用性/支持IFC格式
1	基本的核心数据	没有覆盖完整的项目阶段	没有一个角色是全面支持的	没有变更管理	没有集成业务流程	大部分响应信息通过手工方式再次收集－慢	单点访问，无互联网架构	纯粹文本信息	无空间定位	没有准确度	没有交互
2	扩展的数据集	有规划和设计阶段	仅有一个角色是全面支持的	有早期的变更管理意识	少量业务流程采集了信息	大部分响应信息通过手工方式再次收集	单点访问，有限的互联网架构	2D非智能设计	基本空间定位	初步的准确度	勉强互用
3	增强的数据集	加入了施工和供应链管理	有两个角色是局部支持的	有变更管理的意识以及根本原因分析	一些业务流程收集了信息	数据调用不在BIM中，但大部分其他数据在	网络访问，有基础的互联网架构	NCS(美国CAD标准) 2D非智能设计	空间位置确定	有限的准确度、内部空间	有限互用
4	数据加上一些信息	包括了施工、供应链管理	有两个角色是全面支持的	有变更管理的意识，根本原因分析及反馈	大部分业务流程收集了信息	有限的响应信息在BIM中可用	网络访问，有完整的互联网架构	NCS 2D智能设计图	空间位置确定、有部分信息交流	完全准确度、内部空间	有限信息通过产品之间进行转换
5	数据加上一些扩展的信息	包括了施工、供应链管理和生产制造	可以局部支持规划、设计和施工人员工作	实施变更管理	所有的业务流程收集了信息	大部分的响应信息在BIM中可用	有限的基于web的服务	NCS 2D智能竣工图	空间位置确定、有元数据	有限的准确度、内部和外部空间	大部分信息通过产品间转换
6	有限的权威信息	加入了有限的运维管理	可以全面支持规划、设计和施工人员工作	实施初始的变更管理流程	少量业务流程收集并维护信息	所有响应信息在BIM中可用	完全基于web的服务	NCS 2D智能、实时	空间位置确定、完全信息分享	完全的准确度、内部和外部空间	所有信息通过产品间转换
7	大部分的权威信息	包括了运维管理	局部支持运维人员的工作	适当地变更管理流程和根本原因分析实施	一些业务流程收集并维护信息	所有响应信息来自BIM，并且很及时	完全基于web的服务，有互联网架构	3D智能图	BIM是有限的GIS的一部分	有限的自动计算	有限信息使用IFC进行互用
8	完全的权威信息	增加了成本管理	全面支持运维人员的工作	变更管理和根本原因分析能力实施与使用	所有业务流程收集并维护信息	有限但实时地从BIM进行数据访问	有保护的基于web的服务	3D实时、智能图	BIM是一个完整的GIS的环境	完全自动计算	更多信息使用IFC进行转换
9	有限的知识管理	有完整的设施生命周期信息采集	支持全生命周期角色工作	通过使用根本原因分析和反馈循环支持业务流程	一些业务流程实时收集并维护信息	完整且实时地从BIM进行数据访问	基于账户管理的网络中心化SOA	4D-增加了时间	集成进一个完整的GIS环境	自动计算、有限度量准则	大部分信息使用IFC进行转换
10	丰富的知识管理	支持外部信息分析	支持内、外部的角色工作	通过使用根本原因分析和反馈循环支持日常的业务流程	所有业务流程实时收集并维护信息	实时访问与实时反馈	基于角色账户管理网络中心化SOA	多维－时间和成本维度	和信息流一起完全集成进GIS环境	自动计算、完全度量准则	全部信息IFC转换

图 5-1　表格式 CMM 成熟度等级

交互式BIM能力成熟度模型			
感兴趣的领域	权重	选择你认为的成熟度	分数
数据丰富度	84%	扩展数据集	1.7
生命周期	84%	没有完整的项目阶段	0.8
变更管理	90%	没有ITIL实施	0.9
角色或专业	90%	部分支持的两个角色	2.7
业务流程	91%	少数总线进程收集信息	1.8
时效性/响应	91%	大多数响应信息手动重新收集	1.8
传递方式	92%	具有基本IA的网络访问	2.8
图形化信息	93%	NCS 2D非智能设计	2.8
空间能力	94%	没有空间定位	0.9
信息准确性	95%	初始基本事实	1.9
互用性/支持IFC格式	96%	强制互操作性	1.9
	National Institute of BUILDING SCIENCES Facilities Information Council National BIM Standard	总分	20.1
		成熟度等级	Minimum BIM

ADMINISTRATION	认证级别所需的分数		
	下限	上限	
	30	39.9	Minimum BIM
	40	49.9	Minimum BIM
	50	69.9	Certified
	70	79.9	Silver
	80	89.9	Gold
	90	100	Platinum

图 5-2 交互式 CMM 成熟度等级

（10）信息准确性（Information Accuracy）：这个指标强调如何在项目的全生命周期内保证数据和信息的准确无误。

（11）互操作性/对 IFC 的支持（Interoperability/IFC Support）：为了实现最终信息可以被不同的产品识别和共享，各参与方均需要遵从统一的数据标准和格式，例如 IFC。

根据 CMM 评估最终得分，可以把 BIM 应用程度等级分为：未通过认证（不满 40 分）、最低要求 BIM 标准（40～49.9 分）、BIM 认证标准（50～69.9 分）、银牌 BIM（70～79.9 分）、金牌 BIM（80～89.9 分）和白金 BIM（90～100 分）。图 5-3 的雷达图可以更直观地用来分析 CMM 各维度的能力成熟度情况。

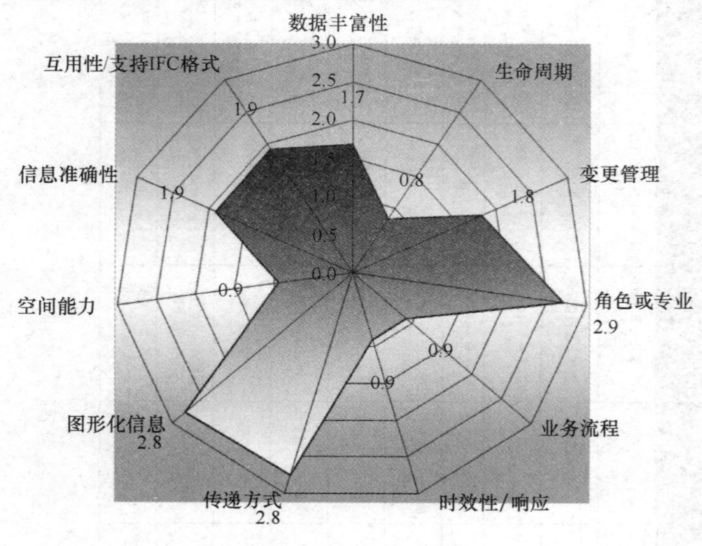

图 5-3 CMM 雷达图示例

5.1.2 英国 BIM 成熟度评价体系

英国政府意识到将建筑工程行业转向基于数字模型的协作范式是一个渐进的过程，因此以 Level 0、Level 1、Level 2、Level 3 四个级别来作为可识别的里程碑，界定 BIM 应用的成熟度水平，如图 5-4 所示。

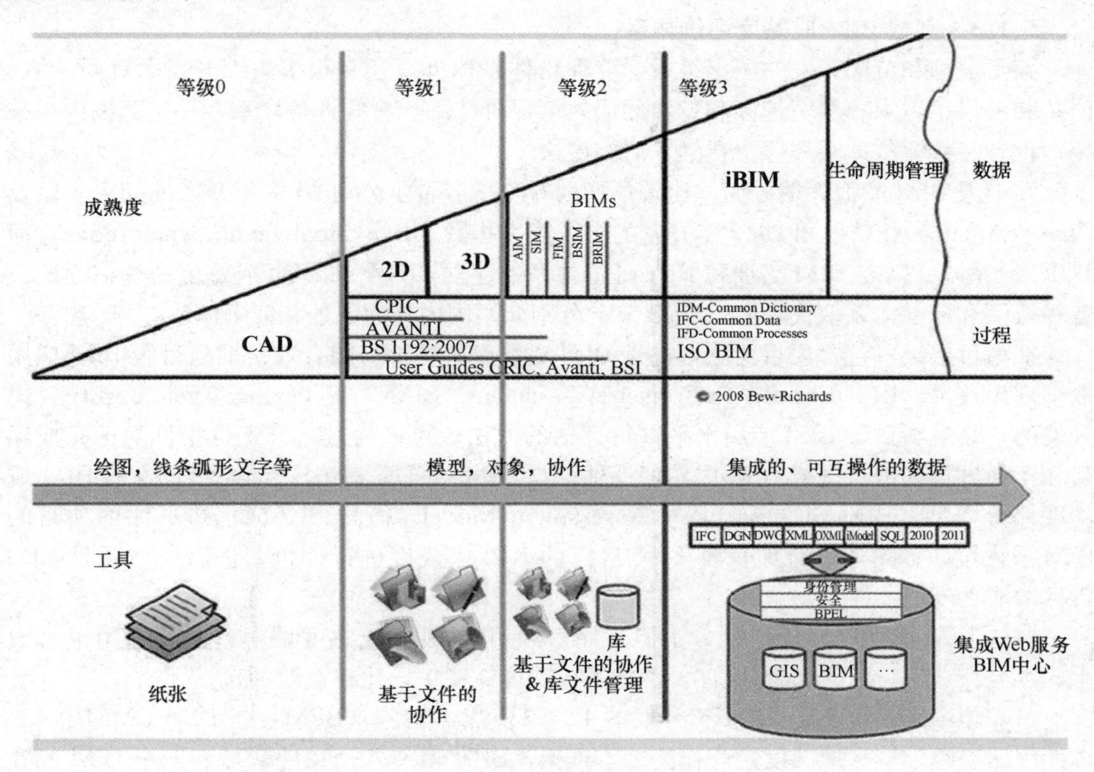

图 5-4 英国 BIM 成熟度体系

Level 0 实际上意味着没有协作。仅使用 2D CAD 制图，主要用于提供设计和建造阶段的信息。信息的输出和交换是通过纸质或电子 CAD 图纸，或两者兼而有之。现在，大多数行业内应用已经远远领先于此。

Level 1 通常包括用于方案性工作的 3D CAD 和用于政府审批文件和设计、建造信息的 2D CAD 混合应用。达到 Level 1 的应用，通常需要：各参与方就数据交换角色和责任应达成共识，指定并共同遵守信息命名约定，创建和维护用于项目的协同规则，采用“公共数据环境”（CDE）在项目团队的所有成员之间共享信息，并商定合适的信息层次结构以支持 CDE 的信息库要求。

Level 2 的特点是协同工作，它要求明确用于该项目的，在各个系统和项目参与者之间进行协调的信息交换的过程。各方使用的任何 CAD/BIM 软件都必须能够导出为一种通用的文件格式，例如 IFC 或 COBie。这是英国政府目前为所有公共部门工作达到最低工作目标所设定的工作方法。

Level 3 尚未完全定义，但是英国政府的 Level 3 战略计划概述了这样一个愿景及“关键措施”：建立一套新的国际“开放数据”标准，目的是为在整个市场上轻松共享数据铺平道路；为采用BIM技术的项目建立新的合同框架，以确保合约内容的一致性，避免混淆并鼓励开放、协作的工作；建立合作，寻求学习和分享的文化环境；培训公共部门的客户如何使用BIM技术，例如数据要求、操作方法和合同流程；推动国内外建筑业的就业机会和技术的发展。

5.1.3　其他BIM成熟度评价体系

除了美国和英国开发的国家级成熟度评价体系以外，还有很多组织开发了针对个人、团队和项目、组织、甚至地区和行业的成熟度评价体系。有些评价体系在一定范围内被采用，也有一些评价体系还停留在学术研究层次。

在个人BIM能力评估方面，比较早期的有麦格劳希尔公司2007年开发的问卷，以及ChangeAgents AEC公司2013年开发的个人能力指数（Individual Competency Index，简称ICI）系统。随着BIM培训和BIM证书体系的建立，对个人BIM成熟度的评估逐渐被各种认证和证书体系取代，5.2、5.3节会分别介绍国内外的认证和证书体系。

在项目层级（包含项目团队）进行BIM成熟度的评价，能有效帮助项目级BIM应用取得理想效果。BIM Excellence Project Assessment（BIMe）是ChangeAgents AEC公司开发的一套对项目级BIM应用水平进行评估的方法，可以通过一套评价指标对已完成项目和正在进行的项目进行BIM成熟度评估。与BIMe不同，韩国延世大学开发的BIM成功度评价模型（BIM Success Level Assessment Model，简称SLAM）并不评估项目的BIM成熟度，而是通过对项目各BIM目标的KPI完成度进行评价，进而评估项目BIM目标的成功度。

有些BIM成熟度评价模型，不但适用于项目级BIM成熟度评价，而且适用于对组织、甚至行业进行BIM成熟度评价。此类成熟度体系中，比较重要的包括：

（1）印第安纳大学于2009年开发的IU BIM能力矩阵（BPM）与BIM CMM相似，也使用感兴趣领域和成熟度矩阵作为基本框架。BPM具有八个关注领域和四个BIM成熟度级别。八个感兴趣的领域是：模型的物理准确性，IPD方法，计算思路，位置感知，内容创建，施工数据，竣工建模，以及FM数据丰富。由于每个区域都有四个级别，因此BIM总得分最高为32。

（2）BIM成熟度矩阵（BIm^3）于2009年在澳大利亚开发，是另一种使用类似于BIM CMM的矩阵结构的模型。为了克服CMM的缺点（在关注领域有重叠和界定不清的现象；缺失与协作和文化问题有关的领域），BIm^3对五个评估领域进行了分类：技术，流程，政策，协作和组织。这些领域基于人员、流程、技术和策略框架，这是业务流程重组中使用的基本框架。BIM成熟度矩阵的每个区域分为五个级别——初始，定义，管理，集成和优化——类似于软件工程中原始CMM的级别。

（3）斯坦福大学综合设施工程中心（CIFE）开发了VDC记分卡，后来推出了商业版本（也称为bimSCORE）。该体系的名称来自业务管理中开发的平衡记分卡。VDC记分卡在四个方面评估项目或组织的BIM绩效：规划，采用，技术和绩效。每个区域的评分均采用以下五个级别作为指导：常规实践（0%～25%），典型实践（25%～50%），高级实践（50%～75%），最佳实践（75%～90%）和创新实践（90%～100%）。四个领域分为十个维度，十个维度分为五十六个度量。VDC记分卡的覆盖范围比任何其他模型都更完整，但同时完成评估需要很长时间。尽管如此，它已被用于分析美国、新加坡、中国和韩国的众多BIM项目的状态。

(4) 由荷兰TNO在2012年开发的BIM QuickScan对BIM项目进行了四个方面的评估：组织和管理，心态和文化，信息结构和流程以及工具和应用程序。这四方面为十个领域：战略，组织，资源，合作伙伴，心态，文化，教育，信息流，开放标准和工具。BIM QuickScan使用多项选择调查表的形式，最多使用50个KPI评估这些领域。

(5) 宾夕法尼亚州立大学出版的《设施所有者BIM规划指南》中开发了一种BIM成熟度模型——“组织级BIM评估概要”。这个概要是六个关注领域和六个成熟度级别的矩阵。六个感兴趣的领域是：策略，BIM使用，流程，信息，基础架构和人员。全球知名设计和工程公司Arup对这个概要进行了交互式设计，更名为BIM成熟度度量标准(BIMmm)。尽管其名称宣称它最初是为组织级别的BIM评估而开发的，但Arup还是采用了该模型并将其部署到评估其数百个应用BIM技术的项目的BIM成熟度。

5.1.4 BIM模型开发等级（LOD）

BIM模型是现实世界的数字孪生镜像，但又没有必要把现实世界的所有信息全部包含在数字模型中，而仅仅需要支持相应业务流程的那个数据子集。这一点在第3章讨论MVD时已经明确。然而，MVD的定义并不是一蹴而成的，而且在很多情况下，MVD中涉及的业务流程也并不明确。同时，用户应用BIM技术又可以轻易地向模型中添加信息。因此，必须确定什么样的模型细节水平能够有效支持BIM项目的实施，否则BIM模型就会轻而易举地包含大量并没有实际价值的信息，从而消耗大量的计算资源，影响BIM技术的应用体验。

在早期采用BIM技术的时候，人们的问题是，不同BIM应用情境下，相应的模型应该有什么样的详细程度（Level of Detail，简称LOD）。LOD借用了计算机图形学中的术语来表示3D模型的复杂程度。然而，很快Level of Detail就被另外一个缩写也是LOD的概念“开发程度”（Level of Development）所取代。因为，当项目逐渐深入后期，虽然详细程度并没有增加（甚至降低），但其开发程度却可能持续增加。例如，一个复杂的灯具，在设计阶段，因为考虑到渲染可视化的需求，需要包含很多细节尺寸、材质、颜色等。当项目进入施工阶段，这个模型在物理层面的详细程度并没有增加，但需要增加很多其他信息，包括但不限于采购价格、安装周期等，其开发程度更高了。在施工BIM应用上，甚至会降低模型的详细程度，例如对这个灯具中的复杂细节的删除，并不影响施工管理，但可以明显节省计算资源，特别是一个项目中含有大量类似灯具的时候。

美国建筑师协会（AIA）于2008年发布了合同附录文件E202：The Building Information Modeling Protocol Exhibit，详细规定了不同构件的LOD等级。AIA LOD定义了从LOD 100到LOD 500之间的不同等级，如图5-5所示。值得注意的是，不同LOD等级之间的模型几何尺寸和外观可能没有区别（如图5-5中的LOD 300～LOD 500)，但其非图形信息可能会有所不同。同时，从图5-6可以看出模型详细等级的LOD和模型开发等级的LOD没有必然联系。BIMForum详细列出了不同LOD级别的信息要求。AIA E202文件2013年更新时增加了一个LOD 350级别，因为他们认为用于多专业协同的模型等级介于LOD 300和LOD 400之间。LOD主要定义以下内容：图形详细程度以及建模的准确性，非图形信息的数量、质量以及准确性，以及非图形信息的类别。AIA E202具有广泛的影响力，因为这个文档被定义为设计合同的附件，详细规定了设计合同交付BIM模型

LOD 100 概念	LOD 200 近似几何体	LOD 300 精确几何体	LOD 400 制造	LOD 500 竣工
模型元素可以用符号或其他通用表示法在模型中以图形方式表示，但不满足LOD 200的要求。可以导出与模型元素相关的信息（即每平方米成本等）来自其他模型元素。	模型元素在模型中以图形方式表示为具有近似数量、大小、形状、位置和方向的通用系统、对象或组件。	模型元素在模型中以图形方式表示为在数量、大小、形状、位置和方向方面准确的特定系统、对象或组件。	模型元素在模型中以图形方式表示为特定系统、对象或组件，在数量、大小、形状、位置和方向方面是准确的，并带有详细说明、制造、组件和安装信息。	模型元素是经过现场验证的在尺寸、形状、位置、数量和方向方面准确的表示。
	非图形信息也可以附加到模型元素。	非图形信息也可以附加到模型元素。	非图形信息也可以附加到模型元素。	非图形信息也可以附加到模型元素。

图 5-5　AIA LOD 100～LOD 500 定义示例

LOD 100	LOD 200	LOD 300	LOD 400	LOD 500
概念（演示）	设计开发	文档	建造	设施管理
描述: 办公椅 扶手，轮子 宽度: 深度: 高度: 制造商: 赫尔米勒公司 型号: 米勒 LOD: 200	描述: 办公椅 扶手，轮子 宽度: 700 深度: 450 高度: 1100 制造商: 赫尔米勒公司 型号: 米勒 LOD: 200	描述: 办公椅 扶手，轮子 宽度: 700 深度: 450 高度: 1100 制造商: 赫尔米勒公司 型号: 米勒 LOD: 300	描述: 办公椅 扶手，轮子 宽度: 685 深度: 430 高度: 1085 制造商: 赫尔米勒公司 型号: 米勒 LOD: 400	描述: 办公椅 扶手，轮子 宽度: 685 深度: 430 高度: 1085 制造商: 赫尔米勒公司 型号: 米勒 购买日期: 01/02/2013

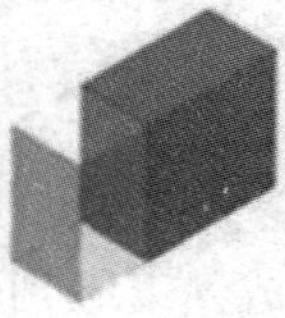

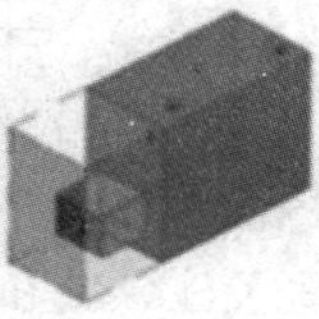

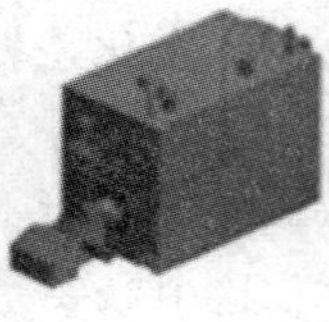

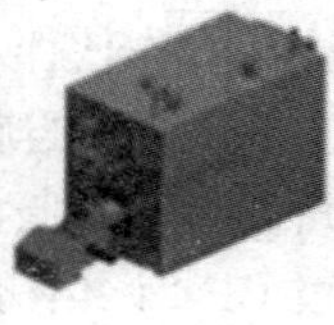

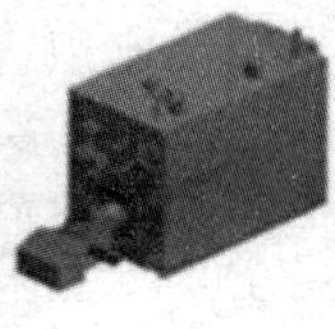

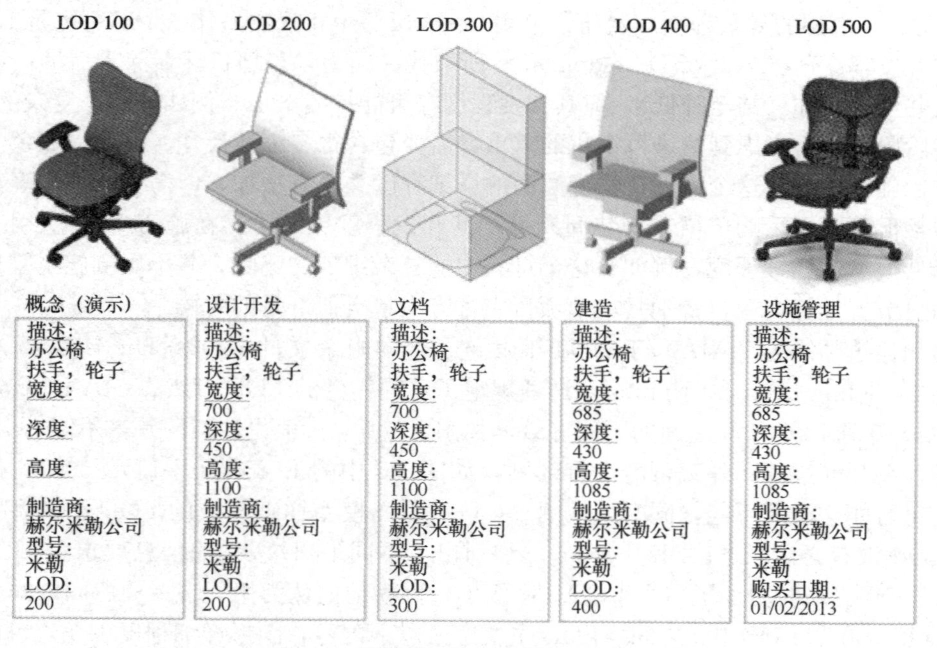

图 5-6　模型详细等级和模型开发等级

的数据要求，所以被全世界许多BIM项目用作确定BIM模型交付的基础。

全球众多LOD指南（如纽约市、宾夕法尼亚州、中国台湾、中国香港和新加坡BCA的指南）均使用AIA文件E202定义的LOD 100～LOD 500。新西兰指南（2014）也使用LOD 100～LOD 500，但将其细化为四个子类别：详细程度（LOd），准确性级别（LOa），信息级别（LOi）和协调级别（LOc）。英国采用了略有不同的方法，根据项目生命周期的英国分类，定义了七个级别。它将几何数据的级别与非几何数据的级别区分开，分别称为模型详细信息级别（LOD）和模型信息级别（LOI）。韩国则根据AIA LOD制定了BIM信息等级（BIL 10-60）。行业内使用术语LOx作为这些众多LOD相关术语的通用术语。

5.2 国外相关政策

5.2.1 国家级BIM政策

1. 美国

尽管全球许多国家都制定了国家级强制性的BIM应用法规，要求在政府建设项目中应用BIM技术，但作为全球第一大经济体的美国，却没有国家级的BIM强制性政策。主要原因有两点：规模庞大且多样化的建筑行业以及众多中小公司组成的零散型市场。由于特朗普政府放松联邦管制的治国理念，从根本上并不鼓励使用国家级行政干预政策。对于奉行“大市场、小政府”的美国，联邦政府中没有哪个机构可以管理和规范如此巨大的建筑市场。美国建筑业市场，除了大之外，另外一个特点是其零散型分布。从公司数目上讲，美国90%以上的工程公司是19人以下的小公司。另一方面，从建筑行业人员分布来看，60%以上的雇员任职于19人以下的小公司。对这样一个碎片化的市场部署一种“千篇一律”的BIM解决方案是不切实际的。

从理论上来讲，美国国会可以通过一项法律，要求所有联邦出资的工程项目都使用BIM技术。但目前美国BIM行业应用的发展已经超越了需要联邦法律推进BIM应用的阶段。尽管缺少联邦级的BIM使用政策，但美国业界的BIM应用并没有停滞不前。麦格劳希尔公司定期对BIM在全国的应用进行调研，其数据显示美国市场过去十几年的BIM应用和实施一直稳步增长。这种市场自发的增长，主要源于BIM技术为建筑行业各个参与方带来的效益。在美国，截至2019年年底，89%的受访者说他们在某些项目中采用了BIM，而47%的受访者说他们在超过一半的项目上使用BIM技术。

虽然没有联邦政府强制要求，但许多政府机构已经实施了BIM指令，例如美国总务管理局（GSA）、美国陆军工程兵团（US Army Corps of Engineers）、威斯康星州政府、联邦公路管理局等。本书将在下一节具体介绍地区和组织级BIM政策。

2. 英国

英国是从国家层面推进BIM实施的早期国家之一。2013年3月，英国推出PAS 1192－2标准后，英国政府就将BIM技术作为政府建设项目的策略和手段，用以加强工程全过程管理，特别是希望通过BIM技术在总体上减少20%～30%的公共部门建设资金支出。英国司法部（MOJ）在2013年6月选择了4个BIM示范项目，研究和推广BIM技术在实际工程项目中的应用。

在此基础上，英国政府强制要求到2016年4月4日，所有公共部门建筑项目的招标投标必须满足 Level 2 的要求，所有投标企业需具备“在项目上使用 BIM Level 2 的协同能力”，包括所有相关数据和信息。进一步地，从 2016 年 10 月 3 日起，英国每个政府部门必须具备电子检验供应链 BIM 信息的能力。苏格兰建筑工程行业成立了“苏格兰 BIM 交付组织”（Scottish BIM Delivery Group）引领苏格兰 BIM 强制计划实行。苏格兰未来信托（SFT）是苏格兰 BIM 强制实施计划的主要牵头公司之一，与苏格兰知名高校格拉斯哥大学签署相关协议，要求格拉斯哥大学在 BIM 强制令实施前，为业内提供咨询和培训。

今天回顾政府颁布的法令和相关政策，英国行业内对于这些措施的成功程度存在分歧。通过调研业内人士对政府战略最高目标的看法，可以发现不同观点。业内对 BIM 能够降低建造和运维成本、缩短项目周期的说法，普遍持有信心；而对于 BIM 能显著减少对环境的影响和英国建筑业的贸易逆差，则信心不足。虽然业内人士对在项目中融入并实施 BIM 的能力有一些负面的看法，但对于 BIM Level 2 的前进方向仍然表示认可。

3. 英国以外欧洲其他国家

德国联邦运输和数字基础设施部（BMVI）部长 2015 年宣布，到 2020 年年底，所有运输项目都必须强制使用 BIM 技术。政府将通过提供财政支持来鼓励中小企业进行 BIM 过渡，目前已经向四个试点 BIM 项目提供了总计 380 万欧元的财政支持，其中包括公路和铁路建设领域的项目。

2014 年 6 月，法国住房部（Logement et de l’ Égalité des territoires）宣布了“法国数字化战略”，要求整合 BIM 和 GIS 信息，并且在所有政府投资的建设项目以及设计竞赛中鼓励 BIM 技术应用，到 2017 年则强制 BIM 技术应用。

意大利政府 2016 年 1 月要求所有投资超过 522.5 万欧元的公共建设项目必须达到英国政府规定的 Level 2 等级。

西班牙发展部（Ministry of Development）要求所有公共建设项目从 2018 年 3 月起，所有基础设施投资项目从 2019 年 7 月起，必须采用 BIM 技术。

挪威和丹麦等北欧国家最早在 2007 年就对政府投资项目开始要求使用 BIM 技术。挪威采用的是“1—5—15—所有”模式，即 2007、2008 和 2009 年各有 1、5 和 15 个项目遵循 IFC 数据格式，到 2010 年，所有项目都要遵循 IFC 数据格式。丹麦则要求从 2007 年起，所有超过 300 万欧元的政府投资项目都要遵循 IFC 数据格式，到 2013 年，这个门槛降低到 70 万欧元。之所以这些北欧国家能较早在全国公共项目中开始强制使用 BIM 技术，是因为其国内建筑业体量较小，容易达成一致。

4. 中国以外亚洲其他国家

韩国公共采购服务中心下属的建设事业局于 2010 年制定了 BIM 实施指南和路线图，规定先在小范围内试点应用，然后逐步扩大应用规模，力求在 2012—2015 年 500 亿韩元以上的建筑项目全部采用 3D＋Cost 的设计管理系统，到 2016 年计划实现全部公共设施项目使用 BIM 技术。

新加坡在建筑信息化方面一直走在世界前列。早在 2007 年新加坡建设局（BCA）就开始着力实施世界上第一个 BIM 电子提交系统（e-submission）。2011 年，BCA 成立了建设和房地产网络中心（Construction and Real Estate Network，简称 CORENET），用以审批建设项目交付的 BIM 模型。根据新加坡的 BIM 发展规划，截至 2015 年所有面积大于 5000m^2 的新建建筑项目都必须上交 BIM 模型以供检查审批。

日本国土交通省（MLIT）虽然在2014年发布了国家级BIM标准，但在2018年之前并没有强制在工程项目中使用，主要考虑因素是需要为投标公共建设项目的所有参与人提供公平的竞争机会。随着BIM技术在过去几年的逐步推广，MLIT计划从2019年开始增加强制性要求，在公共建设工程领域，对大型修复性工作和大型新建项目的设计工作强制使用BIM技术，并且对新建大型公共建设项目的施工阶段有条件的要求使用BIM技术。

5. 澳洲主要国家

澳大利亚和新西兰截至本书写作时还没有国家级BIM强制性政策。

图5-7总结了世界主要国家BIM强制性政策的出台时间和程度，其中圆圈的大小代表了不同国家的经济体量。

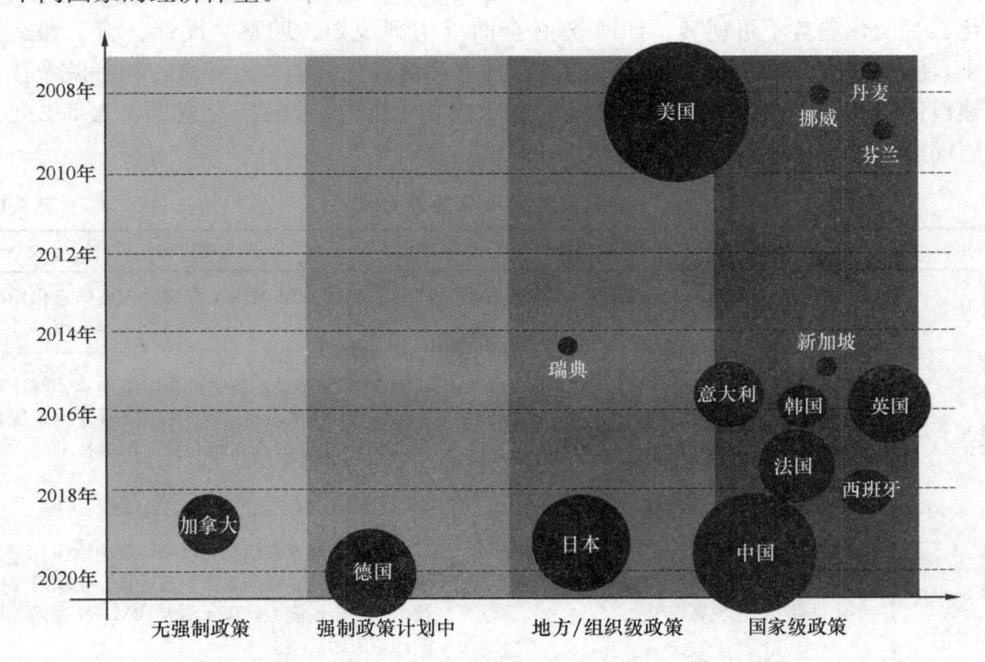

图5-7　世界主要国家BIM强制性政策的出台时间和程度

5.2.2　地区和组织级BIM政策

对应第4章中部分地区和组织，本节讨论国外地区和组织级的BIM政策。2010年开始，美国威斯康星州对所有公共建设项目作出规定，要求投资超过250万美元的新建项目和投资超过500万美元的改造项目，均要采用BIM技术。GSA从2008年起要求所有使用（或部分使用）美国政府拨款的主要项目（总投资超过3500万美元），均要符合GSA制定的系列BIM指南。同样，2010年开始，美国LACCD也要求其校园改造项目中的所有工程都要采用BIM技术，并且符合其制定的两个BIM应用标准。

另外一个作为业主单位在早期就开始在工程项目中强制使用BIM技术的组织是芬兰Senate Properties。作为管理芬兰政府资产的公司，它要求所有公共建设项目都必须使用IFC/BIM。自2012年bSI芬兰分部发布BIM标准（COBIM）之后，Senate Properties和主要建筑公司就以COBIM为指南对项目进行BIM授权。另外，芬兰还启动了一个名为KIRAdigi的计划，其中包括将BIM技术用于报建许可流程的计划，支持电子审批过程。

这些都是较早期开始探索BIM应用，并在项目中提出BIM使用要求的地区和组织。随着过去十年BIM技术的普及以及建筑工程行业对BIM技术价值的认可，越来越多的地区和组织开始制定BIM使用政策。限于篇幅，本书就不再逐一列举。

5.3　国内相关政策

5.3.1　国家级BIM政策

1. 重要BIM政策汇总

随着社会的发展，行业需求的转变，加之国家和各地政府的扶持，建筑行业信息化、数据化、智能化趋势不可逆转。BIM势必全面应用到规划、勘察、设计、施工和运营维护中来，实现工程建设项目全生命周期数据共享和信息化管理。近年来，国务院及住房和城乡建设部等相关部门，频繁颁发鼓励和要求应用BIM技术的指导意见，表5-1列出了国家层面的重要文件。

部分国家级BIM政策文件　　**表5-1**

时间	部门	政策名称	主要内容
2011年5月	住房和城乡建设部	《2011—2015年建筑业信息化发展纲要》	第一次将BIM纳入工程建设领域信息化标准建设内容
2015年6月	住房和城乡建设部	《关于推进建筑信息模型应用的指导意见》	到2020年年末，建筑行业甲级勘察、设计单位以及特级、一级房屋建筑工程施工企业应掌握并实现BIM与企业管理系统和其他信息技术的一体化集成应用
2016年8月	住房和城乡建设部	《2016—2020年建筑业信息化发展纲要》	全面提高建筑业信息化水平，着力增强BIM、大数据、智能化、移动通信、云计算、物联网等信息技术集成应用能力，深入研究BIM、物联网等技术的创新应用
2017年2月	国务院	《关于促进建筑业持续健康发展的意见》	加快推进建筑信息模型技术在规划、工程勘察设计、施工和运营维护全过程的集成应用
2017年2月	交通运输部	《推进智慧交通发展行动计划(2017—2020年)》	到2020年，在基础设置智能化方面，推进建筑信息模型技术在重大交通基础设施项目规划、设计、建设、施工、运营、检测维护管理全生命周期的应用
2017年3月	住房和城乡建设部	《"十三五"装配式建造行动方案》	建立适合BIM技术应用的装配式建造工程管理模式，推进BIM技术在装配式建造规划、勘察、设计、生产、施工、装修、运行维护全过程的集成应用
2017年4月	住房和城乡建设部	《建筑业发展"十三五"规划》	加快推进建筑信息模型技术在规划、工程勘察设计、施工和运营维护全过程的集成应用，支持基于具有自主知识产权三维图形平台的国产BIM软件的研发和推广使用

续表

时间	部门	政策名称	主要内容
2017年8月	住房和城乡建设部	《住房城乡建设科技创新"十三五"专项规划》	特别指出发展智慧建造技术，普及和深化BIM应用，建立基于BIM的运营与检测平台，发展施工机器人、智能施工装备、3D打印施工装备
2017年12月	住房和城乡建设部	《关于开展工程质量管理标准化工作的通知》	实现质量行为规范化和工程实体质量控制程序化，促进工程质量均衡发展，有效提高工程质量整体水平。力争到2020年年底，全面推行工程质量管理标准化
2018年3月	交通运输部	《关于推进公路水运工程BIM技术应用的指导意见》	围绕BIM技术发展和行业发展需要，有序推进公路水运工程BIM技术应用，在条件成熟的领域和专业优先应用BIM技术，逐步实现BIM技术在公路水运工程的广泛应用
2019年2月	住房和城乡建设部	《住房和城乡建设部工程质量安全监管司2019年工作要点》	推进BIM技术集成应用。支持推动BIM自主知识产权底层平台软件的研发。组织开展BIM工程应用评价指标体系和评价方法研究，进一步推进BIM技术在设计、施工和运营维护全过程的集成应用
2019年3月	发展改革委、住房和城乡建设部	《关于推进全过程工程咨询服务发展的指导意见》	大力开发和利用建筑信息模型、大数据、物联网等现代信息技术和资源，努力提高信息化管理与应用水平，为开展全过程工程咨询业务提供保障

2.《关于推进建筑信息模型应用的指导意见》解读

以上国家级政策中，2015年6月住房和城乡建设部发布的《关于推进建筑信息模型应用的指导意见》（以下简称《指导意见》）具有重要标志性意义，第一次明确了BIM技术实施的具体推荐目标。《指导意见》是建设工程管理专业知识和多年BIM应用及推广工作的经验总结。住房和城乡建设部对于推广应用BIM技术极为谨慎，从2011年开始就为《指导意见》组织有关协会、学会、高校、设计和施工单位开展课题研究、标准立项等基础工作。《指导意见》在2013年前后已经成稿，经过反复推敲，几易其稿，在充分征求吸收主管部门、建设、勘察、设计、施工和研究、软件开发等各方意见后形成。《指导意见》是《关于印发2011—2015年建筑业信息化发展纲要的通知》（建质［2011］67号）的延续，也是落实《住房城乡建设部关于推进建筑业发展和改革的若干意见》（建市［2014］92号）的技术支撑。

《指导意见》指出，近年来，BIM在我国建筑领域的应用逐步兴起。同时，BIM在部分重点项目的设计、施工和运营维护管理中陆续得到应用，与国际先进水平的差距正在逐步缩小。推进BIM应用，已成为政府、行业和企业的共识。在此基础上提出了发展BIM应用的三点原则：

（1）企业主导，需求牵引。发挥企业在BIM应用中的主体作用，聚焦于工程项目全生命期内的经济、社会和环境效益，通过BIM应用，提高工程项目管理水平，保证工程质量和综合效益。

（2）行业服务，创新驱动。发挥行业协会、学会组织优势，自主创新与引进集成创新并重，研发具有自主知识产权的BIM应用软件，建立BIM数据库及信息平台，培养研发和应用人才队伍。

（3）政策引导，示范推动。发挥政府在产业政策上的引领作用，研究出台推动BIM应用的政策措施和技术标准。坚持试点示范和普及应用相结合，培育龙头企业，总结成功经验，带动全行业的BIM应用。

《指导意见》的重要性在于明确了未来五年BIM发展的量化目标：

（1）"到2020年年末，建筑行业甲级勘察、设计单位以及特级、一级房屋建筑工程施工企业应掌握并实现BIM与企业管理系统和其他信息技术的一体化集成应用"。集成应用的要求非常高，对设计和施工企业来说，并不是单点应用，甚至不是简单的单项目自己内部协同应用，而是应该跟企业的其他信息化系统进行数据集成和整合。例如，在设计企业，应该跟企业构件族库、企业知识库、企业设计文档管理系统等进行集成；在施工企业，应该跟企业ERP系统进行数据集成，BIM模型中的数据应该支持企业物资采购、仓储管理等方面的决策。

（2）"到2020年年末，以下新立项项目勘察设计、施工、运营维护中，集成应用BIM的项目比率达到90%：以国有资金投资为主的大中型建筑；申报绿色建筑的公共建筑和绿色生态示范小区"。以前国家和地方推进BIM应用的指导文件只是从大方向上鼓励BIM应用，没有具体量化要求。这个90%的要求也非常高，而且也是要求集成应用，不是简单的单点应用。

接下来，《指导意见》针对建设单位、勘察单位、规划和设计单位、施工企业、工程总承包企业以及运营维护单位的特点，分别提出BIM应用要点。要求制订BIM应用发展规划、分阶段目标和实施方案，研究BIM应用流程与工作模式，通过科研合作、技术培训、人才引进等方式，全面提升BIM应用能力：

（1）建设单位：应全面推行工程项目全生命期、各参与方的BIM应用，要求各参建方提供的数据信息具有便于集成、管理、更新、维护以及可快速检索、调用、传输、分析和可视化等特点。实现工程项目投资策划、勘察设计、施工、运营维护各阶段基于BIM标准的信息传递和信息共享。满足工程建设不同阶段对质量管控和工程进度、投资控制的需求。具体内容包括：建立科学决策机制，建立BIM应用框架，建立BIM数据管理平台，建筑方案优化，施工监控和管理，投资控制，以及运营维护和管理。

（2）勘察单位：应研究建立基于BIM的工程勘察流程与工作模式，根据工程项目的实际需求和应用条件确定不同阶段的工作内容，并开展BIM示范应用。具体内容包括：工程勘察模型建立，模拟与分析，以及信息共享。

（3）规划和设计单位：应研究建立基于BIM的协同设计工作模式，根据工程项目的实际需求和应用条件确定不同阶段的工作内容。开展BIM示范应用，积累和构建各专业族库，制定相关企业标准。具体内容包括：投资策划与规划，设计模型建立，分析与优化，以及设计成果审核。

（4）施工企业：应改进传统项目管理方法，建立基于BIM应用的施工管理模式和协同工作机制。明确施工阶段各参与方的协同工作流程和成果提交内容，明确人员职责，制定管理制度。开展BIM应用示范，根据示范经验，逐步实现施工阶段的BIM集成应用。具体内容包括：施工模型建立，细化设计，专业协调，成本管理与控制，施工过程管理，质量安全监控，地下工程风险管控，以及交付竣工模型。

（5）工程总承包企业：应根据工程总承包项目的过程需求和应用条件确定BIM应用内容，分阶段（工程启动、工程策划、工程实施、工程控制、工程收尾）开展BIM应用。在综合设计、咨询服务、集成管理等建筑业价值链中技术含量高、知识密集型的环节大力推进BIM应用。优化项目实施方案，合理协调各阶段工作，缩短工期、提高质量、节省投资。实现与设计、施工、设备供应、专业分包、劳务分包等单位的无缝对接，优化供应链，提升自身价值。具体内容包括：设计控制，成本控制，进度控制，质量安全管理，协调管理，以及交付工程总承包BIM竣工模型。

（6）运营维护单位：应改进传统的运营维护管理方法，建立基于BIM应用的运营维护管理模式。建立基于BIM的运营维护管理协同工作机制、流程和制度。建立交付标准和制度，保证BIM竣工模型完整、准确地提交到运营维护阶段。具体内容包括：运营维护模型建立，运营维护管理，设备设施运行监控，以及应急管理。

5.3.2 地区和组织级BIM政策

从2014年开始，在住房和城乡建设部的大力推动下，各省市政策相继出台BIM推广应用文件，到目前我国已初步形成BIM技术应用标准和政策体系，为BIM的快速发展奠定了坚实的基础。2017年，贵州、江西、河南等省市正式出台BIM推广意见，明确提出在省级范围内提出推广BIM技术应用。2018—2019年，各地政府对于BIM技术的重视程度不减，重庆、北京、吉林、深圳等多地政策出台指导意见，旨在推动BIM技术进一步应用普及。随着我国出台BIM推广意见的省市数量逐渐增多，全国BIM技术应用推广的范围更加广泛。表5-2列举了部分重要地方的鼓励政策。

部分地方BIM政策文件 **表5-2**

时间	地区	政策名称	主要内容
2017年1月	香港	《香港行政长官2017年施政报告》	建筑信息模拟技术可让建造业专业人士在虚拟环境中进行设计和建造工作，尽量减少建造过程中的变更，同时降低风险，明确各阶段的项目成本。政府会致力在明年起开展设计的主要政府基本工程项目中，规定承办设计或负责项目的顾问公司及承建商采用这项技术
2017年12月	香港	《发展局技术通告》（工务编号7/2017）	规定由2018年起，任何政府基本工程项目预算超过3000万元的，项目的设计和建造必须采用BIM技术
2018年12月	香港	《发展局技术通告》（工务编号18/2018）	发展局以此取代先前技术通告（工务编号7/2017）。此通告回应工务部门，增强实施BIM的要求及修订必须使用BIM技术的范围，以进一步促进政府基本工程采用BIM技术
2019年12月	香港	《发展局技术通告》（工务编号9/2019）	发展局以此取代技术通告（工务编号18/2018）。此通告回应工务部门，增强实施BIM的要求及增强必须使用建BIM技术的应用范围扩展到调查、可行性研究及规划阶段、数字建造的设计及可持续发展评估（6D），以进一步促进政府基本工程采用BIM技术

续表

时间	地区	政策名称	主要内容
2017年7月	北京	《北京市建筑信息模型（BIM）应用示范工程的通知》	确定“北京市朝阳区CBD核心区Z15地块项目（中国尊大厦）”等22个项目为2017年北京市建筑信息模型（BIM）应用示范工程立项项目
2017年11月	北京	《北京市建筑施工总承包企业及注册造价师市场行为信用评价管理办法》	BIM应用在信用评价汇总加3分
2018年2月	北京	《关于加强装配式混凝土建筑工程设计施工质量全过程管控的通知（征求意见稿）》	进一步落实质量主体责任，强化关键环节管控，加强设计与施工有效衔接，全面提升我市装配式混凝土建筑工程质量水平
2018年3月	北京	《关于加强装配式混凝土建筑工程设计施工质量全过程管控的通知》	推广建筑信息模型（BIM）技术在设计施工全过程应用，本市行政区域内由政府投资的装配式混凝土建筑项目应全过程应用建筑信息模型（以下简称BIM）技术。其他装配式建筑项目鼓励采用BIM技术。工程总承包单位或未实行工程总承包项目的建设单位也要全面深化项目BIM技术应用
2018年9月	北京	《关于“2018年北京市建筑信息模型（BIM）应用示范工程”的公示》	确定北京建筑信息模型（BIM）技术应用试点项目，共有34个项目入选
2014年10月	上海	《关于在本市推进BIM技术应用的指导意见》	组织BIM技术应用推广联席会议，明确BIM技术应用要求和配套费用，完善相关建设工程评奖管理办法，建立BIM技术经验交流平台和机制
2015年8月	上海	《上海市推进建筑信息模型技术应用三年行动计划（2015—2018年）》	成立BIM协调推进组织，从管理角度贯彻落实BIM推广工作的落实，从BIM应用规范化角度来对BIM服务进行合理化管理
2016年9月	上海	《关于进一步加强上海市建筑信息模型技术推广应用的通知（征求意见稿）》	自2017年10月1日起，规模以上新建、改建和扩建的政府和国有企业投资的工程项目全部应用BIM技术，鼓励其他社会投资工程项目和规模以下工程项目应用BIM技术
2018年5月	上海	《上海市保障性住房项目BIM技术应用验收评审标准》	规定了上海市保障性住房项目BIM技术应用项以及BIM技术应用报告的组成及不同部分的分值
2018年10月	上海	《关于公布2018年上海市交通建设装配式及BIM技术试点项目的通知》	确定2018年上海市交通建设装配式及BIM技术试点项目，其中交通建设工程BIM技术试点项目5个
2019年2月	天津	《关于推进我市建筑信息模型（BIM）技术应用的指导意见	到2020年年末，天津市建筑行业甲级勘察、设计单位以及特级、一级房屋建筑工程施工企业应掌握并实现BIM与企业管理系统和其他信息技术的一体化集成应用

续表

时间	地区	政策名称	主要内容
2016年4月	重庆	《关于加快推进建筑信息模型（BIM）技术应用的意见》	2019年起，轨道交通站点工程在勘察、设计阶段应采用BIM技术
2018年8月	重庆	《2018年"智慧工地"建设技术标准》与《2018年600个"智慧工地"建设目标任务分解清单》	将"BIM施工应用"纳入2018"智慧工地"建设技术标准
2018年11月	重庆	《关于公布2018年度重庆市建筑信息模型（BIM）技术应用示范项目实施计划的通知》	将重庆临空金融总部等39个项目列入2018年度建筑信息模型（BIM）技术应用示范项目实施计划
2014年9月	广东	《关于开展建筑信息模型BIM技术推广应用工作的通知》	计划到2014年年底，启动10项以上BIM技术推广建设项目，到2015年年底，基本建立广东省BIM技术推广应用标准体系及技术共享平台，到2016年年底，政府投资2万m^2以上大型公建等重点工程采用BIM技术，到2020年年底，全省2万m^2以上建筑全部采用BIM技术
2018年2月	广东	《住房城乡建设部关于促进工程监理行业转型升级创新发展的意见》	推进建筑信息模型（BIM）在工程监理服务中的应用，不断提高工程建立信息化水平。推动监理服务方式与国际工程管理模式接轨，积极参与"一带一路"项目建设，主动"走出去"参与国际市场竞争
2018年6月	广东	《广东省绿色建筑质量齐升三年行动方案(2018—2020年)》	大力推行现代建造方式，打造一批装配式、智能化、被动式的超低能耗绿色建筑。积极推动BIM技术在绿色建筑中的应用
2018年7月	广东	《广东省建筑信息模型（BIM）技术应用费用计价参考依据》	建筑信息模型（BIM）技术应用的模型细度、应用阶段、模型交付要求应符合国家和广东省发布的有关建筑信息模型应用规范与标准，局部应用或者未能符合以及超过国家和广东省发布的有关建筑信息模型应用规范与标准时，费用由双方商定
2014年7月	山东	《山东省人民政府办公厅关于进一步提升建筑质量的意见》	明确提出在山东省范围内推广建筑信息模型（BIM）技术
2016年12月	山东	《关于推进建筑信息模型（BIM）工作的指导意见》	推动BIM技术在规划、勘察、设计、施工、监理、项目管理、咨询服务、运营维护、公共信息服务等环节的全方位应用
2018年5月	山东	《关于省BIM技术应用试点示范项目建设进展情况的通报》	2018年年初先后对济南、青岛、淄博、烟台、潍坊、威海、莱芜和临沂8市、25个首批试点示范项目进行了现场调研督导

续表

时间	地区	政策名称	主要内容
2019年5月	山东	《山东省建筑信息模型（BIM）技术应用试点示范项目管理细则》	要求示范项目各实施单位应严格按照BIM技术应用目标和实施计划开展BIM技术应用工作，积极探索建立适应BIM技术应用的项目运行机制和管理机制，推进BIM技术全生命周期的共享和应用，实现各参与方在各阶段、各环节的协同
2016年4月	浙江	《浙江省建筑信息模型（BIM）技术应用导则》	明确规定了浙江省BIM技术实施的组织管理和各类BIM技术应用点的主要内容，便于建立完整的BIM工作体系和标准规范
2018年5月	浙江	《建筑信息模型（BIM）应用统一标准》（报批稿）	从BIM模型要求、模型应用、实施环境与协同平台等方面统一建筑信息模型应用规范
2016年1月	湖南	《关于开展建筑信息模型应用工作的指导意见》	2018年年底前，社会资本投资6000万元（或2万m^2）以上的项目应采用BIM技术，2020年年底，建立完善的BIM技术政策、法规、标准体系，90%以上新建项目采用BIM技术
2017年1月	湖南	《湖南省城乡建设领域BIM技术应用“十三五”发展规划》	分析湖南省BIM应用主要工作成效和存在问题以及机遇挑战，明确“十三五”期间BIM技术应用发展的指导思想、发展目标、主要任务以及保障措施
2017年10月	陕西	《关于促进建筑业持续健康发展的实施意见》	各地要研究制定推进智能和装配式建筑发展的具体措施，合理布局产业基地建设，加强基础和关键技术、建筑信息模型（BIM）技术的研究运用，积极培育产业化龙头骨干企业，努力实现建造方式从传统到现代的跨越发展
2015年9月	福建	《进一步加快BIM（建筑信息模型）技术应用的意见》	成立BIM应用技术联盟，举办技术研讨会，开始BIM技术试点应用，培育BIM技术应用骨干企业
2017年6月	江西	《江西省推进建筑信息模型（BIM）技术应用工作的指导意见》	从2018年起，政府投资的2万m^2以上大型公共建筑，装配式建筑试点项目，申报绿色建筑的公共建筑项目设计、施工应当采用BIM技术
2016年6月	山西	《关于推进山西省建筑信息模型应用的指导意见》	到2020年年末，形成省内建筑工程BIM技术应用的政策和技术体系
2017年11月	山西	《山西省推进建筑信息模型（BIM）应用的指导意见》	申报绿色建筑的公共建筑和绿色生态示范小区，新立项项目勘察、设计、施工、运维中，集成应用BIM的项目比例达到90%
2016年3月	黑龙江	《关于推进我省建筑信息模型应用的指导意见》	2017年起，投资额1亿元以上或建筑面积2万m^2以上的政府投资工程、公益性建筑、大型市政基础设施工程等开展BIM应用试点，到2020年年底，集成应用BIM的项目比例达到90%

续表

时间	地区	政策名称	主要内容
2017年6月	吉林	《吉林省住建厅关于加快推进全省建筑信息模型应用的指导意见》	2017年起，投资额1亿元以上或建筑面积2万m^2以上的政府投资工程、公益性建筑、大型市政基础设施工程等开展BIM应用试点，到2020年年底，集成应用BIM的项目比例达到90%
2018年10月	吉林	《关于在房屋建筑和市政基础设施工程中要求应用BIM技术的通知》	装配式建筑、现代木结构建筑、单体建筑面积2万m^2以上的大型公共建筑及大型市政基础设施工程，自2019年起应采用BIM技术进行设计及施工管理
2017年11月	内蒙古	《内蒙古自治区人民政府办公厅关于促进建筑业持续健康发展的实施意见》	到2018年年底，初步推广建设工程招标电子化、工程总承包、装配式施工、建筑信息模型（BIM）技术运用；到2020年年底，以国有投资为主的大中型建筑、申报绿色建筑的公共建筑和绿色生态示范小区项目等集成应用BIM的比例达到90%以上
2017年7月	河南	《河南省住房和城乡建设厅关于推进建筑信息模型（BIM）技术应用工作的指导意见》	到2018年年底，国有资金投资为主的公共建筑、市政基础设施工程中，新立项项目在勘察设计、施工中采用BIM技术；到2020年年末，以国有资金投资为主的大中型建筑和申报绿色建筑标识的公共建筑中，新立项的项目，在勘察设计、施工、运维中应集成使用BIM技术
2016年5月	云南	《云南省住房和城乡建设厅关于推荐建筑信息模型技术应用的实施意见》	到2017年年末，基本形成满足BIM技术应用的配套政策、地方标准和市场环境；到2020年年末，建筑行业勘察、设计、施工、房地产开发、咨询服务、运维管理等企业应全面掌握BIM技术。以国有资金投资为主的项目，集成应用BIM技术的项目比例达到90%
2018年1月	四川	《关于促进建筑业持续健康发展的实施意见》	制定我省推荐建筑信息模型（BIM）技术应用指导意见，推广BIM技术在规划、勘察、设计、施工和运维全过程的集成应用
2017年3月	贵州	《贵州省关于推进建筑信息模型（BIM）技术应用的指导意见》	2017年年底，建成省级BIM工程技术研究中心；到2018年年底，50%以上贵州省建筑行业甲级勘察、设计单位以及特级、一级房屋建筑工程施工企业应掌握并实现BIM与企业管理系统和其他信息技术的一体化集成应用；到2019年年底，集成应用达到80%
2017年10月	甘肃	《甘肃省人民政府办公厅关于推进建筑业持续健康发展的实施意见》	加强BIM技术应用，加快推进BIM技术在勘察、设计、施工和运维全过程的集成应用
2018年4月	海南	《关于促进建筑业持续健康发展的实施意见》	大力提升勘察、设计、监理、施工人员BIM技术应用能力，推进BIM技术在项目全过程的集成应用

6 BIM 软 件

6.1 BIM 软件的分类

随着 BIM 技术在工程建设领域的推广使用，越来越多的软件厂商推出了各种功能的 BIM 软件。一个大型企业，无论是设计公司还是工程公司，都会使用多达几十种不同的 BIM 软件来支持其多种多样的业务需求。Rafael Sacks 等人在《BIM 手册》一书中将 BIM 软件从概念化和结构化的角度分为三类，即 BIM 工具软件、BIM 平台软件以及 BIM 环境，如图 6-1 所示。

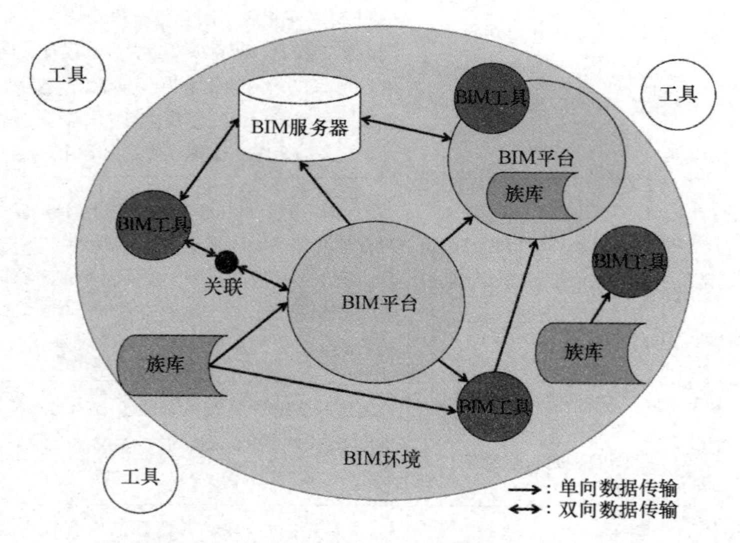

图 6-1 不同 BIM 软件之间的概念和结构关系

BIM 工具软件通常是为某一特定功能开发的单一用途软件，通常只输出一个特定的成果。比如用于图纸生成的软件、碰撞检查的软件、能耗分析的软件、人流模拟的软件、渲染和可视化的软件、模型质量检查的软件等。这类软件的输出成果通常单独存在（例如渲染图或者碰撞检查分析报告）。某些应用工具，本身并不涉及三维空间几何定义，比如施工说明编写软件、进度计划软件、成本预算软件等，但如果这些软件被整合到 BIM 流程中，通常也会被认为是 BIM 工具软件。6.2 节将介绍部分重要的 BIM 工具类软件。

BIM 平台软件分为 BIM 设计平台、BIM 施工管理平台、BIM 运维平台以及 BIM 项目管理平台。BIM 设计平台通常被看作是一种创建 BIM 核心数据的软件应用，具有基于参数化和面向对象的建模功能来创建完整的 BIM 模型。这个中心 BIM 模型承载了设计阶段各种相关应用的数据和信息，服务于设计阶段的各类仿真、分析和优化功能。由于需要在多个参与方之间进行数据协同，因此这类设计平台需要具有良好的互操作性，可以和多种工具级软件和不同的BIM设计平台进行交互。大多数BIM设计平台软件都或多或少集成了工具功能，例如渲染、图纸生成和碰撞检查。对于本身不具有的工具功能，这些平台软件可以输出模型文件，导入工具级BIM软件，进而支持其他BIM应用功能。对于施工、运维和项目管理平台，创建中心BIM模型并不是其主要功能，而是承接一个中心BIM模型。部分此类平台软件具有修改模型的能力，例如部分施工管理BIM平台在承接设计BIM模型后可以添加一些施工设备。无论这些BIM平台软件是否具有修改BIM模型的能力，其核心价值都是在施工管理应用、运维管理应用和项目管理应用上。6.3～6.6节会介绍重要的设计平台、施工管理平台、运维平台以及项目管理平台。

BIM环境是指由一组BIM应用软件组成的环境系统。这些BIM应用软件或为BIM工具级软件，或为BIM平台级软件，相互关联，用以管理多个信息渠道的数据，进而支持一个项目的实施或者支持一个组织内的业务流程，如图6-1所示。当BIM环境内同时存在多个平台级软件的时候，就很有可能涉及不同的数据标准和模型。例如，一个设计公司同时使用Autodesk Revit和Bentley Open Building Designer的时候，就会存在不同格式的模型数据管理问题。同时，BIM环境也能承载更多的数据类型，不仅仅是BIM模型数据，还可以包括视频、图片、音频、邮件等各种关于项目的信息。同时，BIM环境中还可以包含族库管理软件，和BIM环境内的各种平台级软件或工具级软件进行交互。

本章重点介绍BIM设计平台、BIM施工管理平台和BIM运维管理平台。工具级的BIM软件因为数量众多，无法逐一列举，但会在第二篇“BIM应用”中的相关章节，对重点工具软件进行介绍。

6.2 BIM设计平台

6.2.1 Revit

Revit是Autodesk公司旗舰BIM设计软件，并且在世界很多国家和地区占有非常大的市场份额，特别是房屋建筑领域。Revit最早是一家初创公司，后来被Autodesk公司收购，经过和Autodesk原有产品线的整合，在2002年推出了第一版Revit。之后几乎每一年Revit都会推出新版本。早期的Revit软件分为Revit Architecture、Revit Structure和Revit MEP三个应用软件，分别对应建筑、结构和设备专业。2013年起，这三个软件合并成一个统一软件，避免不同专业的用户需要选择不同产品，也不需要因为添加不同专业的构件而不得不切换不同软件。

从BIM工具的角度讲，经过近20年的发展，Revit已经成为一个强大的BIM建模软件。Revit拥有非常友好的用户界面，特别是对于习惯使用AutoCAD的用户，会发现两个软件的用户界面具有极强的一致性。Revit具有强大的图纸和模型关联能力，而且这种关联是双向的：修改模型，图纸相应改变；修改图纸，模型相应改变。Revit拥有丰富的预定义构件，而且每次新版本都会有更新更强大的模型库以及更丰富的对规则和行为的定义。

从BIM平台的角度看，Revit是一个强大的BIM设计平台。在Revit软件的应用程序接口（API）支持下，市场上存在大量第三方应用，可以对接Revit模型。因此，在众多

BIM设计平台中，Revit拥有最多的关联应用程序。这些关联应用程序通过Revit自身的Open API链接，或者通过公用数据交换格式IFC链接。Revit可以承接来自SketchUp、AutoDesSys form • Z、McNeel Rhinoceros、Google™ Earth等概念设计软件的模型，也可以输出多种文件格式，包括DWG、DXF、DGN、SAT、DWF/DWFx、ADSK（用于建筑构件）、html 、FBX（用于3D视图）、gbXML、IFC以及ODBC（开放数据库连接）。

Revit的弱点主要体现在三个方面。第一，Revit是内存存储系统（in－memory system），也就是说，模型信息会全部载入内存，因此软件性能对内存的依赖非常大。第二，Revit对自定义三维复杂曲面的支持还不够强大，因此很多时候需要利用外部软件生成复杂三维曲面，再导入Revit。但这样做会失去在Revit中编辑修改这些曲面的可能。第三，Revit中的每个图元实体都会携带唯一的识别ID，但并不携带修改这些图元的时间戳。也就是说，模型的修改只在文件级别保存，而不是在构件级别保存。这个特点极大地限制了Revit模型在不同文件之间同步构件不同视图的功能。

6.2.2 OpenBuildings Designer（OBD）

Bentley在建筑工程领域的产品线纷繁复杂，有众多支持房建和基础设施项目的软件，涵盖建筑设计、工程设计和施工领域。针对房屋建筑领域，Bentley的BIM设计平台是OpenBuildings Designer，简称OBD。2018年之前，Bentley在房建领域的设计平台称作AECOsim Building Designer，简称ABD，而AECOsim则体现了其在建筑设计、工程设计、施工、运维全领域的设计和仿真特点。2018年10月，随着Bentley公司对产品线的调整，配合起OpenRoads和OpenRail两个品牌，房建领域的BIM设计平台也更名为OpenBuildings，反映出Bentley在软件架构上的开放性，可以和更多自有及第三方软件进行联合工作。Bentley公司强调，相对于Revit在一般性房建工程中的优势，OBD更适合机场、剧院、高铁站房等特殊类型的建筑。Bentley针对高铁站房有一款扩展软件，名字是OpenBuildings Station Designer，简称OBSD，包含了地铁和高铁站房设计所需的特有功能和图库。

作为建筑建模和出图BIM工具软件，OBD不但有成熟的预定义构件系统，而且其内置的实体建模功能也支持复杂三维曲面的自定义。更为重要的是，不同于Revit的内存存储系统，OBD是基于文件的存储系统（file－based system）。也就是说，对模型的任何改动，都会被立即写入文件，因此对内存的依赖程度较低，所以可以轻易支持大体量的模型。OBD的渲染引擎可以支持快速生成高质量的渲染和动画。从出图的角度，模型和图纸紧密关联，对于OBD自带图库内的构件，支持双向更新，而且支持丰富的自定义出图设置。

从设计平台的角度看，Bentley OBD有丰富的上下游应用软件，仅仅在Bentley系统内就有大量与OBD配合的软件。比如和Plaxis配合进行岩土工程计算，与Legion配合进行基于机器学习技术的行人和交通模拟等。同时，OBD还支持通过其专用的Microstation Development Language API进行客户化定制开发。比如华东勘测设计研究院就在Microstation和OBD的基础上定制开发了适合自己的工作流程的应用软件。虽然ABD和OBD都共享同一套软件开发套件（SDK），但OBD可以更好地利用Bentley的堆栈。OBD支持通用的数据格式，包括IFC、CIS/2、STEP等，同时可以多种软件格式进行交互，包括DWG、DXF、PDF、U3D、3DS等。更为重要的是，Bentley拥有一个非常受欢迎的多项目服务器 ProjetWise，通过链接的形式管理 DGN、DWG、PDF、DOC 等各种文件的关系，在多个不同地点维护模型和文件的一致性。

Bentley 软件产品种类繁多，既是其优点，也是其缺点。很多软件并不是 Bentley 自己开发，而是通过购买第三方软件公司（或其产品）而获得。因此，这些软件在数据一致性和用户界面上的集成度各有不同。这就造成用户不得不花费更多的时间学习各种软件的操作。不同功能模块中同一对象的行为也可能有不同定义，这进一步增加了学习挑战。

6.2.3 ArchiCAD

虽然 Revit 是市场占有率最大的 BIM 设计平台，但 ArchiCAD 是最早的 BIM 设计平台。ArchiCAD 是匈牙利 Graphisoft 公司在 1980 年代末推出的面向建筑师的设计平台，也是最早支持 Windows 和 Mac 双平台的 BIM 设计软件。2007 年，德国著名 CAD 厂商 Nemetschek 收购了 Graphisoft。

经过 30 年的发展，ArchiCAD 的用户界面非常直观易用。当鼠标滑过某些特定菜单按钮或者图形界面上特定的构件时，会出现有针对性的智能提示。当某些构件被选中后，不能（或者不应该）进行的操作按钮会灰色显示，防止误操作。ArchiCAD 具有强大的二维图形生成、施工图设计和参数计算功能，而且所有视图和模型之间都可以实现双向更新。经过多年的积累，ArchiCAD 除了自身携带的预定义构件族库外，还有大量第三方族库平台提供静态或参数化的构件供用户下载和使用。同时，通过其脚本语言 Geometric Description Language（GDL），用户可以自定义复杂形体。

从平台级软件的角度看，ArchiCAD 可以和多个领域的 BIM 工具协同工作，包括结构分析、采暖通风设计、能耗计算、可视化渲染、设施管理等。这些协同，有的通过其 GDL 脚本语言实现，有的则需要通过通用数据格式 IFC 实现。ArchiCAD 可以通过 Graphisoft BIM Server（基于网页的工具）和 BIMcloud（基于云的工具）在构件级别管理 BIM 模型。BIM Server 和 BIMcloud 的基本功能都是在构件级别进行模型管理，只是 BIMcloud 能更好地支持多用户并发环境。BIM Server 也是各种 BIM 设计平台中最早提供构件级模型管理的服务器之一。BIM Server 和 BIMcloud 支持不同级别的同步模式，包括实时自动同步、半自动同步以及手动按需同步。

ArchiCAD 的弱点主要表现在其有限的客户化创建复杂模型领域。这也是许多 BIM 设计平台常见的问题，因为毕竟这些软件的强项不是实体建模，而是工程设计。

6.2.4 Digital Project (DP)

盖里科技（Gehry Technologies）是美国著名建筑师 Frank Gehry 的研发团队 2002 年创办的科技公司，主要是服务于盖里建筑事务所（Gehry Partners LLP）设计的各种复杂形体的建筑。2005 年和法国达索系统（Dassault Systems）合作，在达索公司著名的 3D 软件 CATIA 上进行定制开发，推出了建筑设计软件 Digital Project（DP）。CATIA 广泛应用于航空和其他工程行业的产品建模和产品全生命周期管理。DP 是盖里科技在 CATIA V5 版的基础上为建筑工程行业开发的设计平台。

作为设计建模工具，DP 的最大优势在于其强大的自由建模能力。由于来自工业建模软件 CATIA 强大的基因，DP 可以创建复杂的三维曲面。DP 是基于文件的软件系统，因此也可以具有很好的扩展性，可以支持大体量复杂形体建模。除了支持建筑结构专业建模，DP 也支持采暖通风、电气、给水排水等设备专业的建模和系统路由设计。

DP当然也是一个平台级的BIM设计软件，拥有一套量身定制的工具软件，用以进行建筑产品的设计和工程计算。通过开源Apache Subversion（SVN），DP可以支持和管理多用户并发情况。DP的API也支持用户通过.NET框架开发扩展功能。DP支持以下多种文件格式的输入和输出：CIS/2、IFC、DNF、STEP AP203和AP214、DWG、DXF、VRML、TP、STL、CGR、3DMAP、SAT、3DXML、IGES、STL、HCG等。DP可以在构件级别携带多个时间戳，因此支持构件级的版本管理。

DP属于相对小众的BIM设计平台，因此有不少局限性。首先，软件价格比较贵，而且界面复杂，学习成本比较高。其次，软件本身携带的预定义图库比较有限（但外部图库比较丰富）。第三，DP的出图能力不如前述三款主流BIM设计平台完善。最后，DP是基于CATIA V5开发，但并没有迁移和兼容CATIA最新的版本，因此也没法利用高版本CATIA的新功能。

6.2.5 Vectorworks

Vectorworks是Diehl Graphsoft公司开发的一款建筑工程设计软件，其前身是基于苹果电脑CAD平台的MiniCAD。德国Nemetschek公司2000年收购了Diehl Graphsoft公司，进而在2009年通过采用新的几何图形引擎，支持目前主流的参数化设计范式。

作为建筑工程设计建模工具，Vectorworks具有相当丰富的功能，包括建筑设计模块、景观设计模块、灯光设计模块、通用设计模块等。这些模块相互独立，但又可以互相支持，完成设计建模、计算分析、出图、技术文档编制等工作。Vectorworks同时支持Windows和Mac两种操作系统。

从平台级软件角度看，Vectorworks也支持多种相关软件的联合应用。同时，Vectorworks有多种API接口可用：最常见的基于C++的SDK，Python脚本语言，VectorScript脚本语言（基于Pascal句法），以及Marionette（一种图形化算法编程工具）。Vectorworks可以和以下格式的文件进行交互：DXF、DWG、Rhino 3DM、IGS、SAT、STL、Parasolid、3DS、OBJ、COLLADA、FBX、KML等。

Vectorworks 2019版依然采用CineRender作为唯一的渲染引擎，虽然市场上已经有很多交互式渲染器，例如Lumion和Twinmotion。

6.2.6 Allplan

虽然ArchiCAD和Vectorworks目前都是Nemetschek旗下的产品，但都是通过收购其他公司获得。Nemetschek从1980年代中期就推出了自己的三维设计平台Allplan，并且一直发展到现在。Allplan也是模块化产品，包括建筑设计模块、工程设计模块和设施管理模块。Allplan和其他BIM设计平台的最大区别在于把2D图纸和3D模型，以及2D、3D图元整合在一个非常独特的项目结构中，并且使用图层定义不同标高平面。

作为模型创建工具，Allplan是一款自动化很高的参数化建模软件，能够在不同工况下维持模型的高度一致性，而且可以有效处理大体量的模型文件。Allplan中的参数化构件被称作“智能部件（Smart Parts）”。类似其他BIM设计平台带有丰富的自定图库，Allplan也有内置的大量智能部件库，同时也支持用户自定义智能部件。Allplan的用户界面支持用户在2D、3D环境下方便切换。自从2016年采用了Parasolid 3D建模内核后，Allplan能更好地支持复杂3D曲面的创建。

Allplan的API基于Python语言开发，因此允许更大程度地客户化，包括深度利用

Parasolid 3D 建模功能。Allplan 作为一个 BIM 设计平台，可以通过多种输入、输出格式和其他工具级软件进行数据交换。

Allplan 的主要局限性在于其复杂的操作。虽然这些复杂的操作给用户带来了更大的创作潜力和更丰富的功能，但也造成了使用上的不方便。另外，Allplan 也不包含设备模块，因此不得不依赖于第三方软件创建设备专业模型。

6.3 BIM 施工协同管理平台

6.3.1 Autodesk BIM 360

Autodesk BIM 360 的定位是面向 EPC 总承包的项目全过程管理平台。该平台包含五个模块：BIM 360 Design，BIM 360 Docs，BIM 360 Build，BIM 360 Coordinate 和 BIM 360 Layout。另外，360 系列还有两个产品，360 Plan 和 360 Ops，分别对应施工组织计划管理和设施维护管理，但和 BIM 360 平台分开销售。

(1) BIM 360 Design 支持实时共同创建 Revit 模型，并随时与扩展团队一起审核设计成果；控制设计交付成果的交换，以便在整个项目中保持正确的信息。通过共建模型、交付成果交互、可视化修改、有控制的共享、里程碑追踪、团队协作等功能，实现多专业设计团队间的协作；用详细权限控制文件共享；追踪和协调设计文件的交流；以及可以追踪修改时间的设计文件间的修改。

(2) BIM 360 Docs 作为单一数据存储中心，对所有项目文档、图纸和模型实现受控访问。通过版本控制、文档控制、发布图纸、标记图纸、提出问题、2D 和 3D 图纸转换、嵌入式数据、手机通道等功能，实现控制信息的发布、预览和共享；所有类型文件的控制及版本标记；2D 和 3D 图纸模型对照审图及标记；管理合同文件和追踪项目活动；iOS 和 Android App 可以离线使用。

(3) BIM 360 Build 支持现场项目实施及现场与办公室之间的协作问题管理，检查清单和日常报告，通过跨团队的受控工作流程创建、分配和批准 RFI 和提交。通过 RFI 追踪、资料追踪、发布管理、日常汇报、安全管理、检查表建立等功能实现质量控制，减少缺陷和返工；安全管理，提高安全绩效；追踪施工进展，并发布日报；质量安全问题的数据统计和分析；PDCA 循环改进；项目移交缺陷清单准备和跟踪。

(4) BIM 360 Coordinate 为 3D 项目提供简化的模型集成、查看和自动碰撞检测，并辅助专业间协调工作。通过碰撞检查、模型集成、专业协调、可施工性审查、互动式协调、版本控制等功能，实现可施工性审查，甄别高代价的问题；改进专业间协调；自动碰撞诊断及快速审查；审查集成模型并按专业过滤。

(5) BIM 360 Layout 支持放线机器人和模型配合，在施工现场实现精确、高效的放线和核对，同时支持手机端的移动应用。

(6) BIM 360 Plan 可以实现权限设置及平台的多方参与、可视化的工作计划、实时且透明的时间承诺、电脑端快捷更新、快速的数据输入、准确的数据分析，形成报告。

(7) BIM 360 Ops 是基于移动互联网的资产和维护管理解决方案，使总承包商和建筑物所有者能够实现 BIM 在建筑物运营中的价值。总承包商将建筑物设计和建造过程中创建的 BIM 资产数据与建筑物运营联系起来，从而改变了移交流程。

6.3.2 Trimble Connect

Trimble Connect 协同管理平台定位协同管理工作，是开放、灵活、方便实用、记录项目全过程的云平台。确保项目团队在创建和使用工程信息时，能够透明、便捷地实现数据协同。提高整体工作效率，兼容 2D、3D 行业 BIM 数据。通过面向对象的直接沟通，兼容的 BIM 数据、多端应用协助、协同工作系统结构和工作协同功能，解决工程项目沟通问题。平台主要特点、功能如下：

（1）面向对象的直接沟通：兼容各种图形、文字和图像格式数据。支持 2D、3D BIM 数据全生命周期的存储。项目各个专业的 BIM 整合；管理参与设计、建造过程中的人和正在创造的数据；项目全生命周期的信息流转。保证适当的人，在适当的时间，找到适当的信息或文件，能够在平台上实现项目管理、档案管理，并作记录。

（2）各端应用协同管理：网页端可以创建项目、浏览文档、浏览三维模型、处理三维模型、进行模型标注、落实项目管理、实现碰撞测试、浏览活动信息、设置管理员权限、创建发布新版本。桌面版可以创建项目文件夹；创建项目文件夹中要上传的文件；邀请用户并授权；浏览三维模型；处理三维模型；打开多个模型进行匹配对齐；给模型添加注释标记；测量三维模型；保存三维模型工作视角；设置工作流程等。手机版可以查看项目列表；文件夹及文件；查看三维模型；保存三维模型工作视角等。

（3）系统结构辅助协同工作实现：通过数据、活动、协同、团队板块进行各级别、多工作、底层数据和具体管理的结合和协同。

（4）三维模型协同、文档图纸管理、二维三维协同、设计协同、团队沟通、权限管理、工作流程管理、在线项目管理、施工管理协同等模块实现施工管理协同工作。

6.3.3 Trimble Vico Office

Vico Office 的早期版本是 Graphisoft 公司开发的 Virtual Construction Suite。Nemetschek 公司收购 Graphisoft 公司的时候，这个产品被剥离出来，在美国注册了一家新公司 Vicosoftware，专注于 Vico Office 的开发。2012 年 Trimble 公司完成对 Vicosoftware 公司的收购。Vico Office 是最早在施工管理领域引入 5D BIM 概念的软件之一，即将 3D 空间中的构件，和时间（第四个维度）、成本（第五个维度）进行整合，对项目进度进行可视化管理的同时，实现对人、材、机和现金流的精细化管理。Vico Office 的主要模块包括：

（1）Vico Client：这个模块是 Vico Office 软件面向施工管理的核心算法模块，包括各种工程量提取的定义，同时也是和各种 BIM 设计平台进行模型交互的接口，可以和 Revit、ArchiCAD、Tekla 等软件的原生模型进行交互。

（2）Constructability Manager：这个模块主要通过碰撞检查进行施工可行性验证，包括确定碰撞检查的原则、执行检查、审核检查结果并通过 RFI 进行问题追踪，直至解决。

（3）Takeoff Manager：这个模块负责按照基于位置的理念进行工程量提取，并生成工程量清单。

（4）Cost Planner：这个模块对任何一类构件进行工程造价定义，确定构件包含的工序，以及每个工序消耗的人、材、机，并结合工程量，计算工序、构件、项目的直接造价。

（5）Cost Explorer：这个模块可以在三维可视化界面下对比不同造价方案的区别，并且确定造价的关键驱动因素。

(6) Schedule Planner：这个模块确定每个构件建造需要的工序，以及各个工序之间的关联约束关系，据此进行工期的可视化组织和优化。

(7) 4D Manager：通个这个模块，可以对项目进行4D可视化仿真，协助项目经理在不同位置安排适合的人员、材料和设备。

(8) Production Controller：通过斜线图直观比较不同工序的劳动生产率，对于瓶颈工序进行资源优化，对比实际进度和计划进度，并进行优化和纠偏。

6.3.4 iTWO

iTWO是德国RIB公司推出的一款5D BIM施工管理云平台，目前版本是4.0。iTWO为建筑及地产企业在工业4.0时代开创的新型数字化管理模式。以5D BIM技术为基础，结合云计算、大数据、智能预制件生产、虚拟建造、供应链管理等技术，提供一个云端大数据企业级信息管理系统，以5D BIM模型为基础，全人员、全流程、所有项目、全资金流形成有机整体统一管理。iTWO支持企业数字化与项目信息化并行，提升企业运营效率及项目管理水平，实现业务效益最大化。iTWO的核心功能包括：

(1) 多类型模型文件的导入和优化：iTWO支持由不同设计软件创建的多种类型和标准的3D模型无缝导入和整合（包括建筑、结构、暖通、电气），并进行高精度预览和模型冲突检测，从源头更正和优化项目设计。同时，iTWO 4.0内置与Autodesk设计软件同步的3D引擎，确保设计模型实时同步更新。

(2) 快速算量组价：基于3D模型数据、国家和企业标准定额库，iTWO 4.0快速精确完成项目总体和各阶段分包的工程量和成本计算并生成清单，帮助企业制定符合标准的可执行价格和施工计划。

(3) 可视化计划和任务管理：进度计划与BIM模型和算量计价数据关联，在系统中可展示3D模型、成本和进度计划的关系，形成5D模拟。系统能通过对比不同版本的甘特图确定最佳进度计划，并且通过整合不同阶段的甘特图辅助变更管理。按项目所需，可利用时空网络图确定不同地点以及施工活动的交叉施工处，最终修订计划以确保施工流畅。

(4) 合作伙伴管理：iTWO 4.0对所有合作伙伴（例如供应商、分包商、租户、竞争对手、政府部门等）按详细信息自动分类和管理。并能基于合作伙伴的信用与合作情况进行认证和评级，有助于确保合作伙伴的质量以及维护密切的客户关系。

(5) 智能供应链管理：iTWO 4.0平台内置建筑材料的BIM模型产品目录，为虚拟建造提供详细的模型信息，同时连接计价和进度管理流程，提供价格参数。iTWO 4.0支持根据虚拟建造结果按需生产建材产品，生产进度贴合建造进度，移动端实时跟踪订单，确保产品及时送达施工现场。

(6) 财务管控与企业ERP对接：项目会计模块纳入公司财务系统。公司财务报表上能够呈现项目周期中的成本细节和现金流。在iTWO 4.0平台上，可随时随地查阅带有详细报告的合同和账单。

6.3.5 广联达5D

广联达是国内最早开发建筑工程相关软件的厂商之一，其核心产品是算量计价软件，目前其BIM 5D软件在国内市场占有率较高。广联达5D平台的核心理念是精益建造（精细化管理＋管理闭环），通过支持30余种文件格式和数据，集成多专业BIM模型，实现轻量化（模型访问轻量化、数据实时在线、移动数据采集）、专业化（功能应用场景化、业务价值导向、积累业务数据）和协同化（多业务管理协同、及时预警风险、合理高效决策）三大目标。广联达BIM 5D平台分为八大模块，通过数据决策中心，进行总体管理工作。

（1）模型板块：支持Revit、Tekla、Bentley等行业主流建模工具数据输入，实现多专业模型整合，形成整体轻量化模型；集成GIS，实现实体模型和地理模型的联动查看，辅助现场进行施工部署、平面布置、交通路线分析等工作；实现实体、场地模型创建。

（2）技术应用：通过BIM技术支撑施组模拟、物资查询、三维交流、工序动画、变更模型关联、BIM集成、构件跟踪等，进行变更管理（图纸关联表单、二维图纸与模型联动）、方案管理（项目级方案编制及报审、施工模拟）及技术交流（交底管理、虚拟现实增强、工序动画演示）。

（3）质量应用：以云技术、BIM、移动技术、智能硬件等技术条件，结合企业、项目、管理数据共享，实现施工项目质量管理工作。具体包括管理驾驶舱进行总体监控评价工作，结合质量预控，建立质量标准；日常质量巡检，工序验收，实测实量，企业质量监管及巡视检查等工作进行职工项目质量控制。

（4）安全应用：以BIM、信息技术和硬件作为支撑，通过风险分级管控、隐患排查治理、危大工程管理、数据决策中心等进行安全管理。

（5）生产应用：以BIM、移动技术、互联网、硬件等技术作为支撑，以电脑端、网页端和移动端作为操作平台，通过总控计划细化形成项目阶段计划，编制生产计划、反馈进度、调整资源，并进行现场跟踪工作，随后通过生产例会进行反馈改进，来输出资料，科学高效地进行施工项目生产进度管理。

（6）商务应用：BIM＋商务应用管理平台使得数据互相关联，统计计算工作更加高效、准确。高效协助收入拆分、成本测算、产值统计、目标成本统计、三算对比形成经营分析报告、过程成本统计等工作。

（7）数据集成：集成技术、进度、成本、资料、质量、安全、第三方数据接口等于BIM 5D管理平台中，进行协调、集中管理。

（8）平台基础及技术优势：数据管理和平台感知实现了技术和数据的结合，从而为该管理平台的各项工作提供可行性，并由该平台的技术优势帮助实现云计算。

6.3.6　斯维尔5D

斯维尔也是以算量计价软件发展起来的软件公司，其BIM 5D 2020版协同管理平台的目标是实现企业项目管理各个环节之间的信息共享和协同办公。该平台分为两部分：网页端和移动端。网页端负责项目操控，具有平台的所有功能，而移动端负责对项目进行实时、便捷的监督管理。主要组成部分如下：

（1）项目信息模块：包含项目详情、形象进度两个子模块。简介数据来源于创建项目时填写的数据，由用户将信息输入平台中，形象进度分为进度展示、质量展示、安全文明施工展示、重大展示等，工人随时随地可以记录施工现场的情况，并拍照上传至平台内进行编辑查看。

（2）文档管理模块：实现项目全生命周期的文档分类管理，支持增、删、查、改；包括各专业设计文档、施工文档、会议纪要。实现文档的版本管理，可搜索浏览不同版本的文档。并且支持添加附件、收发文件、权限设置等功能。

（3）模型管理模块：模型管理可以将平台中的模型进行模型组合、模型对比操作，对组合模型进行统一管理，其中，模型组合操作可以将同专业同类型的BIM模型进行组合。并可以将修改前后，不同版本的模型进行对比。并且模型操作功能完备，可以以第一视角进行模型查看。

（4）进度管理和模拟模块：系统进行工程项目全过程的计划安排和调整、资源配置和优化，能够实时查询项目进度水平；能够形象化地对工程项目进行跟踪，进行计划的查找，同步总控计划等操作；此外，用户还可以将模型与进度相关联；还有进度对比功能。

（5）任务管理模块：具备个人工作台功能，支持任务的创建与指派。个人工作台可清晰查看及操作自己的工作任务并可反馈任务进展。还可以编辑通知公告，同步到首页相应的模块。

（6）质量管理模块：质量管理是基于模型数据的施工现场质量管理的重要工具，各关联方通过开展现场数据采集、质量问题跟踪管理、质量验评流程报验，对各关联方的质量管理行为进行监管。质量统计功能让用户可通过图表形式一目了然查看全部质量问题等。

（7）安全管理模块：系统支持实时追踪施工现场的不安全环境因素、实时追踪现场作业人员的不安全作业行为、预测存在的不安全因素、现场不安全信息的及时流转、安全隐患的实时预警、对施工现场人员及风险隐患的管理等。

（8）成本管理模块：利用BIM模型和汇总的项目信息进行工程量计算、成本计算、进度产值计算、赢值分析等工作。

（9）系统管理模块：是保障应用系统安全运行的管理机制，它是集组织管理、权限管理、系统设置、日志管理等为一体的一个综合性管理模块。

6.3.7　品茗CCBIM

品茗CCBIM软件是BIM项目应用协同、管理平台。轻量化的模型查看功能让协同更方便；手机、网页、PC三端同步用模，基于模型即可完成交底、施工日记、现场问题跟踪等闭环管理，数据最终汇总展示便于决策。主要功能如下：

（1）基于BIM模型的项目可视化管理：BIM模型在线浏览、BIM模型在线标记、基于BIM模型的任务发布和问题追踪等功能实现基于BIM模型在线沟通交流。Web端、PC端、iOS端、Android端满足用户从办公室到工地现场随时随地使用BIM的移动办公需求，实现BIM应用场景的无缝切换。信息同步、数据统计、项目看板让用户及时快速地一览项目实况。

（2）BIM文件在线浏览，减少企业BIM软件采购费用：支持多种BIM模型文件在线预览，无需安装任何插件，可以大幅减少企业BIM软件采购费用。用户可以直接在浏览器、PC客户端、iOS客户端、Android客户端中打开BIM模型。

（3）支持私有云部署，满足企业定制化需求：自主研发BIM轻量化技术；服务器在国内，满足国家和行业对BIM数据安全性的要求；支持定制开发、私有云部署，满足企业多样化使用和部署的需求。

（4）跨企业多项目管理：具备跨企业多项目管理的功能，可以满足用户“公司→项目”的管理模式，用户可以自由在不同企业不同项目之间进行无缝切换。

(5) 文件权限精细化管控：为了方便管理项目中的文档，CCBIM提供精细化文件权限管理功能，可以对文件访问权限进行控制。在项目成员中，可以以群组的方式授权整个群组的文件访问权限。单独设置某个文件或者文件夹的查看权限。

(6) 质量、安全任务整改追踪：针对质量、安全问题整改，既可以在BIM中发起任务，也可以现场拍照上传任务。支持自定义任务表单，任务可以在移动端进行处理。支持表单样式的自定义，确保检查表单更贴近项目使用。具有完善的任务归档功能，可对已完成任务进行归档，归档完成后可进行表单的导出。

(7) 企业/项目大数据看板：为了方便企业或者项目管理者能及时了解项目动态，一目了然地掌握当前项目的概况，CCBIM提供企业/项目大数据看板（大屏监控）。通过数据分析和统计，以可视化的方式向管理者提供决策建议。

6.4 BIM运维平台

6.4.1 Archibus

Archibus起源于20世纪80年代的哈佛大学，是最早的设施管理（Facility Management，简称FM）自动化系统。1982年，Archibus发布了第一个计算机辅助设施管理（Computer Aided Facilities Management，简称CAFM）系统，并且和Autodesk紧密合作，于1987年发布了基于AutoCAD的CAFM系统。Archibus也是最早提出并推进整体空间管理系统（Integrated Workplace Management System，简称IWMS）的公司，并于1995年发布了全球第一个IWMS软件。Archibus运维平台是一套用于企业各项不动产与设施管理和信息沟通的图形化整合性工具，管理内容包括土地、建筑物、楼层、房间、机电设备、家具、装潢、保全监视设备、IT设备、电信网络设备、空间使用、大楼营运维护等。Archibus主要功能模块包括：

(1) 空间管理：对企业内部整体空间使用进行优化管理，实现最大效益，其主要管理功能包括空间台账、空间占用、空间释放、空间规划、搬迁等。

(2) 维护管理：通过主动性和自动化的维护功能，持续跟踪和评估系统状况，确保运营空间的可用性和有效性，其主要管理功能包括状态评估、预防性维护、维修管理等。

(3) 资产管理：从采购到淘汰，对企业资产进行全生命期管理，主要功能包括企业资产台账管理、资产全周期管理、通信和技术设施资产管理等。

(4) 可持续性和风险管理：这个模块的目标是确保企业设施运行对其使用人员的安全性以及对环境的安全性，主要功能包括综合可持续性评估、能耗管理、绿色建筑管理、废弃物和垃圾管理、紧急应对、合规性管理、有害物管理、人员健康和安全管理等。

(5) 工作空间服务：通过基于桌面网络和移动网络的服务支持企业运营，主要功能包括工作空间定义、预定预留、工作台等。

(6) 不动产管理：针对商业出租地产特别开发的模块，主要功能包括战略财务分析、资产组合、高级预测、出租管理、成本管理、发票管理等。

(7) 项目管理：这个模块可以管理工程项目，从投资预算分析，到项目工程管理，再到设施状况评估，以及交付前的功能验证调试等。

6.4.2 IBM Tririga/Maximo

Maximo 是企业级资产管理软件，其最早版本由 MRO Software 公司于 1985 年发布。2005 年 IBM 收购了 Maximo，专注于工业级资产管理服务，主要服务行业包括能源与公共事业、石油化工、交通运输和制造业。Maximo 有助于优化性能，延长资产生命周期，减少运营停机和成本。作为支持运行高价值物理资产的有效工具，Maximo 有助于全面了解和掌控整个企业的资产运行状况，简化包括采购、合同管理在内的各种全球运营，通过基于订购的模式控制成本。通过维护所有资产类型和快速设置新资产，以及自动升级企业资产管理（EAM）软件，Maximo 支持企业实现不间断的正常运行，降低成本和风险。

2011 年 IBM 收购了 Tririga 软件。Tririga 是一个空间管理软件，所以和 Maximo 在某些功能上有重合，但二者的侧重点不一样。Tririga 关注的是民用领域的资产管理和运维管理。目前，IBM 也在试图将二者进行整合，2018 年推出 IBM Maximo Integrators for Tririga，意在发挥各自的优势，提升资产管理效率并降低成本。Tririga 的主要模块包括：

（1）空间优化：这个模块的主要功能包括工作空间规划、预定空间管理、空间座位优化、个性化空间部署、会议空间安排等。

（2）维护和能耗管理：这个模块的主要功能包括主动性维护计划和快速反应、自动化工单管理、能耗监测和优化、多项目管理、移动平台支持。

（3）不动产管理：这个模块的主要功能包括出租台账管理、决策优化、财务分析等。

（4）项目管理：这个模块的主要功能包括财务预算管理、项目规划、合同管理、风险控制等。

6.4.3 EcoDomus

EcoDomus 是一款专注于设施管理的软件，以易于使用的格式为设施管理人员提供设施的 3D 视图。在这个视图中，BIM 模型中的资产信息模型与从各种传感器获得的设施运行数据以及设施管理系统的数据进行整合，实现对建筑物运行状态的智能分析，支持更好的运营维护管理，同时减少人工成本。EcoDomus 是第一家符合 COBie 标准的软件供应商，其核心理念是为所有相关类型的信息提供“公共数据环境”。EcoDomus 的主要特点如下：

（1）与多个系统双向集成，例如可以多个平台格式的 BIM 模型集成（例如 Revit 和 Bentley）、可以与 GIS 应用系统集成（例如 ESRI 和 Google Earth）、可以与多个设施管理软件集成（例如 Maximo 和 Archibus）、可以与多种楼宇自控平台集成（例如江森自控和西门子）。

（2）拥有网页端和移动端应用，无需本地安装，大大增加了使用便捷性。

（3）支持模型自动分类，对 BIM 模型进行多维度拆分，可以按照多种方式查找构件或设备，例如漫游浏览、搜索构件或空间位置的名称等。

（4）支持在 EcoDomus 平台环境下直接修改构件信息以及挂接文档。

（5）对点云数据的良好支持。

6.4.4 FM：Systems

FM：Systems 创建于 1983 年，总部位于北卡罗来那州罗利市，专注于提供工作场所管理技术和解决方案，使设施管理团队能够为每位员工规划并提供理想的工作场所体验。FM：Systems 采用先进的 IWMS 理念，利用优化分析软件可改善空间、使用、翻新、搬迁、维护、财产、资产、敏捷工作区、员工体验、智能建筑等的管理。FM：Systems的解决方案包括：

（1）空间管理：双向集成CAD图纸和BIM模型，安全便捷的云端数据整合，友好直观的三维可视化界面，多种预定义用例场景等。

（2）搬迁管理：自动化的搬迁过程，和企业现有系统的良好整合，对搬迁请求的快速反应，搬迁后的数据更新等。

（3）维护管理：支持预防性维护计划，可灵活配置的工作流，实时报告和看板系统，三维可视化的维护数据，对维护请求的全程维护和管理等。

（4）不动产管理：中心化的租赁组合，可灵活配置的工作流，实时报告和看板系统等。

（5）项目管理：预算管理，供应商管理和评估，项目过程管理，多种预定义用例场景，和BIM模型或CAD图纸的良好整合。

（6）能耗管理：对能耗使用数据的实时可视化，丰富的统计、分析和优化能力。

（7）资产管理：资产台账系统，灵活的分组管理功能，对质保的管理，提供可视化的管理数据等。

6.4.5　ArchiFM.net

ArchiFM由Graphisoft公司于1998年发布，最早是作为ArchiCAD软件的设施管理插件，2005年成为独立软件公司。因为起步早，同时有庞大的ArchiCAD用户群支持，ArchiFM在世界各地都拥有不少用户，涵盖各种规模的企业，进入中国设施管理市场也有十年以上。随着云技术的流行，ArchiFM从桌面端程序转向软件即服务（Software as a Service，简称SaaS）的云服务软件，新的名字是ArchiFM.net。通过后台数据库，ArchiFM.net可以同步运行多个ArchiCAD BIM模型，支持中央数据库和BIM模型数据的同步更新。SaaS简化了用户的投入，无需安装任何本地软件，也不需要耗费本地计算资源，更不需要系统管理员，就可以快速部署CAFM功能。ArchiFM.net的核心功能包括：

（1）资产规划：以树状结构处理企业资产组合，并支持自定义，用以处理大量不动产数据；以合同的形式注册租赁信息，并将租赁合同分配至对象。

（2）租户管理：根据合同管理租户，运营成本按照执行工作期间的租赁费用计算，并且这个花费也可以在共同租户之间分配。

（3）维护管理：通过简洁的Web界面报告故障，并对维修过程进行追踪；同时，也可计划和批准相关的维护工作。

（4）分析和报告：除了快速视图，ArchiFM.net还提供专业化的分析和报告来支持快速决策。

（5）人力资源管理：与企业财务系统中的人员数据集成，配合设施管理的各个模块，协同工作。

6.4.6　Trimble ManhattanONE

Manhattan软件创建于1983年，2014年被美国的Trimble公司收购，目前的品牌是ManhattanONE。ManhattanONE使不动产管理者能够集中房地产和财务数据以进行关键指标分析，从而使他们获得洞察力，以改善战略规划，平衡空间供需，并就其投资组合作出更明智的决策。ManhattanONE使空间和设施管理人员能够提高对工作空间使用的理解，并简化建筑物的维护工作，从而帮助他们最大限度地利用设施性能并提供更好的居住体验。ManhattanONE使固定工位和灵活工位的员工使用直观的自助式工作场所工具预订工作场所，查找同事和服务并报告维护问题，从而有助于提高生产力并参与现代化的数字化工作场所。ManhattanONE的模块包括：

（1）分析和决策：监测不动产运行数据并提供交互式报告，支持决策。

（2）财务分析：整合全部不动产成本数据。

（3）交易管理：对不动产的评估、购买和处置交易进行管理。

（4）出租管理：精确追踪和管理不动产出租的实时信息。

（5）合规性管理：确保所有运营工作的合规性。

（6）项目管理：对于工程项目实时进行全过程管理。

（7）空间和预定管理：对工作空间的可视化、报告、使用等进行组织和管理，管理对任何空间和设施的预定，分析工作空间的使用效率，并提出优化建议。

（8）维护管理：前瞻性维护计划，降低维护成本。

（9）能耗和可持续性管理：监测、分析和优化与绿色建筑相关的内容。

第二篇　BIM 技术应用

7　基于BIM技术的工程项目管理

7.1　工程项目管理

7.1.1　什么是项目

项目的定义相当广泛，任何一个为创造独特成果（产品、服务能力或其他结果）而持续一段时间的工作，都可以被称作项目。项目创造的产品，既可以是终端产品（例如手机），也可以是其他产品的组成部分（例如手机的液晶面板）。创造产品的项目可以是某个品牌的手机生产项目或者某个型号的手机液晶面板生产项目；创造的服务能力的项目可以是建立手机产品直销配送的业务能力的项目；创造结果的项目可以是为新款手机的功能进行市场调研并形成对市场的理解的项目。

从上述项目的定义来看，项目具有非常广泛的应用场景，可以说在我们的生活中无处不在。写一个读书心得，可以是一个项目；毕业找工作，也可以是一个项目。如果抛开项目的具体专业内容，所有项目都具有一些共同特征：

（1）一次性。项目与日常运作的最大区别在于项目的一次性。项目有明确的开始和结束时间。一个项目，在此之前从来没发生过，而且将来也不会在同样的条件下再次发生。相反，日常运作是重复性的活动，比如操作生产设备生产某一个产品。

（2）独特性。每个项目都有自己的特点，都不同于其他项目。成果，与已有的相似的成果存在明显差别。项目有自身具体的时间期限、经费预算和质量性能等方面的要求。因此，项目总是独一无二的。

（3）目标的明确性。每个项目都有自己明确的目标，包括时间目标、成果目标、成本目标等。在项目的执行过程中，目标可以调整和修改，但不应发生实质性变化，否则就成为新的项目，不再是原来的项目。

（4）组织的临时性和开放性。项目开始时要为项目建立项目组织，项目组织是开放的，其成员和职能在项目的执行过程中有可能会发生变化。项目组织在项目结束时将会解散，其成员会加入其他项目组织，参与另外一个项目，因此具有临时性。

（5）成果的不确定性。项目的实施过程存在各种风险，因此项目成果具有很大的不确定性。项目实施中的有些环节，失败了可以重来，但有些环节失败了，就会导致项目的整体失败，是无法逆转的。

（6）实施的渐进性。项目的开发和实施，需要逐步投入资源，包括人员和物资，持续地积累可以交付的成果，直至完成，因此具有渐进性。

7.1.2　什么是项目管理

项目管理是将知识、技能、工具与技术应用于项目活动，以满足项目的要求。项目管理的概念发源于美苏争霸期间。苏联在冷战时期成功发射了第一颗人造卫星之后，美国国防部需要加速卫星项目的进展，因此开展了一系列用于项目管理的工具与技术。1958年，美国北极星导弹潜艇项目采用了计划评估和审查技术（PERT）。与此同时，杜邦公司发明了关键路径法（CPM）。PERT后来扩展形成了工作分解结构（WBS）。原本用于军工任务的过程流和结构很快传播到民用企业，有效提升了各种项目管理的水平。随着时间的推移，更多的指导方法被发明出来，用于在形式上精确地说明项目是如何被管理的。这些方法包括项目管理知识体系指南（PMBOK）、个体软件过程（PSP）、团体软件过程（TSP）、IBM全球项目管理方法（WWPMM）等。这些项目管理方法旨在把项目开发的各种活动标准化，使其更容易预测、管理和跟踪。

美国项目管理协会（PMI）在《项目管理知识体系指南》中归纳总结了项目管理的基本过程，包括项目启动、项目规划、项目执行、项目监控和项目收尾等。一个项目会有很多制约因素，比如项目范围、质量、进度、预算、资源、风险等，不同的项目制约因素虽然各不相同，但任何一个因素发生变化，都会影响到一个或多个其他因素。比如我们的建设项目，如果要想缩短工期，可能就要增加成本，以雇佣更多的人在正常工作时间以外工作；如果没有额外的预算，又想比预计工期提前完工，可能就要缩小工程项目的范围，减少一部分原计划的工作。为了取得项目成功，项目团队必须能够正确分析项目状况以及平衡项目要求。项目管理的主要内容包括：

（1）项目范围管理：为了实现项目的目标，对项目的工作内容进行控制的管理过程，包括范围的界定、范围的规划、范围的调整等。

（2）项目时间管理：为了确保项目最终按时完成的一系列管理过程，包括具体活动的界定，如：活动排序、时间估计、进度安排及时间控制等项工作。

（3）项目成本管理：为了保证完成项目的实际成本、费用不超过预算成本、费用的管理过程，包括资源的配置，成本、费用的预算以及费用的控制等项工作。

（4）项目质量管理：为了确保项目达到客户所规定的质量要求所实施的一系列管理过程，包括质量规划、质量控制和质量保证等。

（5）项目人力资源管理：为了保证所有项目关系人的能力和积极性都得到最有效的发挥和利用所采取的一系列管理措施，包括组织的规划、团队的建设、人员的选聘和项目的班子建设等一系列工作。

（6）项目沟通管理：为了确保项目信息的合理收集和传输所需要实施的一系列措施，包括沟通规划、信息传输和进度报告等。

（7）项目风险管理：涉及项目可能遇到的各种不确定因素，包括风险识别、风险量化、制订对策和风险控制等。

（8）项目采购管理：为了从项目实施组织之外获得所需资源或服务所采取的一系列管理措施，包括采购计划、采购与征购、资源的选择以及合同的管理等项工作。

（9）项目集成管理：为确保项目各项工作能够有机地协调和配合所展开的综合性和全局性的项目管理工作和过程，包括项目集成计划的制订、项目集成计划的实施、项目变动的总体控制等。

7.1.3 什么是工程项目管理

工程建设项目以建筑物或构筑物为交付成果，是最常见的项目类型，具有典型的项目特点。按照交付物的不同，工程项目可以分为民用建设项目、工业建设项目和基础设施建设项目。民用建设项目又分为居住类建设项目（比如高层住宅）、商业建设项目（比如商场或写字楼）和机构类建设项目（比如医院或学校）。工业建筑项目包括工厂或核电站等建设项目。基础设施建设项目包括公路、铁路、桥梁等工程建设项目。工程项目除了具有项目的一般特性之外，还具有以下特征：

（1）周期长：工程建设项目的周期一般比较长，短则一两年多，例如建私人别墅，长则几十年，例如三峡工程或小浪底工程。

（2）参与方众多且专业性强：工程建设项目的不同阶段都涉及大量专业人员和企业共同参与，不但数量众多，而且专业覆盖广泛，例如在设计阶段就会涉及建筑、结构、电气、暖通、给水排水、幕墙、景观等多个专业。

（3）多系统协同：工程建设项目涉及多个不同类型的系统，既包括各专业的工程技术系统，还包括项目管理系统，甚至政府的监管系统，而这些系统要求不同、性质各异，又要协同工作。

（4）复杂度高：现代工程建设项目，已经不仅仅局限于满足遮风避雨的基本需求，而提出了更好的舒适性、更强的安保性能、更绿色节能、更智慧高效等更高的要求，彰显了现代建筑工程项目的复杂性。

（5）风险大：由于工程建设项目的建设地点固定，项目建成后不能移动，而且设计单一，以前从来没有过同样的设计，因此各种不确定性因素很多，具有较大的风险。

（6）影响长期：工程建设项目一旦交付之后，使用周期都在几十年以上，因此项目交付物本身的功能和质量，以及交付物对周围人文和生态环境的影响都是长期存在的。

工程建设项目一般会经历规划决策阶段、勘察设计阶段、招标投标阶段、施工建设阶段、运营维护阶段等主要阶段。依据项目交付模式的不同，各阶段的顺序可能有所不同。以上的工程阶段顺序是传统的“设计—招标投标—施工（Design-Bid-Build，简称DBB)”交付模式下的流程，在“设计—施工总承包（Design-Build，简称DB，多用于民用项目)”交付模式或者“设计—采购—施工（Engineering-Procurement-Construction，简称EPC，多用于工业和基础设施项目)”交付模式下，招标投标阶段会位于设计阶段之前，在项目规划决策之后即对项目的设计和施工进行总体招标。本书应用篇主要根据BIM技术在这些工程建设阶段的应用进行组织。

工程项目管理是一个工程建设项目从开始到完工的总体规划、协调和控制，其主要目的是服务工程建设全过程，以求在各种边界条件的约束下，在目标工期和预算内，高质量地完成工程建设项目。工程项目管理涉及所有项目参与单位，包括建设单位、咨询单位、勘察设计单位、施工单位、物资供应单位、行政监管部门等。依据项目管理组织形式的不同，这些参与单位在工程项目的不同阶段，从不同角度进行相关的项目管理工作。本书默认读者对项目管理的一般流程和相关任务有足够的了解，因此仅关注于BIM技术与工程项目管理相结合的应用点，并对某些管理流程中整合BIM技术的方法进行讨论。

7.2　应用BIM技术进行工程管理的必要性

7.2.1　工程项目全过程管理

现代工程项目的复杂度越来越高，因此也对工程项目的管理提出了更高的要求。无论是业主方的项目管理，还是总承包方的项目管理，在项目进度、质量、成本等领域都面临巨大挑战。由于政策管理等因素，传统的工程项目管理将建设项目的决策、设计、招标投标、施工和运营维护等阶段相互割裂，无法反映项目各阶段之间的相互依托和传承的关系，缺乏对建设工程全过程的控制性把握，信息流无法贯穿项目全过程，极大地制约了我国建筑业的整体发展。

2019年3月22日，国家发改委与住房和城乡建设部联合印发《关于推进全过程工程咨询服务发展的指导意见》(发改投资规〔2019〕515号)，提出在房屋建筑和市政基础设施领域推进全过程工程咨询服务，并从鼓励发展多种形式全过程工程咨询、重点培育全过程工程咨询模式、优化市场环境、强化保障措施等方面提出一系列政策措施。该指导文件的出台，标志着我国工程项目管理从各自为政的阶段性管理逐步转变为工程项目全过程管理。

一个工程建设项目，从规划立项开始，通过设计、招标投标、施工，进入运营维护，直至最后拆除，是一个有机系统，各个阶段之间存在密切联系。工程项目全过程管理就是项目关键参与方形成一体化项目管理团队，以成功交付项目为最终目标，将项目管理行为合理贯穿项目全寿命周期，对工程规划、设计、施工和运维进行深入和全局性优化，激发出创新性的解决方案。

7.2.2　基于BIM技术的全过程管理

在工程项目日趋复杂、建设施工周期一再压缩的大趋势下，及时获取准确的工程数据和信息就变得异常重要，成为工程项目管理者全面统筹、合理决策的关键因素。传统的、阶段式的工程管理模式下，各参与方掌握和管理的信息是静态的，仅仅是工程项目在其所管理的某个阶段的数据信息，不能从全局角度把握工程项目的动态过程。随着工程管理技术的进步和管理模式的创新，工程管理体系也日趋成熟。然而，因为工程项目数据量大、各部门和岗位之间数据流通效率低、团队整合和协调能力差等问题，理想的工程管理体系很难达到预期效果。

BIM技术对于工程项目全过程管理具有重要价值。正确应用BIM技术可以打通建筑工程项目管理全寿命期内从上游到下游各个管理系统和工作流程间的纵向和横向信息流，实现工程数据和信息的连贯性和一致性，提升项目信息化管理水平，保证项目成功实施。本书BIM应用部分按照项目寿命周期分别介绍BIM技术在规划决策阶段的应用（第8章）、BIM技术在项目设计阶段的应用（第9章）、BIM技术在招标投标阶段的应用（第10章）、BIM技术在施工阶段的应用（第11章）和BIM技术在运营维护阶段的应用（第12章）。

一个工程建设项目要想发挥BIM技术应用的最大价值，就必须在前期策划和决策阶段确定BIM技术的应用，并且制定BIM技术执行计划（BEP），通过BEP明确BIM应用的目标和应用范围，制定BIM应用流程图，定义BIM信息交换需求，并整合所有项目BIM应用的要求。BIM技术在项目决策规划阶段的应用包括：

（1）辅助策划项目需求。

（2）基于BIM技术的建筑概念设计。

（3）基于BIM技术的投资估算。

BIM技术最早就是在设计师领域开始推广和应用的，因此在项目的工程设计阶段能发挥重要价值。在工程设计中应用BIM的主要指导思想是，将传统设计模式中大量的施工图设计工作量前移到概念设计和扩大初步设计阶段，应用BIM技术在计算内完成虚拟设计，最后施工图纸从模型自动生成。这个阶段的BIM应用主要包括：

（1）基于BIM技术的仿真、分析和优化，主要包括结构设计、设备系统设计、建筑环境系统设计、渲染和动画制作。

（2）基于BIM技术的出图和施工说明编制。

（3）基于BIM技术的设计审查。

（4）BIM模型库的重要性。

项目的招标投标阶段也可以有效利用BIM技术提升项目管理水平。目前，在各地建筑主管部门的主导下，已经有很多城市建成了基于BIM技术的电子招标投标系统。BIM技术在投标过程中的应用主要包括：

（1）基于BIM技术的施工场地布置，包括应用第三方场布软件的方法和应用BIM建模平台进行场布的方法。

（2）基于BIM技术的进度模拟。

（3）基于BIM技术的投标预算，主要介绍了基于BIM技术的工程量计算方法。

（4）基于BIM技术的工艺模拟。

虽然BIM技术最早由工程设计人员开始使用，但很快施工企业就认识到BIM技术的价值，因为施工阶段是工程建设投资的主要阶段，能给BIM技术的应用带来最大的价值回报。BIM技术在项目施工阶段的应用主要包括：

（1）施工BIM模型的构建。

（2）基于BIM技术的碰撞检查。

（3）基于BIM技术的进度控制。

（4）基于BIM技术的成本控制。

（5）BIM技术支持下的场外制造。

（6）基于BIM技术的质量管理、安全管理等。

工程项目竣工后，运营和维护成为项目的主要工作，而项目前期设计BIM模型和施工BIM模型积累了大量数据和信息，对运营和维护工作的价值巨大。BIM技术在项目运维阶段的主要应用包括：

（1）基于BIM的运营管理，包括固定资产台账管理、空间管理、能耗管理、安全和应急管理等。

（2）基于BIM技术的维护管理，包括前瞻性维护、BIM+VR支持远程维护、BIM+AR支持隐蔽工程管理、BIM+AR协助维修、应用众包技术进行设施维护等。

（3）基于BIM技术的运维系统开发方法。

7.2.3　基于BIM技术的工程项目管理的优势

在成本管理方面，BIM技术通过工程量的自动计算、工程量与成本的自动关联，可以有效支持项目全过程造价管理，包括早期的估算和概算，项目主要建设期的预算，以及项目后期的决算和结算。同时，通过比较不同版本的BIM模型可以快速分析各种工程变更带来的成本变化，也为造价管理中最为头痛的变更引起的成本变化问题提供了快速、有效的解决方案。

由于BIM技术对抽象的施工进度网络图和甘特图实现了三维可视化，可以直观看到工程项目在不同时间节点的形象进度，极大地方便了不同项目参与方关于项目进度的沟通效率。同时，通过BIM技术还可以实现计划进度与实际进度的对比，并对未来进度进行预测，且在此基础上及时采取相应的进度纠偏措施，可以有效降低项目工期延误的风险。

工程项目的质量管理主要包括设计阶段的图纸质量管理和工程建设阶段的施工质量管理。BIM技术在设计阶段最大的优势就是对各专业的数据和信息整合能力，从而实现全专业在同一个模型系统上协同工作，进而有效保障了设计文档的一致性，有效减少了传统设计模式下的错、漏、碰、缺等问题。在施工阶段，通过可视化技术交底，能够让施工人员更直观地了解施工工艺和质量要求，进而提升施工质量，减少返工。同时，三维激光扫描技术的应用，也能有效对施工质量进行验证。

BIM技术也可以极大地提升施工现场的安全管理水平。通过BIM模型，施工安全管理员可以更清楚、方便地分析施工范围内的安全隐患并布置相应措施，例如对临边洞口的防护。BIM模型与其他信息技术相结合，能够在很多领域为智慧工地提升安全管理水平。例如，BIM技术与室内外实时定位技术相结合，防止施工人员违规穿越危险区域，BIM技术与计算机视觉技术相结合预防劳动损伤等。

合理应用BIM技术可以有效支持绿色可持续建筑项目。在设计阶段，建筑师和暖通工程师合作，利用BIM模型进行日照、通风、能耗等多方面的模拟、分析和优化，实现绿色可持续设计。施工阶段，通过BIM技术优化材料使用率，减低建筑垃圾数量，实现精益建造，在节省造价的同时，实现绿色建造。在运营维护阶段，充分利用竣工模型中包含的运维信息，建立基于BIM技术的运维管理系统，优化并延长部品部件的使用寿命，做到绿色运营。

建筑工程领域的各类企业也可以通过BIM技术提升自身的项目管理水平。建设单位可以通过建立基于BIM技术的工程项目管理体系，全面利用BIM技术提升项目交付水平；设计单位可以利用BIM技术提升设计质量，并且通过企业模型库、族库的建立，积累设计经验，利用以前设计工作的知识服务未来的设计项目；施工企业通过基于BIM技术的施工管理技术达到合理平衡质量、进度和成本的关系，实现提质增效；设施运营管理企业可以将BIM模型整合到运营管理平台，结合物联网和大数据，实现智慧运维。

7.3　基于BIM技术的项目管理战略规划

无论是建设单位、设计企业，还是施工企业，亦或是工程咨询企业，要想建立基于BIM技术的工程项目管理体系，制定相应的战略规划是必须的。好的战略规划可以帮助一个组织顺利采用和实施新的技术和业务流程，具体表现在：

（1）帮助企业清晰理解在一个给定的时间框架内如何将BIM应用目标和企业目标相匹配和适应；

（2）有效分配企业资源以支持相应的BIM事实需求；

（3）为企业BIM项目管理水平的整体进步提供对标依据；

（4）促进企业内来自多部门的个体成员之间的有效团队合作。

和其他任何新技术的采用过程一样，从传统的项目管理转型到基于BIM的项目管理也要经历必要的学习过程。对那些不是特别了解BIM技术的企业，更是如此，因为他们在转型升级的过程中犯错误的风险更高。一个合理并且详尽的战略规划可以帮助企业以更低的成本实现预期的目标。

7.3.1 制定战略愿景

一个基于BIM技术的项目管理战略愿景阐述了在工程项目管理中应用BIM技术的目的。这个愿景来自对企业多方面的理解，包括企业类型以及其在行业中的角色（例如是大型国有施工企业，还是私营中小型咨询企业），企业的使命和愿景是什么，企业有哪些内部和外部资源，以及企业各部门当前所面临的挑战。不同企业之间，基于BIM技术的项目管理战略愿景的具体陈述可能差异非常大，但其根本是要通过使用BIM技术来支持企业的项目管理工作，并与企业自身总体愿景保持一致。

7.3.2 企业内评估

要想有效实施基于BIM技术的项目管理，首先应该对企业内部的现状进行准确评估并依此制定实施目标。评估小组首先应该梳理企业和项目管理相关的业务流程及参与部门，然后按照BIM应用现状、BIM业务流程现状、BIM资源现状、BIM人员现状进行相应评估。具体的评估方法多种多样，最常用、也是最有效的评估方法是和关键岗位的人员进行访谈。这种访谈可以是半结构化的，既包含问卷，同时也包含开放性讨论。

（1）BIM应用现状：总结在各业务流程中包含的BIM应用类型、方法，评估其现在的应用程度、取得的效果以及与行业最佳实践之间的差距。

（2）BIM业务流程现状：总结涉及BIM应用的内外业务流程现状，特别是数据和信息的流转方式和效率。对外的业务流程包括如何与项目其他参与方协同BIM应用，对内包括如何在企业各部门之间进行数据和信息的流转。

（3）BIM资源现状：总结涉及BIM应用的资源现状。BIM应用涉及多种资源要求，主要包含三个方面，即BIM应用软件、支持软件运行的硬件、实施BIM工作所需要的工作场所。公司的业务内容决定了其所需要的应用软件，而应用软件进一步对支持其运行的硬件提出了要求，最后软件、硬件和相关人员需要有适合的工作场所。

（4）BIM人员现状：总结参与BIM工作的人员现状，包括组织内的人员结构、人员的角色定位和相应职责、这些人员在教育和经验方面的资质、已经获得的培训以及他们是否对未来可能的变化做好了准备。

7.3.3 确定目标

通过对企业基于BIM技术的工程项目管理业务现状的评估，企业管理层可以清楚了解各个业务流程中应用BIM技术的表现，并且明确相应的改进目标。行业对标分析（Benchmarking，也叫标杆管理）是一种有效的流程再造的方法。通过将企业现状和行业内最佳实践进行对标，可以帮助企业确定在应用BIM技术进行工程项目管理方面的推进方向和目标。

企业在确定基于BIM技术的项目管理发展目标时，应该充分考虑企业对于即将发生的变革的准备度。如果企业对于变革所需的前期准备不足，就会造成战略规划中所设定的目标难以实现。同时，企业管理层也要清晰地认识到，对于战略目标的执行是一个持续的努力过程，不可能是一蹴而就的。

企业对基于BIM技术的项目管理设定的目标应该是清晰、明确、可以测量的，例如：

降低项目的综合建造成本，在项目建造结束后为项目运营团队提供支持设施运维的数据，降低设施运营期间的能耗等。

7.3.4 建立路线图

由于各个企业性质不同，规模各异，可用资源也相差很大，因此不同企业基于BIM技术的工程项目管理实施路线也不尽相同。建立实施路线图可以将BIM应用和企业的核心业务流程的整合过程清晰体现出来，并以直观的图表形式展示战略规划中的关键部分。

（1）时间线：企业战略规划路线图的时间线依据其下一个战略周期的远近，可以以月、季度、半年或年作为时间单位。时间轴的后期代表更高级别的应用能力和水平。企业的长期愿景和目标需要用更长的时间轴表达。

（2）战略整合驱动因素：制定战略规划路线图中重要的一环是明确整合的驱动因素，针对每一个需要规划的元素，明确现状（“我在哪儿”），确定期望值（“我想去哪儿”），并明确每一个里程碑节点（“我应该怎样到达那里”）。

（3）支持性信息：在战略规划路线图上还应该包含支持路线图完成的资源信息，比如关键的人员及其责任、审查节点及考核指标、相应的软硬件资源等。

7.4 基于BIM技术的项目管理实施规划

7.4.1 明确BIM应用的信息需求

对于任何工程管理领域的BIM应用，必须明确定义其对BIM模型的几何数据和设施数据的需求。这些信息需求也会被整合到企业整体信息需求中作为企业管理的内容之一。这些信息需求包含两个内容：BIM模型几何数据和设施数据。BIM模型几何数据是设施构件的三维空间几何信息，而设施数据是非几何信息，通过三维空间BIM模型和数字化的设施构件相关联。设施数据主要是设施的属性信息，例如材质信息、制造商信息、构件在管理信息系统中的编码等。

与各个BIM应用的参与人进行面对面访谈是获得BIM应用信息需求的最佳方法。当然，也可以通过参考其他企业或组织对于BIM应用的信息需求创建自己企业的第一版信息需求内容，然后据此进行访谈，以确认适合自己企业基于BIM技术的项目管理所需要的信息。美国国防部军事健康系统（DoD Military Health System）、美国陆军工程师部（US Army Corps of Engineers）、美国宾夕法尼亚州建筑设施办公室（Penn State Office of Physical Plant）、美国退伍老兵事务部（Department of Veteran Affairs）等组织在他们免费公开的文档中都包含了对不同BIM应用的信息要求，可以作为参考。在对企业内部BIM应用人员进行面试的时候，可以参考以下四个问题来获得其BIM应用的信息需求：

（1）你们在BIM应用中，需要对哪些BIM构件进行信息获得、记录和提交给其他合作方？哪些相关信息可以帮助你们完成这个工作？

（2）哪些信息具有可视化价值，也就是说如果能够对该信息进行三维可视化显示能更好地帮助你们完成项目管理工作？哪些信息更适合通过数据库或电子表格的形式展示？

（3）对于BIM模型中的不同构件，你们需要什么开发等级（LOD）？

（4）对于BIM模型中的构件，你们需要记录和应用哪些非几何的设施数据？即包括你们现在工作中用到的，以及你们尚未用到，但觉得有价值的设施数据。

每个企业都要针对其工程项目管理的业务流程，确定适合的模型分解结构（Model Breakdown Structure）。目前，主流的模型分解结构体系包括 OmniClass、UniFormat 和 MasterFormat。OmniClass 中又有多个表（Table）可以选用，比如 Table 21（模型分解结构）、Table 22（工作成果）和 Table 23（产品）。在选用这个模型分解结构的时候，要特别注意是否能够完全包含企业内工程项目管理流程中的所有信息内容，有些体系就不包含一些特殊的模型构件定义，比如对空间（space）的定义、对分区（zone）的定义以及对临时设施（例如脚手架）的定义。在这种情况下，需要项目团队手动加入这些构件分类信息。

对于那些需要在可视化模型中表达的构件，需要进一步确定其所需的 LOD 等级。LOD 的等级标准已经在前面 5.1 节中介绍过。

(1) LOD100 概念设计模型：通过建筑设施的三维体量模型描述其占地、高度、体量、位置、方向等信息。

(2) LOD200 初步设计模型：通过通用模型构件搭建 BIM 模型，其数量、尺寸、形状、位置和方向并不精确。模型中可能包含非几何信息，也可能不包含。

(3) LOD300 详细设计模型：BIM 模型构件携带精确的信息，包括数量、尺寸、形状、位置、方向等。模型中包含构件所必需的非几何信息。

(4) LOD400 施工模型：BIM 模型构件除了携带 LOD300 中的精确信息以外，还应该包含施工所必需的制造信息、组装要求、节点细节等。与施工相关的非几何信息也应该包含在 BIM 模型中。

(5) LOD500 竣工模型：BIM 模型构件除了包含 LOD400 中跟施工相关的精确信息以外，还应该包含在施工阶段收集的用于设施运营维护的信息。和设施运维相关的非几何信息也应该包含在 BIM 模型中。

LOD 体系并没有定义 BIM 模型构件的非几何信息，因此需要单独考虑如何定义其内容和格式。OmniClass 标准中的 Table 49（属性）可以用作定义构件属性信息的参考标准。同时，前述 3.4 节中介绍的 COBie 标准也可以作为参考标准，根据具体 BIM 项目管理工作的需求，从 COBie 的工作表中提取相关的信息内容，定义 BIM 模型中的非几何数据需求。

7.4.2　打造 BIM 整合流程

成功实施基于 BIM 技术的工程项目管理，必须将 BIM 应用流程无缝整合到企业整体工作流程。首先需要清晰理解和记录企业级业务流程，然后将 BIM 应用流程映射到企业整体工作流程，并将最终整合的流程清晰传递到各相关职能部门。

业务流程分析的方法有很多，比较常用的包括整合定义方法（IDEF，Integrated Definition）中的 IDEF0 功能化建模方法、统一建模语言（UML，Unified Modeling Language）方法、业务流程模型标记方法（BPMN，Business Process Modeling Notation）等。这些方法各有特点，并不存在哪一种方法比另外一种方法更好的说法，而是分别适用于不同的业务场景。所以，每一个企业都要根据自己的企业特点选择合适的业务流程分析方法。

业务流程分析的第一步是明确企业组织结构。大多数企业应该已经有比较明确的组织结构定义，即使如此也非常有必要重新审视这个组织结构定义，确保组织结构定义中包含了各职能部门的任务与职责。另外，对于采用BIM技术进行工程项目管理的企业，应该单独有一个职能部门负责BIM技术实施。这个部门可以是一个企业其他业务部门之外的独立实体部门，也可以是分散到其他部门中的一个“虚拟”部门。

接下来需要将BIM应用流程，映射到企业整体业务流程中。通过这种映射关系，各业务部门的领导应该明确其管理的部门中应该涉及哪些与BIM相关的业务流程，以及与其原有的业务流程如何进行整合。这种整合后的新流程应该被清晰地记录存档，并且定期重新审查，直到各个部门能够在日常业务运作中正确整合BIM应用的相关流程。

在此之后，企业就要根据流程映射的结果，计划具体的任务。例如，缺少BIM软件或硬件，就要安排采购工作；人员技术水平不达标，就要安排相关的培训工作。

7.4.3 确定软硬件资源

1. 硬件资源配置

企业级硬件资源的系统架构，依据不用企业性质不同，可能存在很大差异。比如大型工程设计企业的员工多是集中办公，其BIM硬件系统的架构可能与施工企业的情况就完全不同，因为施工企业多是以集团总部加项目部形式存在，而项目部的BIM人员配置相对简单，不需要建立大型本地网络。

对于人员集中度高的企业，在考虑传统的多终端单机加文件服务器和网络服务器架构的同时，也可以考虑采用云桌面系统。云桌面是基于服务器的虚拟化和桌面虚拟化技术上的软硬件一体的私有云解决方案。硬件上采用的是超强的中央虚拟服务器加若干瘦客户机的形式。这种架构配置，将传统架构中分散在多个PC终端的计算和存储资源，转移到服务器上集中管理。所有的计算和存贮都在服务器端，而瘦客户机只是负责把服务器传过来的桌面环境进行解析后显示到显示器上。使用云桌面配置的系统具有以下优势：

(1) 管理灵活方便。因为是集中管理，因此只需要部署和维护一个环境，然后将模板部署到所有虚拟机即可。同时，可以灵活配置各个虚拟机的资源。比如，白天所有人都需要用虚拟机建模，则可以把一台能支持16台虚拟机的服务器的计算资源平均分配到16个虚拟机上，支持16个员工同时进行BIM应用。而到了晚上，大部分员工下班了，只有4个员工在加班，则可以重新调整计算资源，让每个员工获得4倍于白天的计算资源。而到夜里，大家都下班了，这时候需要对模型进行渲染工作，则可以把全部资源都分配给那台负责渲染的虚拟机。

(2) 运维成本低。云终端故障率极低，即使使用过程中出现故障，云端重启虚拟机或者重新覆盖一个模板即可，无需像传统PC一样更换硬件并重装系统和相关软件。即使将来硬件升级，也只需添加服务器，然后将虚拟机的CPU、内存、硬盘的参数进行修改就可以达到硬件升级的目的。

(3) 数据安全性高。因为所有数据都在服务器端，而服务器的安全级别一般要高于普通单机，无论是中央备份系统，还是防病毒系统，都比经常用U盘进行数据交换的PC机要可靠很多。

行业内也有人质疑云桌面仅适用于轻量化的工作内容，对于BIM应用这类计算及图形密集型应用，并不适用。其实，云桌面有不同的技术架构。传统的虚拟桌面基础架构(Virtual Desktop Infrastructure，VDI)确实存在类似问题，所以常见于学校、办公等计算压力不大的应用环境。同时，因为很多设计院已经拥有了性能不错的PC机，则可以利用虚拟操作系统基础架构（Virtual OS Infrastructure，VOI）将本地PC机的计算资源与后端服务器的可调配资源整合利用，实现了非常不错的效果。

除了企业级硬件系统之外，很多情况下，还应该考虑单机BIM应用所需要的硬件配置。这种需求更多地存在于施工企业的项目部，因为使用BIM技术的人员相对较少，工地上更多是单机应用，所以应该配置单机图形工作站或者移动图形工作站。表7-1推荐了不同级别的硬件配置。由于硬件市场的变化日新月异，而表7-1中的配置是按照2020年8月的硬件市场情况推荐的，读者应该根据具体采购时的硬件市场灵活调整。

单机BIM工作站推荐配置 **表7-1**

应用类型	应用学习	入门级项目应用	高级项目应用
内存	4GB	8GB～16GB	32GB及以上
CPU	i5 7400及以上	i7 9700k或AMD 3700X及以上	i9及以上
硬盘	256GB以上	1TB+256GB固态	1TB+512GB固态
显卡	GTX750	GTX1060	GTX1660及以上
显示器	单屏或双屏	双屏	双屏或多屏
对应应用	基础BIM软件建模学习，建模体量较小	中等体量BIM建模，一般渲染和漫游，一般仿真运算	大体量BIM建模，渲染，CFD等大型仿真运算等

除了普通的BIM建模、漫游、仿真应用的硬件，还有很多和BIM模型配合，拓展应用领域的硬件设备，比如三维激光扫描仪、放样机器人、无人机、VR头盔、AR眼镜等，和本书内容不直接相关，因此不作具体介绍。

2. 软件资源配置

企业在选择BIM应用软件的时候，首先需要考虑的是企业的业务范围，通过与各部门的BIM使用者访谈，了解他们对软件的需求。因为BIM模型是所有应用的基础，所以BIM建模类软件是各类企业共同的需求。对于施工企业，主要使用施工管理类的BIM软件，例如Trimble Vico Office或广联达5D BIM。对于设计企业，不同领域的设计企业，对于软件的需求也有所不同。例如，Autodesk Revit更适用于房建项目，Bentley软件虽然其OBD也专注于房建领域，但其大量软件产品专注于基础设施和工业项目，所以如果是铁路设计院在选择房建类设计软件的时候，可能会更倾向于Bentley OBD，因为可以更好地兼容大量Bentley公司的基础设施类软件。相应地，Digital Project则在复杂异形建模领域更有优势。同时，作为设计企业，还需要采购各种工程计算、仿真、分析和优化类软件。

同时，企业在选择BIM软件的时候，也要考虑和现有软件系统和硬件系统的兼容性和配套性。目前，不同BIM软件之间的数据互操作性还不够理想，很多情况下，不同厂商之间的软件存在或多或少的数据兼容性问题，因此必须根据企业自身现有的软件环境，合理选择新采购的软件。同时，企业内现有的硬件基础也对新采购的软件有一定的制约性。如果选择采购的软件是服务器版而不是单机版，但企业目前又没有适合、可用的服务器，则在采购软件的同时需要考虑升级硬件的问题。这些考虑因素有的时候不仅仅涉及成本的高低，也涉及采购和调试周期，如果不能充分预见到软件和硬件之间的相互约束，就有可能会影响到具体的业务，例如因为配套的硬件采购和安装周期长，影响了设计项目的顺利实施。

除了从企业业务流程的适用性、与企业其他软件和硬件系统的兼容性考虑之外，从技术的角度上，在选择的时候也有很多因素需要考虑，主要包括：

（1）软件的功能特性。软件的功能专业性是选择建模软件的首要考虑因素。本书第6章已经对主流设计建模软件、施工管理软件、运营维护软件的功能性进行过比较详细的介绍。其他非平台类工具软件的具体功能性也会在第8章至第12章陆续介绍。

（2）数据的互操作性。基于BIM技术的工程管理活动是贯穿项目全寿命期的工作，因此任何一个企业在任何一个阶段创建的BIM模型都不仅仅是自己使用，模型中的数据一定是和项目其他参与方共享使用的，因此，一个软件在多大程度上支持数据的互操作性，是必须考虑的问题。目前，大多数BIM软件都已经开始支持IFC中间数据格式，同时也应该考察这些软件支持哪个版本的IFC格式，以及和其他主流BIM软件的数据互导能力。

（3）软件的本地化程度。本地化程度不仅仅指中文版软件。目前，很多BIM软件都是国外开发的，因此有必要考虑对中国标准的适用性。在工程设计阶段，目前主流设计平台都不能很好地支持中国的工程制图标准，需要通过二次开发或者对样板文件进行特殊设定。在招标投标阶段，对于工程量计算，中国各地都有自己特殊的扣减标准，而且对定额的应用也不尽相同。目前，BIM模型还只能提取净工程量，对于符合造价标准的工程量计算依然没有完美的解决方案。

（4）软件的拓展性。在工程项目管理活动中，有些功能需要具有非常专门的要求，并不是商用BIM软件能解决的，但提供了类似的功能，如果可以通过对商用BIM软件进行二次开发，就有可能解决。因此，一个BIM软件是否有开放的应用程序接口（Application Programming Interface，API）和给二次开发人员提供支持的软件开发工具包（Software Development Kit，SDK），就是一个重要考虑因素。

（5）软件的易用性。毋庸置疑，软件的易用性越好，企业的技术迁移成本越低，因为员工对采用新软件的抵触情绪不高，而且培训成本也较低，所以在其他方面相差不多的情况下，企业更倾向于选择易用的软件。

（6）软件的售后服务。软件购买之后，在安装配置方面需要厂家指导，员工也需要必要的培训，日常使用过程中也难免需要厂家提供技术支持，日后软件推出新版本还要升级，如果企业对软件进行二次开发则更离不开厂家的技术团队，因此，选择售后服务水平好的软件厂家或者代理商，是很有必要的。

（7）软件的价格。价格是任何一个采购工作的重要考虑因素，但更重要的是根据前述因素综合考虑其价值后再作决定。有的时候，很多软件都有不同的配置，比如基础版、专业版、企业版等，这些不同版本通常都包含了基础核心功能。当需求高而预算不足的时候，可以先考虑高性能软件的低配置版本，以后再慢慢升级。软件销售领域现在出现了软件即服务（Software as a Service，SaaS）的趋势，很多软件从销售永久版权改为租赁形式。对预算紧张的企业，短期租用可能是更适合的解决方案。

7.4.4 配置BIM人力资源

企业制定BIM实施计划的时候，BIM人力资源是一个不可回避的问题。面对这个问题，企业一般有两种选择，即外包服务和自建团队。很多企业在刚刚接触基于BIM技术的工程项目管理工作时，更多地倾向于将自己不具备能力完成的BIM工作外包到第三方咨询单位。外包服务的特点如下：

（1）企业初期投入少，不用配置软硬件设施，也不用组建专门的团队。

（2）第三方团队对企业的具体业务范围和流程不能充分了解，需要更多的时间了解和熟悉BIM应用的需求，沟通成本较高。

（3）外包服务时在BIM成果的交付质量方面不容易控制，同时，在项目紧急的情况下不一定能找到价格合适的服务商，交付时间上不能充分保证。

（4）对于同一项BIM应用内容来说，第三方的外包成本高于企业内部团队的成本。

（5）在某些情况下，企业可以和外包团队达成协议，由外包团队带领部分企业内部人员一起完成BIM应用工作，形成“外包＋培训指导”的形式，有利于企业从外包服务向自建团队过渡。

随着自身对BIM技术的逐步掌握，慢慢建立起BIM应用所需的软硬件设施，同时也培养了自己团队成员的BIM能力，逐渐将BIM应用工作从外包服务转移回内部团队。通常情况下，即使企业内部的自建团队已经具有充分的BIM能力，这些企业也会和一些外包服务供应商保持长期合作关系，以应对突然增加的业务量。例如，总承包单位如果遇到投标时间紧、项目建模工作量太大的情况，通常会将基础建模工作外包给第三方咨询单位，而自己的BIM团队专注于工程量计算、施工工艺模拟等核心工作。自建团队的特点如下：

（1）建立团队的投入大，不仅要采购专门的软硬件并定期升级，还要聘用专门的BIM团队人员。当BIM团队业务不够饱满的时候，闲置成本过高。

（2）因为是企业内部的一个职能部门，所以沟通成本低，工作流程容易协调，成果交付时间比较有保障。

（3）对于同一项BIM应用，其实施成本低于外包第三方服务的成本。

（4）自建团队能帮助企业建立更好的对外形象，提升企业竞争力。

企业自建BIM团队，依据企业需求，规模可大可小，但一般都包含以下类型的专业人员：

（1）BIM工程师：BIM工程师是BIM团队的基层成员，负责BIM建模和应用。按照能力、经验和资历不同，又可以分为普通BIM工程师和资深（或高级）BIM工程师。BIM工程师应该熟练掌握BIM建模和应用，并且掌握专业应用领域的知识（例如概预算知识）。

（2）BIM项目经理：BIM项目经理负责带领一个BIM团队（或小组）完成企业项目管理所需的BIM工作。对内，BIM项目经理负责安排团队BIM工程师的任务分工，并保证进度和质量。对外，BIM项目经理负责与企业内各部门进行业务协同，必要的时候与企业外其他项目参与方进行业务沟通。

（3）BIM总监：企业BIM总监应该负责制定企业BIM战略计划和执行计划，并将其付诸实施。同时，BIM总监应该了解行业内BIM应用的最新技术和管理发展趋势，为企业未来的成长提供BIM技术方面的建议。

企业内BIM人才的培养，可以通过行业培训实现。目前，很多高校和BIM咨询企业都可以提供BIM培训课程，既有针对BIM证书考试的通用培训课程，也有根据企业要求而定制的内训课程。BIM培训通常来说有如下几个目标：

（1）了解BIM技术的基本概念并掌握BIM软件操作：虽然BIM技术在我国已经推广了近10年，但我国建筑工程行业从业人员数量巨大，仍然有大量工程技术人员不了解BIM技术的基本概念和软件操作，因此入门级的扫盲培训依然很重要。

（2）掌握专门的BIM应用技术：针对不同领域的工程项目管理人员和BIM工程师，通过培训新工具软件的使用，使他们掌握应用BIM技术、更好地完成其专业工作的能力。例如，基于BIM技术的工程量计算或使用基于BIM模型的结构计算方法。

（3）了解BIM前沿技术和发展趋势：这类培训针对企业高层管理人员和BIM总监，介绍BIM技术在全球的最新研究和应用成果，并探索基于BIM技术的工程项目管理的未来发展趋势。

8 在项目规划决策阶段引入BIM技术

8.1 制定项目BIM实施计划书

8.1.1 BIM实施计划书的意义

一个工程建设项目，如果能充分利用BIM技术，便可以全面提升项目的交付水平。BIM技术的有效应用，并不局限于某一类特定的建设单位或者某一类特定的工程项目，但是要获得BIM应用的最大收益，建设单位必须从项目的规划决策阶段开始尽早引入BIM技术。为了在项目的全寿命期充分利用BIM技术带来的收益，建设单位应该在项目规划阶段就制定完善的BIM技术实施计划书（BIM Execution Plan，简称BEP）。BEP全面概述了项目BIM技术实施的总体愿景及实施细节。一个优秀的BIM项目除了在项目开始前尽早制定完备的BEP之外，还要在项目实施阶段对BIM应用进行追踪，与BEP进行对比，必要的时候对BEP进行更新和修订。BEP应该确定项目BIM目标和BIM应用范围，制定BIM应用流程，定义项目各方之间的信息交换，并明确项目BIM实施的资源需求。一个详尽的BEP对项目的顺利实施具有很重要的意义：

（1）项目各参与方能够清楚地了解建设单位对项目BIM应用提出的总体战略目标，并以此为基础进行所有沟通工作。

（2）项目各参与方能够明确各自在项目BIM实施中的角色和责任。

（3）每个BIM应用的执行团队能够依据BEP设定自己的业务实施流程，并保证这个流程与各自企业的业务流程相一致。

（4）BEP清晰定义了每个BIM应用成功实施所需要的各种资源和培训，避免了因为计划不周而导致的资源短缺。

（5）项目采购部门可以依据BEP的内容来制定相关的合同条款，以确保所有项目参与方都能履行其义务。

（6）BEP中确定了对项目BIM工作进行评估的标准以及基线。

与其他新技术一样，当BIM应用由没有丰富实施经验的团队实施，或者参与BIM流程的各个参与方的BIM能力和水平相差较多，或者项目参与方或团队成员不熟悉BIM应用的整体流程以及各个关键节点之间的连接和转换时，基于BIM技术的项目交付过程就会出现风险。制定一个完备的BEP就可以减少实施过程中的未知因素，通过提高计划水平来获得价值，从而降低所有各方的风险，同时也降低了项目的总体风险。

8.1.2 确定项目BIM目标和BIM应用范围

制定BEP的第一步是根据项目和团队的目标确定适当的BIM应用范围。本书第1章中图1-3总结了BIM技术在工程项目中的25个主要应用领域，但并不意味着每一个工程项目都要全面覆盖这些内容，而是要根据具体工程情况，考虑到参与方的目标和能力及风险分担能力，分析后选择最适合工程项目的部分应用内容。图 1-3 也只是列出了主要的 BIM 应用领域，随着 BIM 技术应用范围的逐步扩大，新的应用领域也在不断出现。

在确定采用 BIM 应用的范围之前，应该将项目目标与为了实现项目目标所需采取的 BIM 应用进行对应分析。项目目标应该紧密结合具体项目需求，以提升项目全寿命期的交付水平为宗旨。项目目标分为两类，一类旨在提升项目综合水平，比如降低项目成本或者提升项目质量。这类目标通常需要多个 BIM 应用来支持，比如能支持提升项目质量的 BIM 应用可能包括：通过仿真和优化提升建筑物节能水平、通过三维 BIM 协同设计减少图纸错误、使用三维激光扫描仪验证幕墙平整度等。另一类项目目标则针对具体的工作内容，比如更快捷、准确的成本控制，则需要基于 BIM 模型的工程量提取来实现。表 8-1 给出了一个匹配项目目标和具体 BIM 应用内容的示例。

项目目标和 BIM 应用范围对应示例 **表 8-1**

编号	项目目标	BIM 应用内容	优先级（5 级最高）
1	精确追踪实际工程进度并与计划进度对比	4D BIM 仿真	□1 □2 □3 ■4 □5
2	提升设计质量	BIM 协同设计、基于 BIM 的工程仿真和分析	□1 □2 □3 □4 ■5
……	……	……	……

接下来需要对潜在的 BIM 应用内容进行详细的定义，以供后续对这些 BIM 应用内容进行合理筛选时参考，主要包括四个方面的内容：

（1）BIM 应用内容的简要描述，包括这个应用的具体工作内容和基本流程。

（2）BIM 应用的潜在价值。

（3）执行 BIM 应用所需要的资源，包括人员、软硬件、数据等。

（4）执行 BIM 应用所要求的能力。

通过与项目目标的对标，BEP 确定了一系列潜在的 BIM 应用内容。这些 BIM 应用内容应该被综合考虑并进行筛选，以最后确定适用于这个项目的 BIM 应用内容。一方面，有的 BIM 应用内容对应了多个目标，也就是说这个 BIM 内容如果实施，则可以在很多方面支持项目目标，那么就应该优先考虑采用。另外，一个项目用于实施 BIM 应用的资源是有限的，甚至是互相冲突的，因此也要在资源方面进行平衡。表 8-2 是一个 BIM 应用内容筛选的工作表示例，通过这个工作表，项目建设单位可以更合理地确定 BIM 应用内容。

BIM 应用内容筛选工作表示例 **表 8-2**

<table>
<tr><th rowspan="2">BIM 应用内容</th><th rowspan="2">应用价值</th><th rowspan="2">参与方</th><th rowspan="2">对参与方的价值</th><th colspan="3">胜任度评分</th><th rowspan="2">采用与否</th></tr>
<tr><th>资源</th><th>能力</th><th>经验</th></tr>
<tr><td>4D 进度仿真</td><td>中</td><td>总包商</td><td>高</td><td>强</td><td>强</td><td>中</td><td>采用</td></tr>
<tr><td rowspan="3">3D施工协同</td><td rowspan="3">高</td><td>总包商</td><td>高</td><td>强</td><td>中</td><td>强</td><td rowspan="3">采用</td></tr>
<tr><td>分包商</td><td>高</td><td>中</td><td>中</td><td>中</td></tr>
<tr><td>设计师</td><td>低</td><td>低</td><td>中</td><td>低</td></tr>
</table>

续表

BIM应用内容	应用价值	参与方	对参与方的价值	胜任度评分			采用与否
				资源	能力	经验	
基于BIM的能耗分析	高	暖通工程师	高	强	中	中	可能
		建筑师	中	中	低	中	
……	……	……	……	……	……	……	……

8.1.3　制定项目BIM应用流程图

在确定BIM应用内容之后，就要在BEP中制定BIM应用流程图。BIM应用流程图既可以帮助团队从全局视角理解项目所有BIM应用之间的流程联系，也可以清晰了解每一个具体应用所涉及的参与方和信息共享过程。本书推荐采用业务流程模型标记方法（BPMN，Business Process Modeling Notation）创建BIM应用流程图。BIM应用流程图包含两个级别，即BIM应用全局流程图和BIM应用细节流程图。BIM应用全局流程图包含了项目从规划到设计和施工，直至运维期间所有BIM应用在项目全寿命期的应用时间节点，以及信息交换内容的摘要。BIM应用细节流程图则是针对一个给定的BIM应用内容，定义这个应用内部各个任务之间的逻辑关系、每个任务的参与方和责任以及相关的信息的输入输出情况。

对于制定BIM全局流程图来说，在明确了工程项目所需要的全部BIM应用内容之后，要把这些应用按顺序安排到工程全寿命期的流程中。特别要注意的是，某些BIM应用内容可能在一个项目的全寿命期的多个阶段反复出现，比如3D协同，可能会出现在扩初设计阶段、施工图设计阶段、施工阶段等多个工程阶段。接下来，要识别出每个BIM应用内容的参与方，然后由这些参与方确认完成这个BIM应用所需要的信息输入，以及能产生什么信息输出。图8-1显示了BIM应用全局流程图中的一个应用节点：

（1）“项目阶段”指出该BIM应用所处的项目阶段，比如“施工阶段”。

（2）“过程名称”指出该BIM应用内容的名称，例如“基于BIM的工程量计算”。

（3）“参与方”指出该BIM应用内容都有哪些项目相关方参与。

（4）“细节流程图”指出这个BIM应用内容所对应的细节流程图的名称。

（5）“输入”和“输出”指出这个BIM应用内容与其他BIM应用内容的衔接关系。

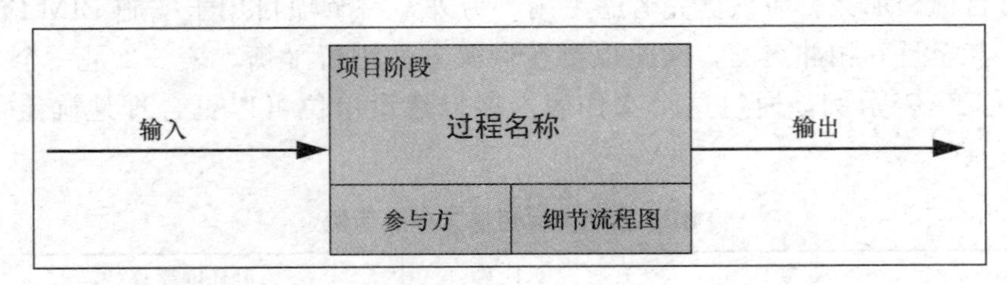

图8-1　BIM应用全局流程图节点示意

制定BIM应用内容的细节流程图，涉及确定每个BIM应用所涉及的具体任务。每个企业、每个具体工程项目都有自己独特的地方，因此同样一个BIM应用内容，在不同的特定环境下可能通过不同的方法完成。一个细节流程图包含以下几部分内容（以图8-2所示的4D仿真为例解释）：

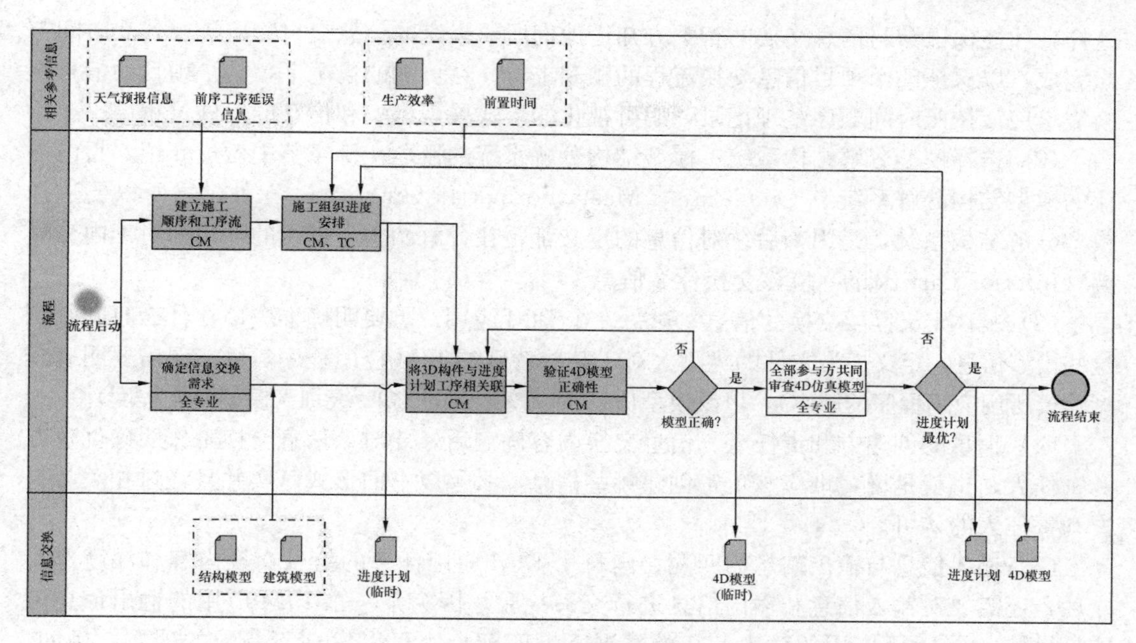

图 8-2 BIM应用细节流程图示例

(1) 图中最上面的分区是这个BIM应用内容所需要的相关参考信息，例如施工组织顺序需要考虑到天气预报信息和前序工序可能的延误信息，而安排施工进度时则需要考虑不同施工队的生产效率信息和每个工序所需要的前置时间 (Lead Time)。

(2) 图中最重要的是中间分区，以BPMN的标准化标注符号描述了这个BIM任务的工作流程。流程启动后，首先总包商根据气候和其他预测信息建立施工顺序和工序流以及建立信息交换需求，施工顺序结合施工效率和前置时间要求，作出施工组织进度安排，然后根据施工进度安排结合不同专业的模型输入，将3D模型构件与进度计划的工序相关联，然后验证4D模型的正确性，如果4D模型有错误，返回关联步骤，重新正确关联构件和工序，如果正确，则与全部参与方共同审查4D仿真模型，以确认目前的4D仿真是最优化的结果。如果不是，则需要返回进度安排任务重新优化进度安排。如果已经是最优化，则输出仿真结果。

(3) 图中最下方的部分是信息交换区，定义了BIM任务执行过程中的信息交换内容。例如，在关联3D构件和施工工序的时候，需要不同专业的模型作为输入，在施工进度安排结束后会输出临时进度计划，在4D仿真模型建立后会输出临时4D模型，最后输出最终的4D模型和进度计划。

8.1.4 定义信息交换要求

图8-1中的输入和输出代表了一个BIM应用过程对信息的交换，也就是需要一定的信息输入，经过BIM应用过程对输入信息的处理，产生信息输出成果。同时，这个信息输出成果，又是下一个信息处理过程的输入信息。在BEP中定义信息交换需求通常包含以下步骤：

(1) 从BIM应用全局流程图中识别出潜在的信息交换需求。这一步不但要识别出任何涉及两方及多方信息交换的需求，而且还要识别出这些信息交换发生的时间节点。只有这样，才能保证参与信息交换的相关方知道他们所要提交的信息交付物应该在什么时间节点完成，以保证整个项目信息交换流程的顺利进行。在可能的情况下，整个项目的信息交换需求应该按照时间顺序整理记录，用可视化的形式展现模型和信息的发展过程。

（2）选择模型分解结构系统。模型结构分解系统的概念在7.4节中做过介绍，目前主流的模型结构分解系统有OmniClass、MasterFormat和UniFormat三种。之所以要选择模型分解结构系统，是因为后续对信息的定义都是在分解结构上进行的，比如对于内分隔墙（Interior Partitions）应该交换什么信息。

（3）具体定义需要交换的信息。对每一个BIM应用，需要明确谁应该在什么时间收到这些模型信息，定义模型文件的类型（对于某些特殊的BIM应用程序，可能还需要明确模型建模所用应用程序的版本），以及模型信息所应该达到的LOD级别（模型开发程度）。

（4）信息的创建方和责任人。信息交换内容确定后，要对该信息交换工作明确创建方和责任人，也就是说，谁应该负责创建哪些信息，必须以书面形式落实并且经过相关参与方和责任人的认可。

（5）输入信息与输出信息的匹配。当每个BIM应用任务的信息交换内容和深度定义之后，还需要对输入信息和输出信息进行交叉检验，因为某一个BIM应用的输出信息可能是另外一个BIM应用的输入信息的情况下，匹配检查可以发现不一致的地方。例如，BIM模型创建的输出信息是能耗分析的输入信息，而能耗分析需要外墙和外窗的保温隔热系数作为输入信息，如果BIM模型创建应用在定义输出信息的时候，没有包括外墙和外窗的保温隔热系数，信息交换就会出现停滞，然后模型创建应用就会出现返工。

8.1.5　对BEP内容进行整合

在规划阶段为工程建设项目制定BEP的主要工作就是确定BIM应用工作内容，制定项目BIM应用流程图和定义信息交换需求。这些工作完成之后，就可以对BEP的内容进行整合。一个标准BEP主要包含以下内容：

（1）项目基本信息：包括项目建设方、项目名称、工程所在地、合同类型和项目交付模式、项目简要介绍、项目关键里程碑、关键联系人信息等。

（2）项目BIM目标和BIM应用内容：本节第2点所述内容。

（3）参与方角色与人员：当BIM应用内容确定后，必须明确各个BIM应用所涉及的参与方，以及每个参与方都会安排哪些人员负责实施相应的BIM应用，包括参与人员的职位、人数、预计工作时间等。如果这些信息在BEP制定的时候并不完全确定，那么一旦信息明确了，就要及时补充到BEP中。

（4）BIM应用实施流程图：本节第3点所述内容。

（5）BIM应用信息交换需求：本节第4点所述内容。

（6）质量控制方法：BEP应该制定一套明确的、符合建设单位整体管理流程的BIM应用质量控制方法。对每一个BIM应用的交付物应该制定详细、明确的质量标准（例如模型中颜色的使用、文件命名的规则等），并且严格落实。质量检查工作应该在每项BIM应用成果交付时执行，并且将检查结果详细记录。检查方式包括使用专门模型检查软件（Model Checker）或建模软件自带的模型检查功能。

（7）软硬件资源安排：BEP应该明确规定BIM应用所需的相关软件、硬件要求，以及多方合作的模式和空间。由于数据互操作性的限制，非常有必要在BEP中清楚规定所有参与方采用的各类软件的版本和交付的文件格式。当有专业硬件涉及 BIM 应用过程的时候，也应该明确硬件的品牌和型号，比如三维激光扫描仪或者无人机。同时，项目参与各方进行沟通的方式也要明确，包括在线远程会议所需的软硬件，或者是线下面对面沟通的会议室所在地。

（8）与合同相关的规定：BEP 中的很多内容会被各种各样的相关合同所引述，因此必须特别注意准确表述与合同相关的内容，例如各个 BIM 应用的交付物、交付时间、交付形式、相关责任等。

8.2 BIM 技术在决策规划阶段的应用

8.2.1 需求策划

目的需求策划（Programming）是在空间布局、功能安排、建筑类型和材料选择等方面进行定义，并评估其可行性。在需求策划和可行性研究期间，项目建设单位和相关咨询顾问一起策划项目需求的各项指标。传统的项目需求策划很难充分、量化地考虑每一个需求指标的可行性（所关联的成本、对建设周期的影响、对环境的冲击等）。随着 BIM 技术的发展，越来越多的数据可以自动关联到 BIM 模型，能更好地支持在项目规划阶段进行各种可能性的推演。

BIMStorm 是 Onuma 公司开发的基于 BIM 技术的规划软件。BIMStorm 可以用于项目的早期规划，特别是项目需求策划工作，也可以用于项目早期的成本估算和能耗分析。BIMStorm 可以整合来自多个平台系统的数据，支持多用户同时协同工作。BIMStorm 秉承了 SaaS 的概念，不需要安装任何软件，从浏览器直接可以连接其服务，而且适用项目可大可小，小到一个房间的装修计划，大到一个地区的多个建筑物的综合规划。

图 8-3 所示是 BIMStorm 的创始人 Kimon Onuma 在 2011 年 GeoDesign Summit 峰会

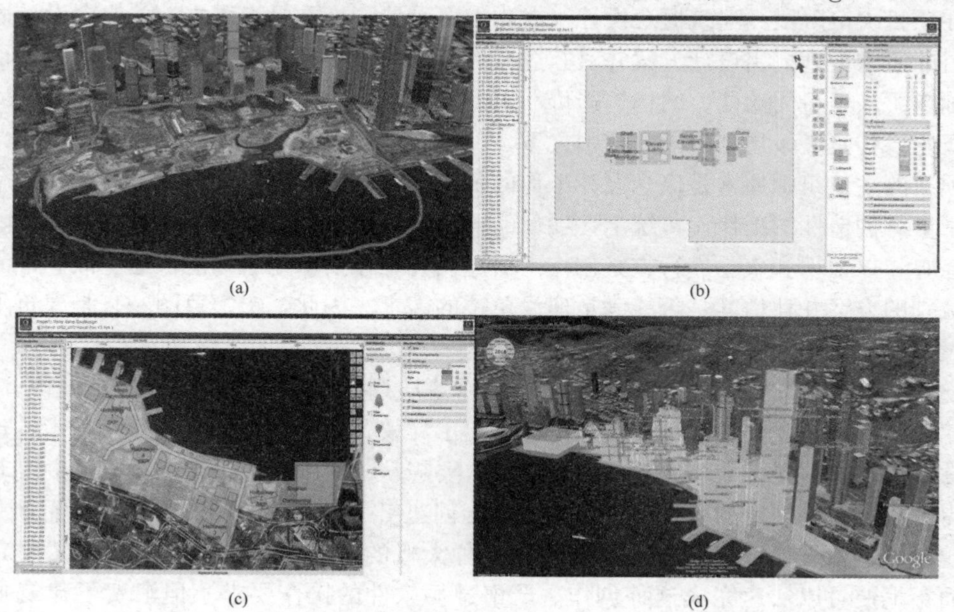

图 8-3　BIMStorm 应用案例

上进行的一个案例介绍。这个案例的目标是在一个小时内在图 8-3（a）红线范围内完成一个投资 150 亿港币的规划项目。Kimon Onuma 在现场征集到了 79 个建筑的 BIM 模型，这些模型各自带有与规划相关的关键指标信息，例如造价、功能、工期、对环境和地质的要求等，如图 8-3（b）所示。BIMStorm 的平台可以实时对接谷歌地球数据平台和其他开放的 GIS 平台，根据规划要求中的关键数据（例如对商业出租面积的规定、对居住单位的规定、对停车位的规定等），快速推演不同的规划方案，如图 8-3（c）所示，在一个小时的有限时间内，获得了满足规划要求的尽可能好的规划方案，如图 8-3（d）所示。

另外一个通过 BIM 技术进行策划的案例是曼彻斯特中心法院（Manchester Civil Justice Centre）通过体量模型进行空间使用功能的早期规划。如图 8-4 所示，建筑师将不同的空间功能通过不同颜色的体量块来表示，随着建筑师动态地拖动各个体量块的边界，BIM 程序就可以自动分类计算出不同楼层以及整个建筑各个功能空间的体量。建筑师可以更专注于空间功能的安排，而无需关注繁琐的计算过程。

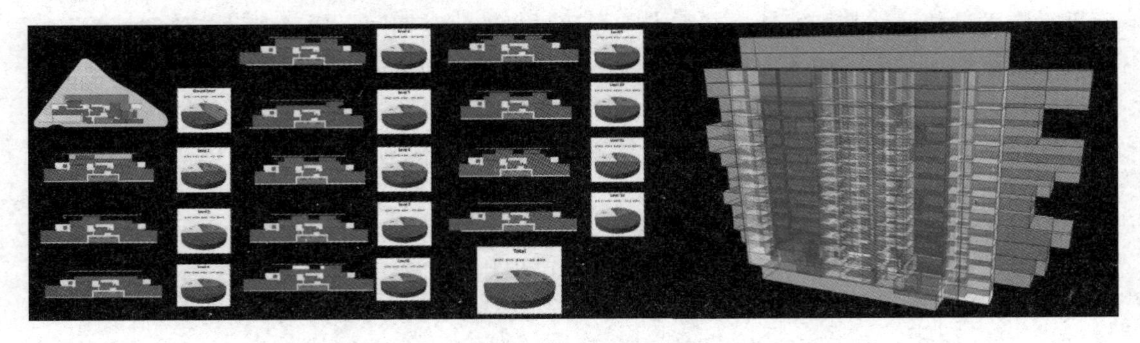

图 8-4 曼彻斯特中心法院应用案例

8.2.2 建筑概念设计

在项目决策阶段，建筑概念设计（或称方案设计）是重要工作之一。概念设计通常根据项目的需求策划提出设计方案并对其进行综合评估。一旦建筑方案选定，也就在很大程度上确定了该项目的功能、结构、造价、工期等主要方面，后面再调整的余地就很小了，所以概念设计是决策规划阶段的重中之重。

项目的主建筑师通常是概念设计工作的负责人，因为概念设计通常被认为是一个工程项目中最具创造性的工作。传统上，项目的概念设计通常依靠项目主建筑师的专业能力和工程经验，以知识和直觉进行方案创作。概念设计工作要求建筑师能快速生成和推演多个草图级别的方案并评估其是否能满足建设单位的需求。因此，铅笔草图一直是建筑师创作概念设计的主要工具。

随着 BIM 技术的出现，一些建筑师开始考虑应用三维建模技术进行概念设计。同时，也有建筑师对通过建模技术进行概念设计提出了异议。他们认为，使用建模技术，建筑师要在软件操作方面花费太多的注意力。例如，要想从一个平面上创建一个异形的突起，那就不得不遵循软件规定的各种复杂操作，才能创建出一个完美的异形突起。然而，在概念设计阶段，这个异形突起可能仅仅是表达一种大概的想法，其尺寸和形状不需要完美无缺，而铅笔便可以快速完成这种创作。严格遵循软件的操作要求不但浪费了建筑师的时间，而且也打断了建筑师自由创作的灵感，往往等这个完美的造型创建完毕，建筑师已经想不起来为什么要创建这个形状了。

随着BIM软件的发展，一些专注于概念设计的软件逐渐被建筑师接受，并成为不可或缺的得力助手。这类软件主要包括SketchUp、Rhinoceros和FormZ Pro。不像Autodesk Revit或Bentley OBD，这些软件不关注那些支持施工图设计的细节功能，而是专注于快速生成自由格式的三维体量，用于支持设计团队成员之间沟通概念设计的空间属性和视觉考量。虽然这些概念设计软件不考虑建筑构件的种类，不去区分一个构件到底是柱还是墙，但支持在足够的细节上快速表现空间和体量的关系。这些软件通常有非常友好的用户界面，只需要简单地学习，就可以上手使用，经过反复使用，熟悉了软件的操作之后，这些软件操作过程就变成了建筑师潜意识的一部分，就像没有人再去特别思考怎么握着铅笔画草图一样。

除了上述专门用于概念设计的软件之外，还有两类软件，虽然不是为概念设计而专门开发的，但也具备概念设计的功能。一类是第6章提到的BIM设计平台类软件。这些软件所关注的是施工图设计阶段，但随着概念设计功能的市场需求越来越强，这些软件也都开发出了概念设计模块。这些软件的开发商希望通过提供概念设计功能，让建筑师在项目最初阶段就开始使用自己的产品，然后在概念设计结束后，无缝转移到施工图设计阶段，实现从源头占领市场的目的。另一类是工程设计中某些领域专用的仿真和分析软件。这些软件以三维模型为基础，在专业领域提供分析和仿真能力，例如早期的Ecotect是利用三维建筑模型进行能耗模拟和分析的软件。这些软件必须有三维模型才能工作，所以它们也提供从零开始建模的功能。然而，这些分析软件不需要精确的建模，例如一个建筑物的能耗不会因为一扇窗有没有窗台或者空间尺寸多1cm而发生质的变化，所以它们提供的建模功能是体量建模，目的是快速完成一个误差不大的、不考虑细节的模型。而这个功能，正好满足了概念设计的基本需要，所以有些建筑师也利用这些软件中的建模功能进行概念设计。

本节接下来的部分将分别讨论两个重要的概念设计工具（SketchUp和Rhinoceros）、BIM设计平台软件中的体量模型工具和专业仿真分析软件中的建模功能。

SketchUp软件是一家初创公司于1999年开发的一款简单易用的体量模型创建软件。2006年谷歌收购了这家软件公司，开始全力打造Google SketchUp。经过多年的积累，SketchUp因为简单易用的界面和强大的功能，逐渐积累起众多的忠实用户，成为概念设计领域最为流行的BIM软件。2012年，美国天宝（Trimble）公司收购了SketchUp。SketchUp有多种版本可供选择，包括给个人用户的免费版本，以及给专业人士的专业版本。

SketchUp的核心功能是快速、简单地创建三维体量。用户可以首先在三维空间定义一条线，然后把线拉伸成为一个面，再把面沿法向拉伸成为体，如图8-5（a）所示。经过20年的发展，SketchUp的用户建立了大量的三维模型，Trimble 3D Warehouse整合了大量三维模型和字体，供SketchUp用户调用。SketchUp虽然不再属于谷歌公司，但依然可以和谷歌地球整合，将渲染后的SketchUp模型整合到谷歌地区环境，如图8-5（b）所示。同时，SketchUp还通过Ruby脚本语言和系统开发包SDK支持第三方为其开发插件。目前，SketchUp已经有几百种插件可用，而这些插件的存在极大地丰富了SketchUp的功能。

IES VE是SketchUp的一个重要插件，可以利用SketchUp搭建的简单模型进行和绿色建筑相关的分析和评估，包括能耗和碳足迹。IES VS可以定义模型中关键构件的能耗参数（例如保温隔热系数），然后利用建筑所在地的经纬度以及朝向，使用APACHE-Sim计算工具快速计算采暖和空调相关的能耗表现，如图8-5（c）所示。IES的其他工具可以处理太阳能获取、遮阳、用水以及碳排放等方面的评估。Layout是SketchUp的另外一个重要插件，可以生成2D图纸并对图纸进行专业化尺寸标注，如图8-5（d）所示。插件Layout生成的图纸和尺寸标注和SketchUp生成的模型有非常好的关联性，当模型改变的时候，图纸会相应修改，并且尺寸标注也会同步更新。有些小型项目可以直接用Sketch-Up加Layout完成施工图设计。

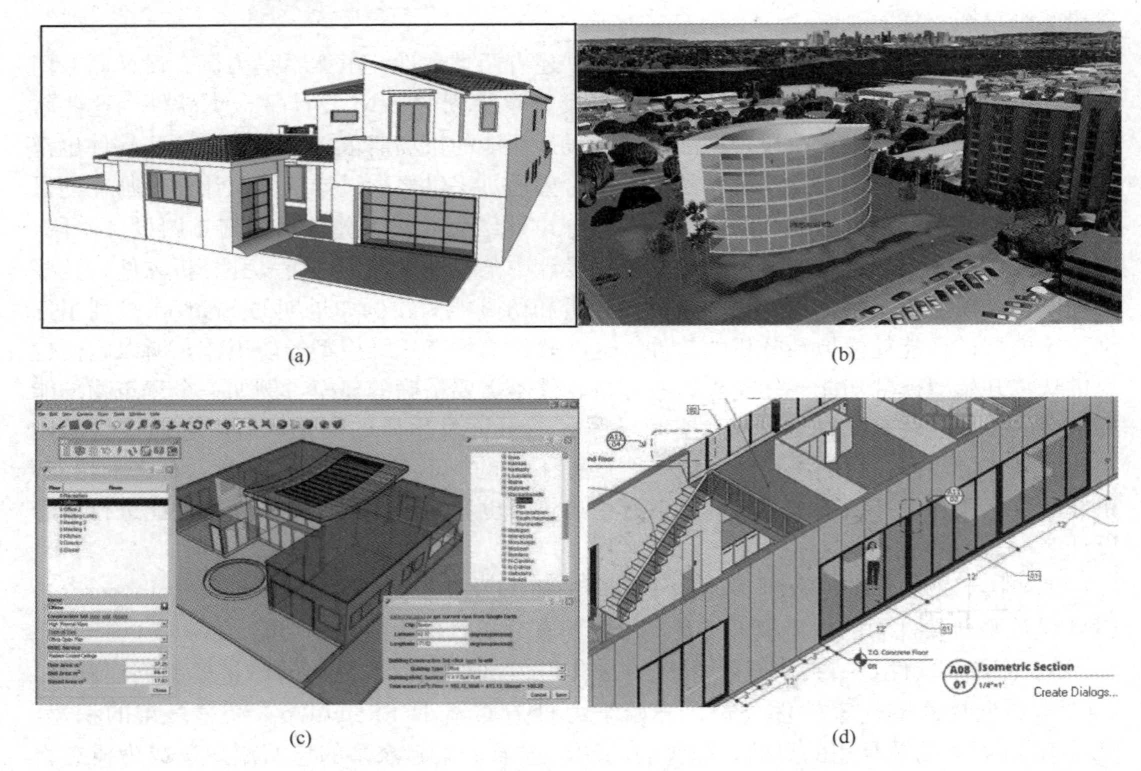

(a)　(b)

(c)　(d)

图8-5　SketchUp软件

Rhinoceros（简称Rhino，中文“犀牛”）是McNeel公司开发的一个功能强大的表面建模（Surface Modelling）软件，也是建筑师常用的概念设计软件之一。与SketchUp的通过空间多边形（Polygon）建模方式不同，犀牛采用的是Non－uniform Rational Basis Spline（NURBS）建模方式，也就是严格意义上的曲线建模。犀牛软件并不是为建筑行业特别开发的建模程序，而是一种工业界通用的建模程序，适用于所有工业产品设计，比如汽车行业和珠宝行业，因为这些产品有很多复杂曲面。随着现代建筑对复杂三维空间曲面的运用越来越多（特别是大型商业建筑的幕墙表面），传统的基于多边形的建模程序已经不能满足概念设计的需要，所以犀牛软件受到越来越多建筑师的重视。

犀牛软件最吸引建筑师的地方是其开放性，充分支持用户个性化设计的需求。犀牛支持两种脚本语言，一种是基于Visual Basic的脚本语言Rhinoscript，另外一种是犀牛专用的脚本语言Grasshopper。Grasshopper有两个特点，一是可以通过输入命令，驱动犀牛根据拟定的算法生成模型，这个算法生成的模型也可通过修改参数实现模型的自动调整和更新，真正做到数据驱动设计；二是通过编写算法程序，大量重复性的建模操作或者具有逻辑的演化过程可以用计算机算法实现。这两个特征大大减轻了建筑师用在建模方面的工作，同时提升了创造性思维的自由性，所以受到很多建筑师的青睐。图8-6所示为凤凰传媒中心的幕墙表皮设计。

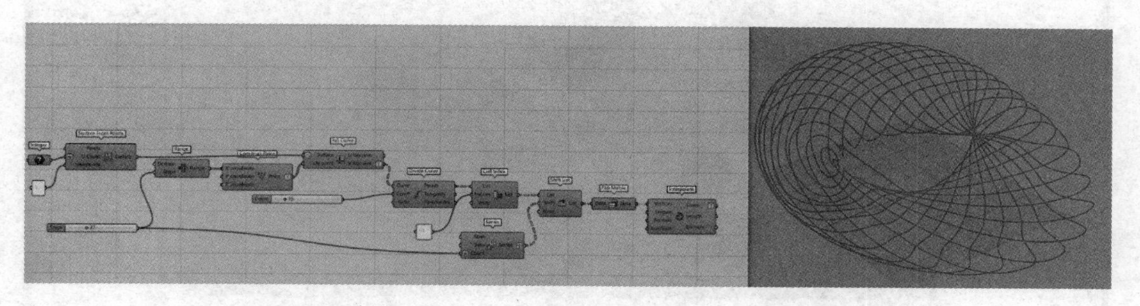

图8-6 用Grasshopper创建凤凰传媒中心项目幕墙表皮

犀牛软件的开放性还体现在其多达数百个的插件上，例如，Savannah3D插件为建筑师提供了丰富的室内物体的模型库可以选用。犀牛还通过插件的形式支持多种渲染引擎，比如V－ray、Lightworks、Maxwell等。Geometry Gym插件将犀牛模型和多种结构分析软件关联起来，支持的结构分析软件包括OasysGSA、Robot、SAP2000、Sofistik、SpaceGASS等。VisualARQ是所有犀牛插件中特别重要的一个。这个插件可以将犀牛创建的构件转换成为以下几类BIM构件：墙、柱、楼板、屋顶、门、窗和空间。对这些构件类型，VisualARQ还支持定义参数化的构件类别。更为重要的是，VisualARQ推出了IFC格式输出功能，将以上几类构件输出为IFC格式，然后导入其他BIM应用软件，继续协同工作。

除了SketchUp和犀牛这类专注于概念设计的软件之外，BIM设计平台的开发商也注意到了建筑师对基于BIM技术的概念设计的需求，同时也承认传统的BIM设计平台过于专注施工图设计领域，而忽略了早期的概念设计功能。目前，主流的BIM设计平台，例如Autodesk Revit、Bentley OBD、ArchiCAD等都已经开发出专门的概念设计模块。主要实现途径是提供体量模型构件（mass或者proxy），这些构件可以参数化生成各种体量块，用于概念设计，如图8-7所示。在概念设计工作结束后，这些体量块可以被“切割”成后续详细设计需要的各种构件，例如一个立方体会被水平切割为不同的楼层。在这些BIM平台软件中提供的概念设计功能，也支持将其概念模型和一些分析功能进行整合。例如，Autodesk Revit的概念模型就可以和Green Building Studio整合进行能耗分析。同样，ArchiCAD的概念模型也可以和EcoDesigner联合进行能耗分析和碳排放计算。

另外一类早期项目规划和决策类软件专注于某些特定领域的分析，而这些分析计算都是基于三维模型的，因此这些软件也都提供建模功能。因为这些分析软件对模型的精确度要求不高（因为是早期分析，很多细节还不确定），所以有些建筑师就直接在这些分析软件中创建概念设计模型。例如，Trelligence Affinity可以提供空间布局的规划并且与早期

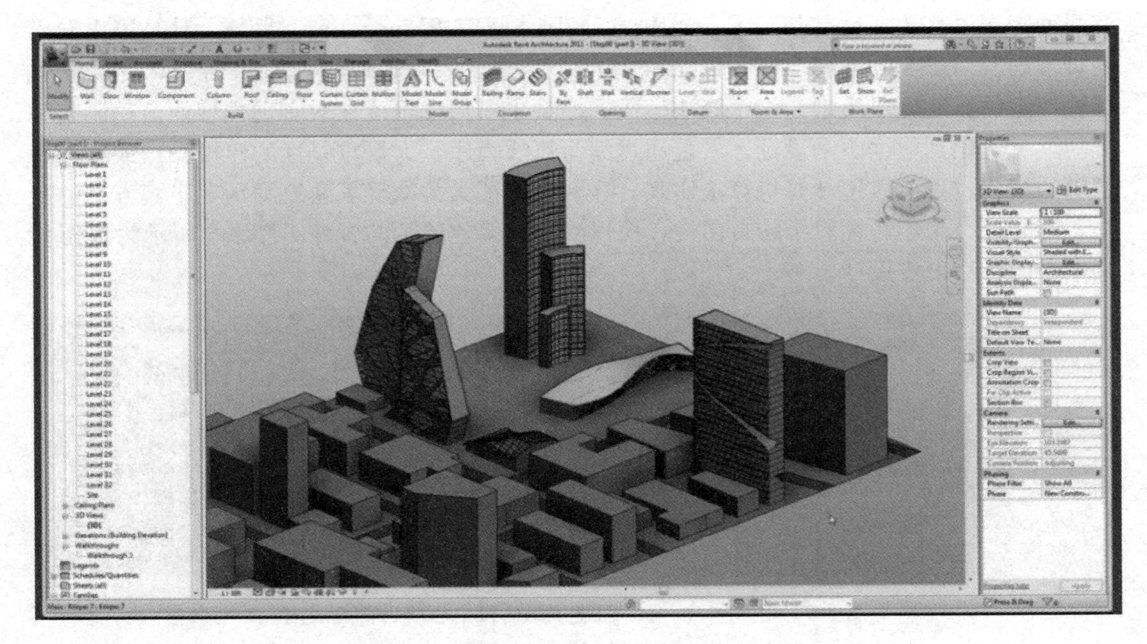

图 8-7 Autodesk Revit 中的体量模型功能

策划需求中的空间指标进行验证，而其模型可以直接被 Revit、SketchUp 和 ArchiCAD 调用。图 8-8（a）是 Trelligence Affinity 中创建的概念设计模型，而图 8-8（b）中是导入 Revit 软件之后带入的空间规划数据。IES 也可以创建简单的建筑模型并借由这个模型通过 EnergyPlus 进行能耗、日照、灯光等方面的分析。必须说明的是，这些以功能分析为主的软件所提供的建模功能，通常不够友好，需要遵循比较严格的建模流程。然而，通过分析软件自带建模功能创建的模型，通常能和软件的分析功能结合得非常好。相反，一些通用概念设计软件创建的模型导入这些功能分析软件之后，一般需要花费一定时间对模型进行调整，以满足分析计算的规定。例如，如果在 SketchUp 中创建的模型，房间的四面墙不是完全闭合的，那么在能耗分析的过程中就可能会报错，因为能耗分析通常需要针对一个封闭的空间计算。

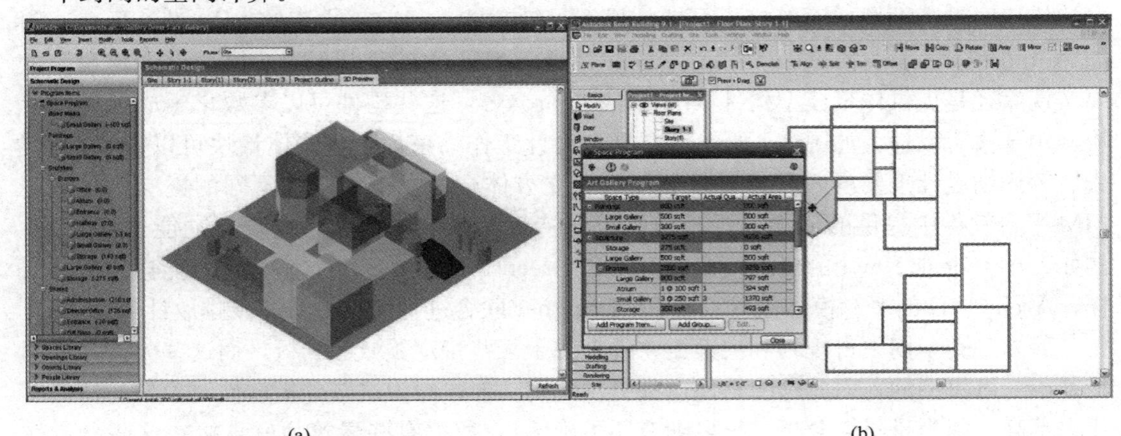

(a) (b)

图 8-8 Trelligence Affinity 概念模型和 Revit 数据导入

8.2.3　投资估算

由于工程建设的不确定性，建设单位经常面临项目超预算的情况。为了应对不确定性带来的额外成本支出，建设单位通常在计划项目投资的时候都会设置一个“不可预见费”，这个不可预见费根据项目的具体情况可多可少，有的复杂项目，不可预见费甚至达到工程总投资的 50%以上。由此可见，不够准确的早期项目投资估算给项目带来了非常大的投资风险。

在项目策划阶段难以作出相对准确的投资估算有多方面的原因，比如市场的不确定性、设计的不确定性、没有足够的时间进行细致的工程量计算等。BIM 技术的应用，可以从模型准确快速地获得工程量数据，对项目早期投资估算意义重大。虽然这个工程量还是比较粗略的工程量，例如在无法准确计算出所有钢筋混凝土结构中钢筋和混凝土各占多少的情况下，大致估算总体钢筋混凝土结构的总体积，就可以根据市场上通常的含钢量估算出所有钢筋混凝土结构的直接投资。

应用 BIM 技术进行投资估算，通常采用的是单位成本法。单位成本法通过 BIM 模型获得建筑物中和成本相关的关键组成部分的工程量，然后结合历史上的成本数据，进行早期投资估算。由 Beck Technology 公司开发的 DESTINI Profiler 是这个领域的常用软件之一。DESTINI Profiler 可以给项目团队提供实时成本数据，并对各种设计调整给出快速反馈。类似可以通过概念设计模型进行早期成本规划的软件还包括 U. S. Cost 和 Exactal CostX。对于中小型项目，微软的 Excel 电子表格也是常用的早期成本规划软件，只不过需要手动挂接项目工程量数据。单位成本法在早期项目投资估算中可以实现两个重要作用：多成本方案推演和成本驱动设计。

图 8-9 所示是美国圣安东尼奥军事医学中心项目的概念设计模型，不同颜色代表了不同的功能区域。这个项目使用了 DESTINI Profiler 软件进行早期项目估算，而这个软件中包含了美国主要地区历史上医院建设的成本数据库。假设在圣安东尼奥地区过去 30 年建成了四所医院，而这个新医疗中心预计在 2025 年建成，那么就能应用历史数据通过简单的线性回归预测出这个地区 2025 年医院项目主要建设内容的成本，例如每平方米行政管理区域大概成本多少钱，甚至可以预测出不同装修档次的行政管理区域的不同成本。每次建筑师调整概念设计方案，当行政管理区域的占地面积发生变化，或者建筑师调整了这个功能区域的装修档次，这个分区所发生的成本，以及整体项目的成本都会实时发生变化。这些实时数据可以有效支持项目团队进行决策。

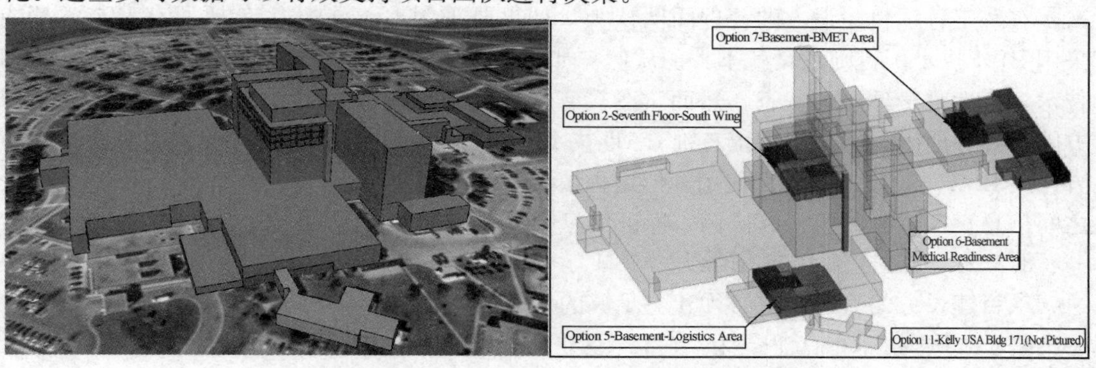

图 8-9　圣安东尼奥军事医学中心项目的早期投资估算

通常的工程项目，都是从需求出发，设计驱动成本，当工程成本超出预算的时候，采用价值工程（Value Engineering）方法对需求有所取舍。相反，成本驱动设计，可以理解为定额设计，也就是说，建设单位确定一个明确的投资额，然后根据这个投资额驱动设计以满足功能需求。仍然以图8-9中的项目为例，如果项目总体投资估算超出了建设单位的预期，那么项目团队就可以清楚知道每一个功能分区所代表的成本支出，从而决定是应该降低行政管理功能区的装修档次，还是应该缩减医疗设备和化验区的面积。

8.3　成功主导一个BIM项目

8.3.1　建设单位面临的困境

8.1节讲述了在工程项目的规划决策阶段引入BIM技术的必要性和价值，然而并不是每个建设单位都具有成熟的BIM应用能力，可以从项目的早期引入BIM技术，并将BIM应用贯彻项目的全寿命期以获得最大的收益。考虑到BIM技术的应用，涉及企业业务流程的改变，所以有些建设单位担心采用BIM技术会给项目带来新的风险和不确定性。通常这些顾虑来自两个方面，既有组织和管理方面的顾虑，也有来自技术方面的顾虑。

一些建设单位的项目管理者担心市场能够提供基于BIM技术的项目实施团队数量不多，如果高标准严格要求BIM应用会限制某些有价格竞争力的投标方参与项目。其实，随着过去十多年的市场推广，特别是2016年以来住房和城乡建设部和各地行政管理机构的大力宣传和支持，大部分工程项目设计单位和施工单位都已经具备了相当的BIM能力，因此不会出现找不到合格的服务商的问题。而且，BIM技术应用的好的服务商，其自身成本也会降低，所以最后的投标报价更有竞争力。

有些工程项目没能在规划决策阶段充分利用BEP引导全过程BIM应用，当意识到BIM技术的优势的时候，施工图设计已经结束了。这时候还有必要在工程的后续阶段应用BIM技术吗？答案是肯定的，依然有必要应用BIM技术。一个建筑设施的寿命会持续几十年，其后期的运营投入总额要远大于前期的建设，而施工阶段的投入又大于设计阶段，所以，从施工阶段构建BIM模型依然可以取得非常好的应用效果，能够及时发现设计阶段的错、漏、碰、缺，有效控制施工成本、进度和质量，并为运营阶段提供数据准备。

有些工程项目建设方的管理团队认为，如果要采用BIM技术，就要所有参与方都能采用BIM技术，否则意义就不大。诚然，如果一个工程项目的所有参与方都能采用BIM技术，当然是最理想的状态。然而，在只有部分参与方能够采用BIM技术，而部分参与方因为各种原因只能采用传统二维CAD技术的情况下，也不要放弃BIM，能有多少参与方使用BIM，就要鼓励他们使用。但这种情况下，一定要注意BIM模型和传统CAD图纸之间信息交换过程的流畅和协调，保证信息同步。

8.3.2　建立内部BIM领导力

项目建设方的管理团队必须建立足够的BIM知识和BIM应用的经验，才能有效领导一个基于BIM技术的工程建设项目。建立建设单位管理团队的BIM领导力包括两个方面：

（1）建立团队内部的 BIM 知识体系。项目管理团队所有成员都应该了解 BIM 概念、掌握 BIM 实施方法并熟悉 BIM 应用流程。行业培训是行之有效的方法，可以快速了解行业最佳实践，并对照自己企业和项目的实际情况，找到 BIM 实施切入点。

（2）建设单位应该为每一个基于 BIM 技术的工程项目指定一个 BIM 负责人，专门负责 BIM 技术相关的沟通、协调和决策工作。

美国国家海岸警卫队（U. S. Coast Guard）提供了一个非常好的案例。国家海岸警卫队拥有数目庞大的建筑设施，部分设施是自建自持，部分设施是通过租用获得。为了在设施建设和管理中有效应用 BIM 技术，美国国家海岸警卫队安排专门团队通过大量学习和研究工作，掌握了 BIM 技术的关键理念和应用方法及流程。接下来，国家海岸警卫队选定了若干个试点项目，尝试 BIM 技术在各个领域的应用，积累了足够的经验。在此基础上，国家海岸警卫队建立了 BIM 应用路线图，明确定义了企业层面和项目层面实施 BIM 技术的目标和关键里程碑，设定了各种 BIM 技术应用的预计成果，并对每一个工程项目指定 BIM 负责人和负责实施的 BIM 团队。美国国家海岸警卫队的做法取得了相当大的成功。

8.3.3　选择有 BIM 能力的服务商

建筑业不同于制造业。制造业通常会存在主导市场的大企业，例如手机制造行业的苹果公司和华为公司。这些主导企业通常会为行业内新技术的采用设定标准。世界各国的建筑业都没有能够主导行业的大企业，即使是最大的建筑开发商或者政府代建企业，也只在工程建设市场占据很小的份额。没有主导企业为行业制定标准，建筑工程的建设单位通常观察其他同业企业的做法作为参考，或者求助于行业协会，来辅助他们对新技术的采用。无论是什么类型的建设单位，也无论是什么类型的建设项目，所有项目的建设单位都拥有一个共同的权利，就是选择项目服务商的权利和选择项目交付方式的权利。

建设单位在对外招标的时候，应该在招标要求中明确规定 BIM 技术的应用标准。这些标准可以包括投标企业的 BIM 人员资质、BIM 工程经验、BIM 应用计划、BIM 应用需要的软硬件资源、BIM 应用的交付成果等。

目前，对服务商的 BIM 能力还没有比较成熟的评价方法，因此如何判断一个投标企业的 BIM 能力，对建设单位的管理团队来说也是一种挑战。因此，在初步选定服务商之后，可以通过企业考察和访谈的方式，进一步了解其 BIM 能力。访谈的时候，以下问题可以作为参考：

（1）您的企业在过去的项目中有过哪些 BIM 应用？是如何使用它们的？

（2）哪些组织与您合作创建、修改和更新建筑模型？还是由自己的团队负责？

（3）在使用模型和 BIM 工具方面，从这些项目中学到的经验教训和衡量的指标是什么？如何将其整合到您的组织中？

（4）您的组织中有多少人熟悉 BIM 工具？您如何教育和培训员工？

（5）您的组织是否具有与 BIM 相关的特定岗位？他们的职责是什么？

（6）在项目没有制定 BEP 的情况下，您将如何交付 BIM 成果？

9　BIM 技术在项目设计阶段的应用

9.1　BIM 技术对设计工作不同阶段的影响

一个建设工程项目通过可行性研究并确定概念设计方案之后，就会正式进入工程项目的设计阶段。设计院（或者设计师）在一个工程项目寿命期中参与工作的时间跨度非常大，如图 9-1 所示，最早可以从可行性研究就介入工作，协助建设单位进行决策分析，并进行概念设计（或方案设计）。设计院的主要工作集中在扩大初步设计（简称扩初设计）和施工图设计阶段，工程项目的相关信息主要在这一阶段进行明确和确定。工程进入施工阶段之后，设计师还要继续与施工单位配合，解答施工单位的问题，在必要的时候协助建设单位和施工单位对设计作出变更。当工程交付使用之后，设计师还有可能需要配合工程项目运维单位的工作。本章主要探讨 BIM 技术在概念设计之后、施工建设之前这个阶段的应用。

图 9-1 描述了设计师在不同阶段的工作量投入以及对项目的影响能力之间的关系。曲线①代表了设计工作对工程项目的影响力。随着工程项目从可行性研究向设计、施工和运维的不断推进，设计对项目的影响力越来越低。例如，在可研和方案阶段，我们可以轻易调整不同功能区的面积大小，但进入施工阶段，可能调整一扇窗的大小都很困难，因为可能影响到这扇窗所在的墙体内预埋的各种管线，以及这扇窗上方吊顶内管道的布局。曲线②代表对工程项目进行调整所需要付出的代价，随着工程的推进，对工程项目进行调整所需要付出的代价越来越高。从这两条曲线可以看出，在项目早期，设计师对项目的把控能力较高，同时修改和调整设计所需付出的成本较低。相反，到工程后期，设计师对项目的把控能力下降，而为调整项目所付出的成本则快速增加。

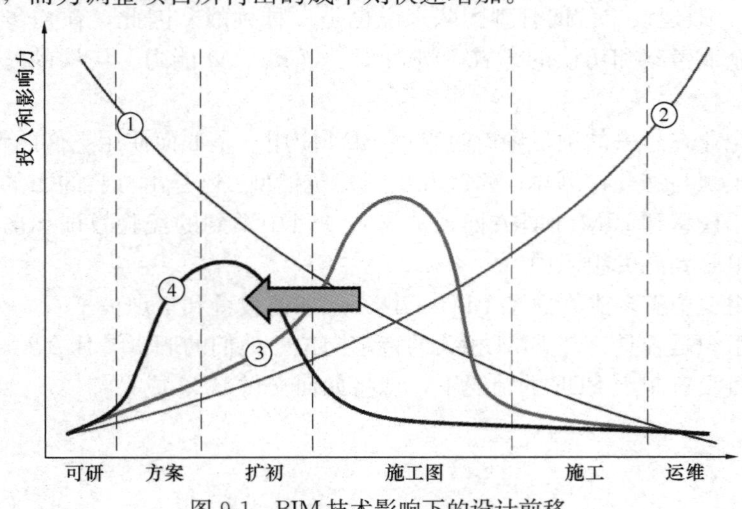

图 9-1　BIM 技术影响下的设计前移

图 9-1 中曲线③是传统模式下设计工作投入工作量的分布。在传统模式下，设计师在扩初设计和施工图设计阶段投入了大量精力，通常情况下在扩初设计阶段投入 25～30%的时间用于确定楼层平面布局以及明确各个子系统的主要参数，另外需要在施工图设计阶段投入大约 50%的时间用于分析、计算、施工图设计以及施工说明编写。设计师在早期可研和方案阶段投入的精力并不很多，大概占总投入时间的 20%，因为传统模式下，早期概念设计以经验为主，存在很大的不确定性，也缺少数据和相应的分析工具支持具体的分析和优化，而通过手工计算进行渐进式迭代分析的投入太高。将曲线③与曲线①和②放在一起，就会发现，传统模式下设计师的大部分工作时间处于影响力不大但成本不低的工程阶段。随着 BIM 技术的出现，设计行业开始反思如何利用虚拟设计（Virtual Design）将大量设计工作前移，也就是曲线④的状态。通过 BIM 技术支持的虚拟设计，在项目的早期，各专业充分合作，将设计阶段的大量工作在三维模型上完成。这一个阶段，因为所有工作都是在模型上虚拟进行，因此对项目的把控能力非常高，同时修改设计的成本也很低。当项目的整体设计获得认可之后，施工图和施工说明可以直接从模型生成，只需要很少的工作量，并且整套设计文档的一致性也可以得到保障，因为任何错、漏、碰、缺都已经在模型中被发现并被解决了。

除了不同设计阶段之间的工作投入的重新分布，不同专业之间的设计工作的投入也因为 BIM 的引入而需要重新考虑。在传统模式下，一个工程项目的设计工作所需要的人力投入（或时间投入）大概是建筑专业 35%～40%，结构专业 30%～35%，三个设备专业（给水排水、电气、采暖和通风空调）各 10%～15%。相应地，设计费也会按照这个工作量在不同专业之间分配。然而，引入 BIM 技术之后，设备专业的工作量明显加大了。例如，原来电气专业的图纸通常使用单线图表示不同设备之间的连接和控制关系，而采用 BIM 技术之后，就需要严格遵循 BEP 中对构件和信息的表达方式的定义，通过建模的方式表达。当模型 LOD 要求提升到运维标准之后，电气专业的工作量会成倍增加。同时，BIM 技术也对设计师带来了相当大的冲击，特别是那些已经长期习惯于在 2D/3D CAD 模式下工作的结构和设备专业的设计师。因此，在不同设计专业之间也要重新考虑设计费分配模式，才能充分调动全专业设计人员使用 BIM 技术的积极性。

一个工程建设项目的设计工作，主要包括建筑设计（Architectural Design）和工程设计（Engineering Design）。建筑设计主要包括空间功能、外观、体量以及建筑文化方面的设计，主要集中在策划和概念设计阶段，之后也会延续到扩初设计和施工图设计阶段。而工程设计则包括各类建筑系统的设计，主要有结构设计、采暖和通风空调设计、电气设计、给水排水设计等。有些和建筑物理相关的工程设计，比如日照和阴影、灯光、能耗、风环境、声环境、热舒适度等方面的设计，会在概念设计阶段进行粗略分析，以支持不同方案的比选和优化，然后在后续详细设计阶段进行更为精确的模拟、分析和优化。另外，还有很多专项设计工作，也需要在设计阶段完成，例如幕墙设计、紧急疏散和控制系统设计、安保系统设计、无障碍设计、景观设计、建筑室内外标识设计、外墙面清洁系统设计、电梯和扶梯系统设计、空气质量控制系统设计等。第 8 章已经覆盖了概念设计内容，本章主要聚焦于基于 BIM 技术的工程设计。

9.2 基于BIM技术的仿真、分析和优化

在过去几十年里，随着计算机软硬件的发展，在工程计算和分析领域出现了众多软件产品。大部分这类软件产品都是基于建筑物理的分析和计算，包括结构的静力和动力分析、基于流体力学的分析、基于热动力学的分析、声学分析等。很多这些计算分析软件都需要对所分析的对象进行三维建模，虽然那个时候还没有BIM的概念。因为工程设计领域覆盖范围太大，无法逐一讨论，本节主要讨论四类基于BIM的设计软件：结构设计软件、设备系统设计软件、建筑环境系统设计软件、景观设计软件和渲染及动画类软件。这些软件，有的是从传统工程设计软件升级到支持BIM模型的，有的是新开发的基于BIM模型的工程软件。

我们希望利用BIM模型导出工程仿真、分析和优化模型，避免从零开始搭建分析模型。这样不仅可以大大节省工程师的工作量，也可以极大地方便后续设计工作。如果某一位设计师修改了设计，其他工程师都可以从新版的BIM模型生成自己需要的分析模型，快速推演不同参数下的性能，对工程设计作出最优设计。到目前为止，还没有哪个BIM设计平台支持从BIM模型全自动生成分析模型。不过，随着BIM软件技术的成熟，通过对现有BIM模型进行一定的调整和处理，已经可以生成用于仿真、分析和优化的三维模型，从而实现了一套模型既支持建筑设计和出图，又支持工程分析和计算。针对不同的分析和计算程序，虽然模型处理的难度和分析模型的质量有所不同，但这种从BIM模型输出分析模型的工作，一般都涉及以下两个功能：

（1）在BIM建模软件中对分析和计算所需要的属性和参数进行定义。例如，对于结构分析，需要定义铰节点或刚节点。

（2）从BIM模型生成一个抽象的工程分析模型，这个分析模型对于不同的工程分析应用都是不一样的，而且这个分析模型应该包含为这个特定的工程分析所定义的属性和参数。

在理想状态下，BIM设计平台导出的分析模型应该能够“记住”BIM模型和分析所需的属性和参数之间的关系，并支持增量式模型更新。也就是说，当BIM模型修改了，生成了新的分析模型，新分析模型和原有分析模型之间的差异应该能被识别出来，这样在进行工程分析的时候，能够针对二者的差异进行快速分析和优化。

9.2.1 结构设计

结构设计师很早就开始通过三维模型来分析结构体系的力学性能。例如，GT-STRRUDL软件早在1975年就可以支持结构工程搭建三维框架结构进行受力分析。那时候还没有图形界面的三维模型，而是通过文本文件一行一行输入梁、柱、节点的信息。随后，这些结构构件的信息也慢慢变得参数化，例如，可以通过调整一个构件截面的宽度和高度信息来修改该构件的定义。

如此看来，结构工程师早在几十年前就已经熟悉了三维建模，甚至有了参数化建模的概念，那么他们应该非常容易、顺理成章地过渡到基于BIM的结构分析和计算。然而，事实并非如此。结构工程师非但没有迅速采用BIM技术，其对BIM技术的接纳速度甚至慢于其他领域的工程师。其主要原因是结构工程师长期以来使用的理想分析模型虽然也是

三维模型，但与建筑师、承包商所理解和使用的BIM模型，其实有本质的差距。理想的结构分析模型是通过节点和杆件构成的，节点又分为刚节点（或固定节点）和铰节点（或可动节点）。BIM设计所创建的模型，通常是真实世界的物理反映，而非抽象符号。例如，每一根梁或柱都有具体的三维空间尺寸，而他们的交接处，并没有必要定义是固定节点还是可动节点。因此，从一个反映真实世界的BIM模型并不能直接生成用于结构分析和计算的理想化模型。

随着主流BIM设计平台的发展，目前大部分BIM设计平台都已经能够通过对构件属性的定义，生成“节点-杆件”构成的结构分析模型，实现与主流结构分析软件的对接。以Revit为例，在Revit中创建的BIM模型，既可以配合Autodesk公司自己的结构分析软件Robot，也可以输出符合其他结构分析软件的模型，例如SAP2000、盈建科YJK、建研科技PKPM软件所需的模型。

Autodesk公司为了实现全专业BIM设计，于2008年收购了Robobat公司，打造了和Revit无缝对接的结构设计软件Robot Structural Analysis。因为Revit和Robot同属于Autodesk公司，所以二者之间的数据互操作性得到了最大程度的保障，可以实现双向模型无缝互导，避免了通过IFC等中间格式导出Revit到结构分析软件过程中可能出现的数据异常。通过在Revit环境下针对Robot的需求，进行边界条件、荷载等元素分析后，直接将模型数据发送到Robot中进行结构计算（图9-2）。同时，由于支持模型的双向连接，结构工程师可以在设计过程中直接调整模型，极大地提升了设计效率。Robot软件目前支持多种语言，同时内置了超过40个国家的多种标准和规范，包括中国的荷载规范、抗震规范等，能够以多种形式输出计算结果，例如设计过程文件、钢筋列表、钢筋图等。目前，Robot对中国结构设计规范的支持还不够全面，而且部分规范的版本比较陈旧，因此在我国设计院使用率并不高，但不可否认，Robot是和Revit模型配合度最高的结构设计软件。

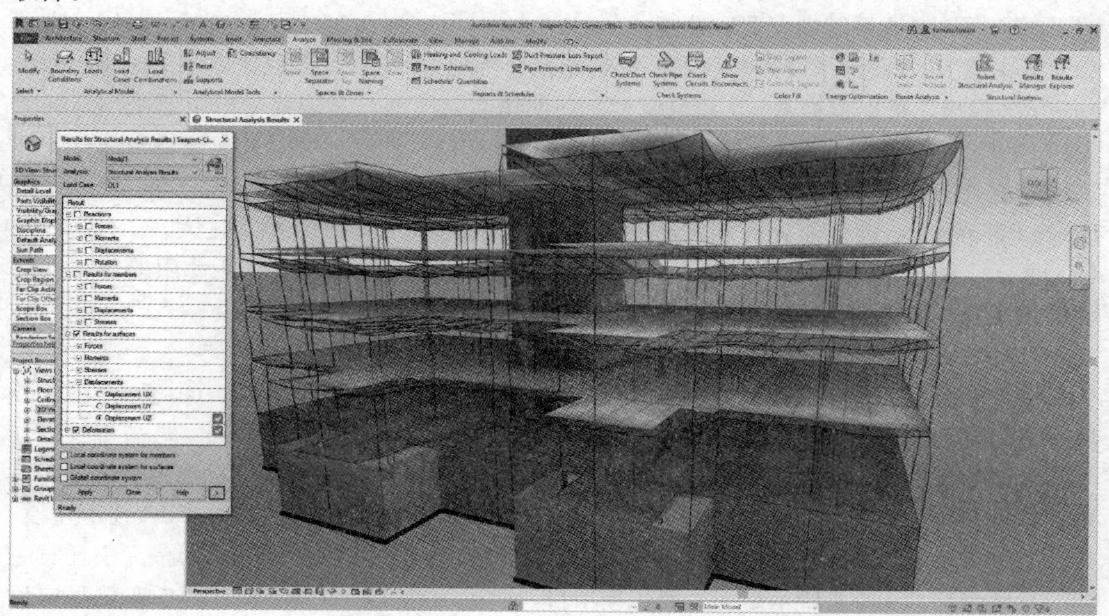

图9-2　Revit和Robot配合进行结构分析

由于Revit软件在BIM建模市场的占有率很高，很多结构分析软件也各自开发插件，将Revit模型调整成其结构分析软件可用的模型。国外比较重要的结构分析软件SAP2000的厂商就开发了CSiXRevit，实现CSI旗下的分析软件和Revit的双向互导。相应地，国内两家重要结构设计软件厂商盈建科和建研科技也都各自开发了Revit插件。盈建科的插件，可以自动识别Revit模型中的结构构件，并通过判断构件之间的空间位置来构造出构件的连接关系。同时，盈建科YJK软件计算后的模型，也可以关联到Revit平台，将盈建科YJK分析后得出的钢筋信息等传递到Revit模型，并生成三维钢筋模型。这些钢筋模型携带了盈建科导入的共享参数，如钢筋类型、所属构件、钢筋重量等，方便Revit软件以明细表的形式对钢筋进行统计。建研科技开发的PKPM软件也可以通过插件形式实现类似的功能。然而，目前无论是盈建科YJK还是建研科技PKPM，于Revit软件的数据互操作性还都存在一定问题，用插件导出的分析模型存在构件信息丢失、位置偏移等问题。但是，YJK和PKPM结构分析软件与我国国家规范紧密结合，所以一旦其解决了模型数据传递问题，必将提升我国基于BIM模型的结构设计水平。

9.2.2 设备系统设计

设备系统设计是除了建筑设计和结构设计之外最主要的设计专业，具体包括采暖和通风空调（Mechanical）设计、电气（Electrical）设计和给水排水（Plumbing）设计，统称MEP设计。正如本书第6章中介绍的，主流BIM设计平台很早就整合了MEP设计功能。这些BIM设计平台将MEP系统设计整合在一起的优点是，可以在一个模型中无缝整合建筑结构系统，同时可以实现建模、设计、出图一体化。MEP模型还可以后续支持MEP构件的生产加工（具体将在第11章讨论）。

对于能耗分析，通常需要三组数据。第一组数据代表建筑外围护结构（外墙和门窗）的保温隔热性能以及太阳辐射数据；第二组数据代表建筑内部的分区和热量生成和使用情况，例如一个正常运行的数据机房就要比一个仓库产生更多的热量；第三组数据代表建筑的采暖和通风空调系统的配置和性能。

各主流BIM设计平台都整合了一定的能耗分析能力。Revit平台提供了Energy Optimization模块，可以根据Revit建筑模型自动创建能耗模型，其能耗分析引擎采用行业领先的DOE 2.2和EnergyPlus能耗分析软件，并且支持云计算，可以直观地检查和优化建筑物的能耗表现，如图9-3（a）所示。Bentley公司的OBD平台整合了OpenBuildings Energy Simulator进行能耗分析，包括通风空调系统、环境条件和能耗表现，如图9-3（b）所示。同样，ArchiCAD平台的Energy Evaluation模块提供了方便使用的能耗计算和优化流程，如图9-3（c）所示。

9.2.3 建筑环境系统设计

建筑环境系统包含的内容众多，本节主要介绍日照角度、日照强度、阴影、室内光环境、室内声环境、室外风环境等建筑环境的仿真、分析和优化。

日照分析是建筑环境设计的重要内容，特别是在住宅类建筑项目中，建设单位需要特别考虑每一个房间的日照情况，因为日照不充分的户型会影响销售。通过BIM技术建模，在日照分析系统内设定项目所在地的经纬度，就可以模拟一年中任意一天、一天中任意时刻的日照情况。图9-4所示是一个商住楼项目，西边两栋高层为住宅楼，其中东侧高层最底层的窗是整个项目采光最差的位置，针对这个窗选用大寒日（日照时间最短）进行了日

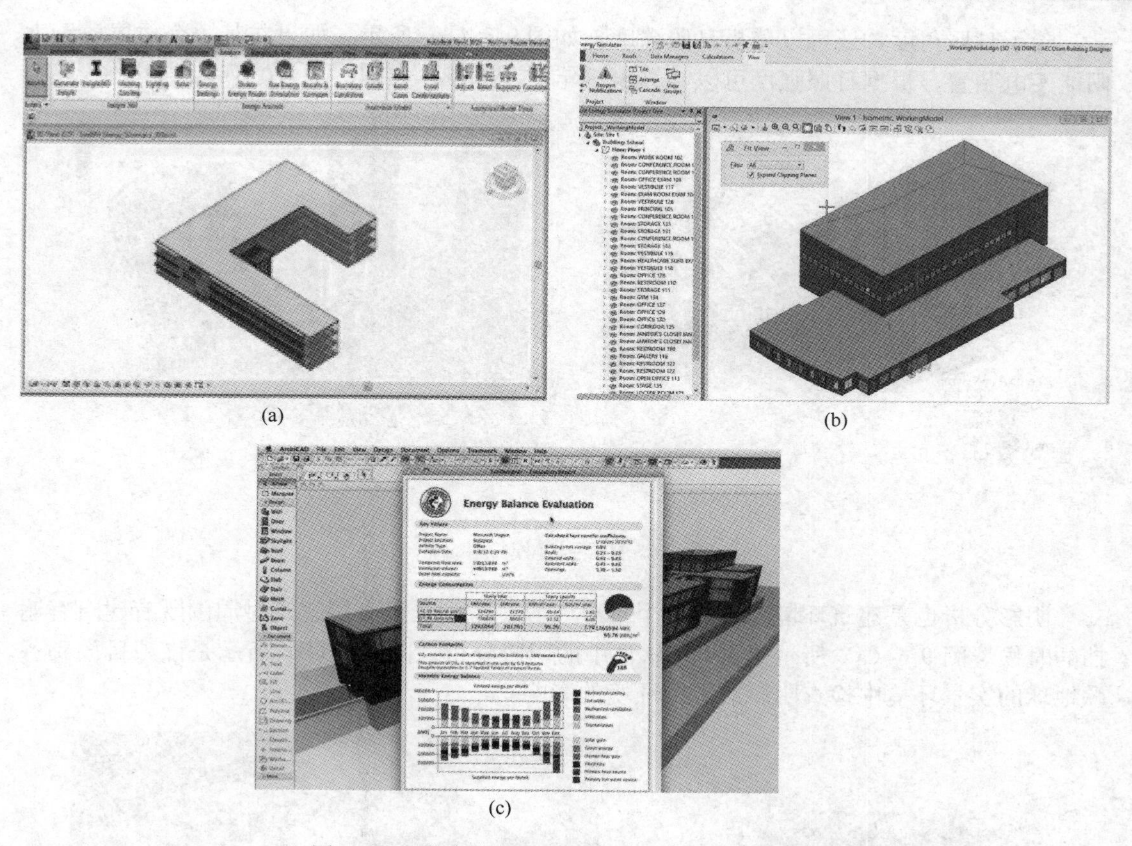

(a) (b) (c)

图 9-3 三种主流 BIM 设计平台的能耗分析界面

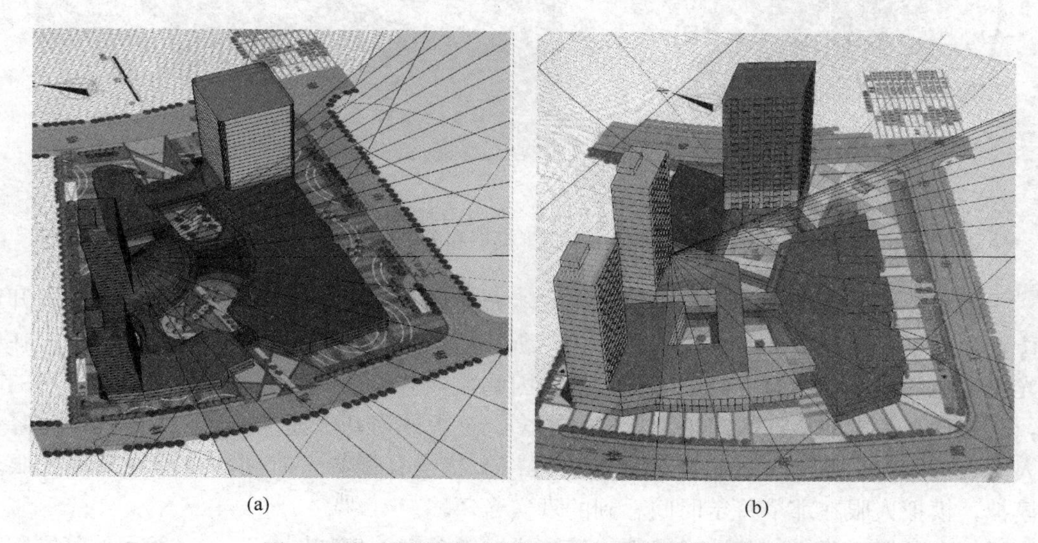

(a) (b)

图 9-4 住宅项目最不利窗冬至日日照模拟和分析

照分析。通过分析发现，方案（a）中这个窗在早上日出后的 2～3 个小时内，日照会被遮挡，所以在不影响其他功能的情况下，如方案（b）所示，将写字楼向北侧调整，保证最不利的窗能够在大寒日得到充足的日照。

除了日照角度，还可以分析日照强度，如图9-5（a）所示。如果在某一个位置放置太阳能发电装置，根据日照强度可以计算出每年的发电量，如图9-5（b）所示。

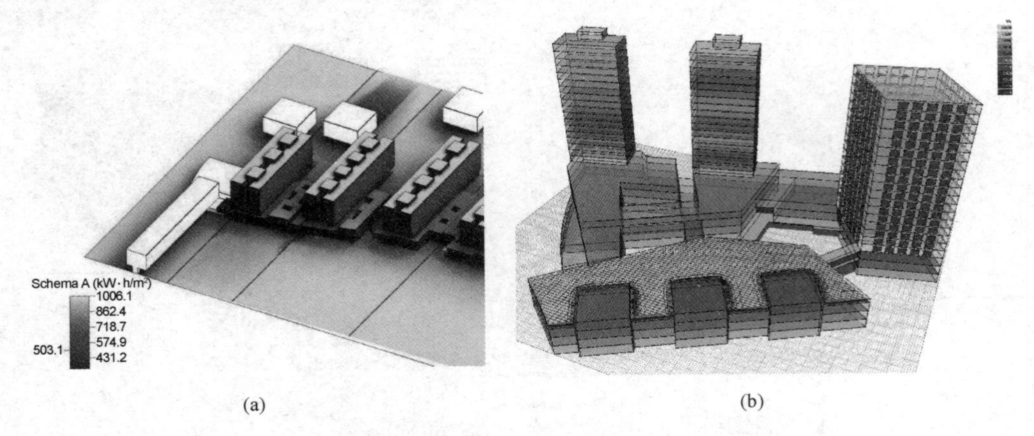

(a)　　(b)

图9-5　日照强度模拟和分析

阴影分析也是建筑环境分析的一个重要内容，特别是当高层建筑对周围既有建筑有遮挡的时候。图9-6（a）所示是Revit软件中的阴影分析，图9-6（b）所示是该项目放到谷歌地球的实景环境中检查阴影对周围环境的影响。

(a)　　(b)

图9-6　阴影模拟和分析

室内光环境分析用于研究室内空间在自然光和灯光下的光环境，对灯具的安排、开窗的位置和大小等提供设计参考。图9-7（a）所示是自然光分析，心理学研究指出，人在自然光线充足的地方，会有更高的工作效率，因此很多劳动密集型企业都会在设计厂房的时候，在劳动强度大的生产线附近尽量安排更多、更大的窗，以提供充足的自然光线，降低工人的心理压力。图9-7（b）所示是室内某一个特定日期特定时间的自然光环境入眼环境模拟，模拟人眼在那个特定时间看到的真实光环境。

建筑声环境对于影剧院这类特殊建筑来说非常关键。例如图9-8（a）所示的某剧院项目，其空间体形是半球体，声学设计要求舞台发出的声音应该能均匀地传递到每一个观众席位置。专业的声学模拟软件可以通过可视化的形式展现声音传递的速度和路径。同样，风环境的模拟对于外幕墙的结构设计也至关重要。依然以这个半球形的剧院为例，因为其

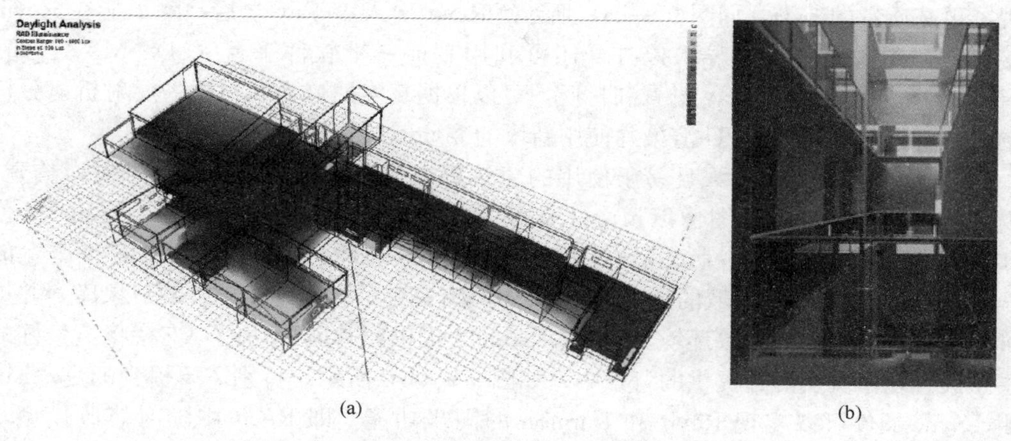

(a)　　(b)

图 9-7　光环境模拟和分析

外幕墙是三维球面结构，因此很难用传统的线性方法模拟风压对幕墙主次龙骨的荷载，因此，采用三维风环境模拟软件，可以明确计算风荷载传递到不同结构构件后的分布和大小，如图 9-8（b）所示。

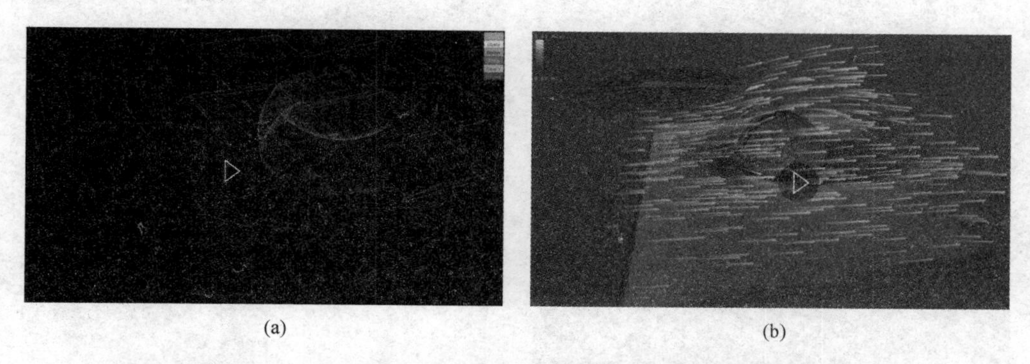

(a)　　(b)

图 9-8　某剧院工程室内声环境和室外风环境的模拟和分析

9.2.4　渲染和动画制作

建筑师在概念设计阶段会大量使用渲染图和动画来跟建设单位就项目的预期效果进行沟通。在没有应用 BIM 技术的传统项目管理模式下，通常采用 3DS MAX 进行三维建模并设置材质和灯光，然后渲染出表现图，或者制作漫游动画。因为 3DS MAX 渲染和动画制作成本较高，因此大部分建筑师只在项目概念设计的关键时期使用，随着项目进入详细设计阶段，基本就不再使用渲染和动画进行沟通了。

随着 BIM 技术的成熟，越来越多的人开始思考利用 BIM 模型创建渲染和动画，而不需要使用 3DS MAX 另外创建模型。目前，这种思路已经摸索出了两种比较成熟的模式，一种是通过 BIM 建模平台内置的渲染器，另外一种是借助第三方渲染软件，例如 Twinmotion、Lumion、Enscape 等。

BIM 建模软件本身的核心功能是建模，但当其核心建模功能日趋完善的时候，就开始向其他领域拓展功能，比如前面讲到的各种工程分析和计算，也包括渲染功能。以Revit

为例，2017年之前的版本，虽然也包含渲染功能，但2017年之后引入了V-Ray渲染器，实现了更高质量的渲染，如图9-9（a）所示。Revit引入V-Ray之后，除了能在Revit内直接渲染，无需模型导出导入以外，还可利用其他三维软件平台（3DS MAX、犀牛、SketchUp等）现成的V-Ray场景和材质，可以根据真实的灯光和材质的反射折射分析设计场景，可以使用高速GPU渲染并使用新增的Nvidia AI降噪功能。

Lumion是一款功能强大且易于使用的建筑可视化工具，它使任何人都可以构建3D环境，然后创建照片级的图像以及令人印象深刻的视频演示和实时漫游。Act-3D公司2010年发布Lumion的第一版之后，因为可以顺利导入Revit等主流BIM建模平台的模型，所以迅速获得BIM领域的认可。Lumion具有完整的材料库、丰富的对象库，并提供多种真实天空和不同的气象环境。同时，Lumion提供照片匹配功能，支持将渲染好的三维模型放置在由真实照片提供的背景中，如图9-9（b）所示。特别需要提到的是，Lumion liveSync插件可以实现Revit和Lumion的同步功能，即Revit中随时修改模型，在Lumion中可以即时看到项目模型的修改和变化，并同步应用渲染效果。

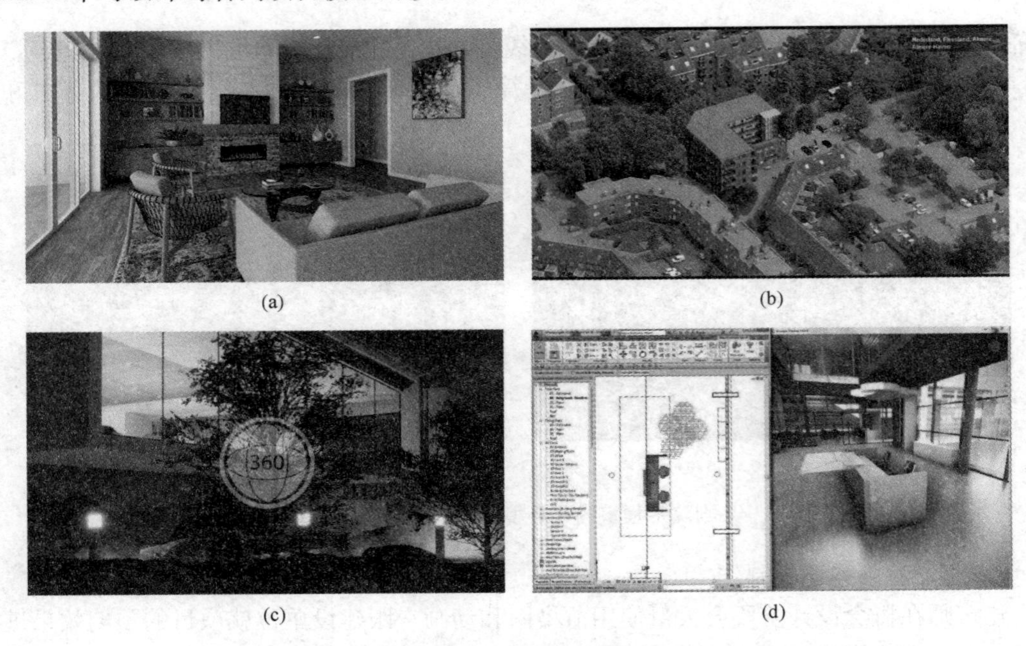

图9-9　BIM模型支持渲染和动画的不同方法

Twinmotion是由Abvent公司开发的，专门针对建筑、工程、城市规划和景观设计领域的实时渲染软件，可以直接导入主流BIM平台的模型，包括Revit、SektchUp、ArchiCAD等软件的模型，也可以导入FBX、OBJ、STL等第三方数据格式。Twinmotion不仅能输入工程中常用的图片和动画视频，而且可以输出360°全景图（图9-9c），同时对VR头戴式显示器也有非常好的支持。另外，由于Abvent公司还参与创建了全球知名的BIM族库网站BIMobject，所以支持所有BIMobject平台的BIM模型。通过插件，Twinmotion也可以实现和Revit、ArchiCAD模型之间的同步实时关联。2019年，Twinmotion被开发了Unreal Engine的游戏领域重量级软件公司Epic Games收购，宣布Twinmotion所有功能完全免费。

与Lumion和Twinmotion这类独立的渲染软件不同，Enscape只是一款插件，可以和Revit、SketchUp、犀牛、ArchiCAD等建模软件配合使用，一键渲染，支持导出全景图，渲染高精度的视频漫游，同时支持VR虚拟现实，也可以导出独立的EXE格式的软件包，或者导出网页版来查看模型。Enscape的特点是以插件的形式运行，无需导出导入模型，运行速度快，效果直接，如图9-9（d）所示。当然，插件这种轻量化形式，也有缺点，主要是素材库不够强大，特别是景观设计需要的各种植物和景观小品。

9.3 基于BIM技术的出图和施工说明编制

9.3.1 基于BIM技术的出图

2.5节中介绍了基于BIM技术的出图原理。由于BIM建模软件的功能不能满足我国施工图制图标准的要求，因此，虽然BIM模型和二维视图是完美协同的，但是，在现阶段还不能做到全自动“一键”生成符合我国制图标准的施工图。虽然从大趋势上来说，未来可能会出现模型代替施工图作为法律依据的可能，但目前来说，符合国家制图标准的施工图还是必不可少的。

从BIM模型生成施工图，其内容包含两类。一类是完全和模型关联的内容，这类内容是直接从模型里导出，并且和模型文件完全关联的。另外一类是部分和模型关联的内容，也就是说从模型中导出图纸的部分内容（例如主题轮廓），然后采用2D线式样、填充式样、文字注释等进行补充。要想做好基于BIM模型的出图，需要做好以下工作：

（1）根据国家制图标准和公司习惯，设置好项目样板文件，主要包括线宽、线样式、填充图案、字体、视图、层、图框、打印设置等。

（2）做好图例的标准化工作。图例包含两类，第一种是设计说明当中的图例，第二类是三维构件族在平面和剖面中的二维显示，需要对所有构件族统一进行梳理并制作出标准规范的二维图例。

（3）由于中国的设计规范不允许在设计阶段明确相关设备的品牌和型号，因此无法准确确定设备的空间几何尺寸，只能选择公用族进行空间管理，并且不包含检修空间，对于设备专业出图要特别注意这个区别。

（4）在三维空间内对BIM模型进行标注，相对简单，可以批量进行，但需要制作一套符合国家制图规范的标准标注族，应对不同的标注要求。有些情况下，二维标注和三维标注的符号也不相同。

9.3.2 基于BIM技术的施工说明编制

一个详细的三维BIM模型并不能包含所有的设计信息，有些信息需要通过施工说明进行描述，例如构件材质的选择、施工做法、质量要求等。国内项目的施工说明相对简单，大部分具体的构件施工说明都会在相关图纸上标注，设计图纸中会有一页专门的设置说明，列出设计依据、主要材料要求、常规做法、门窗和设备列表等。国外施工说明则相对复杂、详细得多，通常按照施工内容（采用UniFormat分类整理）或材料种类（采用MasterFormat分类整理）进行编制，对每一个构件、每一类工作、每一种材料定义具体的施工做法、材料要求、质量标准等。

在CAD技术时代，国外就有通过数据库技术协助编制施工说明的软件。随着BIM技术的广泛使用，这些软件也升级到了基于BIM技术的施工说明编制工具，例如图9-10（a）中的e-Specs和图9-10（b）中的Linkman-e。随着BIM技术在我国的快速推进，中国设计院和设计师也会逐步采用基于BIM技术的施工说明编制方法。这些基于BIM技术的施工说明编制软件一般具有以下特点：

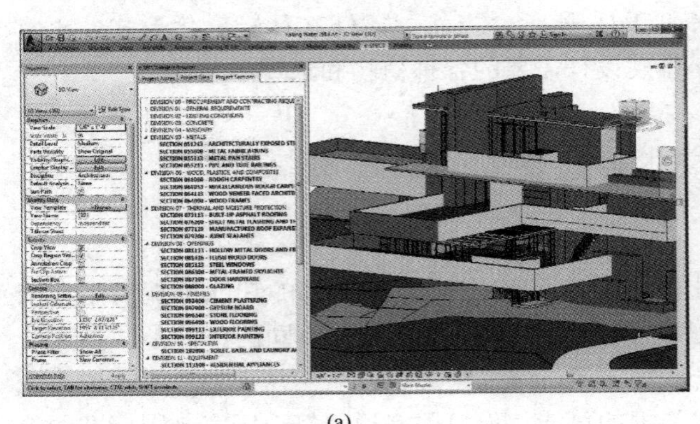
(a)

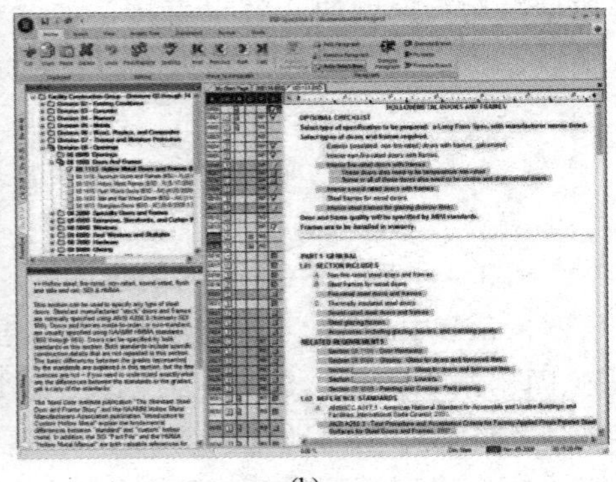
(b)

图9-10　基于BIM技术的施工说明编制软件

（1）模型和施工说明双向交叉连接。点击施工说明，在模型窗口可以高亮过滤出对应的模型构件，点击一个模型构件，和这个模型构件相关的施工说明在文本窗口高亮显示。

（2）在模型和施工说明之间保持足够稳定的连接。如果模型构件本身只是被编辑修改了，相关的施工说明应该保持原有连接，如果模型构件被删除了，则相关施工说明应该被提醒，如果新加入了模型构件，施工说明应该提醒存在未被描述的构件。

（3）维护良好的施工说明文档库。每个项目的施工说明条目很多，其中有些高度相似，甚至完全一样，因此很有必要维护一个施工说明文本库，将相关的施工说明分门别类整理保存，需要的时候可以直接调用、修改。

9.4　基于BIM技术的设计审查

9.4.1　设计审查的内容

设计工作在不同阶段都需要进行层层审查，以确保设计的合规性和最优化。设计审查通常分为设计企业内部的自我审查和由第三方进行的外部审查。

设计企业内部因为角色不同，分工也不尽相同。在综合性设计院，一个项目的设计团队由不同专业的设计师构成，通常每个专业都有一个专业负责人，而建筑专业负责人也往往承担项目负责人的角色。每个专业除了负责人之外，还有一名至多名专业设计人。通常情况下，为了保证设计文档的质量，各专业设计人的设计成果（模型或文档）需要先由专业负责人审查，各专业负责人在项目设计结束前还要进行多次设计会审，即全部专业负责人联合讨论设计文档，对出现的问题在协同的基础上给出解决方案。当项目设计文档全部完成后，还要由各个专业的总工程师进行最后的审查，以防止有设计质量问题。设计企业内部的设计审查，通常以合规性为最低要求，同时争取设计最优化。

提到第三方外部审查，行业内通常是指我国于2000年设立的施工图设计文件审查制度，简称施工图审查。该制度的出台，源于1999年1月4日重庆彩虹桥垮塌事故。该事故共造成40人遇难，其原因主要是建设工程管理混乱，特别是私人设计，非法出图。因此，国务院于2000年发布《建设工程质量管理条例》，确定设立施工图设计文件审查制度，施工图设计文件未经审查批准的，不得使用。施工图审查主要对涉及公共利益、公众安全、工程建设强制标准的内容进行审查。施工图审查以合规性为标准，不考虑设计优化与否的问题。

9.4.2 BIM技术的影响

传统的设计审查工作，通常是针对最后的施工图设计文档（二维图纸和施工说明）开展，无论是设计企业内部审查还是第三方外部审查。随着BIM技术的广泛应用，基于BIM模型的审查方法逐渐开始受到重视，即无需生成二维图纸而是直接审查BIM模型。传统的设计审查方式主要依靠专业人员的经验和知识，靠人工审查的方式发现潜在问题。针对BIM模型进行设计审查，不但可以通过控制不同种类构件的显示属性使审查人员更为直观、清楚地理解建筑物的空间体系和布局，更为计算机自动审查提供了可能性，特别是那些跟空间约束相关的设计要求，例如钢筋混凝土楼板的最小厚度。

目前，市场上常用的模型审查软件包括Autodesk Navisworks和Solibri Model Checker。这两款软件都可以导入多个不同平台生成的模型，对形成的联合模型进行审查。模型审查包含构件之间发生冲突的碰撞检查（例如，一根供水管横穿了一个通风管道），也包含了基于规则的检查（例如，出于保温和维修的考虑，通风管道上表面和其上方楼板的下表面之间的净空应该大于20cm）。本书11.2节将对碰撞检查进行详细讨论，本节主要关注基于规则的设计审查。无论是碰撞检查，还是基于规则的设计审查，都应该能够实现以下功能：

（1）发现相关的设计问题，在模型中对该问题涉及的构件进行标注，同时对该问题所在位置生成快照，以方便审查人员理解。

（2）对侦测到的问题进行初步判断和说明，如果是违反了强制性规范，最好能够明确关联具体的规范条款。

（3）将侦测到的问题形成报告文档，反馈到相关用户，例如相关构件的创建人或设计专业负责人。

（4）能够对侦测到的问题的处理过程进行追踪，直到问题被解决。

基于规则的设计审查是目前BIM领域非常热门的研究内容。因为设计规则通常是由自然语言表达的，如何将自然语言的规则翻译成为计算机能够理解并执行的运算规则，涉及自然语言处理、谓词逻辑表达等前沿计算机理论。同时，很多优化设计的方法并没有形成明确的规则，而是以隐性知识的形式存在于经验丰富的设计专家的大脑中，因此，需要通过知识本体技术等人工智能技术，将这些隐性知识显性化，才能进一步将这些规则进行结构化处理，形成计算机可以理解并处理的指令。和基于规则的设计审查非常类似的一个领域是基于人工智能技术的自动化设计，即根据设计人设定的目标，计算机自动生成最优化设计。这也是目前BIM领域的研究热点之一。无论是基于人工智能技术的自动设计还是基于规则的设计审查，其核心就在于对规则或目标的理解。图9-11说明了基于规则的设计审查的核心原理：

（1）通过本体论、自然语言处理等技术实现对规则的理解。

（2）应用BIM模型实现数据驱动的设计，将BIM模型中的构件和规则中的概念进行映射，并获得这些构件的属性值。

（3）针对规则进行设计审查。

（4）输出设计审查报告。

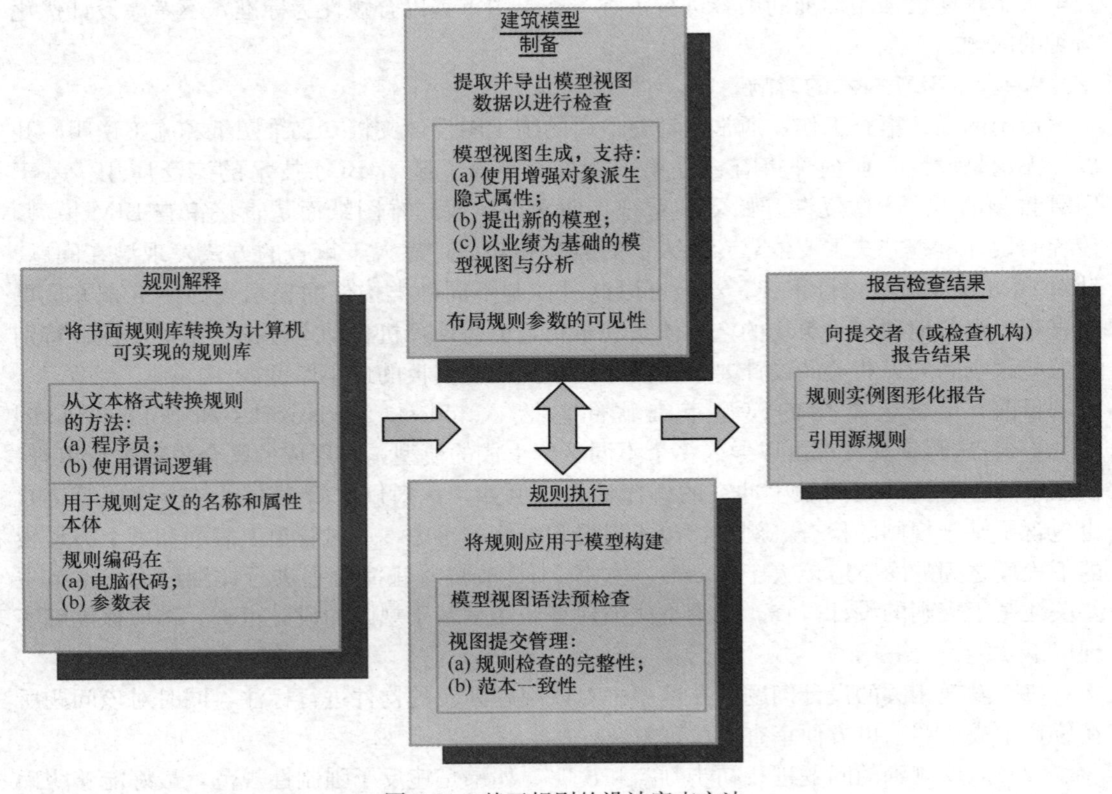

图9-11 基于规则的设计审查方法

9.5 模 型 库

9.5.1 为什么需要模型库

一个BIM设计模型是由许许多多三维构件模型组合而成的，这些构件可能是通用构件（例如轻钢龙骨隔墙）或者是有特定品牌和型号的构件（例如北京市第一门窗厂生产的型号为C01的推拉窗）。这些三维构件，是真实世界中对应构件的数字化表达，可能会在多个工程项目中被用到。我们希望这些构件被定义一次，之后可以被反复使用。例如，那个型号为C01的推拉窗，因为是固定厂家固定型号的标准产品，因此其各种属性都已经明确，包括其三维尺寸、材料、颜色、保温隔热系数等，那么另外一个项目选用这个窗的时候，不但不用重新为这个窗建模，而且这些属性也都可以打包获得。再例如那个轻钢龙骨隔墙，虽然不是固定厂家固定型号的定型产品，需要通过立龙骨、钉石膏板、贴面层等工序现场建造，但其建造的工序、墙体结构等都是不变的，有些参数可能会变化，例如墙体厚度、龙骨的型号，但只要调整这些参数值，就可以在其他项目重复利用。

事实上，建筑工程领域存在着数不清的这类可以重复利用的数字构建模型，从简单的单构件模型（例如门、窗、设备、家具等）到复杂的组合结构（例如楼梯间、整体卫浴等）。仅美国一个国家，就有超过一万家以上的建筑构件生产企业，每家企业生产几百种到几千种建筑构件。考虑到全球大大小小的建筑构件生产企业，如果每个产品都因为设计者找不到可以重复利用的数字模型而重新建模，会造成多么严重的资源浪费。因此，非常有必要通过模型库的形式把这些可以重复利用的数字构件模型组织起来，便于使用者查找和引用。

9.5.2 模型库的要求

从BIM技术开始应用的第一天，就产生了对模型库的需求。然而，构建一个普遍适用于建筑行业的BIM模型库的挑战也是巨大的。首先，BIM构件模型的种类繁多，必须建立合理的组织方式，方便用户查找。目前，对于建筑构件的分类编码系统，国际上通用的是MasterFormat（主要用于施工说明编制）和UniFormat（主要用于施工进度组织和预算编制）。这两个分类编码标准已经在北美使用了几十年，最近美国和欧洲共同推出了新一代的建筑构件分类和编码标准OmniClass。本书4.3节介绍了我国最近发布的中国分类编码标准《建筑信息模型分类和编码标准》GB/T 51269—2017。这些分类编码标准可以用作BIM模型库的组织结构，支持整理和查找对应的构件。其次，BIM建模平台众多，因此原生的模型格式也不一样，BIM模型库还需要考虑整合不同建模平台的数据格式。第三，BIM模型库还应该对模型的命名规则、所包含的属性内容、属性值的定义精度、构件的行为规则等技术性内容进行统一。理想的状态是，所有的BIM模型库都应该就这些内容进行统一，那么不同模型库之间的内容就可以实现共享，就像所有的机票订票网站的信息都可以被一个聚合网站搜索一样。但是，目前模型库这个领域还没有形成这样的信息格式标准。被BIM模型库收录的BIM构件模型应该尽可能包含以下信息：

（1）具有二维或三维几何体量（绝大部分构件具有三维体量，但有些构件只有二维体量，例如地毯和防潮膜）。

（2）几何尺寸可以是固定的，也可以是参数化的。

（3）材料定义应该包含名称和纹理属性（支持渲染）。

（4）和其他系统或构件的连接定义，例如窗如何和墙进行连接（被安装在墙上），以及和哪些系统或构件不能连接，例如窗不可以和通风管道连接。

（5）物理属性，根据构件的具体类型，内容也不一样，可能包括保温隔热系数、防火性能、亮度和照度、电压、电流等。

（6）运营维护需要的信息，例如检修周期、制造商信息等。

（7）和供应链相关的动态信息，例如售价、库存量、运费、交付周期等。

9.5.3 主要模型库介绍

目前，BIM领域存在众多模型库，有些是免费开放使用的，有些是需要付费使用的；有些是综合性BIM模型库，包含了建筑行业内主要类型的构件，也有些构件生产厂商搭建的模型库只提供其自家产品的BIM模型。这些模型库系统基本都支持分类浏览（根据不同的分类编码标准）和关键词搜索。有些模型库还支持用户上传模型，以公众参与的形式分享BIM构件模型。绝大部分BIM模型库都是在线平台，可以通过互联网访问，但也有一些模型库是离线系统，主要用于支持某些不能上网使用的设计师用户，例如军工领域的设计院。SmartBIM Library 就是这类离线模型库的典型例子，需要通过 U 盘或光盘安装，之后定期通过存储介质进行更新。表 9-1 列出了目前市场上的主要 BIM 模型库：

（1）族库大师是一款针对 Revit 的免费第三方族库，提供网页端和 Revit 插件客户端两个版本，网页端支持在线三维预览，Revit 插件端实现了族文件的一键载入。族库大师汇聚了七大专业 30 万以上的族资源，并为个人用户免费提供云空间。

（2）广联达的构件坞囊括了建筑、结构、机电等多个专业，支持 Revit、BIMMAKE、SketchUp 三大平台，包含超过 2 万个 BIM 通用构件，并且所有族文件全都免费使用。构件坞同样也提供了网页端和客户端两个版本，并且为个人用户免费提供云空间。

（3）族助手模型数量只有 1 万左右，但是它提供的族信息均经厂商认证，分类与编码对接国标与 OmniClass，精细化程度很高，适合 Revit 的参数化设计。

（4）BIMobject 是 Autodesk 提供的官方族文件网站，它提供了 7 万多个族文件，并且大部分族是为制造商的产品定制，其准确性和信息化程度比较高。此外，平台还支持在线三维展示、定期更新族文件。

（5）Revitcity 是国外早期的 Revit 族库网站，它提供了诸多免费的族文件，这些族适用于多个版本的 Revit。但是很多族文件的精度不高、外观像素化明显，使用体验和视觉效果都比较一般。

国内外主要 BIM 模型库　　**表 9-1**

软件	是否付费	模型格式	模型量	用户量
族库大师	基础族免费 精品族收费	RFA	30 万 （1 万免费）	10 万用户
构件坞	免费	RFA/GAC/SKP	2 万以上	10 万用户
族助手	免费	RFA/SKP	1 万	未知
BIMobject	免费	3DS/RFA/DXF ArchiCAD	7 万	210 万用户
Revitcity	免费	RFA	2 万	144 万用户

10　BIM 技术在项目招标投标阶段的应用

10.1　基于 BIM 技术的招标投标

10.1.1　工程项目招标投标

招标投标是基本建设领域促进竞争的有效形式，一般由若干施工单位参与工程投标，招标单位（建设单位）择优选择工期短、造价低、质量高、信誉好的承建单位负责工程项目的建设工作。招标投标最早起源于英国，第二次世界大战以后，招标投标逐渐成为一种成熟的交易方式，其重要性和优势在国内、国际经济活动中被广泛认可，进而在相当多的国家和包括世界银行在内的国际组织中得到立法推行。招标投标制度是为合理分配招标、投标双方的权利、义务和责任建立的管理制度，加强招标投标制度的建设是市场经济的要求。招标投标制度的作用主要体现在以下四个方面：

(1) 提高经济效益和社会效益。招标投标是市场竞争的一种重要方式，能够充分体现"公开、公平、公正"的市场竞争原则。通过招标采购，让众多投标人进行公平竞争，以合理价格获得最优的工程建设服务，可以提高资金使用效率，进而推动提高社会效益。

(2) 提升企业竞争力。良好的招标投标机制可以促进企业提高创新活力，积极引进先进技术和管理，提高企业生产、服务的质量和效率，不断提升企业市场信誉和竞争力。

(3) 健全市场经济体系。招标投标制度可以维护和规范市场竞争秩序，保护当事人的合法权益，提高市场交易的公平、满意和可信度，促进社会和企业的法制、信用建设，促进政府转变职能，提高行政效率，建立健全现代市场经济体系。

(4) 打击贪污腐败。招标投标制度由于其程序的规范性和公开性，能有效打击贪污腐败，保护企业、国家和社会的公共利益，防止浪费和流失，构建从源头预防腐败交易的社会监督制约体系。

采用招标投标交易方式的工程项目，在立项批复并确定具有资质的招标代理机构之后，开展招标投标工作，具体包括以下流程：

(1) 招标方编制招标文件。招标文件为整个招标投标工作的核心，反映了建设单位对潜在投标单位的要求与期望。招标文件一般由招标代理机构在建设单位的协助下编制，并应上报相关部门备案。

(2) 招标方发布招标公告，投标方报名。招标方应该在具有公信力的媒体发布招标公告，包括中国采购与招标网以及地方公共资源交易信息网。潜在的投标单位则筛选符合自身条件的工程项目，报名参与投标，同时购买招标文件、工程量清单、图纸等资料。

（3）投标方制作投标文件投标。投标单位通过认真研读招标文件要求，制作符合规定的投标文件，并在指定时间和地点提交投标文件。

（4）开评标会议。评标会议应该在备案部门派遣的监督人员的监督下进行，评标专家应该在地方专家库中符合评标条件的专家中抽取，评标会议后由评标委员会推选中标候选人（一般为三家单位）。

（5）公示中标候选人。招标代理机构在收到评标报告后，将中标候选人提交此前备案部门进行中标候选人公示备案，之后在此前发布招标公告的媒体上发布中标候选人公示，公示期不少于三日。

（6）通知中标单位并签订工程合同。中标候选人公示期满，在没有争议的情况下，招标代理机构拟出中标通知书，报送主管部门备案后，向中标单位发送中标通知书。中标单位凭中标通知书与建设单位签订施工合同。

10.1.2　基于BIM技术的招标

从上一节的介绍中可以看到招标投标涉及招标方、投标方、代理方、监管方等多个角色，工作流程复杂、周期长。招标投标工作传统上以人工处理为主，虽然近些年随着信息化技术的深入，各地逐渐推进电子招标投标系统，但效果依然不明显。BIM技术的推广与应用为提升招标投标工作水平带来了新的契机。利用BIM技术支持招标工作具有以下优势：

（1）传统方法的招标，需要建设单位委托造价公司，根据图纸计算工程量。目前造价软件相对成熟，但依然需要造价人员从二维图纸搭建造价模型，工作量大，耗时长，而且可能因为造价建模人员对图纸的理解不足，造成工程量计算不准确。如果工程项目在设计阶段采用了BIM技术，已经有了比较完善的设计模型，造价人员可以充分利用设计BIM模型，在此基础上根据扣减规则，直接生成造价管理所需的工程量，节约了大量建模时间，而且更为精确，出错的几率很小。

（2）传统方法的评标，需要评标专家在短时间内阅读大量投标文件，很难保证对所有投标方案充分、深入地理解。如果招标文件要求投标单位应用BIM技术汇报投标方案，则可以帮助评标专家在三维场景下直观、清晰地对投标方案进行分析和论证，有效提升评审深度和质量。

（3）传统方法的招标投标，串标和围标现象屡禁不止，也很难防范。采用BIM技术招标，如果将模型、工程量数据等在网页发布，供投标单位在线使用，可以合理设置埋点数据，以此作为BIM标书清标检查要点，可以有效遏制围标、串标行为，提升招标工作监管力度。

虽然基于BIM技术的招标工作有很多优势，但目前大部分招标代理单位还都习惯于传统模式的招标投标方法，使用BIM技术存在一定挑战，具体表现在：

（1）BIM招标要求深度不易把握。应用BIM技术进行招标投标工作，必然要在招标文件中明确投标文件中对BIM技术的应用程度，例如是否采用4D BIM阐述施工组织设计、是否应用BIM动画展示关键施工工艺、是否应用3D BIM技术进行施工场布设计等。然而，目前我国施工企业应用BIM技术的能力参差不齐，如果要求标准过高，可能会把一些高质量的投标者拒之门外，而如果要求标准过低，又达不到应用BIM技术进行招标投标工作的初衷。

(2) 应用设计BIM模型进行工程量提取还存在一定技术难度。虽然BIM模型天然携带准确的工程量信息，但因为我国造价领域并不使用工程净量进行预算和结算管理，而各地的扣减标准又不尽相同，目前还没有很好的辅助工具能够从设计BIM模型快速生成建设单位、施工单位等各方一致认可的工程量清单，因此从BIM模型提取工程量还存在一定技术难度。

(3) BIM技术在施工阶段的应用取费标准不易确定。采用BIM技术招标投标的项目，基本也都要求施工单位在施工阶段充分利用BIM技术，但如何为施工阶段的BIM应用制定费用标准，以及BIM实施未达标时的罚则，对招标代理单位依然存在不少挑战。为此，目前我国各地陆续出台了BIM在设计、施工各阶段应用的建议取费标准。

(4) BIM投标资格难以明确。对于采用BIM技术招标投标的项目，通常在招标要求中对投标单位的BIM投标资格有相关要求，例如BIM工程师的人数、BIM资格证书的种类和数目、BIM项目经验等。由于BIM依然属于新兴技术，我国人社部于2019年发布了“建筑信息模型技术员”这一新职业，各地、各部门的技能资格证书也还没有统一和规范，所以对BIM人员能力和资格的界定还没有统一标准。

(5) 基于BIM技术的评标专家不多。评标专家的人员资质和专业能力有成熟的评价标准，但现有的评标专家对BIM技术的专业掌握程度普遍不高。同时，具有较高水平的BIM专业人员，又普遍年轻，不具备评标专家所要求的工程技术专业能力。

10.1.3 基于BIM技术的投标

目前，根据招标要求，应用BIM技术投标一般分为两类。一类是BIM招标要求中规定投标人在投标文件中单独列出BIM专篇，以BIM执行计划（BEP）的形式阐述BIM团队组成、软硬件等资源配置、应用范围、应用深度、交付内容、交付时间等BIM技术实施的相关计划，主要以方案文字形式体现。另外一类，除了BIM执行计划之外，投标人需要根据招标图纸和招标文件其他相关信息构建BIM模型，并按照招标要求中的评审点，提交基于BIM模型的对应成果，例如施工组织4D演示方案、重点工艺施工模拟动画、三维场布等。

随着国家对BIM技术的推广以及市场对BIM技术的认可，越来越多的施工企业开始逐步建设自己的BIM应用能力，而采用BIM技术的投标则是施工企业应用BIM技术的排头兵。应用BIM技术进行投标工作的优势包括：

(1) 节约投标成本。投标阶段的核心和重点工作是对工程量的计算，然后根据工程量清单，采用合理投标策略，最大化利益。传统投标报价的数据量大，由于投标时间紧，数据往往不精确，因此不能有力支持商务标的制定。因为大量投标项目最后都不能中标，中标的项目数只是投标项目数的一小部分，因此大部分施工企业的投标部门常年疲于忙碌各种投标计算。如果能从BIM模型自动获得工程量，则可以大大节约投标成本。而且，一旦企业构建了完善的5D BIM成本数据库，就可以快速、准确地获得项目直接成本数据（具体参见11.3节）。

(2) 直观展示施工组织设计。传统投标文件中对工期的阐述通常以甘特图（横道图）的形式展现，然而，4D BIM技术可以通过三维模型结合时间的方式，直观、形象地展示施工组织设计，清晰表达里程碑节点的形象进度。

(3) 动态模拟施工工艺。施工工艺的介绍也是投标文件的重要内容之一，特别是有些大型复杂工程，其关键施工工艺甚至决定了最后中标单位的选择。例如，在核电站 EPC 项目中，核电机组的安装工艺就是招标人重点考察的内容。如果能利用 BIM 技术充分展示核电机组在安装过程中和土建结构工程在时间和空间上的配合，就可以大幅度提升项目竞争力。

虽然很多施工企业已经开始着手建立 BIM 能力，但应用 BIM 技术进行投标，对他们来说还具有相当的挑战性，具体表现在：

（1）对 BIM 技术的认识不足，重视程度不够。虽然 BIM 技术对于大型施工企业来说已经不是新鲜事物，但我国幅员辽阔，施工企业数量众多，很多中小型施工企业由于认识不足或经费限制，还没有开展 BIM 工作。

（2）即使对于已经开始使用 BIM 技术的施工企业，基于 BIM 的投标工作，对他们依然是比较大的挑战。困难主要来自两个方面：软硬件资源和人员。BIM 技术对软硬件的要求较高，因此施工企业一般都在公司级别建立 BIM 中心，统一部署软硬件设施。另外，施工企业技术人员的 IT 水平普遍不如设计院专业设计人员，因此对 BIM 技术的掌握需要较长的学习周期。

10.1.4 基于 BIM 技术的电子招标投标系统

随着 BIM 技术在招标投标领域的影响力逐步增大，很多地区已经把电子招标投标系统的建设和 BIM 技术的应用整合起来，搭建基于 BIM 技术的电子招标投标系统。基于 BIM 的电子招标投标系统是将 BIM 技术引入建设工程招标投标过程，在现有电子招标投标系统基础上，基于三维模型与成本、进度相结合，以全新的五维视角管理工程项目的招标投标过程。

深圳市是全国首个电子招标投标试点城市，国家发改委在《关于深入开展 2016 年国家电子招标投标试点工作的通知》（发改办法规［2016］1392 号）中对深圳明确提出了“深化 BIM 等技术应用，推进电子招标投标与相关技术融合创新发展”的 BIM 应用试点要求。深圳市于 2018 年 4 月试点推进基于 BIM 技术的电子招标投标系统建设，集成大数据研究成果，并与深圳市空间地理信息（GIS）平台对接，打造基于 BIM＋大数据＋GIS 的专业招标投标模式，实现深圳建设工程招标投标向智能化、可视化跨越式变革。同时，为满足深圳市房屋建筑工程招标投标中的 BIM 技术应用要求，使 BIM 电子招标投标规范化、标准化，在深圳市住房和建设局指导和组织下，深圳市建设工程交易服务中心编制的《深圳市房屋建筑工程招标投标建筑信息模型技术应用标准》，于 2019 年 12 月 1 日正式实施。该标准是全国首个招标投标环节的 BIM 应用标准，不仅为深圳市实施房屋建筑工程 BIM 招标投标奠定了坚实基础，对全国建设工程开展 BIM 招标投标也具有重要的借鉴价值。

深圳市基于 BIM 技术的电子招标投标系统包含设计 BIM 辅助评标系统和施工 BIM 辅助评标系统。施工 BIM 辅助评标系统，包含了场布评审（图 10-1a）、进度评审（图 10-1b）、资金资源评审（图 10-1c）、工艺工法评审（图 10-1d）等功能。2019 年 4 月 28 日，前海乐居桂湾人才住房全过程设计国际招标项目在深圳市交易中心完成定标工作，标志着深圳市基于 BIM 技术的电子招标投标平台首个招标项目顺利完成了整个招标投标流程，正式投入使用。

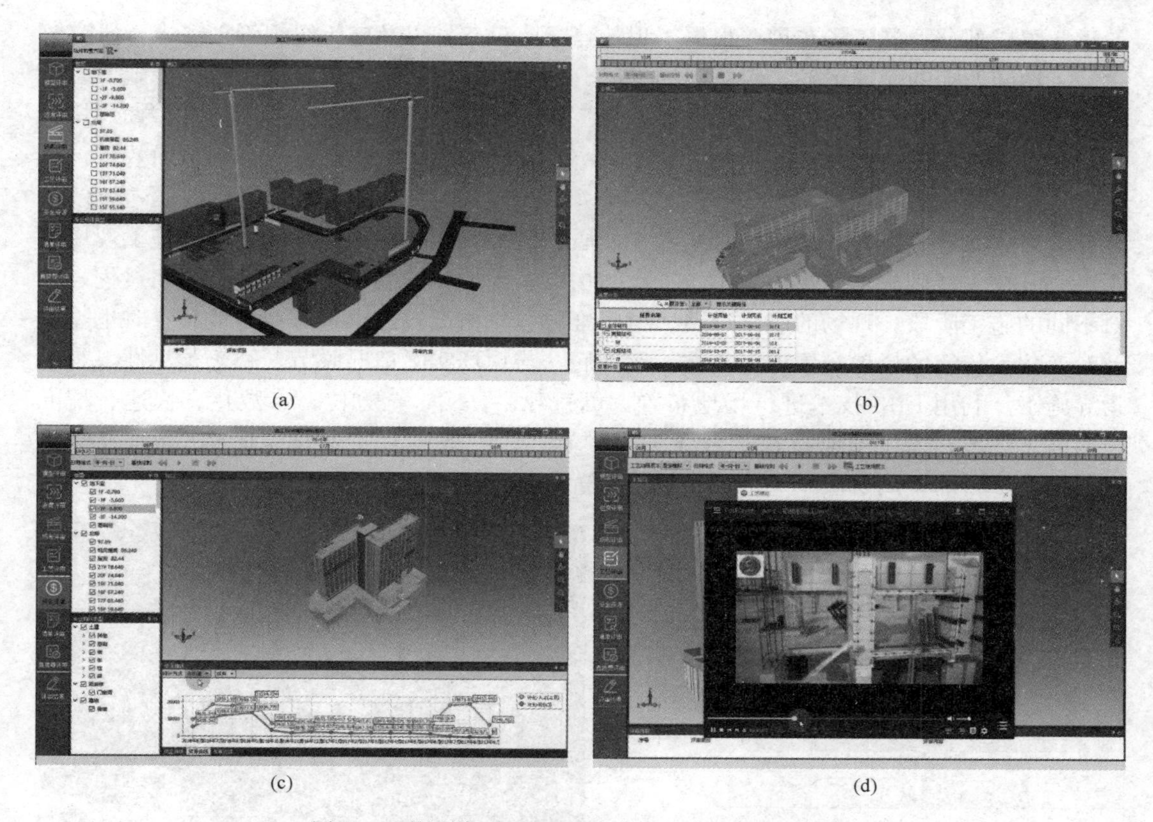

图 10-1 深圳市基于 BIM 技术的电子招标投标系统

10.2 基于 BIM 技术的场地布置

10.2.1 施工场地布置和 BIM 应用

施工总平面图是指拟建项目施工场地的总布置图。它是按照施工部署、施工方案和施工总进度计划的要求，将施工现场的交通道路、材料仓库、附属生产或加工企业、临时建筑、临时基础设施（水、电、管线等）合理规划和布置，并以图纸的形式表达出来，从而正确处理全工地施工期间所需各项设施与永久建筑、拟建工程之间的空间关系，指导现场进行有组织、有计划的文明施工。绘制施工总平面图的过程也叫作施工场地布置，简称场布。施工场布中需要考虑的内容主要有以下四类：

（1）人的工作和生活场所，包括管理团队职工宿舍、劳务员工宿舍、食堂、厕所、浴室、会议室等。

（2）建筑材料加工、存放、运输的场所，包括钢筋棚、木工棚、各种库房、混凝土搅拌区、临时道路等。

（3）各种运输和加工用的机械设备和场所，包括塔式起重机、施工电梯、各类加工机械、各类工程车辆等。

（4）其他内容，包括消防设备、安全设备、供水供电设备、施工大门和围墙等。

施工总平面布置图是工程施工组织设计的重要组成部分，在工程投标中，也是技术标的重要组成部分。施工场布需要根据工程特点、施工条件以及施工组织管理需求，研究解决施工期间所需的交通运输、料场、加工厂、办公区及生活区、水电供给及其他施工设施等的平、立面布置问题，以使工程能如期完工，又能最大限度地节约人力、物力、财力，为工程合理施工创造条件，并最大可能地减小对环境的影响、生态的破坏等负面效果。

传统现场布置采用CAD二维图加文字说明的方式，如图10-2(a)所示，不能直观、全方位展示布置方案，容易忽略一些潜在矛盾、风险，为后期施工埋下隐患。施工现场包含土方开挖、基础施工、主体施工、二次结构以及到最后的装饰装修工程等施工过程，针对不同的施工阶段，现场的施工道路、材料堆放、机械设备需求量等在场地布置时也需要及时变化。传统的场地布置方案往往一案到底，与现场实际情况脱节，缺乏预见性，难以指导施工。利用BIM技术进行场地布置，可直观、真实、全方位、参数化、快速、精准模拟施工环境，优化场地布置，为施工提供专业、有效的真实数据（图10-2b）。同时，也可以在项目的不同阶段，灵活调整场地布置方案。

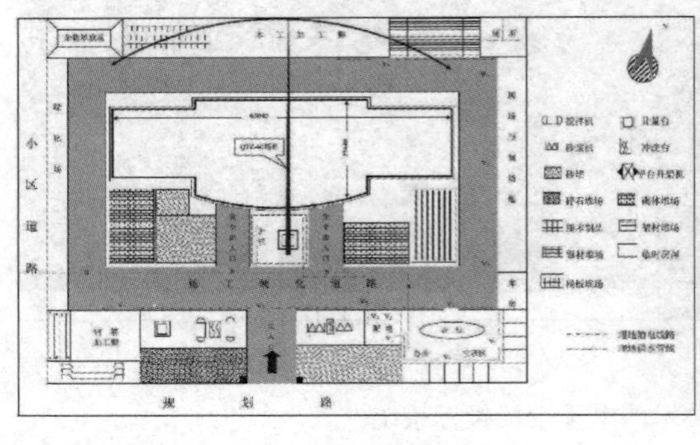

(a)

(b)

图10-2 传统CAD场布方案和基于BIM技术的三维场布方案

10.2.2 利用第三方专业软件进行场地布置

因为施工场布是投标文件中的一个重要组成部分，很多软件厂商基于BIM技术开发了三维施工场布软件，本节介绍三款国内市场常用的基于BIM技术的场布软件。

广联达BIM施工现场布置软件是基于BIM技术的、用于建设项目全过程临建规划设计的三维软件，为施工技术人员提供从投标阶段到施工阶段的现场布置设计产品，解决设计思考规范考虑不周全带来的绘制慢、不直观、调整多以及带来的环保、消防及安全隐患等问题。广联达场布软件内嵌了数百种常见的临建构件模型，通过积木式简单高效建模实现逼真的场地布置（图10-3a），支持高清图片导出、场景渲染，支持3D动态漫游，通过模型的动画参数实现部分施工模拟功能。

品茗BIM施工策划软件可将传统二维平面布置图快速转化为三维平面布置图，同时可直接生成施工模拟动画。该软件操作符合日常使用CAD绘制平面布置图的习惯。软件中内置海量临时板房、塔式起重机、施工电梯等构件，支持用户使用Revit、3DSMax等软件导入，可成倍提高绘图效率（图10-3b）。除三维场布之外，该软件还支持地形编辑、土方开挖模拟（图10-3c）、三维施工模拟动画、全景漫游等功能。

鲁班场布是一款用于建设项目临建设施科学规划的场地设计三维建模软件，内嵌丰富的办公生活、绿色文明、临水临电、安全防护等参数化构件，可快速建立三维施工总平面

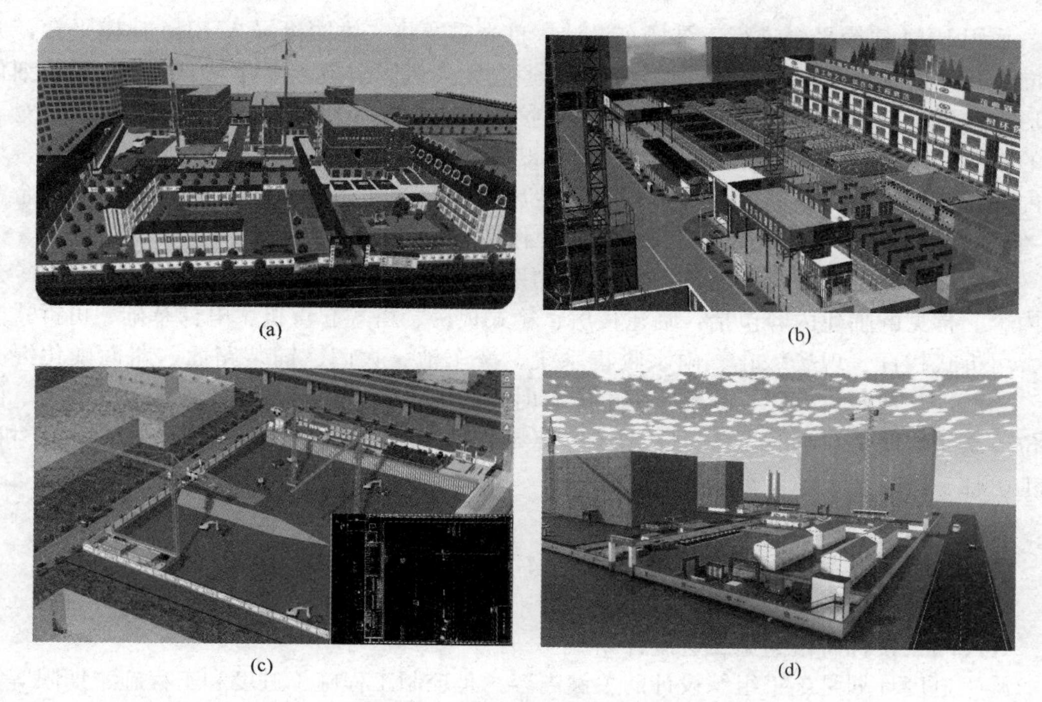

图 10-3 基于 BIM 的场布软件

图模型，自动计算场布构件工程量，为企业精细化管理提供依据、逼真的贴图效果（图 10-3d），同时展示企业的安全文明绿色施工形象。

10.2.3 利用 BIM 建模平台进行场地布置

市场上的三维场布软件具有很多优点，例如丰富的模型库、对地形的支持、不需要外部软件就可以生成漫游和动画等，但也有其局限性。第三方软件最大的缺点就是缺乏灵活性。因此，很多施工企业直接采用 BIM 建模平台进行施工场布设计，如图 10-3(b) 所示。采用 BIM 建模软件从零开始创建三维场布的优势包括：

(1) 可以灵活创建任何临建、设备。例如，有的项目场地比较特殊，其临建平面尺寸并不是方方正正的，或者包含复杂的三维曲面，现有商业软件没有符合条件的自带族库。

(2) 方便对企业的标准化构件进行统一管理。为特定项目创建所有场布需要的临建、设备、标识等，的确需要大量的时间投入。但是，这些模型可以通过企业内部模型库管理起来，再在其他项目中进行修改后重复利用。更理想的状态是，这些模型制作成带参数的族，下次复用就可以通过调整参数生成新项目需要的模型。

(3) 方便企业 CI 形象管理。企业的 Logo 标识、专有的精神文明建设标语等，均可以生成参数化族，供不同项目选用。

(4) 建模平台生成的 BIM 场布模型可以灵活对接其他工具软件，例如对接 Fuzor 进行动画展示，对接 Luminon 进行渲染输出，对接 PTGui 制作全景图和 VR 视频等，具有高度可塑性。

(5) 经过大量积累之后，创建三维场布的效率并不比商业软件差，而且灵活性高，节省商业软件采购费用。

采用BIM建模平台进行三维场布设计，首先需要将二维图纸导入BIM建模平台，并校准坐标原点。地形建模有两种模式，可以通过无人机倾斜摄影或者三维扫描生成精细化地形，也可以采用地形图纸建立粗略模型。接下来就是最为耗时的模型创建工作，针对不同的内容确定相应的模型精度。例如，周边既有建筑，可以采用简单的体量模型表达，场地内和施工相关的内容都需要具体建模。然后根据场地布置要求进行场地布置以及企业CI布置。模型出图和动画制作是最后一步工作。

因为没有充足的预定义场布构件可以调用，因此需要详细规划临建、机械、土方等建模内容。常见的临建内容包括：临建板房、箱式板房、塔式起重机、电梯基础、可拆式围挡、可拆式栏杆、现场绿化、雨水收集系统、洗车池、大门、铺装路面、路面硬化混凝土、路面硬化地砖、路牙、临水、临电、临时厕所、电箱、门禁房、体验区、钢马道、停车位、高压线防护、临时设备、CI形象、视频监控。常见的机械设备包括：塔式起重机、施工电梯、脚手架、施工车辆等。

10.3　基于BIM技术的进度模拟

10.3.1　投标阶段的施工进度计划

施工进度计划是施工组织设计的关键内容，是控制工程施工进度和工程施工期限等各项施工活动的依据，进度计划是否合理，直接影响施工速度、成本和质量。因此，施工进度计划是投标文件的重要组成部分，也是评标的主要评审内容。传统的施工进度计划以横道图或网络图为表达形式：

(1) 横道图是甘特图（Gantt Chart）的俗称，也叫条状图（Bar Chart）。它是以横道图示的方式通过纵轴的活动列表和横轴的时间刻度形象地表示出任何特定项目的活动顺序与持续时间。由于横道图形象、简单易懂，在短期且不复杂的项目中，甘特图都得到了最广泛的运用。但横道图的缺点也很明显，不能清晰表达各个活动或工序之间的逻辑关系，需要调整时工作量大，所以难以适应大型复杂的进度计划编制工作。

(2) 网络图（Network Planning）是一种图解模型，用来显示任务之间的关联和依赖关系，形状如同网络，故称为网络图。网络图是由作业、事件和路线三个因素组成的。在工程管理中，经常使用到网络图的概念。网络图是用箭线和节点将某项工作的流程表示出来的图形。网络图虽然能够清晰表达各个活动或工序之间的逻辑关系，但专业性强、不够直观易懂。

建筑施工是一个高度动态和复杂的过程，当前建筑工程项目管理中经常用于表示进度计划的网络计划，由于可视化程度低，无法直观地描述施工进度以及各种复杂关系，难以形象表达工程施工的动态变化过程。通过将BIM与施工进度计划相链接，将三维空间信息与时间信息整合在一个可视的4D（3D＋时间）模型中，可以直观、精确地反映整个建筑的施工过程和形象进度。借助4D BIM模型，施工企业在工程项目投标中将获得竞标优势，BIM可以让业主直观地了解投标单位对投标项目主要施工的控制方法、施工安排是否均衡、总体计划是否基本合理等，从而对投标单位的施工经验和实力作出有效评估。

招标投标阶段的4D模拟和施工阶段的4D模拟并不完全相同，主要区别在于出发点不同。投标文件中的4D模拟是向建设单位和招标代理单位以及评标专家介绍施工企业对投标项目的施工进度节点和形象进度展示，只需要精确到构件级别甚至楼层级别，而施工阶段的4D模拟更多的是用于内部多分包商、多专业、多工种施工协调，需要精确到工序级别，详见第11章。

10.3.2 应用第三方专业软件制作4D BIM模拟

能够制作4D BIM模拟的软件有很多，既有综合性的5D BIM施工管理平台，例如Trimble Vico Office、广联达5D等，也有专业4D模拟软件，例如Bentley Synchro Pro、云建信4D BIM云平台等。因为投标阶段时间有限，也无需将进度计划精确到工序级别，但因为需要向建设单位和评标专家进行汇报，展示效果也需要同时兼顾，所以很多施工企业选择专业4D BIM模拟软件创建施工进度动画，本节重点介绍Bentley Synchro Pro。

管理模型是一个4D BIM仿真软件的基础能力。Synchro Pro可以支持多种三维模型格式，并对模型数据进行同步更新，如图10-4(a) 所示。导入的模型，除了三维空间信息，还会携带尺寸标注、设备编号以及自定义字段，并能够创建和添加简单基本几何图形，并对单个构件支持切割（例如一个混凝土楼板构件需要多次浇筑）。

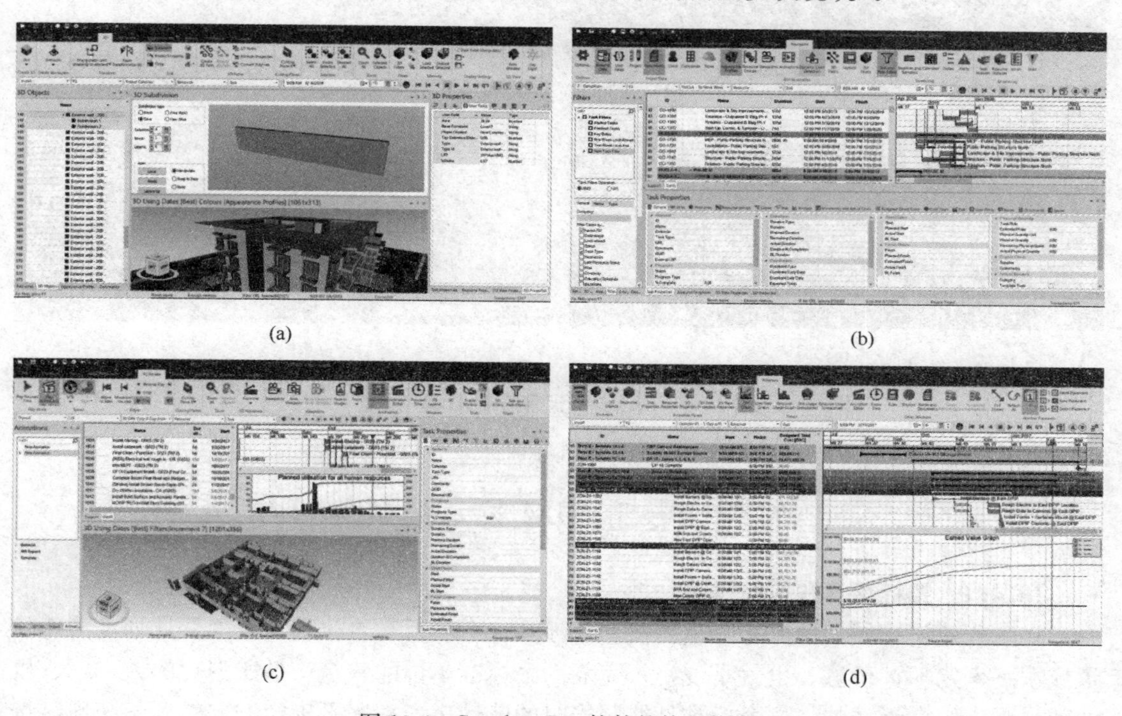

(a) (b) (c) (d)

图10-4 Synchro Pro软件的核心能力

进度管理能力是4D BIM仿真软件的另外一个核心能力。Synchro Pro可以支持多个来源的进度数据，包括Primavera（也就是行业内常说的P3和P6软件）、微软Project、Powerproject、Safran等，如图10-4(b) 所示，并且支持关键路径法CPM体系，支持添加更深层次的工序细分，支持任务分解结构（WBS），支持导入或创建任务代码，支持多种格式的过滤等。

Synchro Pro支持对资源的管理，如图10-4(c) 所示。通过拖拽方式可以把人、材、机等资源分配给任务，并可以跟踪资源状态和实际资源使用情况，支持基于模型的进度编辑和管理，支持多方实施审核4D进度预演。

除了核心的4D BIM模拟功能以外，Synchro Pro还有很多附加功能，例如对成本的跟踪和挣值分析（图10-4d），支持混合现实Hololens应用等。同时，Synchro Pro是Synchro数字施工管理平台的一部分，支持移动应用以及项目云协同。

除了Synchro Pro之外，Fuzor也是一个常用的制作4D BIM模拟的软件。导入三维BIM模型之后，Fuzor可以加载Navisworks、Primavera、MS-Project等进度软件的进度计划，也可以直接在Fuzor中从零开始创建进度，还可以添加机械和工人。Fuzor的特色是其VR能力，可以直接将BIM模型以及生成的4D BIM模拟在VR中查看，如图10-5(a)所示，并支持对信息的查询。

国内云建信开发的Power4D平台可以利用多数主流建模平台的模型，通过轻量化处理后，整合进度信息和资源信息，同时可以融合IOT物联网传感器信息，做到多元信息灵活显示，如图10-5(b)所示。

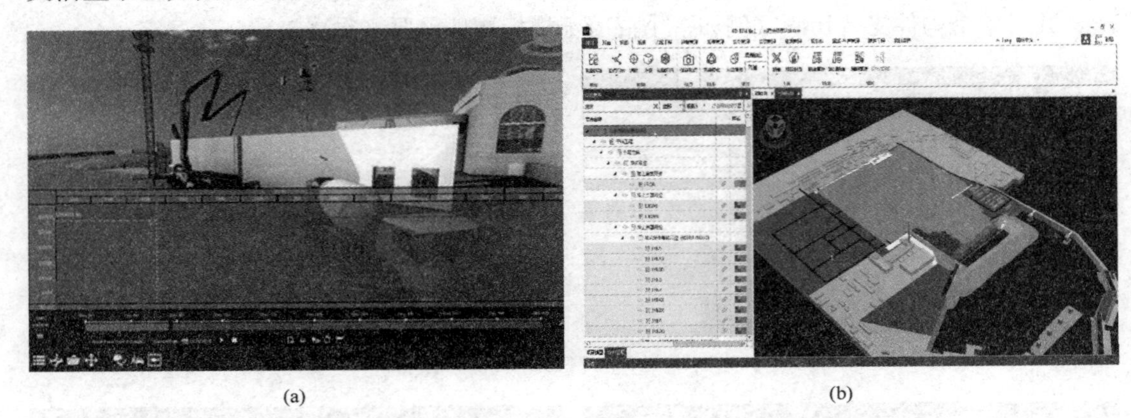

(a) (b)

图10-5 Fuzor和云建信4D BIM模拟

10.4 基于BIM技术的预算

10.4.1 招标预算和投标预算

在工程建设领域，预算是个重要概念，涉及一个项目是否盈利。我国从计划经济年代形成了一套定额计价法，也就是说，每完成一个标准单位的建筑产品所消耗的人、材、机的数量是有统一标准的，这个标准是按照当时的劳动生产率水平确定的，然后各个地区按照经济发展水平不同，确定人、材、机的价格，这样一个工程项目的预算价格就可以通过“套定额”确定。这种定额计价方法限制了施工企业提升管理水平的意愿，也不能反映市场竞争规律，因此2004年起我国开始采用国际通用的清单计价法，也就是建设单位（或其委托的咨询单位）依据清单规范编制分部分项工程和单价措施项目清单，并计算各项目工程量，提供给投标企业。投标企业原则上应该根据自身的企业定额确定直接费用，并在此基础上考略税费和合理利润，进行投标报价。清单计价法反映了市场价格和企业技术管理实力，更为合理。

招标投标过程中，招标方和投标方都要进行预算工作。作为招标方，需要制定一个招标控制价格，也就是说不接受超过招标控制价的投标。作为投标单位，要通过预算制定合理投标价格。这个预算价格，并不等于施工过程中的预算工作。这个投标价格是报给建设单位的，是为了争取赢得合同，并产生利润。而施工过程中的预算，则是用于控制自己的成本支出以及与分包商的结算。施工过程中基于 BIM 技术的成本控制，请见第 11 章。

无论是招标预算还是投标预算，后者是施工阶段的预算，都涉及两个问题，也就是算量和计价。对于算量，在 BIM 技术推广普及之前，主要是通过图形建模软件依据施工图纸创建算量模型，然后获得工程量，行业内比较重要的有广联达算量软件、鲁班算量软件和斯维尔算量软件。至于计价，原则上应该采用企业定额，即企业根据自身管理水平和实际市场价格确定的定额标准，但很多企业由于管理粗放，没有形成自己的企业定额，依然参考国家或地方定额，在此基础上确定综合单价。因为计价部分和 BIM 应用关系不大，因此本节重点探讨应用 BIM 技术进行算量。

10.4.2 BIM 算量工具

前文说过，因为目前主流建模平台都是国外厂商的产品，虽然可以计算工程量，但都是计算工程净量，没有考虑到构件之间的扣减关系。举例来说，一个现浇钢筋混凝土楼板和一个现浇钢筋混凝土柱相交，其交集部分到底应该归柱，还是归板，还是既归柱又归板？在 Autodesk Revit 建模平台，无论先创建柱还是先创建板，最后的工程净量都是交集归板不归柱，即板的体积全算，而柱的体积则要扣除交集部分。以上海的定额计算规则为例，交集归柱，然后如果柱的截面面积（即板上开洞面积）不大于 0.3m^2，则无需扣减，也就是说交集可以计算两次。这无疑对于施工企业后期结算至关重要，虽然这个交集只使用了一次人、材、机资源，但结算的时候有可能双倍收费。目前，国内主要的 BIM 算量工具都在致力于解决如何从模型获得符合我国造价标准的工程量数据。

目前，国内在基于模型的工程算量上，基本遵循三条技术路线：

(1) 传统基于模型的算量软件，如前文提到的广联达、鲁班、斯维尔的算量软件产品。这些软件经过多年的沉淀，社会认可度高，对清单、定额等国内规则适应度高。其缺点是建模所用的底层图形引擎相对简单，对于复杂形体构件不能很好地支持，只能采用近似的形体替代。而且，其模型数据格式和主流 BIM 建模平台的数据格式不兼容，BIM 用户面临重复工作的尴尬情况。

(2) 主流 BIM 建模平台搭建模型，通过插件算量。由于 Autodesk Revit 软件在国内绝对的市场占有率，很多软件公司都开发了针对 Revit 平台的算量插件，比较重要的包括品茗 HiBIM、新点比目云、斯维尔三维算量 Revit 版、晨曦 BIM 算量等。

(3) 主流 BIM 建模平台搭建模型，然后将模型导入传统算量软件，比如通过 RLBIM 导入鲁班土建算量软件或通过 GFC 导入广联达 GCL 算量软件。

第一种形式和 BIM 技术关系不大，在此不作更多介绍。

第二种方法，各家做法大同小异，就是通过插件将 Revit 模型映射到算量模型，因此 BIM 模型中构件的定义要求和映射方法就是算量插件好用与否和准确与否的关键。传统算量软件，都是先定义好了构件属性再建模，因此不存在映射的问题。在映射的过程中，各家的插件也基本上都是借助了构件名称和族名称作为映射的参考信息，并提供映射字段的修改和添加。这种映射方法，对 BIM 模型中构件的命名规范化提出了很高的要求，如果是符合插件规定的命名标准（这个标准各家插件并不一样）的模型，可以非常高效地转化为算量模型，并且输出和传统算量软件近似的工程量（误差一般在1%～2%之间，因为传统算量软件本身建模也存在误差，特别是异形构件）。但是，对于模型构件命名随意、混乱，或者存在非常规构件（插件所支持的算量模型中没有对应定义的构件）等情况，极易造成映射关系的错误。因此，这些插件都会在模型转换前允许相关技术人员对模型进行“整理”，即替换并规范构件的命名。

第三种方式，则是由原来传统算量软件的大厂提供插件，将BIM模型直接打包成自己算量软件能接受的数据格式，比如广联达的GFC插件可以将Revit模型转换为GCL算量软件能打开的模型，或鲁班软件的RLBIM将Revit模型转换为鲁班土建能打开的模型。相对于前面提到的第二种利用插件算量的方式，由于算量不需要在BIM平台进行，因此对计算机资源消耗较少，比较适合超大体量的模型。但需要注意的是，模型导入导出的过程，可能存在数据丢失的风险，尤其是BIM平台的某些特殊构件类型在传统算量软件中没有对应类型的构件支持时，需要对导入后的模型进行验证。

10.5 基于BIM技术的工艺模拟

随着BIM技术的推广，新的应用点也在不断地被发掘，从最开始的模型创建和可视化应用，到4D BIM和5D BIM，以及前沿VR体验等。在招标投标阶段，施工工艺模拟是可视化应用的一个重点。在工程实践中，传统的施工工艺展示多以“静态展示”为主，这一展示方式存在着一定的技术不足，难以全面反映施工工艺中的技术、质量管控要点，对于施工工艺中蕴含的丰富而复杂的逻辑顺序、穿插时机等核心要素更是无法全面反映。动态的施工工艺模拟可以让评标专家清楚、明确地理解投标单位对关键工艺的施工技术能力和管理水平。

建筑施工中需要通过三维动画模拟的工艺主要是那些大型复杂施工节点（模板工程、复杂焊接节点、复杂钢筋绑扎节点等）、具有危险性的施工任务（土方工程、脚手架工程、临时支撑等）、复杂的设备安装流程（吊装、滑移、提升等）、垂直运输和水平运输、预制构件的拼装等。在工艺模拟的过程中，应该将涉及的时间节点、工作面、人员、施工机械等相关信息与模型进行关联。在模拟过程中，对出现的问题（如工序交接、施工定位等）及时、准确地记录，形成报告，进一步分析研讨，协调优化工艺，再次模拟，直至达到要求。

通过BIM建模平台创建施工工艺模拟的制作流程，如图10-6所示，以施工图为基础构建施工工艺模型，由施工工艺资料获得工艺信息，与模型相关联之后，验证模型，不满足要求的情况下需要在优化指导文件的指导下对方案进行优化，调整工艺和施工计划，并再次验证，直至满足要求。施工工艺模拟的输出成果是模拟过程的视频动画和说明文件。

除了应用BIM建模平台创建施工工艺模拟之外，也出现了专门的虚拟施工软件，例如BIM-FILM。BIM-FILM虚拟施工系统是一款利用BIM技术结合游戏级引擎技术，能够快速制作建设工程BIM施工动画的可视化工具系统，可用于建设工程领域招标投标技术方案可视化展示、施工方案评审可视化展示、施工安全技术可视化交底，具有丰富的素材库、内置的可定义动画、实时渲染输出等功能。

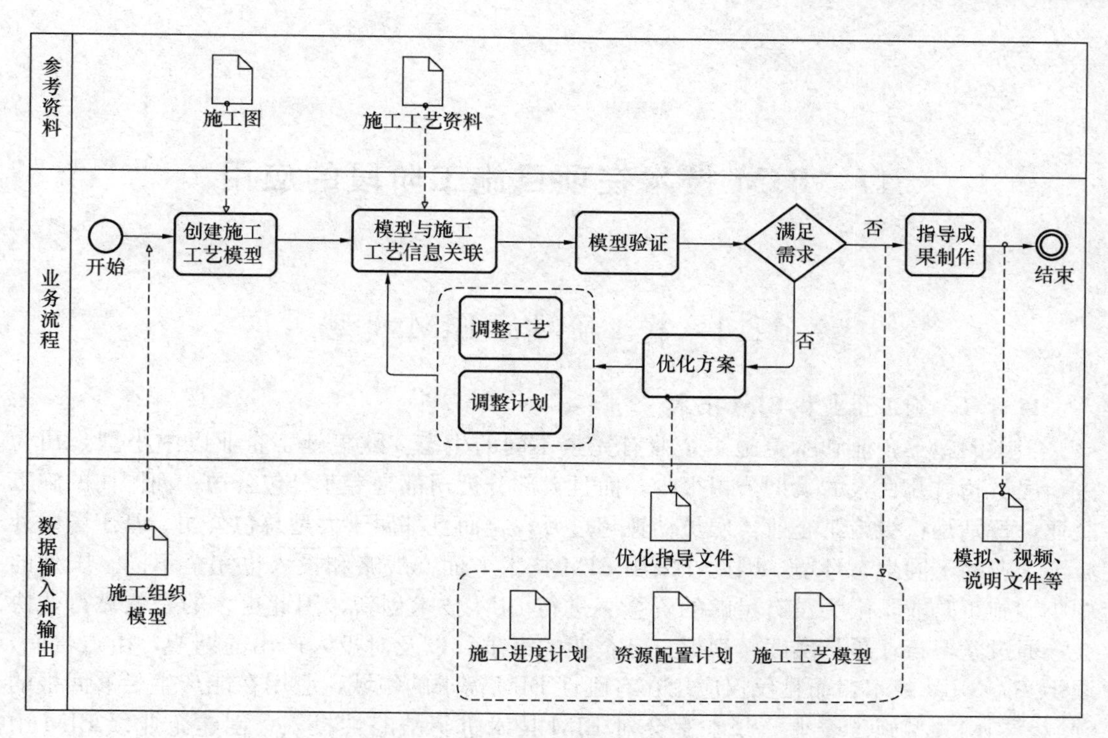

图 10-6　施工工艺模拟制作流程

11　BIM技术在项目施工阶段的应用

11.1　施工阶段的BIM模型

11.1.1　施工企业和BIM技术

中国的施工企业和欧美施工企业有完全不同的生态。欧美施工企业以中小型公司为主，雇员超过几百人的大型公司很少，而且大部分公司都是专业分包公司，而国内的施工企业，特别是特级施工企业，雇员动辄超过万人，而且都属于大型总包公司。基于国内外施工企业的不同生态环境，因此在采用BIM技术方面，战略和投入也完全不同。国外的中小型施工企业，因为没有足够的资金去进行BIM技术创新，因此更多的是依靠行业协会，通过学习行业最佳实践，根据自己企业的需求，以及对投入产出的期望，由点带面，逐步实施BIM技术，而且仅仅应用在有刚性BIM需求的领域，应用在能产生足够回报的领域。国内大型施工企业，基本都会对BIM技术进行战略性投入，创建企业级BIM中心，投入软硬件和人员进行BIM全方位研发和应用，而并不过分在意短期内的投资收益。

对于尚未采用BIM技术的施工企业，即使设计院采用了BIM技术，并且可以提供BIM模型，他们依然只能从二维图纸和施工说明开始计算工程量，组织施工流程，并协同与分包商的业务流程。这种流程不但耗时、易出错，更重要的是无法在设计阶段介入工程项目，为设计师提供更好的施工解决方案。随着BIM技术的推广和普及，越来越多的施工企业开始采用BIM技术管理施工项目，因此可以有效利用设计阶段的模型，在此基础上增加施工管理所需要的信息，支持施工管理工作。理想状态下，施工BIM模型应该包含以下信息：

(1) 详细并准确的三维空间模型。建筑构件准确的三维空间几何信息是BIM应用的基础，是工程量计算和三维可视化应用的依据。

(2) 和三维建筑构件相关联的施工说明。这些施工说明对采购、做法、安装至关重要，因此需要能从模型快速关联到这些文本性的信息。

(3) 三维构件之间的连接关系。越来越多的建设单位要求施工企业提交竣工模型而不仅仅是竣工图纸，而竣工模型中包含的信息往往应该符合COBie标准的要求。这就需要施工BIM模型中不仅包含构件本身的信息，还要包含构件之间连接的工程信息。

(4) 和施工相关的分析性数据和信息。施工过程中也需要很多分析计算，例如需要知道楼板的荷载才能正确计算施工脚手架的安排。同时，施工模型中也还要包含必要的设施运营信息，因为设备系统的采购需要满足运营需要，例如灯具的照明亮度。

(5) 施工BIM模型还要包含必要的临时设备，例如脚手架、模板、起重机、运输车辆等，用以支持施工组织计划。

(6) 运维相关的信息。如果这个施工项目是BOT项目，也就是建造—运营—转交项目，那么施工企业就需要运维信息支持项目的运营和维护工作。

目前的行业实践，还很难做到在施工 BIM 模型中包含以上所有类别的信息。通常来说，大多数施工 BIM 模型都包含前两类信息，而其他信息的整合程度，要依赖于项目参与方对 BIM 技术的应用程度。

11.1.2 施工 BIM 模型的建模流程

如果设计阶段充分使用了 BIM 技术，而根据合同约定，设计院可以将设计 BIM 模型转交施工企业，那么施工企业就可以充分利用这个设计 BIM 模型作为起点，添加施工所需要的信息，进而支持施工管理工作。

很多工程项目达不到这样理想的情况，而是属于部分设计工作有 BIM 模型，而部分设计工作没有 BIM 模型，那么就要按照图 11-1(a) 所示流程构建整合的施工 BIM 模型。二维图纸的设计部分，首先需要通过施工单位或者第三方咨询机构按照图纸搭建 BIM 模型，然后和设计师提供的设计模型进行整合，进一步添加施工管理所需要的信息，形成施工 BIM 模型，支持施工管理领域的应用，包括 3D 可视化协同、碰撞检查、4D 进度模拟、5D 成本控制等。在具体的施工管理应用中，如果发生变更，需要修改模型，则要分别回到由二维施工图构建的模型或者是由设计师传递下来的模型进行相应调整。

如果工程项目期间没有创建任何 BIM 模型，所有设计文档全部为传统二维图纸和说明，则需要遵循图 11-1(b) 所示流程创建施工 BIM 模型。不过，现在这种情况越来越少了，特别是大中型工程项目，设计阶段至少部分应用了 BIM 技术。

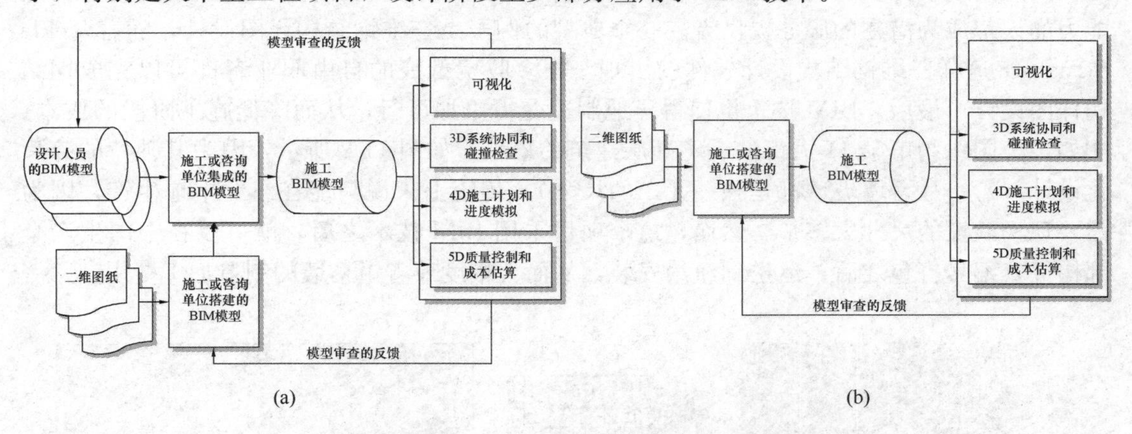

图 11-1 施工 BIM 模型创建流程

施工 BIM 模型因为涉及多专业，通常需要选择一个能整合多个模型的平台，例如 Autodesk Navisworks、Solibri SMC、Trimble Vico Office 或者 RIB iTWO。采用这种整合平台需要注意的是，在多专业协同出现冲突的时候，只能回到各个专业当初建模的原生环境修改模型。因为数据互操作性的限制，目前还不存在一个通用平台能够支持多种原生格式的模型修改和同步。

11.1.3 BIM 给施工业带来的影响

20 世纪 80 年代兴起的数字化设计和制造技术，已经在制造业实现了精益制造。随着计算机信息技术和互联网的深入应用，制造业已经开始实现大规模个性化制造了。以前大规模只能生产完全一样的产品，比如当初的苹果Ⅱ型电脑，几十万台生产出来都一样。戴尔电脑很多年前就可以根据客户的定制化下单生产不同配置的电脑，而苹果手机更是可以个性化地在手机壳上刻字。随着BIM技术在建筑业的推广和普及，精益建造和大规模个性化建造也必然是未来的趋势。精益建造是指使用最少的资源建造符合需要的设施。精益建造的关键在于流程再造，即如何通过信息流的整合实现上下游业务流程的无缝对接，减少失误、减少返工、减少无效的等待时间。

BIM技术对施工业的另外一个影响，是未来的无纸化施工。随着模型取代图纸成为工程项目信息唯一准确可靠的来源，特别是场外制造的进一步成熟，施工业将会向制造业一样，数据不再需要通过图纸来呈现和阅读，而是在不同的自动化生产线和装配线上流转。目前看来，短期内完全的无纸化施工还不成熟，因为图纸不仅仅是技术信息的载体，目前也是各类工程合同的依据。可以清晰预见的是，少纸化施工已经是近期施工业的发展趋势。

BIM和其他信息技术在施工业的普遍应用推进了全球化的分工合作。基于BIM模型的设计协同使得远距离全球合作不再有任何技术问题。一个“一带一路”基础设施工程项目，完全可能建设单位总部在上海，项目投资方是美国纽约的世界银行，而建筑师团队在巴黎，工程设计和施工图团队在北京，而最后项目在巴基斯坦实施。在某些特定的情况下，如果协同合理，甚至可以利用时差优势，加速设计过程。同样，利用全球化协作网络，可以降低设计成本。印度之所以成为软件行业、电话呼叫客服等业务的外包基地，就是因为人力成本低于美国等发达国家。同样，BIM技术的出现，使得全球所有具有设计能力的人都成为潜在的服务提供者。一个典型的例子是三维钢结构详图设计，随着Tekla Structure这样三维钢结构设计软件的出现，很多收费低廉的自由职业者都可以完成钢结构详图设计。最后，BIM技术也使得异地制造变得更加可行，从而降低施工阶段的成本。例如，美国纽约市第11大街的一座高层建筑的幕墙，如图11-2所示，因为其独特的碎片化设计（每一片幕墙玻璃都是独一无二的尺寸），传统上来说只能在纽约本地生产，因为需要现场验证的尺寸太多了。然而，这个项目采用BIM技术之后，就可以在中国生产全部构件，编号打包之后，运送到纽约安装，从而大幅度节省了幕墙的制造加工费用。

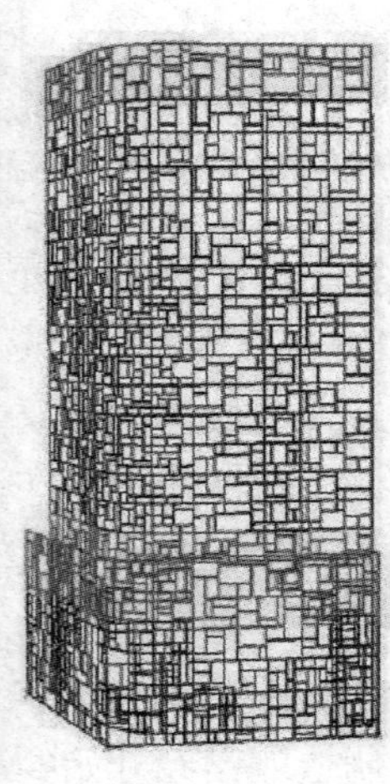

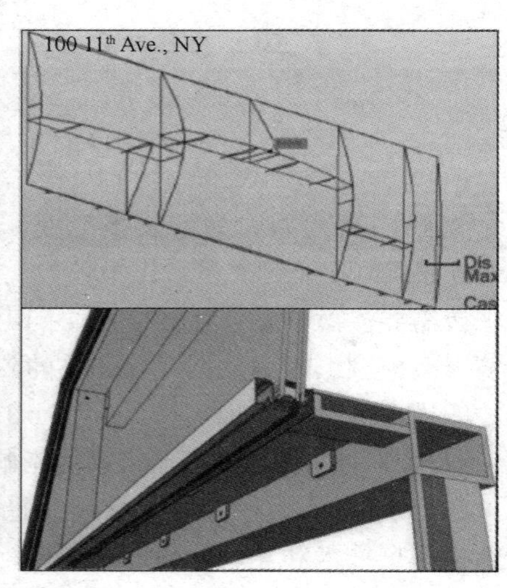

图11-2 纽约碎片化幕墙项目

11.2 基于BIM技术的碰撞检查

11.2.1 硬碰撞和软碰撞

在传统二维CAD工作模式下，因为存在大量信息冗余，也就是说同一个信息在多个图纸中出现，并且信息不联动，修改一个信息，其他信息不会自动更新，必须手动逐个修改，因此不同图纸会出现信息不一致的情况。对于打印出来的纸版图纸（或者CAD技术之前手绘的图纸），通常的做法是使用大型灯箱桌，在玻璃面板上重叠多张图纸，点亮玻璃板下面的灯，通过人工观察不同系统图的墨线关系，检查是否存在尺寸不一致或者空间相互冲突的问题。对于电子版图纸，则可以使用CAD系统中“层”的功能，将多个图纸合并后，通过开关不同图层，检查不同系统之间是否存在冲突。无论是通过灯箱桌，还是使用CAD的图层技术，这种检查主要靠审查人的经验来人工判断，效率低而且容易出现疏漏，特别是在图纸没有及时更新的情况下。

使用BIM技术建模之后，可以有效避免低级的信息不一致，但不同系统之间的冲突还是可能存在，例如一个通风管道穿过一个不可以开洞的钢筋混凝土剪力墙，就是暖通专业和结构专业协同设计失败的例子。因此，施工单位在组织具体的施工流程之前，必须对设计信息进行检查，发现潜在的冲突，通知建设单位和设计院，在施工之前修改调整，避免日后出现返工。

设计信息中的冲突分为两种，一种叫作“硬碰撞”，另外一种叫作“软碰撞”：

（1）硬碰撞是指两个或多个构件占据了同一个物理空间，例如前面提到的风道穿过剪力墙的例子。并不是所有的硬碰撞都是有问题的，有些硬碰撞是允许的，甚至是不可避免的。例如，一根水管穿过一个砌块隔墙，就属于可以接受的硬碰撞，一个房间的两片墙在拐角处相遇就属于不可避免的硬碰撞。

（2）软碰撞，有时也被称作“净空碰撞”，是指两个物体虽然没有占据共同的物理空间，但是之间的净空过小，不满足安装、保温、安全、维修维护等方面的规范要求。

11.2.2 基于3D CAD的碰撞检查和基于BIM的碰撞检查

基于三维模型的碰撞检查并不是BIM技术兴起之后才出现的，在三维CAD时代已经可以通过三维模型进行简单的碰撞检查。3D CAD技术下的碰撞检查和BIM技术下的碰撞检查的根本区别是3D CAD中的三维构件不能定义工程语义（Engineering Semantics）。3D CAD中的建筑模型，模型精度再高，也无法定义其工程属性。例如，三维模型中的一个立方体构件，到底是扁柱还是墙，模型中并不定义，而只是定义这个立方体构件的三维空间尺寸信息。因此，基于3D CAD技术的碰撞检查会返回大量硬碰撞，例如各种管线穿过非承重的隔墙，而这些都是允许的硬碰撞，但无法在规则中识别，因为3D CAD中的模型并不区分承重墙与非承重墙。

同时，第2章中介绍过不同的三维建模技术，有些软件使用的不是实体建模（Solid Modeling）技术，而是表面建模（Surface Modeling）技术，那么3D CAD模型就不是实体模型，而是由多个表面完美围合的模型。应用表面建模技术创建的三维模型，有可能出现无法识别硬碰撞的问题。例如，一个水管和一个风道平行，但水管被错误地布置到了风管内部，那么风管是四个面围合起来的，水管是一个圆形曲面，水管的曲面和风道的四个面并没有任何交集，所以没有出现碰撞，但其实二者出现了违反规范的碰撞现象。

基于 BIM 技术的碰撞检查可以有效支持基于语义的规则检查，因为每个构件都有明确的工程属性定义，所以可以有选择性地检查结构系统和暖通系统之间的碰撞情况，也支持自定义检查软碰撞，例如检查是否所有通风管道的上表面和其上方楼板的下表面之间都有至少 300mm 的安装空间，因为 BIM 模型中已经定义了哪些构件是通风管道，哪些构件是楼板，而基于这些构件的空间位置，可以进一步识别出上表面和下表面的标高数值。

11.2.3　三种碰撞检查方法

利用 BIM 模型进行碰撞检查，按照实现的难易程度可以分为三种：人工视觉检查、计算机空间分析、基于行为规则的检查。

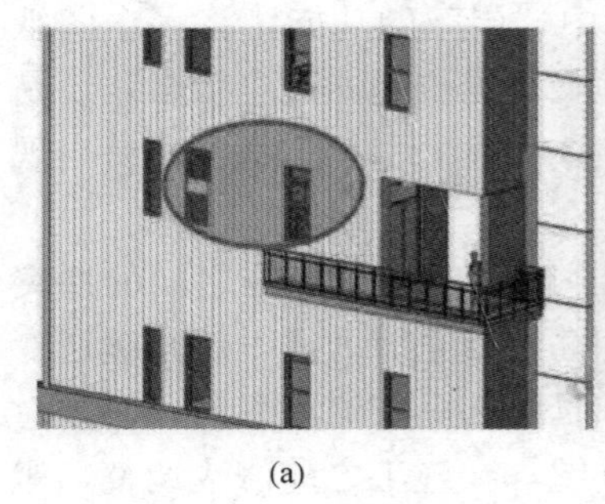

(a)

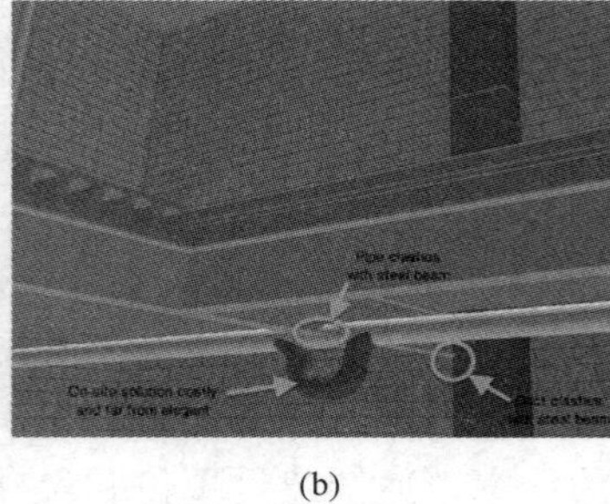

(b)

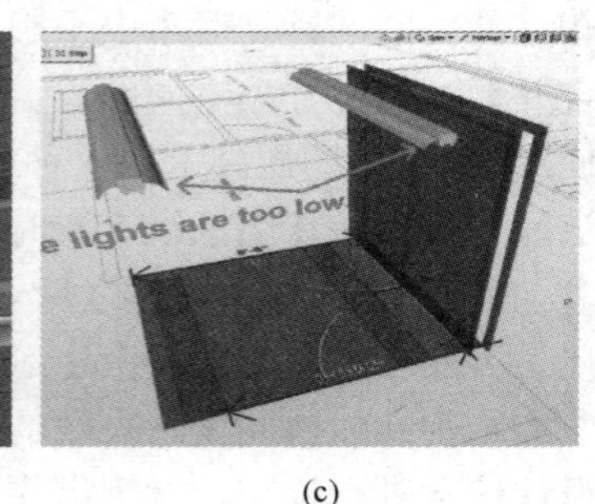

(c)

图 11-3　碰撞检查的不同方法

最简单的碰撞检查方法就是人工视觉检查，通过转动模型，从各个角度审查模型，可以发现潜在的问题。例如图 11-3(a) 中圈内的窗，我们可以看到一根梁打断了窗的立面造型。如果这个窗是向内开的，那么这个梁的存在就影响到开窗功能。如果这个窗是向外开的，虽然梁的存在不影响使用功能，但也破坏了立面的整体性。因此，通过视觉检查可以发现一些明显的碰撞问题。

因为视觉人工检查不但成本高，而且对于复杂结构还容易遗漏问题，因此应用 BIM 技术进行碰撞检查的通用方法就是利用空间计算发现有冲突的位置。计算机程序的最大优点就是不怕麻烦，可以在短时间内完成大量运算，而且不会遗漏任何问题。例如图 11-3(b) 所示，两根工字梁垂直相交，一根水管的标高和其中一根工字梁的底部标高发生了冲突。这种两个构件占据了同一个空间的碰撞问题，可以轻易通过软件的空间分析被发现，设计师则可以快速调整设计 BIM 模型，将水管的标高降低，避免碰撞。如果在施工前没有发现这个碰撞问题，而水管两端的墙又是钢筋混凝土剪力墙，需要通过预留套管为水管安装作准备，那么一旦土建工程结束，水电安装工程进行到这一步的时候，发现水管无法顺利安装，则不得不采用图中打弯的形式解决。这种现场的解决方案，不但减少了梁下使用空间，而且可能会造成水管在这个打弯位置发生堵塞。同样，这种空间检测也可以适用于软碰撞的情况。

最后一种情况，需要考虑到 BIM 模型中构件的行为规则，进而计算不同情况下的空间冲突。例如图 11-3(c) 所示，平开门如果不打开，则不会和吊灯发生碰撞冲突，一旦打开则会碰撞。BIM 模型中的构件都是静态的，因此通过常规的空间计算分析，不会发现这种碰撞问题。要想解决这类动态碰撞的识别问题，需要在碰撞检查软件中添加可动构件的行为规则，并定义其行为对空间的影响。这一点类似于第9章中提到的基于规则的设计审查方法。

要想实现上述基于BIM模型的碰撞检查，BIM模型必须有足够的LOD精度等级，包括构件的工程属性定义。例如对建筑设备系统及其组成部分的详细定义，以及对于结构系统的各种工程定义，因为这些属性定义通常是碰撞检查的控制信息。因为需要对BIM模型定义详细的构件属性信息，因此在建模流程上，施工企业（甚至下游的专业分包企业）应该尽早介入BIM模型创建工作中，才能准确、及时地提供这些属性定义信息。同时，为了顺利进行多专业整合的碰撞检查，各个专业的设计团队和各专业的分包施工企业，应该充分合作，共同分析整合模型中出现的冲突，然后分头修改各自的模型，并将更新后的模型再次带入整合环境，重新进行碰撞检查，直到所有问题消失为止。特别需要提出的是，对于一个局部简单的冲突进行了模型修改之后，不要觉得这点对模型的轻微改动不会引起新的冲突，而不再对更新后的整合模型运行碰撞检查。任何一个看起来微不足道的模型调整，都可能会引起新的设计冲突，因此必须在模型更新后重新进行碰撞检查分析。

11.2.4 碰撞检查软件

可以执行碰撞检查的软件大体上可以分为两类。一类是各种BIM建模平台中自带的碰撞检查功能，另外一类是专门的多专业整合的碰撞检查软件。目前，主流BIM建模平台都带有碰撞检查功能，允许设计师在建模的同时随时进行碰撞检查分析。这种建模平台自带的碰撞检查功能存在两个局限性。首先，对于设计团队中各专业设计师采用不同BIM建模平台的情况下，在各自的平台内只能对平台所包含的专业模型进行碰撞检查，而不是对所有专业进行整合检查。其次，BIM建模平台的核心功能是建模，因此碰撞检查的功能有限，不能灵活制定检查规则。总承包商通常使用多专业整合的模型检查平台，输入各专业模型后，进行综合碰撞检查。这类专业碰撞检查软件，都有比较丰富的预定义规则，可以检查多种硬碰撞和软碰撞问题，而且支持用户自定义检查规则。专业碰撞检查软件也有其局限性，就是前面提到的，模型的信息流是单向的，发现冲突后，无法在综合平台内对模型进行调整并与原来的原生模型进行同步。目前，行业内常用的碰撞检查软件有Autodesk Navisworks和Solibri Model Checker（SMC）。本书第6章介绍的施工项目管理平台，也大多具有一定的模型碰撞检查功能，例如Trimble Vico Office和广联达5D BIM平台。

Autodesk Navisworks包含两个产品，其中Autodesk Navisworks Manage用于BIM模型碰撞检查，而Autodesk Navisworks Simulate主要用于4D模拟（详见11.3节）。因为Navisworks和Revit同属Autodesk公司，因此二者的配合度非常高，当然Navisworks也可以导入很多其他BIM建模平台的模型。模型导入Navisworks之后，可以自由选择在哪些系统之间进行碰撞检查。如图11-4所示，选择在管道系统（Item 1）和结构系统（Item 2）之间检查碰撞情况，运行后会发现若干碰撞，选择某一碰撞后，右侧的图形窗口会显示碰撞的位置，也可输出碰撞报告。SMC是另外一个常用的模型检查软件，基于IFC文件格式开发，支持多种格式的模型文件输入，其最大的特点是能灵活定义各种检查规则。

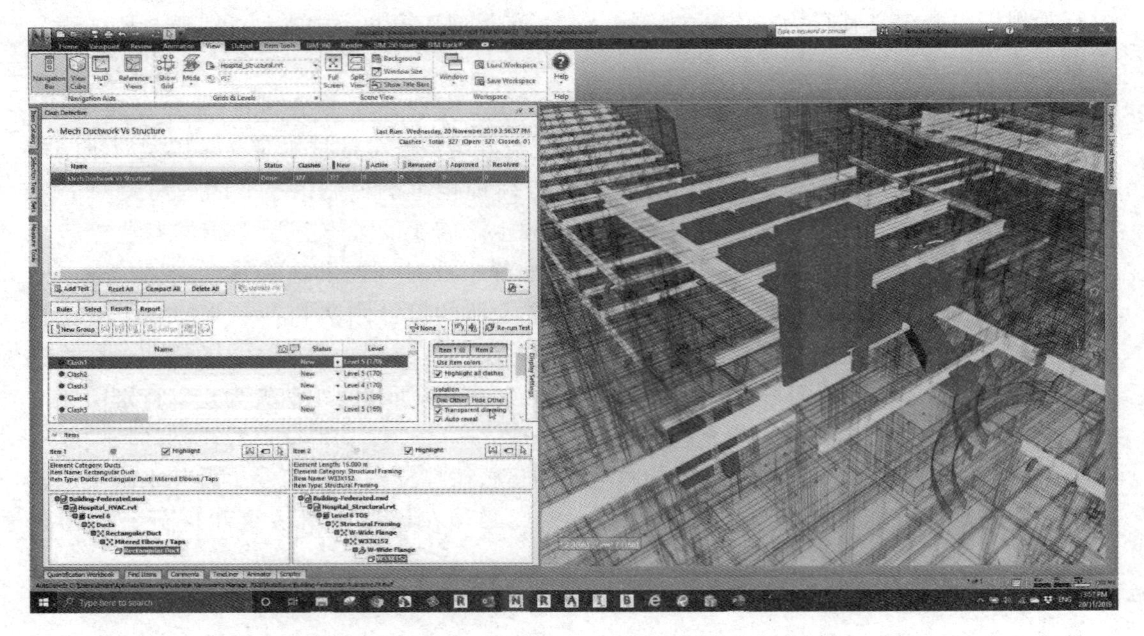

图 11-4 用 Navisworks 进行碰撞检查

11.3 基于 BIM 技术的进度控制

10.3 节中已经介绍了在招标投标阶段基于 BIM 技术进行 4D 模拟的方法，其目的是通过可视化的方法向建设单位和评标专家展示施工进度组织，特别关注的是形象进度和节点控制。一旦项目中标，4D 模拟的重点就转移到对施工进度的控制，而不再仅仅是展示给其他人看。施工阶段的 4D BIM 应用主要关注两点：首先，在人、材、机资源约束条件下的施工组织进度优化；其次，与实际施工进度实时对比，出现问题及时纠偏。

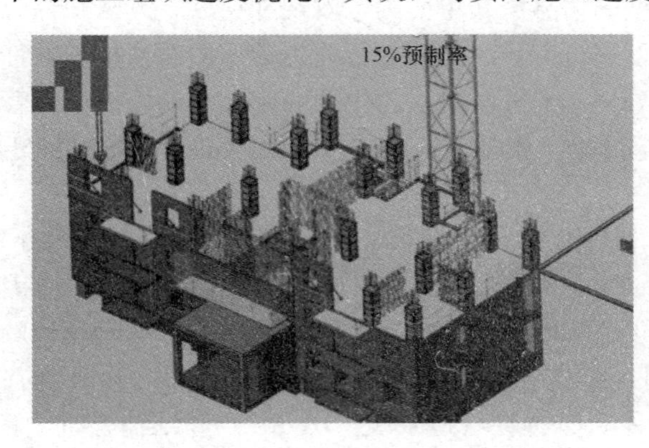

图 11-5 施工阶段 4D 模拟

施工阶段的进度计划安排，不能只关注关键节点的形象进度，而应该具体到每一个工序的安排，以及和分包商的协同配合。例如，在装配和现浇混合施工的项目上，如何合理安排装配施工和现浇施工的顺序，确保工作面不存在交集，避免出现施工安全事故，就是 4D 模拟的一个重要应用。如图 11-5 所示，由上海城建集团建设的某住宅项目，装配率为 15%，所有墙板为场外预制、现场拼装，但其他主体结构采用现浇形式，就必须合理安排现浇作业工序和吊装预制墙板的作业，确保在吊装区域（图中左侧）没有工人进行现浇作业，同时要保证这个区域的现浇构件（例如钢筋混凝土柱）已经完成浇筑，利用吊装作业的时间完成混凝土养护工作。同时，图中右侧钢筋混凝土剪力墙部分，则可以安排钢筋工进行钢筋绑扎作业，和吊装工作的工作面没有交集，不存在安全隐患。

随着三维激光扫描技术的普及，越来越多的工地开始使用三维激光扫描仪辅助工程管理，其中包括对工程进度的管理。通过三维激光扫描形成的施工现状的点云图，如图 11-6(a) 所示，和施工进度 BIM 模型相叠加，如图 11-6(b) 所示。

(a)

(b)

图 11-6 应用激光点云模型进行工程进度管理

目前，能够支持 4D 模拟的软件很多，施工企业在选择软件的时候，需要重点考虑以下因素：

(1) BIM 模型的整合能力。需要考察 4D 软件能整合什么平台创建的 BIM 模型，以及整合过程中能够带入哪些属性。最基本属性包括三维几何尺寸、构件名称、构件 ID 等。

(2) 进度整合能力。因为大部分 4D 软件不具备创建详细进度计划的能力，即使具备这个能力，大部分施工企业也都倾向于使用传统进度计划软件安排施工计划，例如微软 Project，P3 或 P6 软件等，因此 4D 软件需要能够兼容更多格式的进度计划文件。

(3) 对模型构件的识别和自动关联能力。导入的 BIM 模型，是否原来定义的构件名称能够被完整导入，例如“第三层外墙 001”是否被更名为通用的“Wall _ 00675”，以及是否支持批量关联，例如所有“第三层外墙”被统一关联到某一个施工工序。

(4) 输出能力。大部分 4D 模拟软件都可以输出高质量的动画和影片格式，但需要考虑输出文件的数据格式和质量标准。另外，还需要考虑对快照、AR/VR 场景的输出能力。

(5) 添加构件和物体的能力。大部分设计 BIM 模型都没有施工仿真所需的临时设备，例如塔式起重机、脚手架、运输车辆等，如果 4D 模拟软件具有这些施工临时设备的素材库，则可以节省大量寻找、导入素材的时间。

(6) 分析能力。施工模拟的过程中，不可避免地需要进行一些分析和计算，例如临时施工荷载、塔式起重机的时空联合分析等，优秀的 4D 模拟软件应该能支持部分分析计算功能。

11.4 基于 BIM 技术的成本控制

10.4 节中已经介绍了在招标投标阶段基于 BIM 技术进行预算的方法，其目的是快速准确获得项目的直接成本，然后考虑税费和合理利润，决定有竞争力的报价。一旦项目中标开始施工建设，施工企业在这个阶段对造价管理的任务就应该以成本控制为目标，有效控制人、材、机的合理使用，准确、高效地和分包商进行结算，为项目争取最大利润。

在施工阶段精细化管控成本的基础是对施工工序的拆分，也就是每一个构件，都要拆分成能够通过人、材、机进行计价的工序，才能将构件的工程量与成本和工序准确关联，也就是常说的5D BIM管理。对于施工阶段工序级的成本管理，通常采用的是一种“菜谱式”方法。之所以叫作菜谱，是一种形象化的比喻。例如，你要计算一盘西红柿炒鸡蛋的直接成本，就需要先把这道菜拆分成不同烹调步骤（工序），每个步骤都有厨师（人）、食材（材）、炊具（机）的成本。如图11-7中现浇钢筋混凝土柱所示：

（1）现浇钢筋混凝土柱的菜谱，是由绑扎钢筋笼、支模板、浇筑混凝土、面层养护等四个工序组成，每一个工序都有人、材、机的成本支出。

（2）以浇筑混凝土这个工序为例，涉及混凝土工（人）、商品混凝土（材）、振动棒（机）这些成本项目。钢筋混凝土的体积数据可以从BIM模型获得。混凝土工每工日的人工成本和混凝土工的工作效率（每工日可以完成多少立方米混凝土浇筑）相结合，就可以获得这个钢筋混凝土柱的人工成本。同样，商品混凝土的单价加上损耗率决定了材料成本。最后，振动棒如果是租的，有租赁成本，如果是自有的，则发生折旧成本。

（3）混凝土工的每工日工资、其工作效率、混凝土损耗率、折旧成本等反映了企业施工管理的水平，因此会决定现浇钢筋混凝土柱的企业定额。

（4）如果工程项目发生变更，例如柱子的截面尺寸发生变化，则工程量数据会自动更新，结合前面所述的成本计算模板，由变更引起的成本变化也会自动生成，并可以与原成本项清晰对比。

一个施工企业初次使用这种5D BIM成本管理，需要花费比较多的时间建立企业定额模板，也就是不同工种的劳务工资水平和劳动生产率，各种材料的单价和损耗，各种机械设备的台班成本和效率等。然而，一旦这个企业定额模板成熟了，就可以直接对接BIM模型的工程量，快速生成以企业定额为基准的直接成本，并可以与基于地方定额生成的直

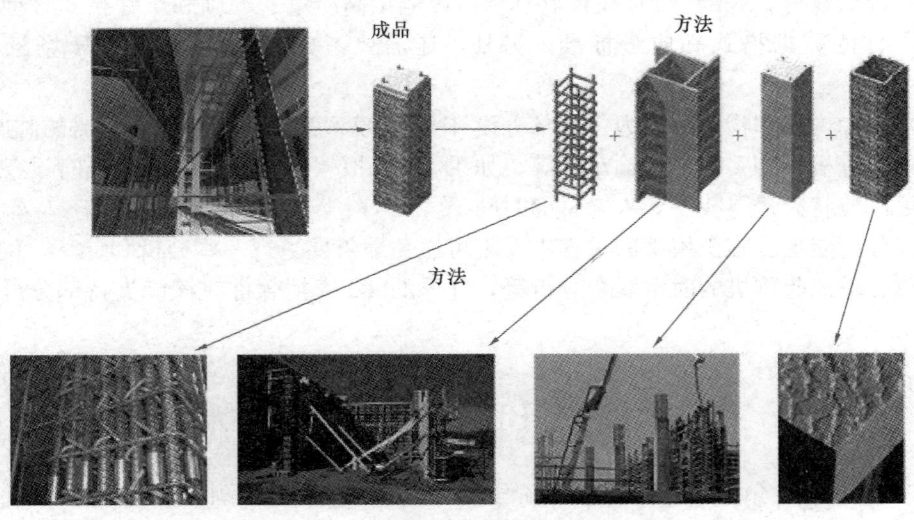

图11-7 一根现浇钢筋混凝土柱的成本菜谱

接成本进行对比，能更有效地支持投标报价。企业定额中的数据也无需保持不变，而是可以根据市场行情动态调整。例如，一个企业在不同城市的施工项目雇佣当地劳务人员的成本，就可以灵活调整。

11.5 场外制造

11.5.1 基于BIM的场外制造对软件的要求

随着科技的发展，施工业这种传统上依靠现场作业的行业，也将越来越多的工作转移到施工现场之外的工厂进行。其实，当初制造业也是通过技术升级，从手工作坊过渡到大规模工业生产的。施工行业应用到的场外制造构件大体分为两类：

（1）大规模生产的标准化产品，例如标准尺寸的门、窗、石膏板、管件等。这类产品基本上是一次设计，多次生产，适用于多个项目。由于不需要根据每个项目进行个性化设计，所以不属于本书讨论的场外制造构件。

（2）本书讨论的场外制造构件，是需要针对特定的工程进行专门设计、制造和安装的构件，例如钢结构框架或者特殊形状的预制混凝土墙板。这些构件的设计、生产和安装过程，可以被看作一个迷你的建筑工程，因为其交付流程和建筑设施的交付流程基本一致，只是内容更少、规模更小。

场外制造的构件种类不同，所应用的BIM程序也多种多样。基于BIM技术的场外制造，对BIM软件有共性的要求，也有差异性的要求。其共性的要求包括：

（1）能够参数化生成各种制造级别的构件模型，例如风管、钢结构连接件等。同时，这些构件还要具备智能化的行为规则定义，例如工字钢柱旋转90°后，与钢梁连接的方式可以自动从翼板连接调整为腹板连接。

（2）可以按照不同需求对构件的组件进行分组和编码。例如，对于预制钢筋混凝土构件中的钢筋，可以按照几何尺寸、绑扎顺序、型号编号等不同信息进行分组和排序。

（3）因为使用场外制造BIM软件的企业多是生产型企业，因此需要这些BIM软件能够和企业的其他信息管理系统（例如ERP系统）进行数据整合。例如一个预制混凝土桩生产企业，可能会同时为几个项目生产几十种型号的预制混凝土桩，那么预制混凝土桩的设计软件应该可以把这几十种桩所需要的主筋、辅筋、混凝土信息进行整合，与企业原材料采购部分的系统进行数据对接，支持采购部分进行集中采购。

（4）数据的互操作性依然是一个绕不过去的话题。场外制造应用的BIM软件应该能够和工程项目整体设计所用的软件平台保证良好的数据粗操作性，可以模型互导互用，数据不乱不丢。

（5）因为越来越多的场外构件制造企业开始使用自动化生产设备（CNC设备），因此这些BIM软件应该能够直接输出CNC设备所需要的数据包，支持自动生产，而无需技术人员重新针对CNC设备进行编码。

对于结构钢，常用的BIM软件包括Tekla Structure、SDS/2 Design Data、StruCAD、3d+等。这些软件的核心功能包括结构计算和优化能力、客户化的详图设计规则和对自动化生产线的支持。即使软件本身不支持结构计算，也至少需要能够在BIM三维空间中对荷载进行布置，并转化为其他结构分析软件支持的数据格式。钢结构的节点详图设计能力是这类软件的另外一个关键指标，需要能够允许用户灵活定义设计规则，并生成高质量的节点详图。最后，还要能输出CNC设备使用的数据，包括切割设备、焊接设备、钻孔设备等。

对于预制混凝土构件，因为包含了内部嵌套构件（例如钢筋、埋件等），因此比钢结构设计软件的要求更为复杂。而且，对于预应力预制钢筋混凝土构件，还需要考虑场外生产制造时的形状和真正在安装到主体结构后的尺寸不一样产生的模型表达问题，例如预应力梁的起拱要求。另外，有些预制混凝土构件的表面需要贴砖，因此建模的时候需要预留出面砖的厚度。最后，BIM软件应该能够分组输出埋件和钢筋，并提供钢筋自动弯折机所需的数据。常用的预制钢筋混凝土构件BIM程序有Tekla Structure和Structureworks。

另外一大类场外制造的构件是幕墙系统。幕墙设计和制造BIM软件的核心功能在于分析计算和详图。幕墙涉及的建筑物理计算主要包括热传导计算、声学性能计算和光照分析。同时，幕墙系统还涉及复杂的结构受力计算，特别是对于复杂三维曲面幕墙的结构计算。这里提到的结构计算，不仅仅包括幕墙系统自身主、次龙骨承受由幕墙板传递来的风、雪、雨荷载所需要的计算，而且包括幕墙系统和主体结构的连接、支撑计算。同时，这类软件还应该支持幕墙系统加工详图的生成，甚至可以生成自动加工设备所需的数据。常用的幕墙软件分为两类，一类是主流BIM建模平台中自带的幕墙设计模块，另外一类是专业幕墙设计程序。前者通常不包括幕墙详图生成能力，或者这方面的能力不强，例如Revit、ArchiCAD等BIM设计平台中的幕墙模块。后者则能提供更为专业的计算和分析能力，并且支持详图功能和CNC设备数据，例如Tekla Structure和Catia。

11.5.2　场外制造BIM应用

场外制造BIM模型的数据对接CNC设备，是除了常规应用模型进行进度模拟和成本控制之外的一个重要应用领域，涉及的CNC设备主要包括：用于结构钢构件的激光切割和钻孔设备、钢结构焊接设备（图11-8a）、预制钢筋混凝土构件中的钢筋自动弯折设备（图11-8b）、木结构构件的锯和钻等设备、暖通风道生产用的钢板水切割和激光切割设备、管道切割和套管设备等。没有基于BIM技术的构件模型，这些设备需要工程师人工编码生成驱动机器的数据，而现在这些数据可以直接从BIM模型获得。

(a)

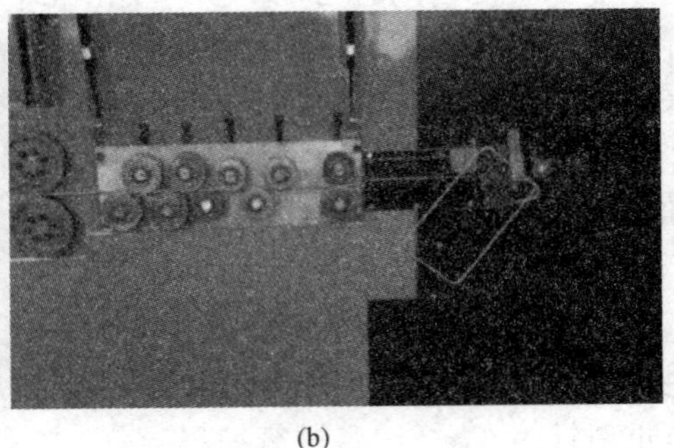
(b)

图11-8　部分CNC设备

随着BIM技术的推广和场外制造技术的完善，预装配的内容也会变得越来越广泛。以设备安装工程为例，以前很难实现场外制造，因为土建主体施工后的尺寸通常和设计图纸有一定误差（例如混凝土胀模），所以很多安装系统的尺寸需要现场调整。随着BIM技术的应用，设备系统可以实现模块化和标准化，如图11-9(a)所示，将以前需要在吊顶内密集施工的各专业管线在工厂加工成标准的模块化单元，然后在现场进行拼装，仅对端头非标准尺寸的模块进行现场加工和安装。甚至随着三维激光扫描仪的普及，可以在土建工程结束后，应用三维激光扫描技术进行逆向建模，将准确的数据发送到加工厂，将非标模块一起加工好。

场外加工设备的运输和进场也因为信息技术的发展而变得更为轻松。首先，随着GPS定位系统的普及，构件物流的时间和空间信息更容易管理。同时，射频技术的发展使得RFID（Radio Frequency Identification）芯片已经在很多产品中应用。射频识别是一种无线通信技术，可以通过无线电信号识别特定目标（即RFID芯片）并读写相关数据，而无需识别系统与特定目标之间建立机械或者光学接触。在场外制造的设备（例如钢筋混凝土预制构件）中植入RFID芯片，在设备进场的时候，通过悬挂在大门上的扫描枪自动采集进场构件的信息，如图11-9(b)所示，大大降低了材料员的工作强度。同时，这个RFID芯片在后期构件的安装、使用、维护中随时可以为用户提供信息。

11.6 基于BIM技术的其他施工管理

通过与其他信息技术相结合，BIM技术在施工阶段还有很多拓展应用，主要体现在智慧工地的各个方面，例如质量管理领域、安全管理领域、绿色施工领域、精神文明工地建设领域等。

随着BIM技术的普及，很多施工项目已经开始使用机器人放样设备取代传统全站仪进行放样。机器人放样设备，例如图11-10(a)中美国Trimble公司的机器人全自动放样仪，可以读取BIM模型，然后在手簿（专用平板电脑）上选择需要放样的点，机器人全站仪就会720°旋转（水平360°，垂直360°），然后用红色激光点标注对应位置，完全实现单人操作，而且大大提升了放样的效率和准确度。

通过GPS定位，结合工程项目的BIM模型，加装了数控设备的挖掘机可以提升驾驶员正确的挖掘路径，并不需要提前在场地进行划线，如图11-10(b)所示。目前，数控挖掘机还可以通过提前预设参数，控制挖掘深度。随着数控技术的发展，很多大型工程机械

(a)

(b)

图11-9 模块化设备系统和基于RFID的材料清点

都实现了数字控制，例如大型摊铺机、强夯机、碾压机等，不但能实时指导操作人员作业，保证施工安全性和准确性，还能收集作业数据（例如碾压次数和压实度），供工程人员进行实时分析和控制。现在无人驾驶技术也开始逐步进入实用阶段，可以想象不远的将来，施工场地上会有大量无人操作的施工机械不分昼夜地工作。

前面介绍了应用三维激光扫描仪的逆向点云建模技术，追踪工程建设进度的应用。其实，三维激光扫描技术在工程质量管理方面也有重要应用。如图 11-10(c) 所示，机电安装工程结束后，可以通过三维激光扫描创建安装后的点云模型，然后和 BIM 设计模型叠加对比。那些鲜艳的颜色部分，就是设计 BIM 模型中的构件，但在相应位置并没有探测到激光点云，说明那些部分没有按照设计模型的定位进行施工，而那些灰色的构件，是点云模型覆盖了设计模型后的结果。另外一个应用三维激光扫描技术进行质量管理的例子是旧金山 Letterman 数字中心工程。这个项目使用了三维激光扫描仪对施工现场每天进行一次快速扫描建模，并与设计模型对比。在某一次扫描后，发现工人将一根现浇钢筋混凝土柱子的定位弄错了，并已经完成钢筋笼绑扎。因为通过这个点云模型和设计模型的对比发现了问题，所以这个错误马上就被纠正了。否则，等到柱子浇筑完毕才发现问题，会造成更大的损失。

人工智能技术也逐步在工地开始应用，包括使用计算机视觉技术检测工人的不安全作业行为等。图 11-10(d) 所示是施工工地引入波士顿动力的机器狗，结合 BIM 模型在施工现场进行巡检。机器狗身上可以捆绑三维激光扫描仪，对施工现场进行逆向建模，辅助质量管理工作，也可以捆绑人工智能相机，辅助施工安全员进行现场的安全管理。

随着 VR 技术的普及，越来越多的施工现场采用 VR 技术结合 BIM 模型对施工人员

(a) (b) (c) (d)

图 11-10 BIM 技术结合其他信息技术在施工阶段的应用

进行安全教育和体验，替代传统的安全体验设备。普通的VR安全体验，通常是通过BIM技术搭建场景，然后导入Unity 3D或Unreal等游戏引擎，设计和开发相关的体验。如图11-11(a) 所示，该工人在高空作业过程中没有佩戴安全护具，那么在实际体验的过程中，当体验者踏空的时候则会在VR头盔中体会到快速下落的失重感，并且在触地的瞬间配合相应的音效，对体验者产生如同真的高坠受伤的心理冲击，提升其在后续施工作业中的安全意识。

(a)

(b)

图11-11　VR安全教育应用

虽然VR安全体验可以在某种程度上代替传统的安全体验设备，然而，简单的BIM模型不够逼真，造成体验者临场感差，体验效果不理想。目前，增加场景逼真效果的方法大致有两种：

(1) 采用3DS MAX等专业软件进行建模和渲染，这种方式效果最好，但相对投入较大，适合可以多次反复使用的场景。

(2) 通过实景逆向建模技术，例如Bentley公司的ContextCapture软件，用相机对实景进行拍摄后建模，如图11-11(b) 所示。

12 BIM 技术在项目运营维护阶段的应用

12.1 BIM 和运维管理

12.1.1 传统运维管理存在的问题

一个工程设施的运营维护工作是设施管理的基本组成部分。国际设施管理协会对设施管理的定义是：以多学科交叉的方式整合人、空间、流程和技术，以确保一个工程设施安全、舒适并高效地提供其应有的功能性。准确并及时地掌握和处理与工程设施相关的各种信息，是保障运营维护顺利进行的关键。随着工程设施变得越来越复杂，相关的信息量也呈爆炸式增长。传统模式下，项目施工完毕，施工企业交付给建设单位的竣工资料通常是竣工图纸和设备使用手册，而这些文档则被收藏在一个储藏室内，如图 12-1 所示。这种竣工资料的管理方法的最大问题是，在紧急情况下无法及时获得准确的信息。我国上海某著名超高层建筑曾经发生过一次地下室水管爆裂漏水事故，当时无法准确识别关闭哪个阀门可以切断水源，但又不能随便试错，因为还有其他设备需要持续供水。大厦维护人员花费四个多小时查找了上千张图纸，才准确找到控制阀门，期间只能任凭破裂的水管继续漏水。

图 12-1 传统图纸和设备文档保存方式

随着数据库技术和管理信息系统的普及，计算机化的维护管理系统（Computerized Maintenance Management System，简称 CMMS）和计算机辅助的设施管理系统（Computer-Aided Facility Management，简称 CAFM）开始逐步在运营和维护领域普及。然而，应用这些计算机化的运维管理系统，需要把设计、施工阶段积累的运维数据录入系统。这个过程不但花费大量人力和时间，而且过程繁琐、容易出错。

12.1.2 BIM 技术为运维管理带来的价值

随着 BIM 技术在建筑行业的推广和使用，CMMS 和 CAFM 软件也逐步从二维图形界面和数据库技术过渡到基于三维模型的整体工作空间管理系统（Integrated Workplace

Management System，简称IWMS)，在设施全寿命期进行数据整合。

工程项目从设计到施工到运维，不同阶段对信息的需求是不同的。在设计阶段，设计BIM模型中图形信息所占比例很高，属性信息所占比例相对较少。在施工阶段，施工BIM模型中，图形信息量并没有显著增加，然而属性信息量则大幅度增加，包括进度信息、成本信息、质量信息、合同信息、安全管理信息等。进入运维阶段，大量设施运行信息和维护保养记录信息则不断积累，占据了IWMS系统数据量的主要内容，例如每日用电量、电梯运行记录等。

对运营维护工作来说，BIM模型的重要作用是为工程设施全寿命期信息集成提供三维可视化载体。和工程设施相关的静态和动态的信息，都可以通过BIM模型中的三维构件进行关联和整合。这些信息不但包括设计和施工过程中获得的静态的空间尺寸信息和物理属性，还包括运营过程中从传感器获得的动态信息，例如房间的温湿度和空气质量、通风管道中的风速、每个电气回路中的电流和电压、空调压缩机的工作状态等，以及每个构件的维护保养记录和计划。这些动态的运营和维护数据与BIM模型关联之后，运维人员就可以在三维可视化界面直观地检索和查询这些信息。没有BIM模型，这些数据只能通过抽象的表单形式和用户交流。

基于BIM技术的运维系统所需要的数据信息，大部分可以直接从设计BIM模型和施工BIM模型直接获得，从而避免了前述CMMS系统和CAFM系统需要手动输入数据的问题。另外，如果建设单位在项目策划阶段的BIM实施规划（BEP）中为基于BIM技术的运维系统数据交付作出合理规划，则可以充分利用COBie运维数据标准，更为高效、准确地进行数据交付。

12.2 基于BIM的运营管理

12.2.1 固定资产台账管理

BIM运营的第一个重要应用就是辅助固定资产台账管理（Asset Inventory Management）。每个工程设施都会有各种固定资产，包括房屋、设备等，固定资产台账管理是设施管理的重要内容，做好固定资产台账意义重大。固定资产台账管理是从财务核算的角度管理固定资产，使房屋和设备管理部门与财务管理部门管理固定资产的口径一致，主要工作包括日常管理（信息卡片、使用和转移、停用退出等）、资产盘点、折旧管理、报表管理等。

BIM技术辅助固定资产台账管理的主要应用点是从BIM模型中获得需要管理的房屋构件和设备的相关信息，包括但不限于编号、名称、制造商、品牌、型号、原值、保修期等。目前，主流设施管理平台都可以直接对接常用的BIM建模软件，直接输入未来设施管理工作所需要的信息，例如图12-2中的FM：BIM插件就可以直接在Revit软件界面获得相关数据。这些主流设施管理平台目前都已经支持COBie数据格式。如果在设计和施工阶段尚未确定未来设施管理或固定资产台账管理的平台，则可以根据COBie标准录入数据，将来确定相关管理平台后，以COBie格式进行数据交换。即使BIM模型信息没有遵循COBie格式，后期也可以通过一定的规则设置，充分利用BIM模型中的数据。

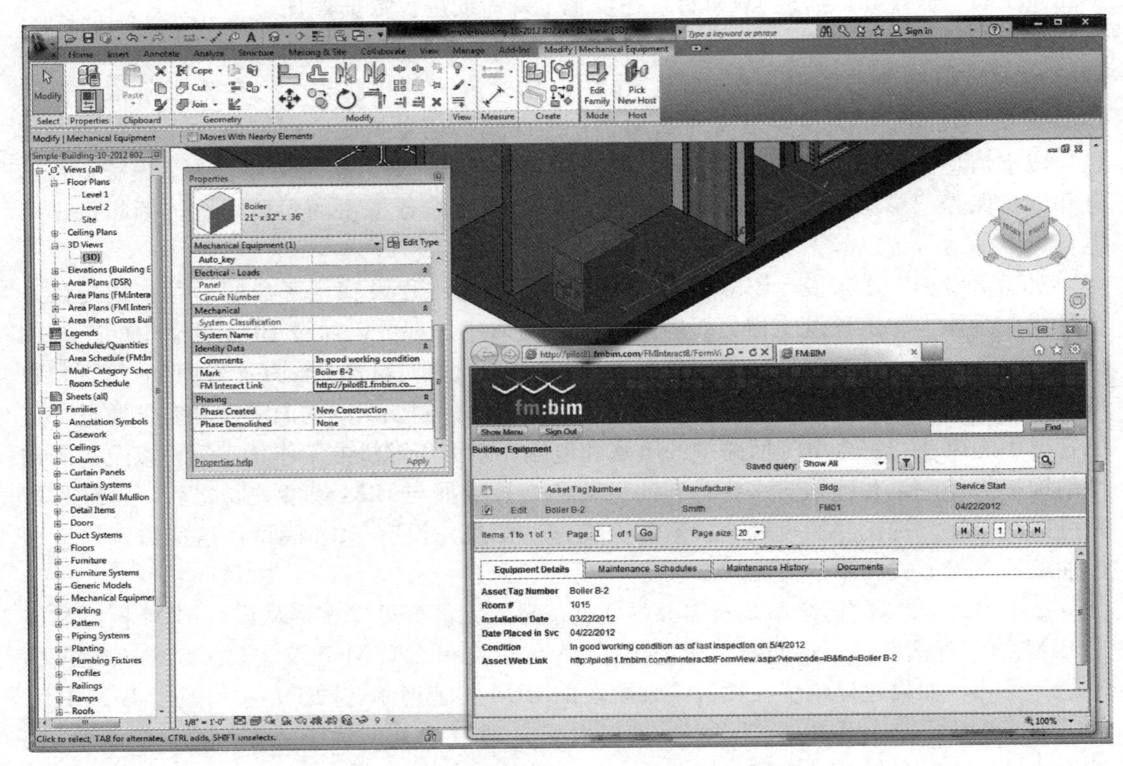

图 12-2　设施管理软件和 BIM 建模软件协同数据录入

12.2.2　空间管理

设施管理中的空间管理是对工程设施的物理空间的管理、控制和监督，既可以是单个房间或单个楼层，如图 12-3(a) 所示，也可以是多个楼层，如图 12-3(b) 所示，甚至多个建筑物。空间管理是一个多步骤的过程，需要数据收集、分析、预测和制定战略。设施管理中的空间管理功能应该能够识别整个管理范围内的空间布局、平面布局、使用人及其业务需求。BIM 技术应用的第一价值是可以从 BIM 模型直接获得设施管理软件需要的空间数据，而无需像 CAD 技术时代那样，手动输入空间数据。另外，BIM 三维模型可以有效支持可视化管理。

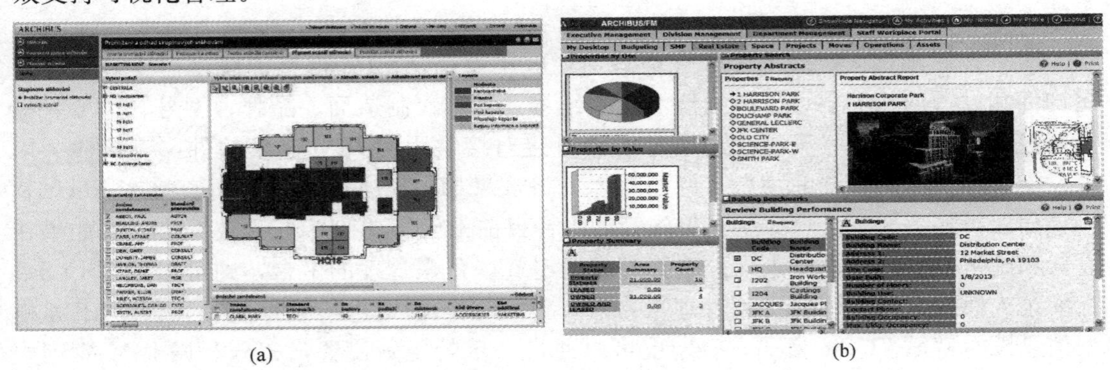

(a)　　(b)

图 12-3　ArchiBUS 软件中对楼层和建筑的空间管理

每个设施都会有多个部门使用，而这些部门所使用的空间内的各种家具、设备等也通常归属到这个部门的业务成本。而一旦这些空间的使用人发生改变，通常空间内包含的各种固定资产也会发生使用人的变化。空间管理的价值之一，就是把属于特定空间的各种固定资产进行打包，当空间的使用人发生变化后，这个“包”内的各种固定资产的相关属性自动发生调整。例如，一个大学的某办公楼三层属于建筑学院使用，后来因为教学调整，改为环境学院使用，那么只要对“三层”这个空间进行属性修改，其中的家具、设备都会从建筑学院名下调整到环境学院，而无需对每个空调、灯具进行逐一修改。实际项目上，对空间的定义也是分级的，例如，“三层”这个空间包含了“301”至“320”一共20个子空间，那么当任何一个子空间发生属性变化，也都可以独立打包调整。

同时，很多设施中的空间状态也会经常变化。例如图12-3(a)所示的楼层平面，假设不同颜色的空间代表当时不同的租售状态。另外，如果设施内空间发生了重新装修和分割，也可以在空间管理平台上可视化更新平面和三维模型。BIM技术可以充分发挥空间管理可视化的优势。

12.2.3 能耗管理

能耗管理对工程设施在长期运营期间的成本影响重大，因此是设施管理的重要内容。能耗主要包括用电、用水、用气等能源消耗。能耗管理的主要工作是能耗数据的采集、数据分析和报警管理等。这些工作其实与BIM技术的关系并不大，更多的是物联网传感器技术、能耗优化算法、报警业务逻辑等。然而，BIM的存在则大大方便了这些工作的开展。例如，对于数据的收集，以往能耗数据并不需要可视化表达，而是通过数据库技术存贮温湿度、送风速度、送风温度、阀门开启状态、电流、电压等数据，同时，对这些数据的控制也往往通过传统的楼宇自控系统界面中的命令完成，不够直观。通过BIM技术，这些抽象的数据，可以和三维空间模型进行关联，如图12-4所示的上海某项目的能耗展示，通过不同的颜色显示建筑各个分区的能耗水平，颜色越深，能耗水平越高。左下角显示不同配电柜的能耗水平，左上角显示整体建筑实时的能耗情况。同时，对于能耗异常报

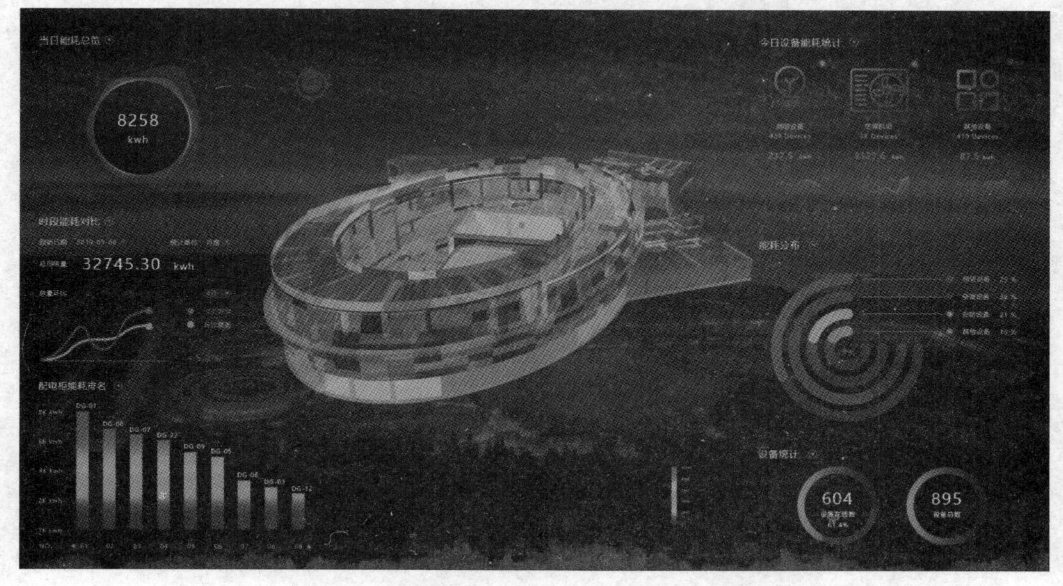

图12-4 上海某项目基于BIM技术的能耗管理

警，也可以在三维 BIM 模型中以可视化的形式进行定位，方便运维人员快速确定发生问题的位置。

随着楼宇自控技术水平的不断提高，能耗管理也越来越趋向于精细化，不但可以管理整个楼宇中独立配电柜的能耗水平，甚至可以管理到每一个具体回路，甚至每一个插座、每一个灯头的能耗水平。通过智能控制设备，运维管理人员可以在三维可视化的界面中，根据需要对不同用电设备设定相应的日程，例如，当房间内的运动传感器一定时间内没有侦测到移动的物体，则认为所有人员都已经离开房间，则可以自动调整特定灯具的灯光照明度和特定空调风口的出风温度，达到节能的目的。

能耗水平的高低还和相关设备系统的健康程度相关。随着设备系统的不断使用，能耗水平往往会高于新安装时的能耗水平。因此，对设备系统的及时维护保养，也是降低建筑物整体能耗的关键之一。基于 BIM 技术的运维，可以实现前瞻性、预防性的设备系统维护管理（详见 12.3 节），保证设备系统的健康运行，从而降低设施整体能耗。

12.2.4　安全和应急管理

一个工程设施的安全和应急管理对保障设施使用人员的生命安全以及设施本身的财产安全至关重要。工程项目在设计阶段，就应该从运维使用的安全管理出发，对相关系统进行模拟和优化。

消防安全管理是设施安全管理的重中之重。图 12-5(a) 模拟了高层建筑火灾发生时，烟气扩散的烟囱效应，通过垂直烟气扩散模拟，可以在设计阶段有效优化中庭的布局，尽量减小烟囱效应。同时，对于水平烟气扩散的模拟，也可以辅助优化火灾逃生路线的指示。图 12-5(b) 模拟了高层建筑在火灾发生时，电梯停用，所有人通过消防楼梯疏散逃生的过程。通过楼层使用人数的设定，自动模拟人流汇集到消防楼梯的过程，随着消防楼梯内人员密度的增加，疏散速度逐渐降低。通过模拟，可以获得最后一个用户疏散出去所需的时间。根据这个控制指标，可以优化消防楼梯间的宽度，消防楼梯越宽，疏散速度越快。虽然高层建筑消防规范对消防楼梯间的宽度有规定，但所有规范规定的值都是最低值，是及格线，而一个优秀的建筑设计，不能仅仅满足于符合建筑设计规范的最低要求，而是要通过模拟和优化，达到合理最优设计。

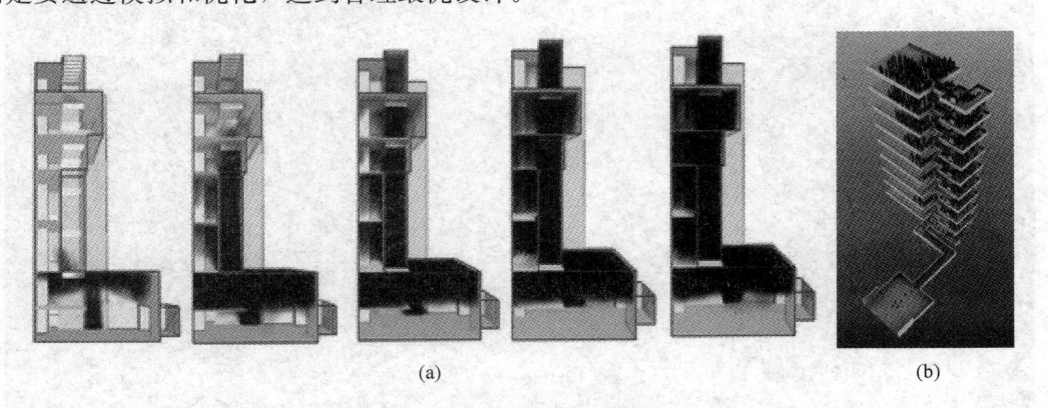
(a)　(b)

图 12-5　建筑消防安全模拟和优化

随着移动互联网和室内定位技术的发展，基于 BIM 技术的辅助逃生系统也逐步进入实用阶段。图 12-6 展示了由天津大学研发的基于 BIM 技术和室内定位的移动消防逃生系统。该系统的工作原理如下：

(1) 建筑物室内空间具备室内定位能力，本项目采用低功耗蓝牙系统实现定位。

(2) 移动逃生 APP 通过 GPS 定位，发现用户首次进入建筑物，提醒下载该建筑的轻量化 BIM 模型。

(3) 火灾发生时，系统自动根据火灾发生位置、用户所在位置、可用的逃生出口位置，确定出最佳逃生路径。这个最佳逃生路径，可能并不是最短的路径，如图 12-6(a) 所示，该用户有两条逃生路径，路径 1 会跑向火灾发生的位置，路径虽然短，但更危险。这个计算主要通过计算整个路径的综合风险系数确定。

(4) 用户确认逃生路线后，APP 自动启动导航模式，如图 12-6(b) 所示，屏幕上部显示平面室内地图和计划逃生路径，并实时显示用户所在位置。屏幕下部则调用 BIM 模型，采用实景指引用户撤离。中间显示距下一个转弯点的距离以及距安全出口总距离。

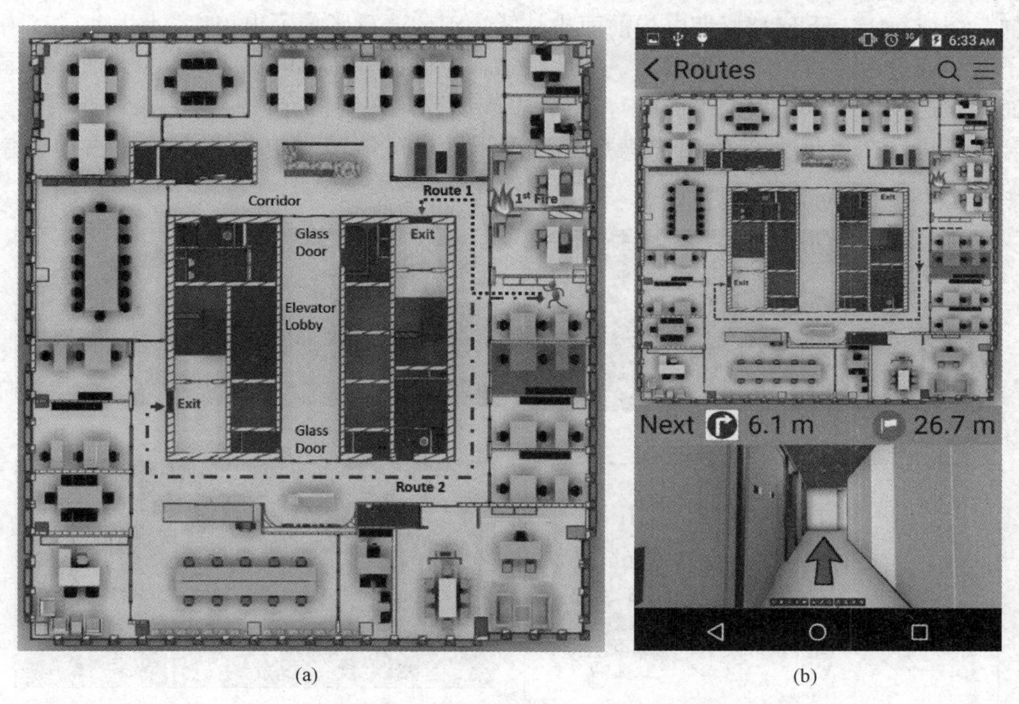

(a) (b)

图 12-6 基于 BIM 技术和室内定位的移动消防逃生系统

12.2.5 其他运营管理

除了上述的固定资产台账管理、业务管理、能耗管理、安全和应急管理之外，建筑设施的日常运营还涉及多个方面，包括（并不限于）交通管理、热舒适度管理、电梯优化、标识设置等。

很多公共空间的通道设计存在问题，造成人流量大的时候发生拥堵。例如，北京新建地铁线和原有的老旧地铁线的换乘站，从新地铁站下来，经过长长的地下通道，走向老地铁站的时候，刚开始还很通顺，可能突然就开始拥堵，因为老地铁站受空间限制，通道收窄或者出现图 12-7(a) 左图所示的急转弯，所有人都趋向于走最短路径，所以在转角处出现人流应力集中现象。如果提前通过人流模拟软件进行仿真，就可以优化成图 12-7(a) 右图所示的平滑处理，减轻应力集中现象。

图 12-7(b) 所示为通过空气动力学模拟软件仿真吊顶中空气出风口空调风的分布情况。传统做法的精装修吊顶，排列出风口的时候主要考虑美观，横平竖直整齐排列。然而，这种做法并不能保证空调风均匀地传播到大厅的各个位置，以至于经常出现一个区域过冷，另外一个区域过热的现象。基于计算流体力学（CFD，Computational Fluid Dynamics）的室内热舒适度模拟可以在满足装修美观的同时，尽量保证空调风的均匀传递。

对于电梯资源的运行模拟也是工程设施运营期间的重要考虑因素。因为增加电梯数量，虽然可以减少等候时间，提升用户满意度，但也会增加初始投资和运营成本，更重要的是占用有限的空间资源。因此，设计师通常都会参考相应设计规范，在满足规范要求的情况下，尽量少地安排电梯数量。然而，如果一味以标准为依据，也会出问题。北京某高层商业写字楼，就因为没有考虑实际用户需求，而是按照高层设计标准设置了最低数量的电梯，造成每天上下班高峰期电梯前面排长队，因此严重影响了出租率。图 12-7(c) 中的例子就是通过运营模拟，合理确定一个地铁站，应该设置几部电梯将乘客从地面（下面的平面图）送到地下（上面的平面图），然后应该设置几部闸机允许乘客进入地铁系统。通过合理优化，在保证大多数用户满意的情况下，尽可能节省电梯和闸机所占用的空间资源。

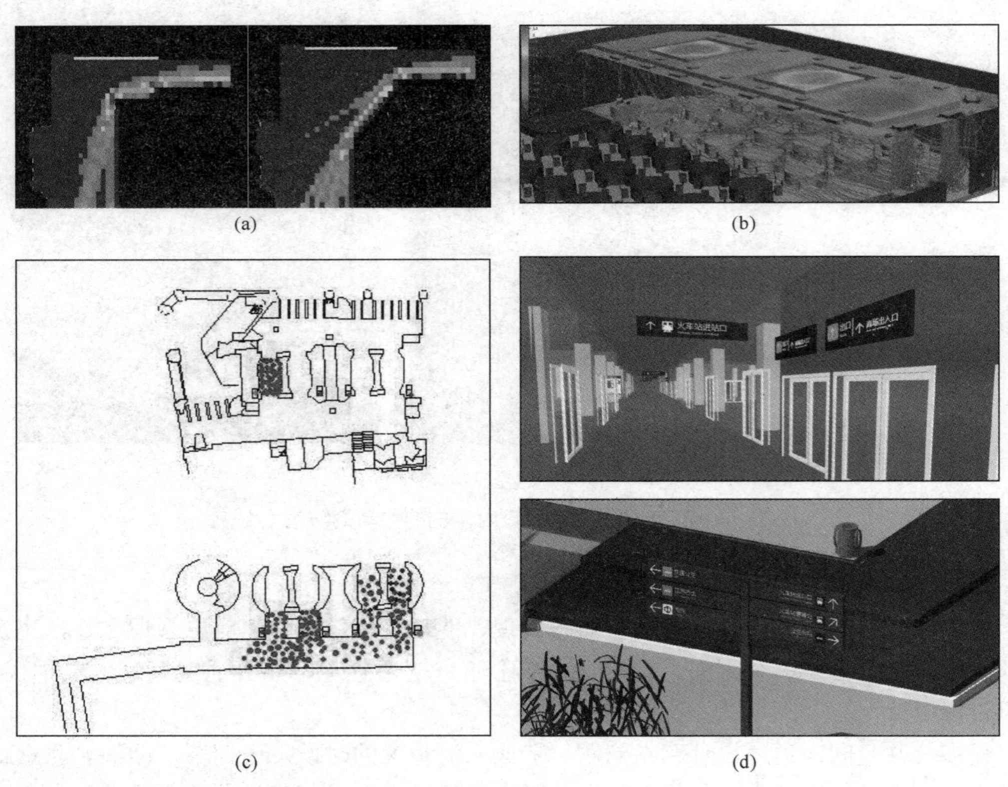

图 12-7　其他基于 BIM 的运营管理应用

室内外指引标识系统也需要认真考虑、合理设计。很多人都有在复杂的空间环境中迷失方向的经历。虽然这些空间都有指引标识系统，但有的系统因为设计不合理或者放置位置不明显，而不能起到有效指引方向的作用。将 BIM 模型导入游戏引擎，标识系统设计师可以以第一人称视角方式体验标识的指引效果，如图 12-7(d) 所示。如果辅以 VR 沉浸式系统，更可以大幅度提升临场感。

12.3　基于 BIM 的维护管理

12.3.1　前瞻性维护

工程设施运营过程中的维护工作，特别是设备维护工作，需要进行前瞻性计划。目前，很多设施管理 BIM 平台中重要的一个职能就是制订维修计划。设施管理经理每天上班打开系统，就可以看到今天应该检查哪些设备系统，应该对哪些设备进行例行保养维护，应该为哪些即将需要更换的消耗品（滤芯、垫圈等）进行采购备货。随着机电系统的运行，其效率会逐渐降低，就像我们开的汽车一样，这些设备系统也需要计划定期维护保养，而 BIM 技术的作用就是使这些原本用抽象的表单统计的维护保养计划变得可视化。同时，通过 BIM 运维平台，还可以直观看到任何一个设备的运行状态和其在维护计划中的装填，如图 12-8 所示。

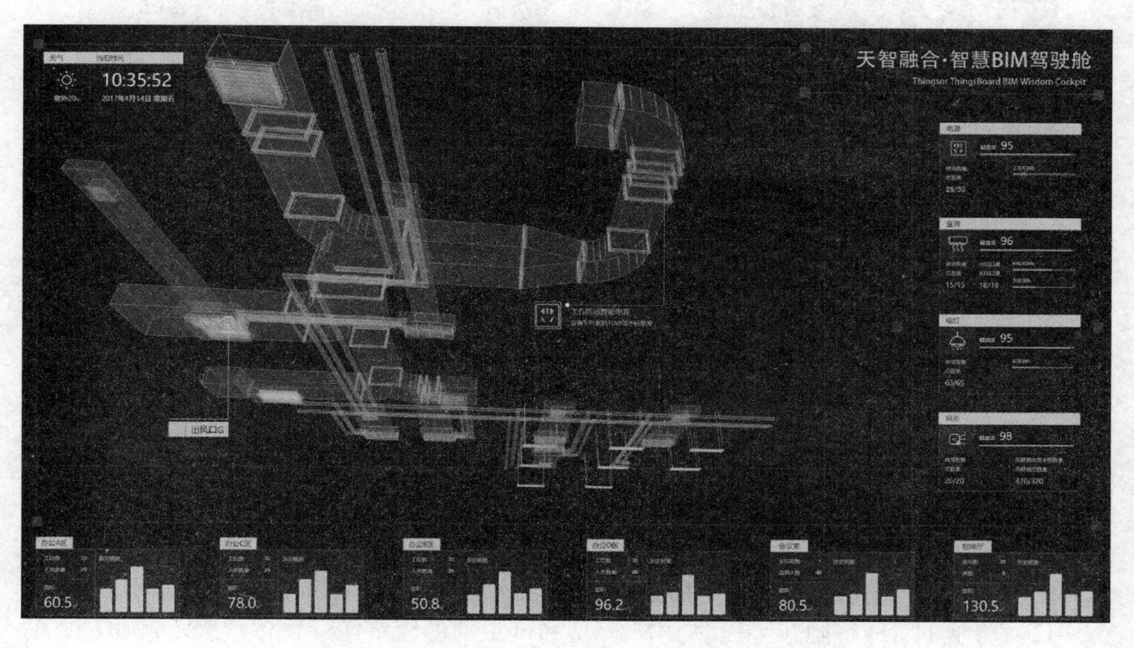

图 12-8　机电系统 BIM 运维平台

对服务于工程设施的设备系统进行前瞻性的修护保养，不仅仅是为了保障其处于最优运行状态，对于某些具有特殊要求的设备，还具有防止突发事故的意义。我们大多数人使用的办公楼，也有简单的设施管理要求，也就是我们常说的物业管理。很多物业管理公司的管理思维是“不坏不修”，也就是说只有等设备出问题了，才会进行维修。例如，教学楼里面的照明灯管，如果不亮了，物业人员会更换。然而，对于专业工程设施（如机场、医院、发电厂等），则必须按照维护计划对设备和系统进行定期检修和保养。例如，医院手术室的无影灯，如果其标准使用寿命是 1000h，那么到了 1000h 必须更换，因为这个灯泡会在手术过程中随时坏掉。

12.3.2 VR 技术支持远程维护指导

相对于增强现实（AR）技术可以把虚拟的数字信息叠加到真实场景，虚拟现实（VR）技术的特点是将用户完全沉浸于虚拟场景，而不受实际使用地点的限制。在工程设施运营期间，经常需要专业的机电工程师到现场指导运维人员进行操作，而通过 VR 技术则可以让专业工程师远在千里之外，就可以协助现场运维人员完成工作。

图 12-9(a) 所示的现场运维人员需要远方的机电工程师提供协助，但用语言很难描述清楚出现问题的具体位置，而远方的工程师没在现场，也很难提供具体指导。有 VR 技术的支持，双方可以同时带上 VR 头盔，然后共同沉浸到设备机房的场景中，如图 12-9(b) 所示。

(a)

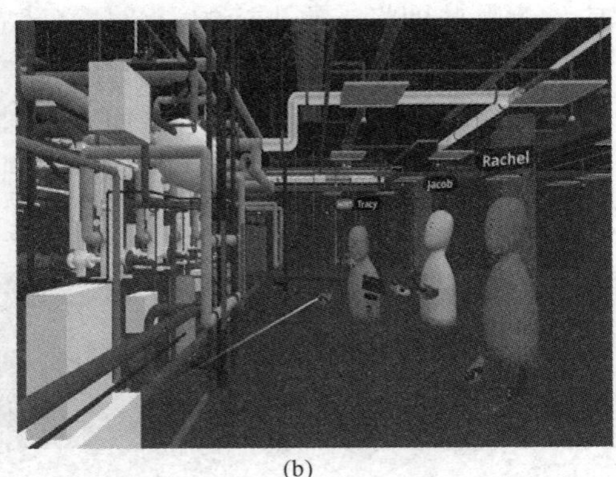

(b)

图 12-9 VR 技术支持远程工程师协助

12.3.3 AR 技术协助隐蔽工程管理

随着 AR 技术在工程领域的推广应用，越来越多的工程设施采用 VR 和 AR 技术辅助维护管理工作，包括对隐蔽工程的管理。隐蔽工程是指建筑物、构筑物等施工期间将建筑材料或构配件埋于物体之中后被覆盖而无法从外表看到的工程设施，例如现浇钢筋混凝土中的钢筋、吊顶中的各种设备系统、路面下的各种基础设施系统等。在设施维护管理过程中，这些隐蔽系统因为无法直接被观察到，因此给维护管理人员带来很多困难，而 AR 技术则能有效提供协助，使工程人员“虚拟”看到这些隐蔽系统。

图 12-10(a) 是使用 AR 技术通过平板电脑显示地下管线的例子。具体工作原理如下：

(1) 将地下管线等隐蔽工程的 BIM 模型和可识别的固定实景物体整合，例如路口的灯杆或者既有建筑物。以这些可识别的实景物体作为锚点。

(2) 通过平板电脑的摄像头获取实景，即路口的场景。

(3) 将实景图像和 BIM 模型匹配，通过识别锚点，确定与照片场景相对应的虚拟 BIM 模型元素。

(4) 将虚拟 BIM 模型元素增强叠加到现实场景。

随着可穿戴技术的发展，AR 设备也从手持走向穿戴式。谷歌公司是最早试水 AR 头戴显示设备的高科技企业，可惜其探索性项目谷歌眼镜于 2014 年因为各种原因停止了研发。随后，2015 年微软发布了增强现实头盔 HoloLens，并于 2016 年开始发售，成为消费电子领域第一个实用型 AR 头盔，接着 2019 年又推出了第二代产品，HoloLens 2，从佩戴舒适度、视域范围等方面进一步提升其在各行各业的适用性。图 12-10(b) 显示的是用户佩戴 HoloLens 可以看到房间内隔墙中的龙骨以及配电管线的布局。传统上，如果用户想在这种龙骨隔墙上钉钉子悬挂比较重的东西，要用专用仪器探测龙骨位置，并要避免钉穿配电管。现在有 HoloLens 助力，就可以轻松识别龙骨和管线。

(a)

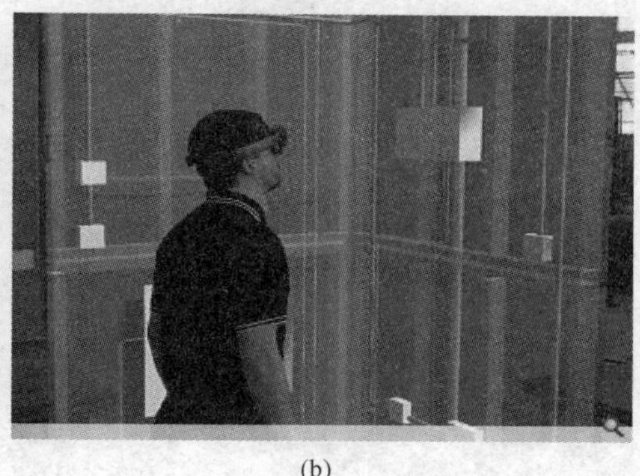

(b)

图 12-10　AR 技术识别隐蔽系统

如果增强到现实场景的 BIM 模型中，还带有从无线传感器获得的设施运行数据，这些数据也可以通过 AR 技术叠加到现实场景中，如图 12-11(a) 所示，管道中的气体流速、流向，可以通过增强现实的方式显示，各种压力表的度数，无需走近观察，就可以在眼前（使用 HoloLens 等头戴式设备）或者屏幕上（使用平板电脑等手持设备）看到，而且可以通过菜单和系统进行交互。图 12-11(b) 展示了设备运维人员使用 AR 眼镜对设备进行调试。在传统的设备调试工作中，运维人员通常需要携带厚重的系统手册来确定如何调整设备的状态。如果有 AR 眼镜协助，设备调试人员只需要转动眼前虚拟的阀门，就能看到管道内压力的变化，并且可以随时在眼前调用知识库中的手册进行查询。

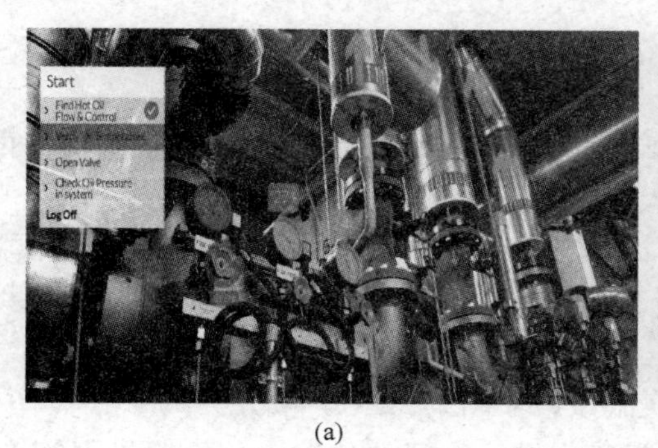

(a)

(b)

图 12-11　AR 技术支持设施管理

12.3.4　AR 技术协助维修业务

AR 技术在紧急情况下可以有效协助维修人员获得相关知识和技能，完成维修工作。图 12-12 通过一系列截图展示了电气工程师的抢修工作。

(1) 如图 12-12(a) 所示，某体育场的比赛照明系统配电箱出现故障，导致部分照明

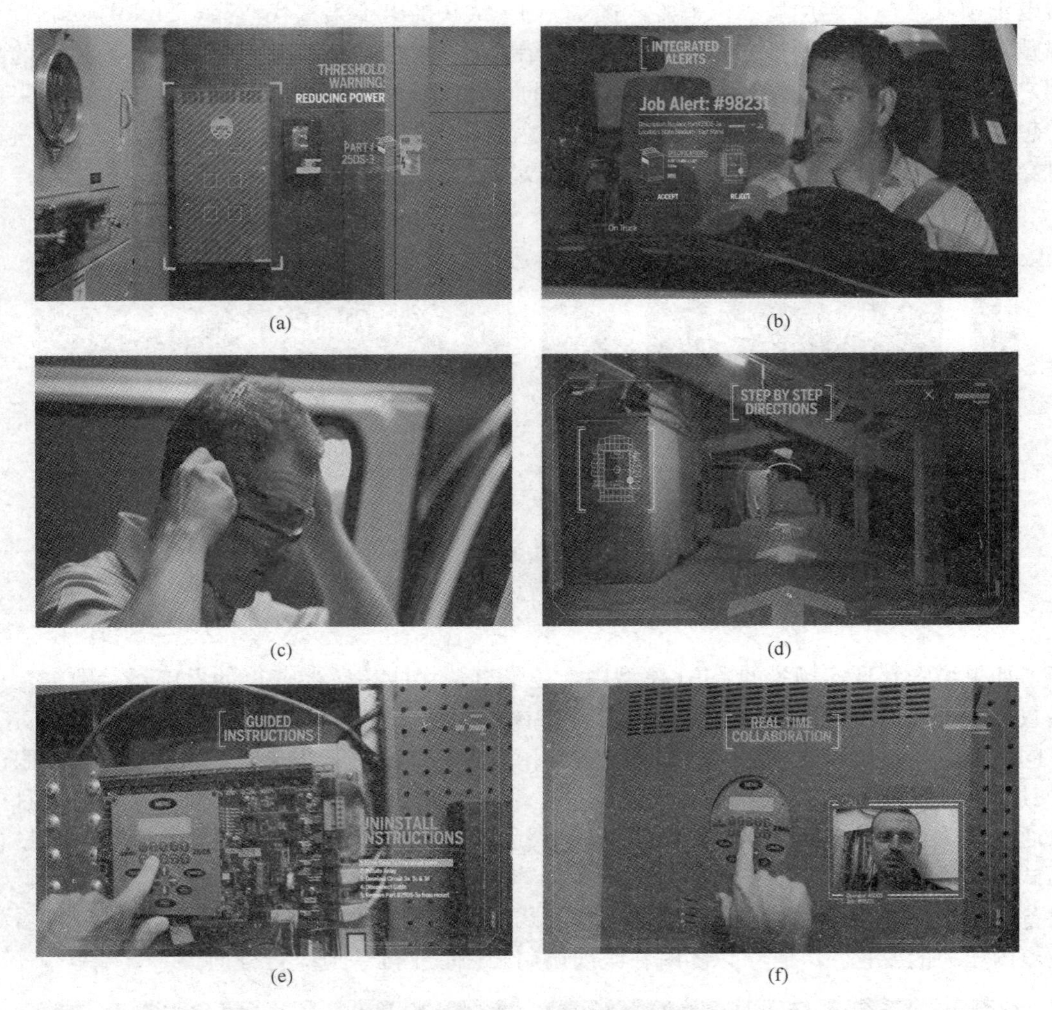

(a) (b) (c) (d) (e) (f)

图 12-12　AR 技术辅助紧急维修

灯熄灭，而这时一场激烈的足球比赛即将开始。通过 BIM 运维平台，运维人员及时定位了出现故障的配电箱，但技术能力有限，无法维修。

（2）专业机电系统公司接到报修后，马上通过手机 APP 给在岗人员发送抢修信息，图 12-12(b) 所示的工程师接到了工单，并不是因为他最懂这套系统，而是因为他离事发地点最近，可以第一时间到达。

（3）工程师到达后，带上 Vuzix 增强现实眼镜，如图 12-12(c) 所示。

（4）工程师进入体育场之后，通过 BIM 模型获得配电间的位置，并按照导航箭头快速找到配电间，如图 12-12(d) 所示，进入配电间的密码也是从 AR 眼镜获得的。

（5）即使该工程师不是完全掌握这个配电系统的维修，但云端的知识系统可以通过 AR 眼镜发送维修指导，如图 12-12(e) 所示，协助维修。

（6）AR 智能眼镜还可以和远方的专业工程师进行视频沟通，如图 12-12(f) 所示，获得更多帮助。

12.3.5 支持众包进行设施维护

工程设施在运营过程中，即使按照前瞻性检修计划，定期进行维护和检查，也有可能会存在疏忽的现象，更有可能某个设备在检修更换前出现问题。如何能及时发现这些问题，一直是设施维护工作的难题。

随着移动互联网技术的普及，每一个人都有智能手机，都可以随时传递信息，因此兴起了一种互联网应用的新概念：众包。众包指的是一个公司或机构把过去由特定员工执行的工作任务，以自由自愿的形式外包给非特定的（而且通常是大型的）大众志愿者的做法。在美国《连线》杂志2006年的6月刊上，该杂志的记者Jeff Howe首次推出了众包的概念。中国也在2005年前后提出了类似的威客概念。

众包与外包不同，外包强调的是高度专业化，把本该由企业内需要完成的工作，雇佣特定的企业外专业人士完成。而众包则反其道而行之，把本该由企业内需要完成的工作，切分成非常多的微任务，向非特定群体（通常是普通民众）公开发布，征集参与人员，每个人完成非常小的一个工作，获得经济上或精神上的回报，而所有人的工作汇集在一起，就完成了一个艰巨的任务。维基百科全书的编写就是一个典型的例子。如果全部编写工作交给一个人或者一个组织来做，几乎不可能完成，因为工作量太大了。维基百科通过搭建共享编辑平台，任何一个人都可以对词条进行编辑和修改，而任何错误的信息也可以快速被其他用户修正。

众包的优势是可以利用普通民众作为任务承担者，然而，很多专业工作，普通民众很难胜任，所以需要额外的协助。而BIM技术和其他信息技术结合，就可以给普通民众提供足够的能力，胜任某些专业性的工作。天津大学开发的基于众包和BIMVR技术的消防安全检查系统就是一个成功的案例。

消防安全工作关系到人民群众的生命财产安全，因此我国的《中华人民共和国消防法》规定了消防安全检查的原则和方法，特别是对消防设施的定期检查。然而，对于大型公共建筑，例如商场、酒店、娱乐场所等，因为功能复杂，使用人员素质参差不齐，所以经常出现违反消防安全规定的情况。例如，酒店的管理团队对过期的消防器材没有及时更换，或者商场的商户为了方便而堵塞消防通道等。这类动态发生的事情很难靠定期检查解决，而又没有足够人力做到随时检查。

这个案例的基本思路是将部分消防设施检查工作通过众包方式执行，由所有到访这些公共建筑的民众作为义务消防检查员，及时发现并报告违反消防规定的情况。BIM技术和室内定位技术协助民众发现要检查的内容，VR技术能够帮助用户更好地理解检查要求，二者结合能有效提升普通民众消防设施检查的能力。当然，这个平台只能解决部分适合众包方式的检查内容，例如消防通道堵塞、防火门未关闭、消防器材失效等。常规消防检查很难有效确保这些动态内容始终符合消防规范要求，而众包方式则提供了实时、全天候的解决方案。具体工作方式如下：

(1) 当安装了消防检查APP的民众进入一个公共建筑的时候，会提示当前建筑内各个楼层能够进行消防设施检查的位置，如图12-13(a) 所示的平面图中的气泡位置。平面图和检查点的信息从BIM模型获得。

(2) 图12-13(a) 所示最大的气泡是选定的检查点，屏幕下半部分是选定的检查点信息，包括设施类型、用户的当前信用分数、完成检查后可以获得的信用分数、完成检查所需时间，以及当前这个设施已经有几人完成了检查报告。

(3) 当用户点击“GO”确认去检查后，如图 12-13(b) 所示，通过导航平面图和BIM模型导航模式，指引用户到达检查地点。用户当前位置由室内定位获得。用户点击“INSPECT”按钮进入检查界面。

(4) 如图 12-13(c) 所示，屏幕下半部分通过 VR 图像帮助用户通过和实际场景对比后确认要检查的内容，屏幕上半部分是具体检查条目，点击 i 可以打开预先制作的教学视频，帮助用户正确检查。点击对号，确认符合规定，点击叉号，报告违规现象，同时可以通过点击相机图标，将违规现场情况拍照上传。最后点击“DONE”结束检查工作，获得相应积分。

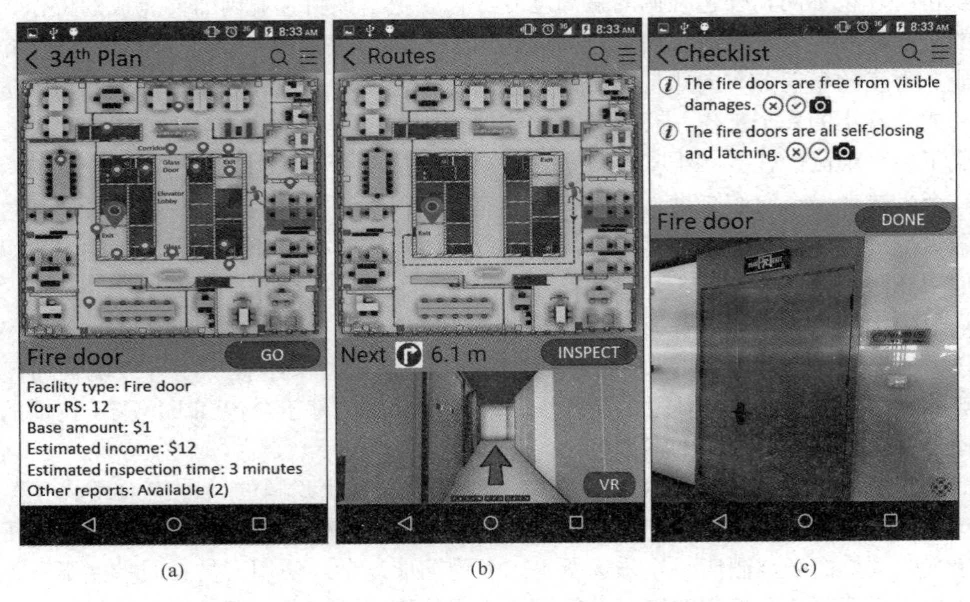

(a) (b) (c)

图 12-13 通过众包方式进行消防设施检查

这个案例还讨论了很多激励民众参与的方式、对民众的奖励措施、对其他人的检查报告的纠错方式等，因为跟 BIM 应用关系不大，不在此过多讨论。对于众包技术在工程项目上的应用，BIM 技术主要提供模型支持、三维展示等辅助作用，协助众包用户顺利完成众包工作。

12.4 BIM 运维系统的开发

12.4.1 不同的开发思路

随着 BIM 运维需求越来越大，很多项目也开始寻求建立相应的 BIM 运维平台。然而，根据需求和预算不同，BIM 运维平台的搭建模式也有所不同。总体来说，有两种模式：采用成熟的商业化 BIM 运维平台或在 BIM 轻量化基础上自行开发基于 BIM 技术的运维系统。

成熟的商业化 BIM 运维平台，本书第 6 章中已经作了简单介绍，各家软件的功能和特色，这里就不再赘述。选用商业化BIM运维平台，优点是系统稳定、功能齐全、技术支持强大等。但缺点也是明显的，首先是成本高，很多企业其实并不需要那么复杂的运维管理系统，但也不得不花大价钱购买成套系统。其次，商业BIM运维软件虽然功能齐全，但也并不是包治百病，有些个性化的需求，商业软件并不能实现，只能通过二次开发解决，而并不是所有商业BIM运维软件都支持二次开发。

因为商业BIM运维软件的局限性，很多企业选择自己开发基于BIM技术的运维系统。自己开发BIM运维系统面临的首要问题是图形平台，也就是要有个基础平台来承载BIM模型和相关信息，然后在此基础上再根据自身具体需求，开发相关的运维管理功能。很多早期开发的基于BIM技术的运维系统，直接在BIM建模平台或者模型审查平台上通过二次开发实现，例如直接利用Revit平台或Navisworks平台。这种做法的明显缺点是直接采用设计BIM模型或者施工BIM模型，模型体量大，对大模型来说，操作非常吃力。另外，作为运维平台的使用者，还要花钱购买这些BIM建模平台或者模型审查平台，否则没法运行运维系统，平添了没有必要的投资。随着BIM模型轻量化技术的出现，现在自行开发的BIM运维平台都会首先选用一个合适的模型轻量化平台，然后开发相关功能。

12.4.2　模型轻量化技术

BIM模型的轻量化，主要包含两层含义：通用格式和文件变小。BIM模型文件通常是各种专业建模平台的产品，因此需要购买对应的专业软件才能打开，这就给只需要使用模型而不需要修改模型的人增加了使用成本。轻量化的第一步就是解除对专业软件的依赖，把专用的模型文件格式解析为通用的模型格式，可以通过浏览器等通用软件打开。同时，模型文件的大小还要变小。BIM运维平台通常都有云端移动应用的需求，如果文件变小，其传输速度和效率都会高很多。本节介绍一下常用的商业BIM轻量化平台，当然有能力的用户也可以应用WebGL＋H5技术自行开发。

Autodesk Forge是以数据为中心的云服务PaaS平台，以Web Service的形式为开发者提供应用程序接口服务（API）。借助将数据与设计模型、制造和使用流程以及Web服务无缝集成的强大能力，Forge可集成到BIM、PDM、PLM、施工管理、建筑运维、成本算量、智能制造、数据仿真、VR等智慧互联的行业解决方案。目前，利用Forge进行BIM模型轻量化只是利用了Forge平台的一个子功能Forge Viewer，即Forge浏览器。由于Forge和Revit软件同属Autodesk公司，因此对Revit模型轻量化支持得也最好，功能强大，显示效果也不错。但Forge的最大局限性是模型转换服务器在国外，不但国内用户加载模型速度慢，而且很多用户对把模型上传到国外的服务器有所顾忌。

BIMface是广联达旗下的BIM轻量化引擎，采用WebGL技术，提供“文件格式解析”“模型图纸浏览”和“BIM数据存储”等问题的解决方案。截至2020年10月，BIMface可以解析工程领域常见的38种文件格式，既包括三维模型也包括二维图纸。用户还可以在浏览器中实现模型查看、测量尺寸、剖切界面、漫游浏览等功能。同时，开放的API二次开发接口可以允许用户自由发挥开发基于BIM模型的运维管理功能。BIMface的局限性在于目前还不支持移动端应用。

除了广联达BIMface之外，过去几年国内BIM平台的开发风起云涌，出现了近20家BIM平台产品。究其原因，主要是因为WebGL开源框架的出现，极大地降低了BIM轻量化的技术门槛。其中，BIMface是轻量化引擎，不包含任何实际的功能，需要用户自行开发功能。而其他的BIM平台更多的是软件产品，包含了不同的功能，有的面向施工管理，有的面向运维管理，当然也可以自行通过二次开发扩展功能。目前，常见的这类软件包括品茗的CCBIM、圭土云、模袋Modelo、大象云、BDIP、BIMe、Revizto等。

第三篇　BIM 技术实践

13 案 例 介 绍

13.1 基 本 情 况

本教材所用到的项目是一个单体别墅，包括地下建筑1层和地上建筑3层。地下和地上部分的结构形式为剪力墙结构，屋顶为坡屋顶。该项目体量较小，构造比较简单，但内容比较全面。本教材只创建别墅项目的建筑模型，用到的图纸包括各层平面图、立面图、剖面图等。

13.2 项 目 所 需 软 件

13.2.1 Revit 概述

Revit 是 Autodesk 公司主打的一款三维建筑工程设计软件，即 BIM 设计软件，图 13-1 所示为 Revit 2021 启动页。

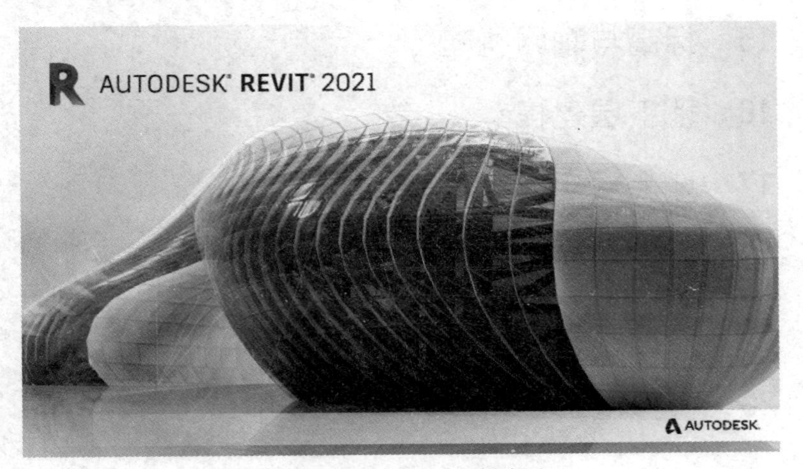

图 13-1 Revit 2021 启动页

对 BIM 的经典定义：BIM 是基于智能模型的工作流程，它提供洞察力来帮助规划、设计、建造和管理建筑物与基础设施（BIM（Building Information Modeling）is an intelligent model-based process that provides insight to help you plan，design，construct，and manage buildings and infrastructure）。所以，BIM 不仅是一个软件，更是建筑产业的一种新的工作流程或工作模式。

建筑信息模型的依托和基础是模型，这也是 Revit 等建筑工程设计软件存在的价值。在此基础上，各个公司均开发了更多专业化的工程软件服务于建设工程全生命周期的各个方面。

1. Revit的视图

一个Revit模型中的所有图纸视图、二维视图和三维视图以及明细表视图都是该基本建筑模型数据库信息的表现形式。在图纸视图和明细表视图中进行操作时，Revit将收集有关建筑项目的信息，并在项目的其他所有表现形式中协调该信息。Revit参数化修改引擎可自动协调在任何视图（模型视图、图纸视图、明细表视图、剖面视图和平面视图等）中进行的修改。

2. 参数化的意义

参数化是指模型的所有图元之间的关系，这些参数可实现Revit Architecture的协调和变更管理功能。这些参数可以由软件自动创建，也可以由设计者在项目开发期间创建。

在数学和机械CAD中，定义这些关系的数字或特性称为参数。Revit的运行是参数化的，该特性为Revit提供了基本的协调能力和生产率优势：无论何时在项目中的任何位置进行任何修改，Revit都能在整个项目内协调该修改。例如，在一个给定立面上，各窗或壁柱之间的间距相等，如果修改了立面的长度，这种等距关系仍保持不变。在本例中，参数不是数值，而是比例特性。又如，楼板或屋顶的边与外墙有关，因此当移动外墙时，楼板或屋顶仍保持与墙之间的连接。在本例中，参数是一种关联或连接。

3. Revit的特点

Revit模型应用程序的一个基本特点是，可以随时协调修改并保持一致性。设计者无须自己处理图或链接的更新。当修改了某项内容时，Revit会立即确定该修改所影响的图元，并将修改反映到所有受影响的图元。

Revit利用了两个重要的创意，使其功能非常强大且易于使用。第一个创意是可以在设计者工作期间捕获关系。第二个创意是可以传播建筑修改。这些创意的结果是使软件可以像人那样智能地工作，而不需要输入对于设计无关紧要的数据。

Revit的另一大特点是实现了与不同专业软件间的交互，从而为协同设计提供了新的平台。比如，Revit可以导出NMC格式文件，从而与Navisworks交互；Revit可以导出DWG格式文件，从而在SketchUp中打开；在Revit中安装Lumion插件后，可以导出DAE格式文件用于Lumion光照分析；各结构计算软件SAP2000、Midas、PKPM、STAAD Pro等均开发了与Revit的接口，可以实现Revit与计算分析软件的交互；Revit亦可以导出FBX格式文件从而在3DS Max中进行三维模型处理。

数据交互功能实现不同软件不同专业的数据流通，从而充分利用BIM模型的价值，真正实现“一模多用”。

4. Revit的术语

1）项目

在Revit Architecture中，项目是单个设计信息数据库——建筑信息模型。项目文件包含了建筑的所有设计信息（从几何图形到构造数据）。这些信息包括用于设计模型的构件、项目视图和设计图纸。通过使用单个项目文件，Revit令设计者不仅可以轻松地修改设计，还可以使修改反映在所有关联视图（平面视图、立面视图、剖面视图、明细表视图等）中，使设计者仅需跟踪一个文件，同时还方便了项目管理。

2）标高

标高是无限水平平面，用作屋顶、楼板和顶棚等以层为主体的图元的参照平面。标高大多用于定义建筑内的垂直高度或楼层。设计者可为每个已知楼层或建筑的其他必需参照平面（如第二层、墙顶或基础底端）创建标高。放置的标高必须处于剖面视图或立面视图中。

3）图元

在创建项目时，可以向设计中添加 Revit 参数化建筑图元，Revit 按照类别、族和类型对图元进行分类（图 13-2）。

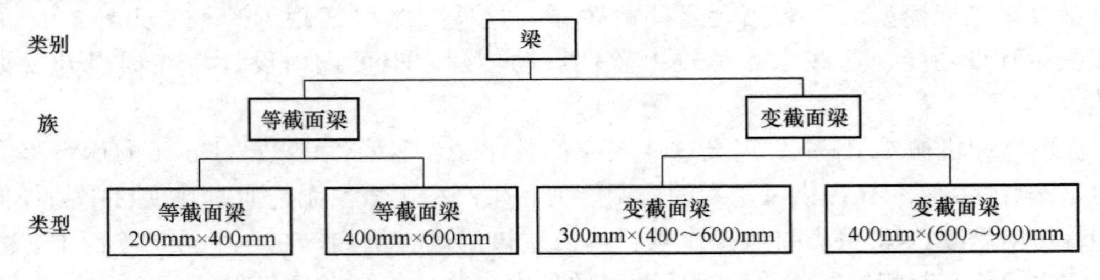

图 13-2 Revit 图元层次结构示例

（1）类别是一组用于对建筑设计进行建模或记录的图元，是最顶层的图元。例如，模型图元类别包括墙和梁，注释图元类别包括标记和文字注释。

（2）族是对某一类别中图元的分类。族根据参数（属性）集的共用、使用上的相同和图形表示的相似来对图元进行分组。一个族中不同图元的部分或全部属性的设置值可能不同，但是属性的设置（其名称与含义）是相同的。

Autodesk Revit 中的所有图元都是基于族的。“族”是 Revit 中使用的一个功能强大的概念，有助于用户更轻松地管理数据和进行修改。每个族图元能够在其内定义多种类型，根据族创建者的设计，每种类型可以具有不同的尺寸、形状、材质设置或其他参数变量。在使用 Autodesk Revit 进行项目设计时，如果事先拥有大量的族文件，将对设计工作进程和效益有着很大的帮助。设计人员不必另外花时间去制作族文件，并赋予参数，而是直接导入相应的族文件，便可直接应用于项目中。

另外，使用 Revit 族文件，可以让设计人员专注于发挥自身特长。例如室内设计人员，并不需要把精力大量地花费到家具的三维建模中，而是通过直接导入 Revit 族中丰富的室内家具族库，从而专注于设计本身。又例如，建筑设计人员，可以通过轻松地导入植物族库、车辆族库等，来润色场景，只需要简单地修改参数，而不必自行去重新建模。

Revit 族是该软件的核心功能之一。了解族的概念，有助于学生深入理解以 Revit 为代表的 BIM 软件的优势以及参数化建模的内涵。族分为如下三种。

①可载入族：可以载入到项目中，且根据族样板创建。它可以确定族的属性设置和族的图形化表示方法。

②系统族：包括墙、尺寸标注、顶棚、屋顶、楼板和标高。它不能作为单个文件载入或创建。

③内建族：用于定义在项目的上下文中创建的自定义图元。如果设计者的项目需要独特的几何图形，或者设计者的项目需要的几何图形必须与其他项目的几何图形保持众多关

系之一，此时可以创建内建图元。

（3）每一个族都可以拥有多个类型。类型可以是族的特定尺寸，例如 30mm×42mm 或 A0 标题栏。类型也可以是样式，例如尺寸标注的默认对齐样式或默认角度样式。

在项目中，Revit 使用三种类型的图元（图 13-3）。

（1）模型图元：表示建筑的实际三维几何图形，显示在模型的相关视图中。例如，墙、窗、门和屋顶。

（2）基准图元：可帮助定义项目上下文。例如，轴网、标高和参照平面。

（3）视图专有图元：可帮助对模型进行描述或归档，只显示在放置这些图元的视图中。例如，尺寸标注、标记和二维详图构件。

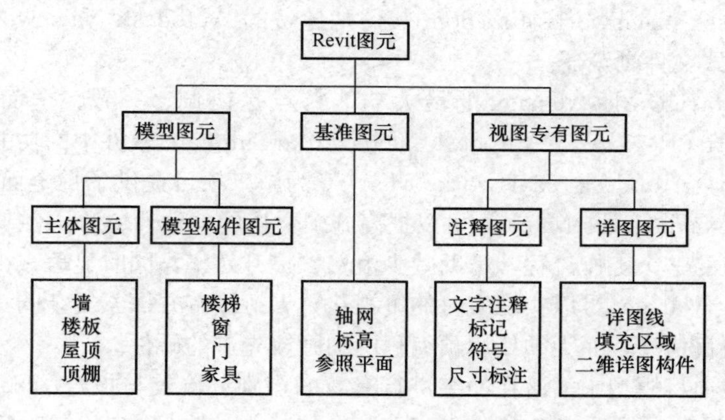

图 13-3 Revit 图元示例

13.2.2 Navisworks 概述

Navisworks 软件由英国 Navisworks 公司研发并出品，2007 年被美国 Autodesk 公司收购。Navisworks 最大的功能是实现可视化和仿真，可分析多种格式的三维设计模型。

Autodesk Navisworks 解决方案支持所有项目相关方对详细的三维设计模型进行可靠的整合、分享和审阅，在 BIM 模型工作流中处于核心地位，这是由 BIM 的意义决定的。BIM 的意义在于，在设计与建造阶段及之后，创建并使用与建筑项目有关的相互一致且可计算的信息数据。

Autodesk Navisworks 解决方案支持项目设计与建筑专业人士将各自的成果集成至同一个同步的建筑信息模型中，初步实现协同设计。该软件能够将 AutoCAD 和 Revit 等软件创建的设计数据与来自其他设计工具的几何图形和信息相结合，将其作为整体的三维项目，通过多种文件格式进行实时审阅，而无须考虑文件的大小。Navisworks 软件产品可以帮助所有相关方将项目作为一个整体来看待，从而优化从设计决策、建筑实施、性能预测和规划直至设施管理和运营等各个环节。

通过 Autodesk Navisworks 软件的四款产品，能够加强对项目的控制，使用现有的三维设计数据可以透彻了解并预测项目的性能，即使在复杂的项目中也可提高工作效率，保证工程质量。

（1）Autodesk Navisworks Manage 是面向设计和施工管理专业人员的一款全面审阅

解决方案的软件，用于保证项目的顺利进行。Navisworks Manage将精确的错误查找和冲突管理功能与动态的四维项目进度仿真和照片级可视化功能完美结合。这款产品功能较为全面，具有代表性，适合设计和施工管理专业人员使用，本书后面的章节将对其功能以及相应的操作进行重点介绍。

（2）Autodesk Navisworks Simulate软件能够精确地再现设计意图，制定准确的四维施工进度表，超前实现施工项目的可视化。在实际施工前，设计人员就可以在真实的环境中体验所设计的项目，更加全面地评估和验证所用材质和纹理是否符合设计意图。

（3）Autodesk Navisworks Review软件支持实现整个项目的实时可视化，审阅各种格式的文件，而无须考虑文件大小。

（4）Autodesk Navisworks Freedom软件是免费的Autodesk Navisworks NWD文件与三维DWF格式文件浏览器。

Autodesk Navisworks Manage的最大功能特点是协调、一致、全面。通过将Autodesk Navisworks Review与Autodesk Navisworks Simulate软件中的功能与强大的冲突检测功能相结合，Autodesk Navisworks Manage为施工项目提供了最全面的Navisworks审阅解决方案。Navisworks Manage可以提高施工文档的一致性、协调性、准确性，简化贯穿企业与团队的整个工作流程，帮助减少浪费、提升效率，同时显著减少设计变更。

Navisworks Manage可以实现实时的可视化，支持漫游并探索复杂的三维模型以及其中包含的所有项目信息，而无须使用预编程的动画或先进的硬件。

通过对三维项目模型中的潜在冲突进行有效的辨别、检查与报告，Navisworks Manage能够减少错误频出的手动检查。Navisworks Manage支持用户检查时间与空间是否协调，改进场地与工作流程规划。通过对三维设计的高效分析与协调，能够进行更好的控制。及早预测和发现错误，则可以避免因误算造成的昂贵代价。该软件可以将多种格式的三维数据，不论文件大小，合并为一个完整、真实的建筑信息模型，以便查看与分析所有数据信息。

Autodesk Navisworks Manage将精确的错误查找功能与基于硬冲突、软冲突、净空冲突与时间冲突的管理相结合，快速审阅和反复检查由多种三维设计软件创建的几何图元；对项目中发现的所有冲突进行完整记录；检查时间与空间是否协调，在规划阶段消除工作流程中的问题；基于点与线的冲突分析功能则便于工程师将激光扫描的竣工环境与实际模型相协调。

13.3　学　习　目　标

本书以真实别墅项目为例，从绘制标高和轴网开始详细讲解项目设计的全过程以及设计完成后的施工模拟过程，希望能够帮助初学者用最短的时间全面地掌握Revit和Navisworks中TimeLiner的使用方法。

14 Autodesk Revit 基本知识

14.1 工 作 界 面

14.1.1 Revit 用户界面

Revit 软件版本每年更新一次，从 2014 版开始，Autodesk 公司将 Revit Architecture（建筑）、Revit Structure（结构）、Revit MEP（系统）三个专业的软件集成为一个软件。它可实现在同一个软件中进行跨专业的设计协同，共用同一个工作空间。Revit 各个版本的功能和操作基本保持一致，但是软件在操作性能上逐步优化提升，本书将对 Revit 2021 版进行讲述。尽管 Revit 同时集成了三个专业软件，但在使用过程中一个专业工程师通常只会用到其中的一个。本章主要介绍建筑设计功能，结构和系统设计与建筑设计操作方法基本一致，只是操作的对象图元有所不同。

双击电脑桌面上的软件图标打开 Revit 后，出现如图 14-1 所示界面。在模型板块（图 14-1 中①）中，用户可以打开、新建各种类型的项目文件，还可以打开右侧的样例项目进行查看。不同样板打开的工作空间“属性”选项板和类型选择器略有不同，其他基本一致。

图 14-1 Revit 用户界面

在族板块（图 14-1 中②）中，用户可以打开、新建不同类型的族文件。其中，Revit 族是制约我国 BIM 发展的一大瓶颈，由于其制作繁琐、工程量大，属于 Revit 建模中占用时间较长的一个环节，近年发展起来的BIM内容族库共享平台可以提高Revit的建模效率。

图14-1中③板块是Autodesk公司的Revit学习社区，用户可以进入社区学习关于Revit的所有操作技能和相关的知识。Exchange Apps中提供了大量由Revit兴趣爱好者开发的基于Revit软件的插件，扩大了Revit的应用范围。建议初学者可以多进入Revit社区进行学习。

打开建筑样例项目，可以进入建筑设计的用户界面，如图14-2所示。用户界面的组成说明见表14-1，后面几节将对此进行详细介绍。

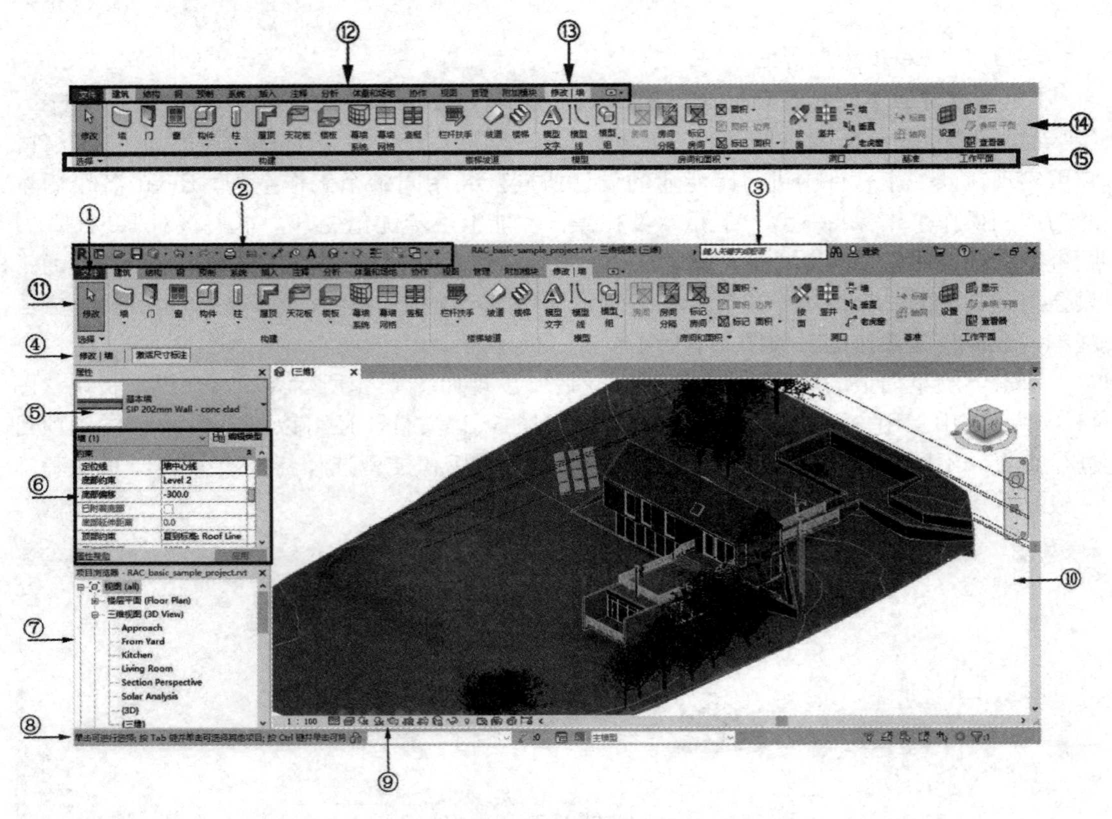

图14-2　建筑设计用户界面

用户界面组成说明　　**表14-1**

序号	用户界面组成	说明
1	应用程序菜单	应用程序菜单提供对常用文件操作的访问，例如"新建""打开"和"保存"。还允许用户使用更高级的工具（如"导出"和"发布"）来管理文件
2	快速访问工具栏	快速访问工具栏包含一组默认工具。用户可以对该工具栏进行自定义，使其显示用户最常用的工具
3	信息中心	在搜索栏中输入关键字可以快速查找出选项列表中所需的内容。还包括一个位于标题栏右侧的工具集，可让用户访问许多与产品相关的信息源
4	选项栏	位于功能区下方。根据当前工具或选定的图元显示条件工具

续表

序号	用户界面组成	说明
5	类型选择器	显示并可选择当前对象的具体类型或构件型号
6	“属性”选项板	无模式对话框。通过该对话框，可以查看和修改用来定义图元属性的参数
7	项目浏览器	用于显示当前项目中所有视图、明细表、图纸、组和其他部分的逻辑层次。展开和折叠各分支时，将显示下一层项目
8	状态栏	会提供有关要执行的操作的提示。高亮显示图元或构件时，状态栏会显示族和类型的名称
9	视图控制栏	可以快速访问影响当前视图的命令
10	绘图区域	显示当前项目的视图（以及图纸和明细表）。每次打开项目中的某一视图时，此视图会显示在绘图区域中其他打开的视图的上面
11	功能区	创建或打开文件时，功能区会显示。它提供创建项目或族所需的全部工具
12	功能区上的选项卡	菜单栏
13	功能区中的上下文选项卡	提供与选定对象或当前动作相关的工具。之所以称之为上下文选项卡，是因为它随着所选定对象或当前动作的不同而不同，即存在着对应的关系
14	功能区当前选项卡上的工具	当前选定主菜单下的工具集合
15	功能区上的面板	面板

14.1.2 应用程序菜单

应用程序菜单，即点击图 14-2 中①所指的图标展开的菜单，如图 14-3 所示。仅介绍常用的“新建”“导出”“选项”功能。

1. 新建

通过“新建”菜单可新建一个项目、族、概念体量、标题栏和注释符号，如图 14-4 所示。最常用的是新建一个项目，点击“项目”，弹出如图 14-5 所示对话框。在“样板文件”区块中选择视图样板，视图样板是一系列视图属性，使用视图样板可以对视图应用标准进行设置，并实现施工图文档集的一致性。

设计者可以通过为每种样式创建视图样板来控制以下设置：类别的可见性/图形替代、视图比例、详细程度、图形显示选项等。Revit 提供了几个视图样板，它们是构造样板、建筑样板、结构样板、机械样板。用户也可以基于这些样板创建自己的视图样板。本书为一栋别墅楼的建筑建模，所以选择建筑样板。

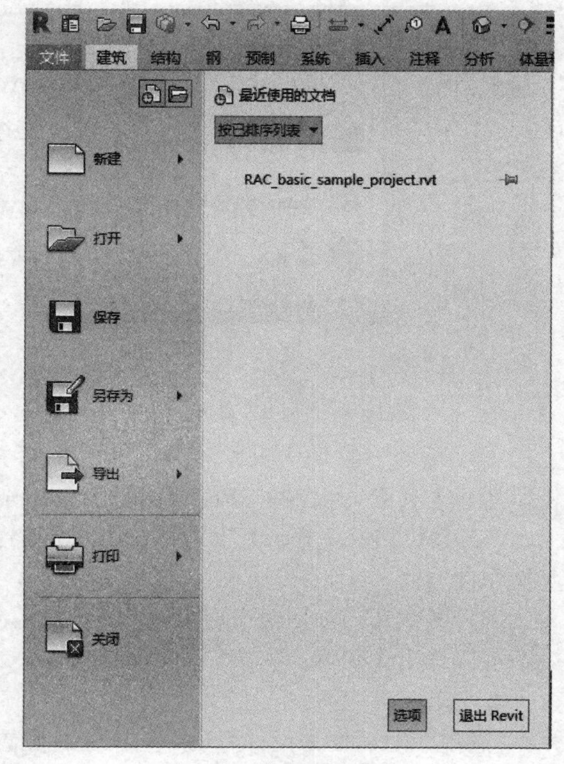

图 14-3 应用程序菜单

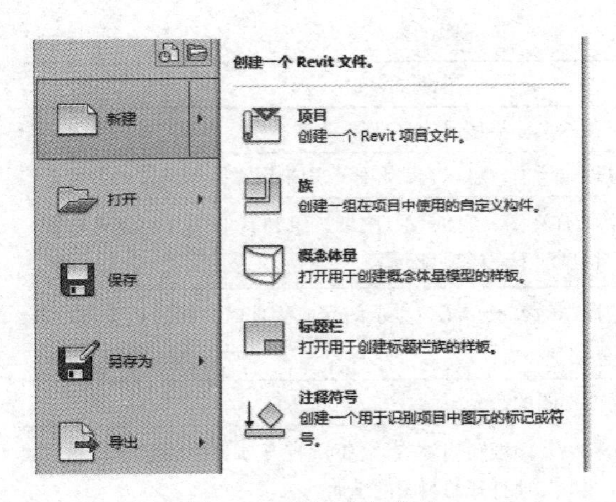

图 14-4 “新建”菜单

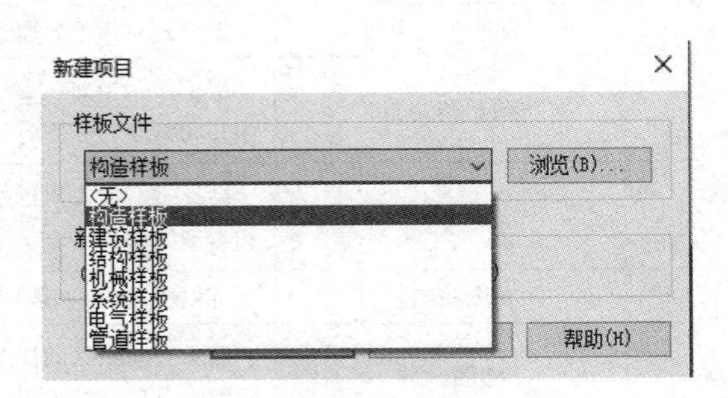

图 14-5 “新建项目”对话框

2. 导出

用户完成的文件可以按需要导出为其他各种格式的文件，常用的几种如下（图 14-6）：

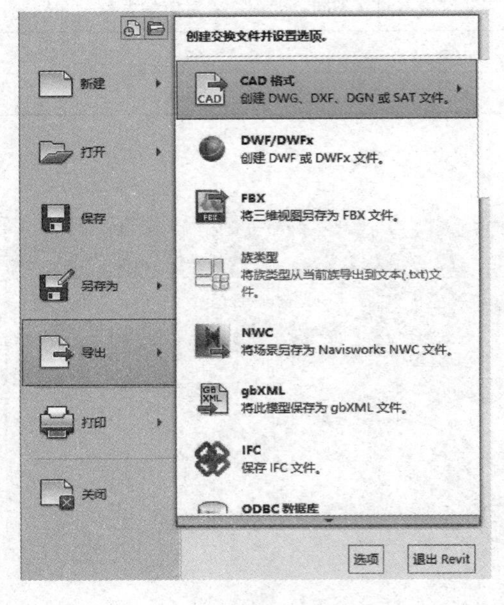

图 14-6 “导出”菜单

（1）CAD 格式：可将做好的文件导出为施工图文件。

（2）DWF/DWFx 格式：DWF 是 Autodesk 用来发布设计数据的方法，可以替代打印到 PDF（可移植文档格式）；DWFx 是基于 Microsoft 的 XML 纸张规格 XPS，方便与未安装 Design Review 的复查人员共享设计数据。DWF 和 DWFx 文件包含相同的数据（二维和三维），唯一不同的是文件格式。

（3）NWC 格式：导出为 Navisworks NWC 文件。一般可将 .rvt 文件转换为 .nwc 或 .dwfx 文件，用于进一步的碰撞检查、漫游、施工模拟等操作。

（4）gbXML 格式：导出为 .xml 文件。gbXML 是主要应用于绿色建筑分析的一种数据交换格式，可将导出的 .xml 文件用绿建软件打开，并进行能耗、可持续性等绿建性能分析，如导入到 Ecotect 和 GBS（Green Building Studio）。

（5）IFC 格式：IFC 是工业基础类文件格式创建的模型文件，通常用于 BIM 程序的互操作性方面。

（6）图像和动画：对于在 Revit 中生成的漫游路径，可以导出为视频动画；生成的渲染图可以导出为图像。

3. 选项

“选项”对话框为设计者的 Revit 安装配置提供全局设置。读者可以点击“应用程序菜单”中框选的“选项”按钮打开对话框，如图 14-7 所示。在 Revit 处于打开状态时，可以在打开 Revit 文件之前或之后随时指定这些设置。下面主要介绍“选项”对话框中的“用户界面”和“文件位置”。

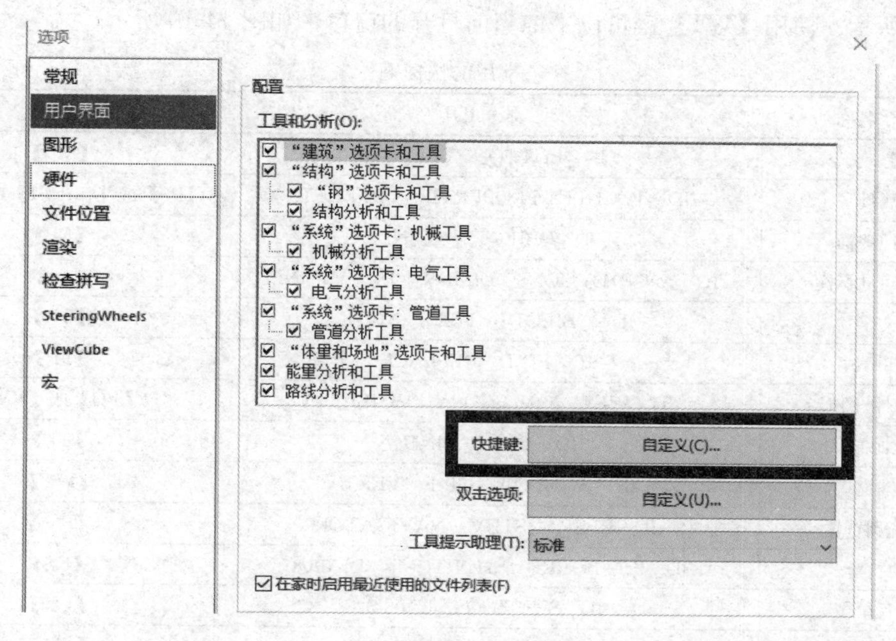

图 14-7　打开快捷键设置

1）用户界面

该部分主要介绍一下快捷键的设置，如图 14-7 和图 14-8 所示。在“选项”对话框的“用户界面”面板中点击“快捷键:”后的“自定义”按钮，可以查看常用命令的快捷键，

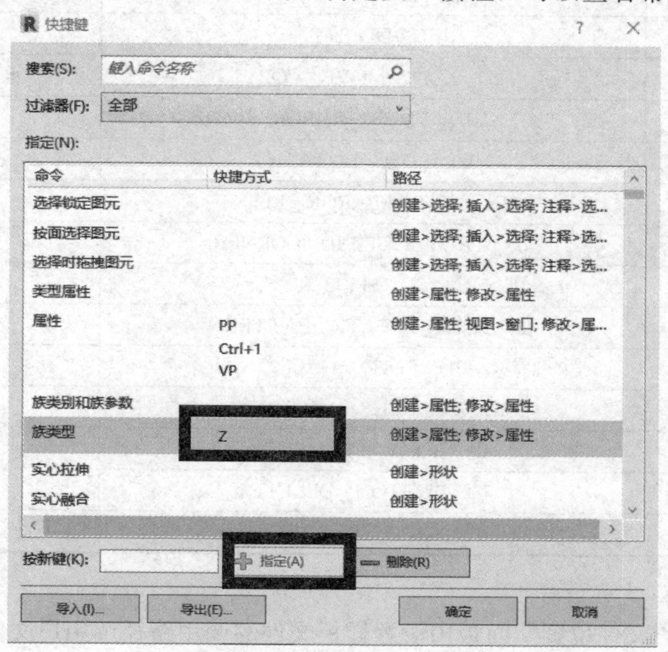

图 14-8　“快捷键”对话框

用户可以按照使自己方便的原则，自行指定命令所对应的快捷键。表 14-2 列举了常用的快捷键。例如，使用快捷键【VV】或【VG】可以调出“可见性/图形替换”对话框，如图 14-9 所示；使用【WT】键可以平铺当前打开的窗口，如图 14-10 所示。

常用的快捷键 **表 14-2**

命令名称	命令 ID	快捷键
修改	ID_BUTTON_SELECT	【MD】
属性	ID_TOGGLE_PROPERTIES_PALETTE	【PP】或【Ctrl+1】或【VP】
参照平面	ID_OBJECTS_CLINE	【RP】
对齐尺寸标注	ID_ANNOTATIONS_DIMENSION_ALIGNED	【DI】
文字	ID_OBJECTS_TEXT_NOTE	【TX】
查找/替换	ID_FIND_REPLACE	【FR】
可见性/图形	ID_VIEW_CATEGORY_VISIBILITY	【VG】或【VV】
细线	ID_THIN_LINES	【TL】
平铺窗口	ID_WINDOW_TILE_VERT	【WT】
系统浏览器	ID_RBS_SYSTEM_NAVIGATOR	【Fn9】
快捷键	ID_KEYBOARD_SHORTCUT_DIALOG	【KS】
项目单位	ID_SETTINGS_UNITS	【UN】
匹配类型属性	ID_EDIT_MATCH_TYPE	【MA】
填色	ID_EDIT_PAINT	【PT】
拆分面	ID_SPLIT_FACE	【SF】
对齐	ID_ALIGN	【AL】
移动	ID_EDIT_MOVE	【MV】
偏移	ID_OFFSET	【OF】
复制	ID_EDIT_MOVE_COPY	【CO】或【CC】
镜像-拾取轴	ID_EDIT_MIRROR	【MM】
旋转	ID_EDIT_ROTATE	【RO】
镜像-绘制轴	ID_EDIT_MIRROR_LINE	【DM】
修剪/延伸为角部	ID_TRIM_EXTEND_CORNER	【TR】
拆分图元	ID_SPLIT	【SL】
阵列	ID_EDIT_CREATE_PATTERN	【AR】
比例	ID_EDIT_SCALE	【RE】
解锁	ID_UNLOCK_ELEMENTS	【UP】
锁定	ID_LOCK_ELEMENTS	【PN】
删除	ID_BUTTON_DELETE	【DE】
标高	ID_OBJECTS_LEVEL	【LL】

2）文件位置

用户可以在“文件位置”面板内设置样板文件的调用路径及用户文件的保存路径，如图 14-11 所示。

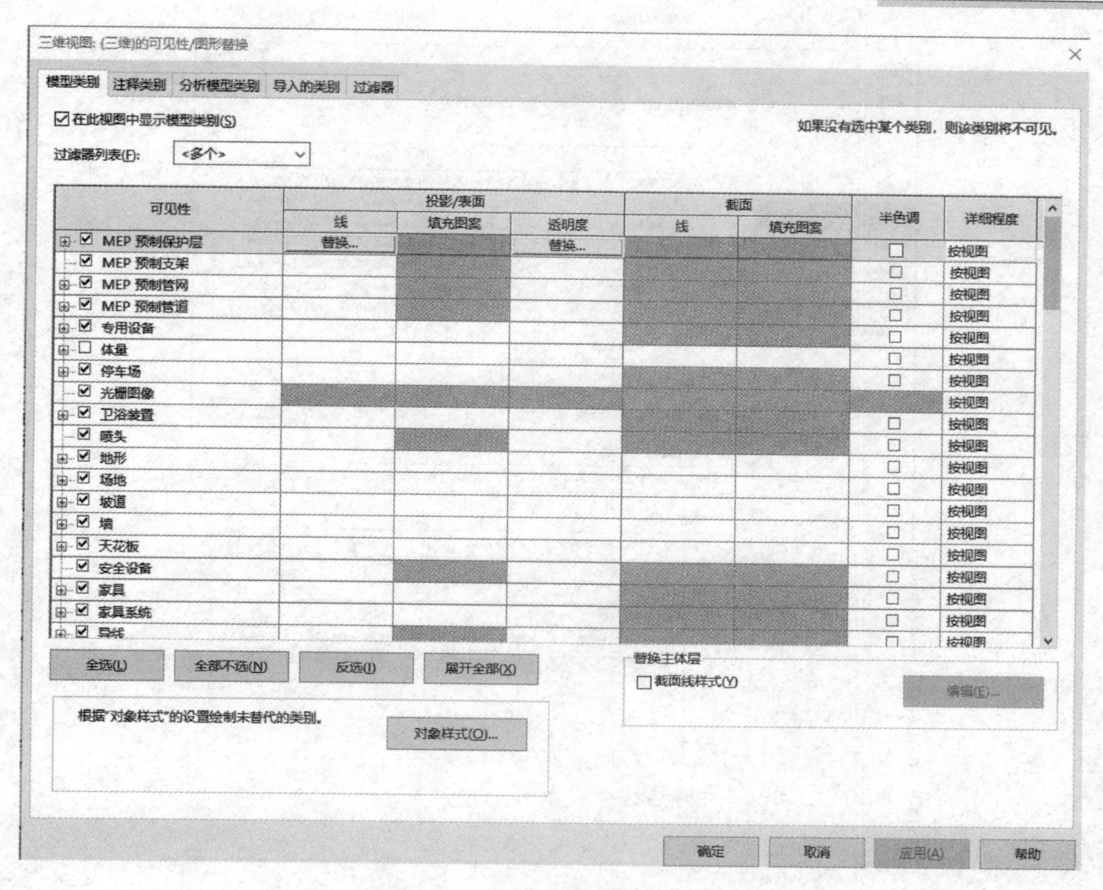

图 14-9 “可见性/图形替换”对话框

图 14-10 平铺当前打开的窗口

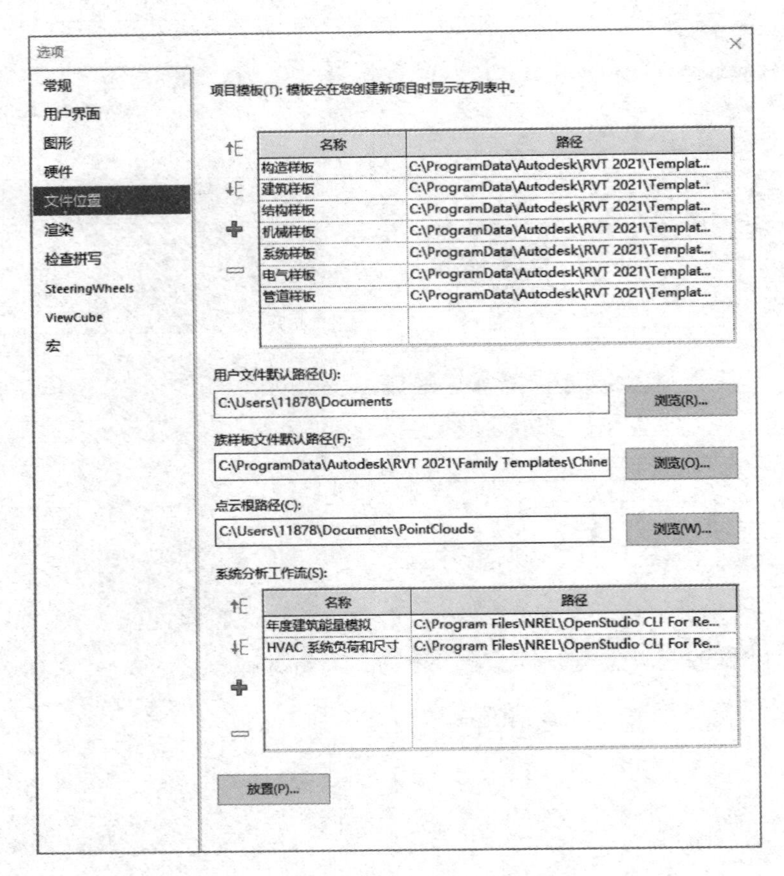

图 14-11　“文件位置”面板

14.1.3　快速访问工具栏

快速访问工具栏包含一组默认工具，设计者可以对该工具栏进行自定义，使其显示设计者最常用的工具。在功能区内浏览以选择要添加的工具，在该工具上单击鼠标右键，然后点击“添加到快速访问工具栏”命令，如图 14-12 所示。

图 14-12　将工具添加到快速访问工具栏中

如果从快速访问工具栏删除了默认工具，可以打开快速访问工具栏的下拉列表在“自定义快速访问工具栏”列表中选择要添加的工具来重新添加这些工具。要快速修改快速访问工具栏，可在快速访问工具栏的某个工具上单击鼠标右键，然后选择下列命令之一：

（1）从快速访问工具栏中删除：删除工具。

（2）添加分隔符：在工具的右侧添加分隔符线。

要进行更广泛的修改，可在快速访问工具栏下拉列表中，点击“自定义快速访问工具栏”命令，如图 14-13 所示。在该对话框中，执行下列操作：

① 在工具栏中向上（左侧）或向下（右侧）移动工具；

② 添加分隔线；

③ 从工具栏中删除工具或分隔线。

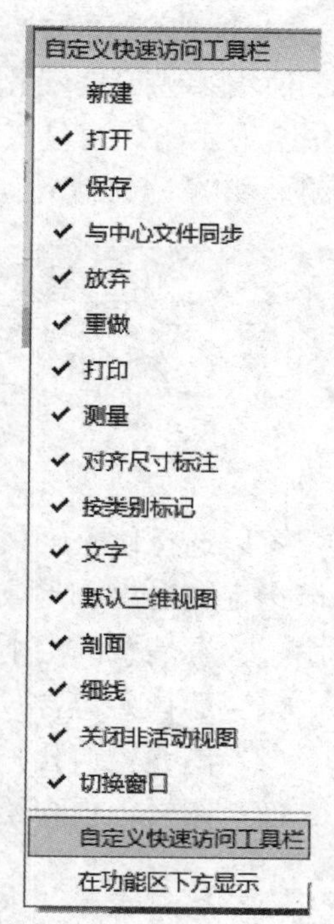

图 14-13 自定义快速访问工具栏

14.1.4 功能区

功能区如图 14-14 所示，其中包括四种类型的功能按钮。

① 按钮：如图 14-14 中①所示的“链接 IFC”按钮，点击即可调用工具，大部分按钮是此类型。

② 下拉按钮：如图 14-14 中②所示的“修改选择”按钮，包含一个下三角图形的按钮，用以显示其下有附加的相关工具，如图 14-15 所示。

③ 分割按钮：调用常用的工具或显示包含附加相关工具的菜单。如果按钮上有一条线将按钮分割成两个区域，则点击上部（或左侧）可以访问通常最常用的工具；点击下部（或另一侧）可显示相关工具的列表。

④ 对话框启动器：通过某些面板，可以打开用来定义相关设置的对话框。如图 14-14 中④所示，点击面板底部的对话框启动器箭头↘将打开一个对话框。

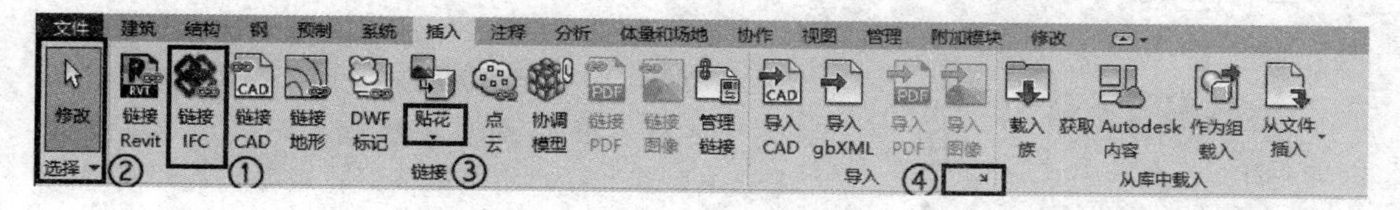

图 14-14 功能区

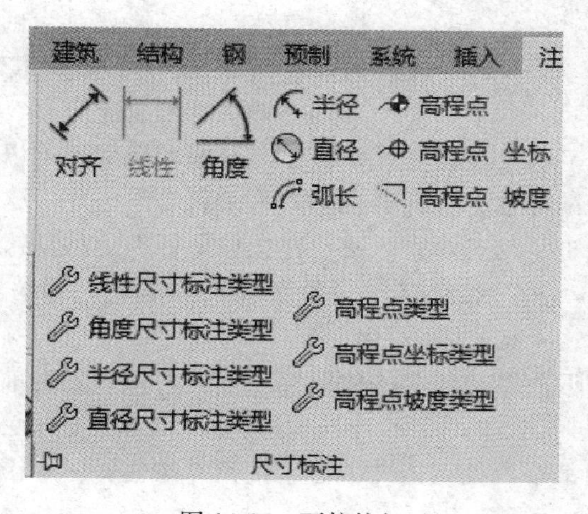

图 14-15 下拉按钮

14.1.5　上下文选项卡

使用某些工具或者选择图元时，会自动增加并切换到一个上下文选项卡，上下文选项卡中会显示与该工具或图元的上下文相关的工具。退出该工具或清除选择时，该选项卡将关闭，如图14-16所示。

图14-16　上下文选项卡

可以选择使上下文选项卡自动成为焦点，或者让当前选项卡保持焦点状态。设计者也可以指定在退出工具或清除选择时显示哪个功能区选项卡。例如，点击“墙”工具时，将显示“放置墙”的上下文选项卡，其中显示以下三类面板：

（1）选择：包含“修改”工具。

（2）图元：包含“图元属性”和“类型选择器”。

（3）图形：包含绘制墙草图所必需的绘图工具。

14.2　基　本　工　具

14.2.1　全导航控制盘

全导航控制盘（不论大小）包含常用的三维导航工具，用于查看对象和巡视建筑模型，如图14-17所示。全导航控制盘（大和小）针对有经验的三维用户进行模型优化。

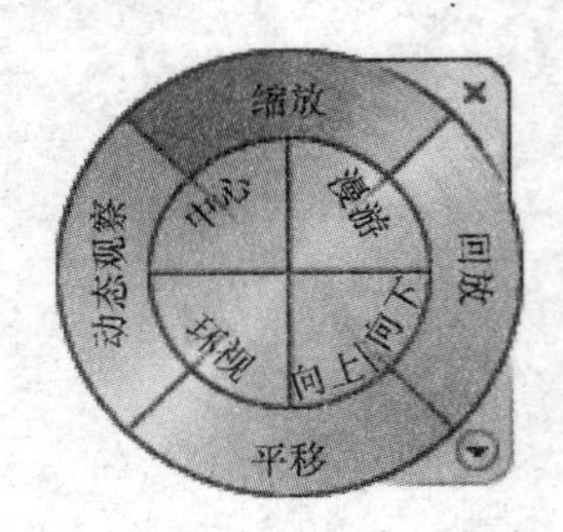

图14-17　全导航控制盘

当显示全导航控制盘之一时，可以按住鼠标滚轮来平移，滚动滚轮来缩放，并且可以在按住【Shift】键的同时按住鼠标滚轮来动态观察模型。

1. 控制盘上按钮

（1）缩放：点击“缩放”按钮并按住鼠标左键移动鼠标，可以实现对当前三维视图的缩放操作。另外，按住【Ctrl】键和鼠标滚轮，移动鼠标也可实现对视图的缩放操作。

（2）平移：点击“平移”按钮并按住鼠标左键移动鼠标，可以平移视图进行查看。另外，按住鼠标滚轮移动鼠标也可实现对视图的移动。

（3）动态观察：点击“动态观察”按钮并按住鼠标左键移动鼠标，可以旋转视图，实现全方位的动态观察。另外，按住【Shift】键和鼠标滚轮，移动鼠标也可实现对视图的动态观察。

（4）回放：点击“回放”按钮并按住鼠标左键，可以实现对前面视图浏览操作过程的回放。

（5）中心：在视图某个点处点击“中心”按钮并按住鼠标左键，可以将视图移到以当前点为屏幕中心的位置。

(6) 环视：点击"环视"按钮并按住鼠标左键，可以实现以当前点为中心，对视图进行全方位的环视。

(7) 向上/向下：点击"向上/向下"按钮并按住鼠标左键并上下移动鼠标，可以实现对当前视图的上下移动。

2. 控制盘菜单

使用控制盘菜单可以在可用的大控制盘与小控制盘之间切换，转到主视图，更改当前控制盘的首选项以及控制动态观察、查看和浏览三维导航工具。"控制盘"菜单含有以下选项：

(1) 查看对象控制盘（小）：显示查看对象控制盘（小）。

(2) 巡视建筑控制盘（小）：显示巡视建筑控制盘（小）。

(3) 全导航控制盘（小）：显示全导航控制盘（小）。

(4) 全导航控制盘：显示全导航控制盘（大）。

(5) 基本控制盘：显示查看对象控制盘（大）或巡视建筑控制盘（大）。

(6) 转至主视图：转至随模型一同保存的主视图。

(7) 适应窗口：调整当前视图的大小并使当前视图居中，以显示所有的对象。

(8) 恢复原始中心：将视图的中心点恢复到模型的范围。

(9) 定向到视图：定向相机，以匹配选定视图（平面视图、立面视图、剖面视图或三维视图）的角度。

(10) 定向到一个平面：按照特定平面使视图自适应。

(11) 保存视图：使用唯一的名称保存当前的视图方向。

【提示】"保存视图"选项只允许设计者在查看默认三维视图时使用唯一的名称保存三维视图。如果查看的是以前保存的正交三维视图或透视（相机）三维视图，则视图仅以新方向保存，而且系统不会提示设计者提供唯一名称。

(12) 增大/减小焦距：用作模型中的缩放镜头，因为它可以改变相机在透视视图中的焦距。

(13) 移动裁剪边界：将裁剪边界的位置在透视图中四处移动。

(14) 回到裁剪边界的中心位置：将裁剪边界重新定位到透视视图的中心。

(15) 帮助：启动联机帮助系统并显示有关控制盘的主题。

(16) 选项：显示用于调整控制盘配置的对话框。

(17) 关闭控制盘：用于关闭控制盘。

14.2.2 ViewCube

ViewCube是一种可点击、可拖动的永久性工具界面，可用于在模型的标准视图和等轴测视图之间进行切换。显示 ViewCube 工具后，它将以非活动状态显示在窗口中的一角（模型上方）。ViewCube 工具在视图更改时提供有关模型当前视点的直观反馈。将光标放置到 ViewCube 工具上时，该工具变为活动状态。用户可以拖动或点击 ViewCube 工具，切换至可用预设视图之一、滚动当前视图或更改为模型的主视图，如图 14-18 所示。

图 14-18 ViewCube 工具

1. 控制 ViewCube 的外观

ViewCube 有两种显示状态：非活动状态与活动状态。当 ViewCube 工具处于非活动状态时，默认情况下该工具显示为部分透明，以保证不会遮挡模型的视图。当处于活动状态时，则显示为不透明，可能会遮挡模型的当前视图中的对象视图。除了控制 ViewCube 工具不活动时的不透明程度外，用户还可以控制 ViewCube 工具的以下属性：

(1) 大小；

(2) 位置；

(3) 默认方向；

(4) 指南针显示。

2. 使用指南针

指南针显示在 ViewCube 工具下方，用于指示模型定义的北向。可以点击指南针上的方向字以旋转模型，也可以点击并拖动其中一个方向字或指南针圆环以交互方式围绕轴心点旋转模型，如图 14-19 所示。

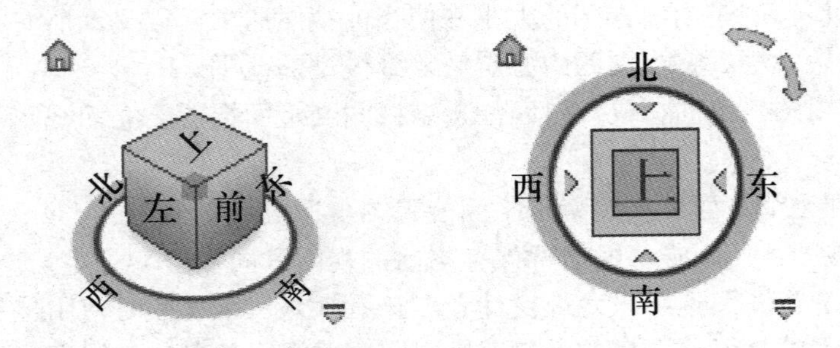

图 14-19 ViewCube 工具指南针

14.2.3 视图控制栏

视图控制栏可以快速访问影响当前视图的功能，如图 14-20 所示。

1 : 100

图 14-20 视图控制栏

视图控制栏位于视图窗口底部，状态栏的上方，并包含以下工具：

(1) 视图比例；

(2) 详细程度；

(3) 视觉样式；

(4) 打开/关闭日光路径；

(5) 打开/关闭阴影；

(6) 显示/隐藏渲染对话框（仅当绘图区域显示三维视图时才可用）；

(7) 裁剪视图；

(8) 显示/隐藏裁剪区域；

(9) 解锁/锁定的三维视图；

(10) 临时隐藏/隔离；

(11) 显示隐藏的图元；

(12) 临时视图属性；

(13) 显示/隐藏分析模型；

(14) 打开/关闭高亮显示位移及模式。

【提示】在视图样板中定义某些视图属性后，相应的控件可能会被禁用。若要更改这些视图属性，需要修改视图样板属性。

下面仅对视图控制栏常用的几个工具进行介绍。

1. 视图比例

“视图比例”工具是在图纸中用于表示对象的比例系统，可为项目中的每个视图指定不同比例，也可以创建自定义视图比例。

指定视图比例的方法有以下两种：

(1) 在项目浏览器中，在视图上单击鼠标右键，然后点击“属性”命令，在“属性”选项板中选择一个值作为视图比例。

(2) 从视图控制栏中选择一个比例，如图 14-21 所示。

2. 详细程度

可根据视图比例设置新建视图的详细程度。而视图比例则被归类于详细程度标题“粗略”“中等”或“精细”下。当在项目中创建新视图并设置其视图比例后，视图的详细程度将会自动根据表格中的排列进行设置。通过预定义详细程度，可以影响不同视图比例下同一几何图形的显示。可以通过在“视图属性”中设置“详细程度”参数，从而随时替换详细程度。

族编辑器中创建的自定义门可以按照粗略、中等和精细等不同的详细程度进行显示，如图 14-22 所示。

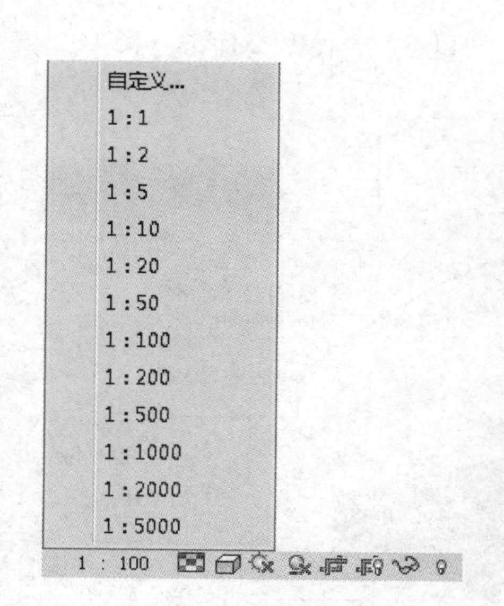

图 14-21 视图比例

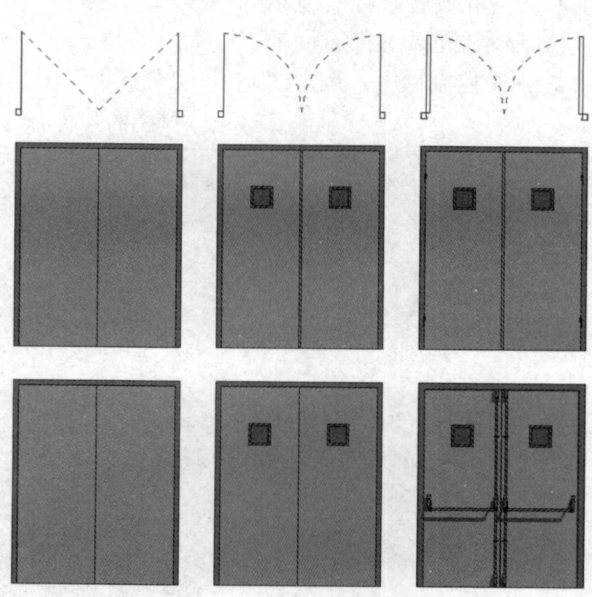

图 14-22 不同的详细程度

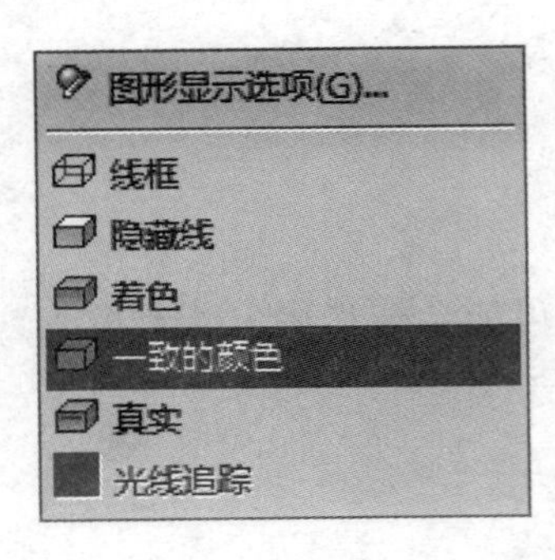

图14-23 视觉样式

3. 视觉样式

“视觉样式”工具可以为项目视图指定许多不同的图形样式，如图14-23所示。

（1）“线框”视觉样式：显示绘制了所有边和线而未绘制表面的模型图像。

（2）“隐藏线”视觉样式：显示绘制了除被表面遮挡部分以外的所有边和线的图像。

（3）“着色”视觉样式：显示处于着色模式下的图像，而且具有显示间接光及其阴影的选项。

（4）“一致的颜色”视觉样式：显示所有表面都按照表面材质颜色设置进行着色的图像。

（5）“真实”视觉样式：以可编辑的视图显示材质外观。在“真实”视觉样式中，使用“图形显示选项”对话框可以指定当前视图中的灯光方案。

（6）“光线追踪”视觉样式：在照片级真实感模式中渲染模型，该模式允许平移和缩放。

4. 打开/关闭日光路径与打开/关闭阴影

“打开/关闭日光路径”工具可以设置当前建筑所处的时间、地点等各种场景要素，进而模拟仿真各种日照时间时建筑在日光照明上的效果。这时可以配合“打开/关闭阴影”工具使效果更明晰。不过在通常绘图时，应关闭日光路径和阴影，以提高软件运行速度。日光路径是指在为项目指定的地理位置处，太阳在天空中的运动范围的可视化表示。日光路径显示在项目上下文中，让设计者可以定位太阳在一年中日出和日落之间运动范围内的任何一点。通过日光路径的屏幕控制柄，可以将太阳沿其每天路径放置在任意点以及沿其8字形分度标放置在任意点，如图14-24所示。

5. 显示/隐藏渲染对话框

在视图控制栏中，点击“显示/隐藏渲染”工具，可以打开“渲染”对话框（图14-25），

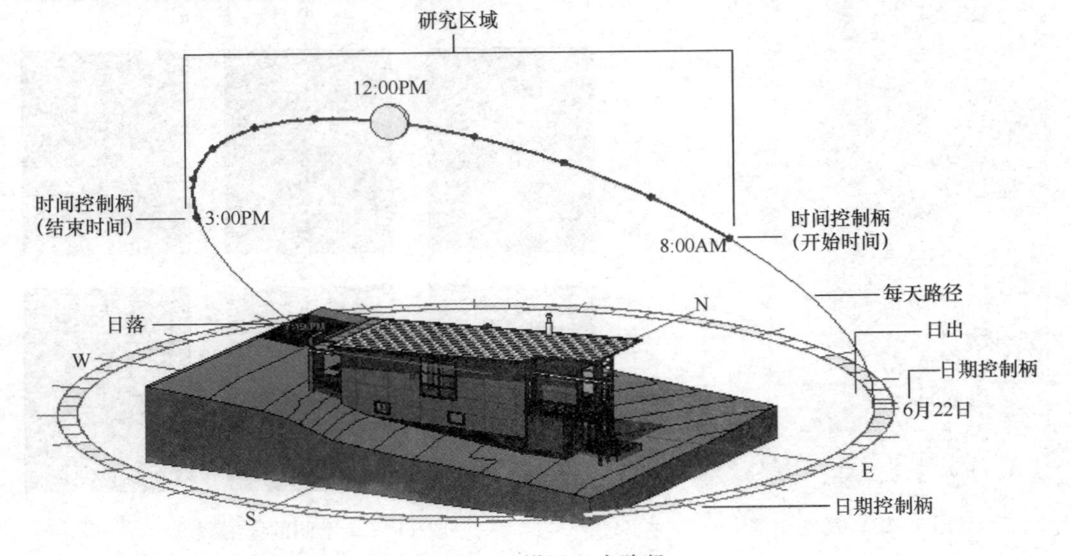

图14-24 设置日光路径

在此对渲染质量、输出、照明、背景等进行设置，并输出渲染图。

6. 显示/隐藏裁剪区域

裁剪区域定义了项目视图的边界，可以在所有图形项目视图中显示模型裁剪区域和注释裁剪区域。

7. 临时隐藏/隔离

如果只是要查看或编辑视图中特定类别的少数几个图元，临时隐藏或隔离图元或图元类别会很有用。

“临时隐藏”工具可在视图中隐藏所选图元，“临时隔离”工具可在视图中显示所选图元并隐藏所有其他图元，该工具只会影响绘图区域中的活动视图。当关闭项目时，除非该修改是永久性修改，否则图元的可见性将恢复到其默认状态。临时隐藏或隔离图元不影响打印。

(1) 在绘图区域中，选择一个或多个图元，如图 14-26 所示。

(2) 在视图控制栏上，点击“临时隐藏/隔离”工具，可以选择下列选项之一：

① 隔离类别：如果选择了某些墙和门，则仅在视图中显示墙和门。

② 隐藏类别：隐藏视图中的所有选定类别。例如，如果选择了某些墙和门，则在视图中隐藏所有墙和门。

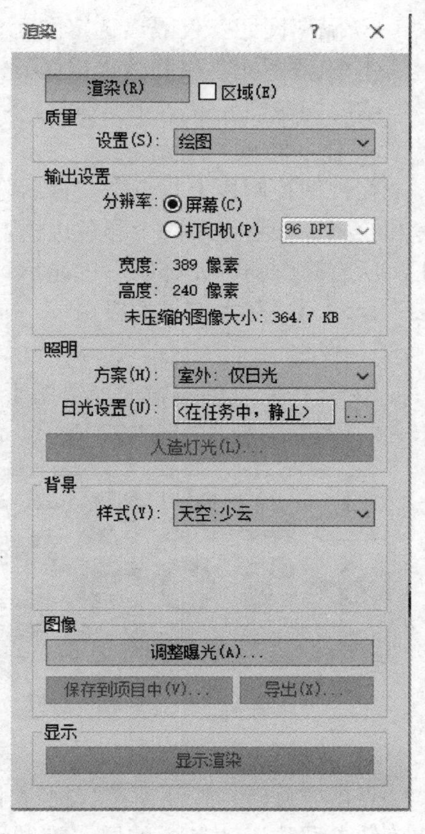

图 14-25 “渲染”对话框

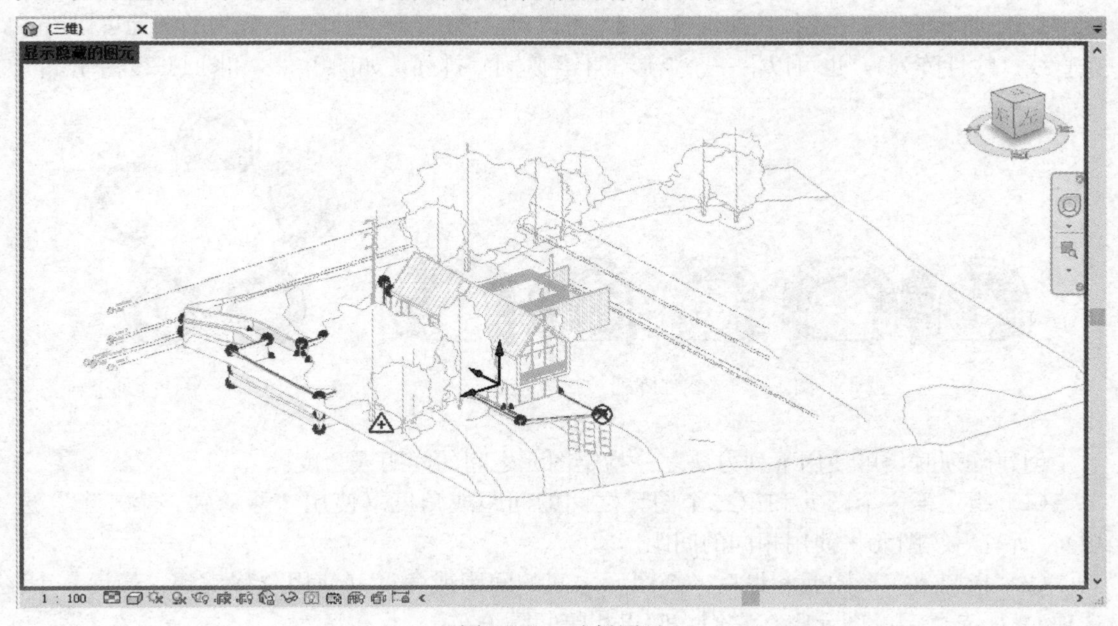

图 14-26 选择图元

③ 隔离图元：仅隔离选定图元。

④ 隐藏图元：仅隐藏选定图元。

临时隐藏图元或图元类别时，将显示带有边框的“临时隐藏/隔离”工具图标。

8. 显示隐藏的图元

在视图控制栏上，点击“显示隐藏的图元”工具。此时，“显示隐藏的图元”工具图标和绘图区域将显示一个彩色边框，用于提示设计者该图元处于“显示隐藏的图元”模式下。所有隐藏的图元都以彩色显示，而可见图元则显示为半色调，如图14-26所示。

14.2.4　基本工具的应用

1. 修改

Revit中常规的编辑命令适用于软件的整个绘图过程。选择“修改丨墙”上下文选项卡，“修改”面板如图14-27所示，包括的编辑命令如下。

图14-27　“修改”面板

1）复制

点击“复制”按钮或按快捷键【CO】或【CC】，在选项栏中，勾选“多个”复选框，可复制多个墙体到新的位置，复制的墙体与相交的墙体自动提交，勾选“约束”复选框，可复制垂直方向或水平方向的墙体。

2）旋转

点击“旋转”按钮或按快捷键【RO】，拖曳中心点可改变旋转的中心位置。用鼠标拾取旋转参照位置和目标位置，旋转墙体。也可以在选项栏设置旋转角度值后按【Enter】键旋转墙体，勾选“复制”复选框会在旋转的同时复制一个墙体的副本。

3）阵列

点击“阵列”按钮或按快捷键【AR】，可以对墙体进行阵列操作。阵列的图元可以沿一条直线（线性阵列），也可以沿一个弧形（半径阵列）排列，如图14-28和图14-29所示。

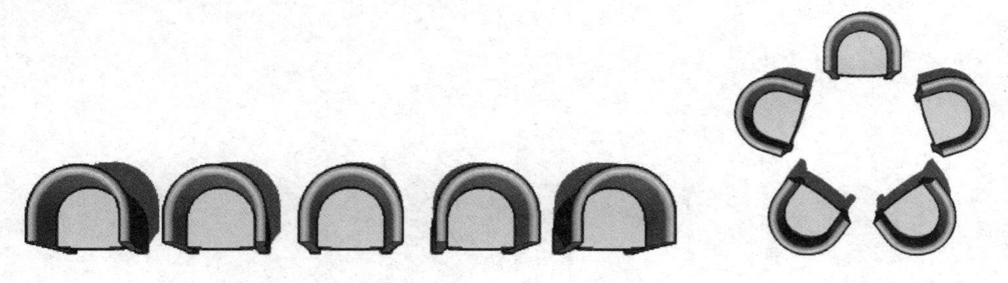

图14-28　线性阵列

图14-29　半径阵列

创建阵列时，可使用下列方法之一指定图元之间的间距或角度：

(1) 指定第一个图元和第二个图元之间的间距或角度（使用“移动到：第二个”选项），所有后续图元将使用相同的间距。

(2) 指定第一个图元和最后一个图元之间的间距或角度（使用“移动到：最后一个”选项），所有剩余的图元将在它们之间以相等间隔分布。

4）镜像

“镜像”工具使用一条线作为镜像轴，来翻转选定模型图元的位置。可以拾取镜像轴，也可以绘制临时轴。使用“镜像”工具可翻转选定图元，或者生成图元的一个副本并翻转其位置。例如，如果要在参照平面两侧镜像一面墙，则该墙将翻转为与原始墙相反的方向。

选择要镜像的图元，然后在“修改｜＜图元＞”上下文选项卡中的“修改”面板上，点击“镜像-拾取轴”按钮或“镜像-绘制轴”按钮。

【提示】可以在选择插入对象（如门和窗）时不选择其主体。

要选择代表镜像轴的线，选择“拾取镜像轴”按钮；要绘制一条临时镜像轴线，选择“绘制镜像轴”按钮。

5）移动

点击“移动”按钮可以将选定图元移动到视图中指定的位置。

6）缩放

选择墙体，点击“缩放”工具按钮，在选项栏中可以选择缩放方式，选择“图形方式”，点击整道墙体的起点、终点，以此来作为缩放的参照距离，再点击墙体新的起点、终点，确定缩放后的大小距离。选择“数值方式”，直接输入缩放比例数值，按【Enter】键确认即可。

7）对齐

使用“对齐”工具可将一个或多个图元与选定图元对齐，如图 14-30 所示。此工具通常用于对齐墙、梁和线，但也可以用于其他类型的图元。例如，在三维视图中，可以将墙的表面填充图案与其他图元对齐。可以对齐同一类型的图元，也可以对齐不同族的图元。可以在平面视图（二维）、三维视图或立面视图中对齐图元。

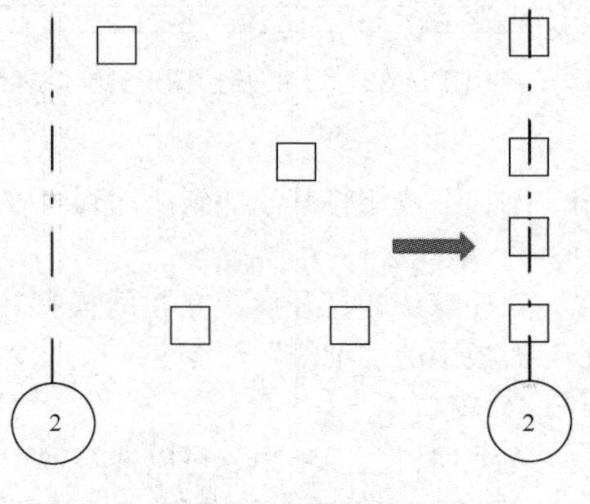

图 14-30 对齐图元

8）偏移

使用“偏移”工具可以对选定模型线、详图线、墙或梁沿与其长度垂直的方向复制或移动指定的距离。

9）拆分

通过“拆分”工具可将图元分割为两个单独的部分，可删除两个点之间的线段，也可在两面墙之间创建定义的间隙。此工具有两种使用方法，包括拆分图元、用间隙拆分，可以拆分墙、线、梁、支撑图元。

10）修剪/延伸

使用“修剪/延伸”工具可以修剪或延伸一个或多个图元至由相同的图元类型定义的边界，也可以延伸不平行的图元以形成角，或者在它们相交时对它们进行修剪以形成角。选择要修剪的图元时，光标位置指示要保留的图元部分，可以用于墙、线、梁或支撑图元。

2. 视图

视图上下文选项卡中的基本命令，如图14-31所示。

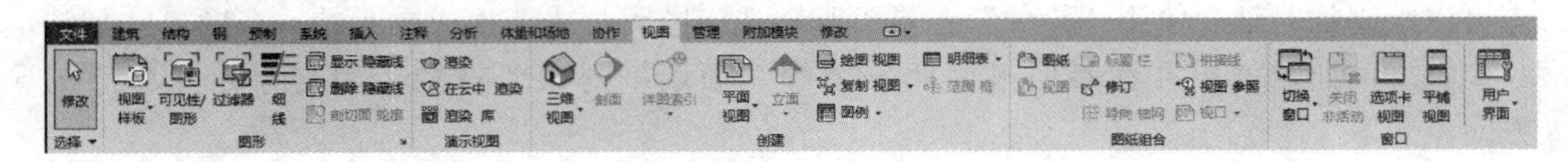

图14-31 视图上下文选项卡

1）可见性/图形

绝大多数可见性和图形显示的替换是在“可见性/图形”对话框中进行的。对单个图元的替换则属例外，对单个图元的替换在“视图专有图元图形”对话框中进行。从“可见性/图形”对话框中，可以查看已应用于某个类别的替换。如果已经替换了某个类别的图形显示，单元格会显示图形预览。如果没有对任何类别进行替换，单元格会显示为空白，图元则按照“对象样式”对话框中指定的样式显示。如在图14-32中，“柱”类别已替换投影/表面线。

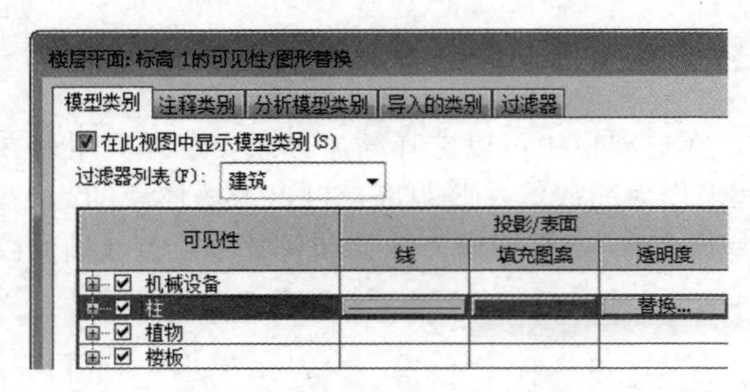

图14-32 “可见性/图形替换”对话框

2）过滤器

过滤器主要用于确定应测试的特定图元，或者用于提供不应进行测试的例外情况。定义过滤器后，即可使用“添加”按钮将其添加到活动列表中。

3）细线

软件默认的打开模式是粗线模型，当需要在绘图中以细线模型显示时，可选择“图形”面板中的“细线”命令。

4）窗口

在“窗口”面板中，可以选择“切换窗口”“复制”“平铺”“层叠”“用户界面”项。“用户界面”下拉列表中可以选择在界面上显示的栏目。

14.2.5 鼠标右键工具栏

在绘图区域单击鼠标右键，弹出快捷菜单，菜单命令如图14-33所示。

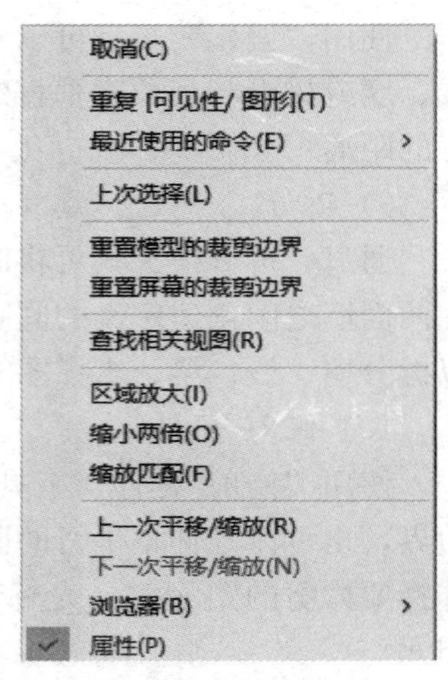

图14-33 快捷菜单

（1）取消：取消当前选择图元对象，相当于按下【Esc】键。

（2）重复：可以继续使用上一次命令。

（3）最近使用的命令：可以依次选择近几次选择的命令。

（4）上次选择：可以选择上一次选择的图元。

（5）查找相关视图：可以找到能显示视图注释符号的所

有视图。例如，如果对立面视图激活此工具，“转到视图”对话框即会打开，并列出在其中高程点符号当前可见的所有视图。

（6）区域放大：点击后再框选对应的视图范围，可以将此范围放大至满屏。

（7）缩小两倍：可将当前视图缩小 1/2。

（8）缩放匹配：单击可以将当前视图中的模型缩放至合适的大小，基本布满屏幕，便于查看全图。

（9）上一次平移/缩放：点击可以返回到上一次平移/缩放操作前。

（10）下一次平移/缩放：点击可以取消上一次平移/缩放的操作，回到上一次操作前。

（11）浏览器：可以选择打开或关闭项目浏览器、系统浏览器。

（12）属性：可以勾选或取消属性栏的显示。

14.3 模型和视图

14.3.1 项目浏览器

项目浏览器用于显示当前项目中所有视图、明细表、图纸、族、组和其他部分的逻辑层次，如图 14-34 所示。展开分支时，将显示下一层项目。

图 14-34　项目浏览器

若要打开项目浏览器，请点击“视图”选项卡上“窗口”面板中“用户界面”下拉列表里的“项目浏览器”选项，或在应用程序窗口中的任意位置单击鼠标右键，然后点击“浏览器”→“项目浏览器”命令。

对项目浏览器的操作说明见表 14-3。后面几节详细介绍项目浏览器中不同类型视图的生成。

项目浏览器操作说明 表14-3

目标	操作
打开一个视图	双击视图的名称，或在视图名称上单击鼠标右键，然后从上下文菜单中点击“打开”命令。活动视图的名称以粗体形式显示
将视图添加到图纸中	将视图名称拖曳到图纸名称上或拖曳到绘图区域中的图纸上，还可以在图纸名称上点击鼠标右键，然后点击上下文菜单上的“添加视图”命令。在“视图”对话框中，选择要添加的视图，然后点击“在图纸中添加视图”按钮。 执行上述操作之一后，此图纸在绘图区域中将处于活动状态，并且添加的视图会作为视口显示。移动光标时，此视口将跟随移动。当视口位于图纸上的所需位置时，可点击以放置它
从图纸中删除视图	在图纸名称下的视图名称上单击鼠标右键，然后点击“从图纸中删除”命令
创建新图纸	在“图纸”分支上单击鼠标右键，然后点击“新建图纸”命令
复制视图	在视图名称上单击鼠标右键，然后点击“复制视图”→“复制”命令
同时复制视图与视图专有图元	在视图名称上单击鼠标右键，然后点击“复制视图”→“带细节复制”命令，视图专有图元（例如详图构件和尺寸标注）将复制到视图中。 平面视图、详图索引视图、绘图视图和剖面视图都可以使用该工具。不能从平面视图复制详图索引
重命名视图、明细表	在视图名称上单击鼠标右键，然后点击“重命名”命令，或选择视图并按【F2】键
重命名图纸	在图纸名称上单击鼠标右键，然后点击“重命名”命令，或选择图纸并按【F2】键
关闭视图	在视图名称上单击鼠标右键，然后点击“关闭”命令
删除视图	在视图名称上单击鼠标右键，然后点击“删除”命令
修改属性	点击视图名称，然后在“属性”选项板中修改其属性
展开或折叠项目浏览器中的各个分支	点击“+”展开，或者点击“-”折叠。使用箭头键可在分支间定位
查找相关视图	在视图名称上单击鼠标右键，然后点击“查找相关视图”命令

14.3.2 平面图的生成

1. 平面视图的类型

二维视图提供了查看模型的传统方法。点击“视图”选项卡中“创建”面板上的“平面视图”下拉列表，下拉列表中包括以下选项：

（1）楼层平面；

（2）天花板投影平面；

（3）结构平面；

（4）平面区域；

（5）面积平面。

大多数模型至少包含一个楼层平面视图，如图 14-35 所示。

大多数项目至少包含一个天花板投影平面视图，如图 14-36 所示。天花板投影平面视图在添加新标高到项目中时自动创建。

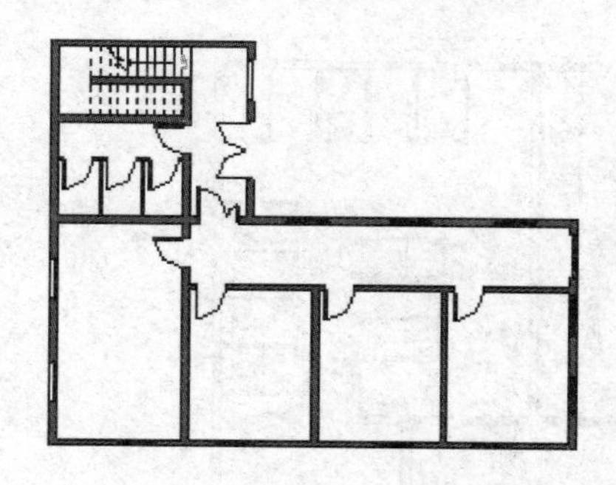

图 14-35 楼层平面视图

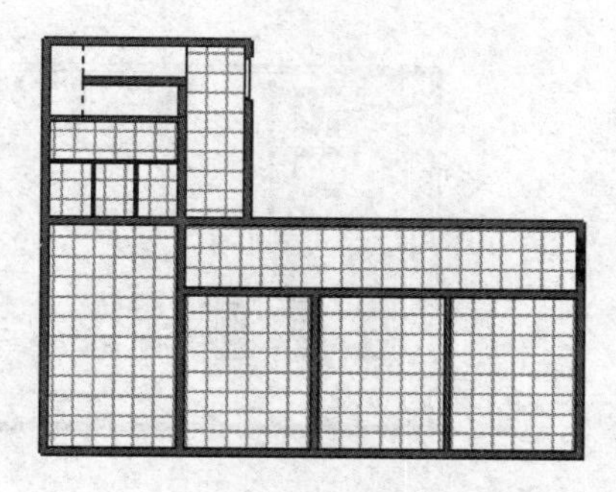

图 14-36 天花板投影平面视图

结构平面视图是使用结构样板开始新项目时的默认视图。大多数项目包括至少一个结构平面视图，并且新的结构平面视图在添加新标高到项目中时自动创建，如图 14-37 所示。

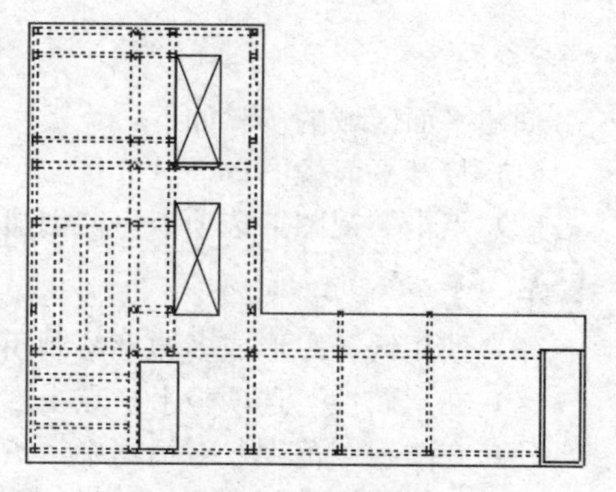

图 14-37 结构平面视图

2. 创建平面视图

1）创建楼层平面视图

(1) 点击“视图”选项卡→“创建”面板→“平面视图”下拉列表→“楼层平面”命令 楼层平面。

(2) 在“新建平面”对话框中，选择一个或多个要创建平面视图的标高。

(3) 如果希望为具有现有平面视图的标高创建平面视图，可清除“不复制现有视图”选项。

(4) 选择一个合适的视图比例作为新视图的“比例”。

(5) 点击“确定”按钮，完成视图的创建。

2）创建天花板投影平面视图

(1) 点击“视图”选项卡→“创建”面板→“平面视图”下拉列表→“天花板投影平面”命令 天花板投影平面。

(2) 从“新建天花板平面”对话框中，选择一个或多个想要为其创建视图的标高。注意，选择多个标高时按住【Ctrl】键。

(3) 如果希望为具有现有平面视图的标高创建平面视图，可清除“不复制现有视图”选项。

(4) 选择一个合适的视图比例作为新视图的“比例”。

(5) 点击“确定”按钮，完成视图的创建。

3）创建平面区域

使用“平面区域”工具，可以在视图范围与整体视图不同的平面视图内定义区域。平面区域可用于拆分标高平面，也可用于显示剖切面上方或下方的插入对象。平面区域是闭合草图，不能彼此重叠。平面区域可以具有重合边，如图 14-38 所示。

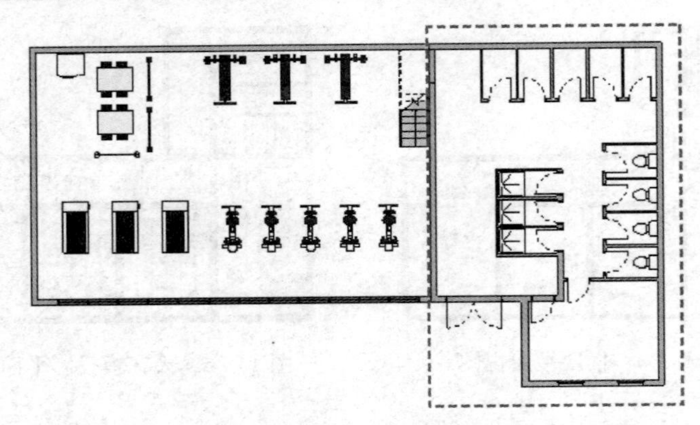

图 14-38 创建平面区域

创建平面区域的步骤如下：

（1）打开平面视图；

（2）点击“视图”选项卡→“创建”面板→“平面视图”下拉列表→“平面区域”命令；

（3）使用线、矩形或多边形绘制闭合环；

（4）在“属性”选项板上，点击“视图范围”对应的“编辑”按钮；

（5）在“视图范围”对话框中，指定主要范围和视图深度；

（6）如果将“剖切面”的值指定为“父视图的标高”，则用于定义所有剪裁平面（“顶”“底”“剖切面”和“视图深度”）的标高与整个平面视图的标高相同；

（7）点击“确定”按钮退出“视图范围”对话框；

（8）在“模式”面板上，点击按钮完成编辑模式。

无须进入草图模式即可编辑平面区域的形状。平面区域的每条边界线都有一个形状操作柄，如图 14-39 所示。选择并拖曳形状操作柄，可以修改尺寸。

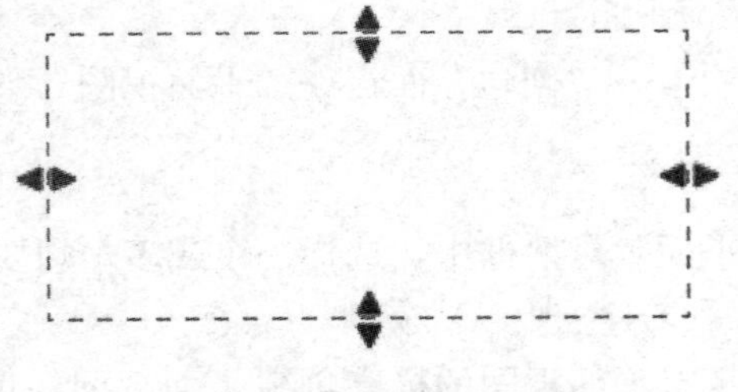

图 14-39 编辑平面区域

3. 平面视图属性

修改视图属性以更改视图比例、详细程度、视觉样式、方向和视图的其他属性，如图 14-40 所示。常用属性的具体说明详见表 14-4。

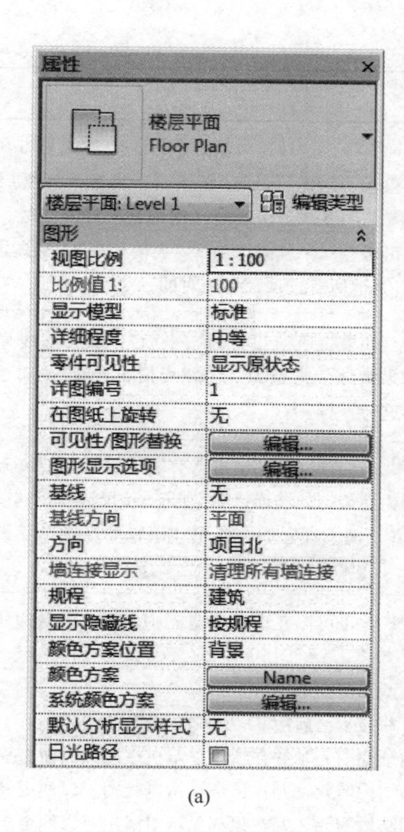

(a)

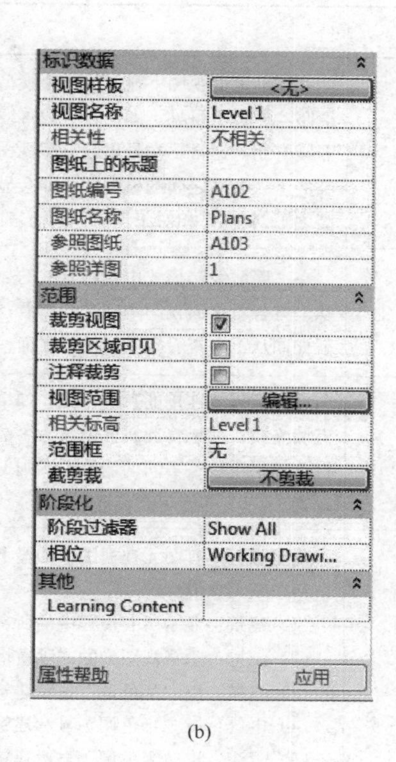

(b)

图 14-40 平面视图的“属性”对话框

楼层平面视图属性说明 **表 14-4**

名称	说 明
视图比例	修改视图在图纸上显示的比例。从列表中选择比例值
比例值	自定义比例值。选择“自定义”作为“视图比例”后，即启用此属性
显示模型	在详图视图中隐藏模型。通常情况下，设置为“标准”则显示所有图元，该值适用于所有非详图视图；设置为“不显示”则只显示详图视图专有图元（这些图元包括线、区域、尺寸标注、文字和符号），不显示模型中的图元；“半色调”通常显示详图视图特定的所有图元，而模型图元显示在“定义半色调基线设置”中，可以使用半色调模型图元作为线、尺寸标注和对齐的追踪参照
详细程度	将详细程度设置应用于视图比例：粗略、中等或精细。此设置将替换此视图的自动详细程度设置。在视图中应用某个详细程度后，某些类型的几何图形可见性即会打开。墙、楼板和屋顶的复合结构以中等和精细详细程度显示，族几何图形随详细程度的变化而变化，结构框架随详细程度的变化而变化。以“粗略”程度显示时，模型会显示为线；以“中等”和“精细”程度显示时，模型会显示更多几何图形
可见性/图形替换	点击“编辑”按钮可访问“可见性/图形”对话框
视觉样式	修改显示
图形显示选项	点击“编辑”按钮，可以访问“图形显示选项”对话框，该对话框可以控制阴影和侧轮廓线

续表

名称	说　明
基线	在当前平面视图下显示另一个模型切面。该模型切面可从当前标高上方或下方获取。基线会变暗，但仍然可见（即使在“隐藏线”模式下同样可见）。基线对于理解不同楼层的构件关系非常有用。通常，在导出或打印视图前要关闭基线，可通过指定标高来设置基线，此标高和紧临的上一标高之间的模型切面即会显示出来。三个基线选项（“当前标高”“标高之上”和“标高之下”）都是相对于当前标高而言的，其他所有选项都是绝对的
基线方向	在“隐藏线”模式中控制基线的显示。如果将该值指定为“平面”，那么基线显示时就如同从上方查看平面视图一样进行查看；如果将该值指定为“天花板投影平面”，那么基线显示时就如同从下方查看天花板投影平面一样进行查看
墙连接显示	设置清理墙连接的默认行为。如果将此属性设置为“清理所有墙连接”，则Revit自动清理所有墙连接；如果将此属性设置为“清理相同类型的墙连接”，则Revit仅清理相同墙类型的墙连接；如果连接了不同的墙类型，则Revit不能清理它们。使用“编辑墙连接”工具可以替换此设置
规程	确定规程专有图元在视图中的显示方式，也可以在项目浏览器中使用此参数组织视图。规程包括以下可选值： （1）建筑：显示所有规程中的所有模型几何图形。 （2）结构：隐藏视图中的非承重墙，并显示已启用其“结构”参数的图元。 （3）机械：以“半色调”显示建筑和结构图元，并在顶部显示机械图元以便更易于选择。 （4）电气：以“半色调”显示建筑和结构图元，并在顶部显示电气图元以便更易于选择。 （5）卫浴：以“半色调”显示建筑和结构图元，并在顶部显示卫浴图元以便更易于选择。 （6）协调：显示所有规程中的所有模型几何图形
显示隐藏线	控制视图中隐藏线的显示（不适用于透视视图）
颜色方案	在平面视图或剖面视图中，用于以下各项的颜色方案： （1）房间和面积； （2）空间和分区； （3）管道和风管
视图名称	活动视图的名称。视图名称显示在项目浏览器以及视图的标题栏上。除非定义了“图纸上的标题”参数的值，否则该名称也会显示为图纸上的视口的名称
图纸上的标题	出现在图纸上的视图的名称，可以替代“视图名称”属性中的任何值。该参数不可用于图纸视图
参照详图	该值来自放置在图纸上的参照视图
视图样板	标识指定给视图的视图样板。以后对视图样板的更改将影响视图
裁剪视图	选中“裁剪视图”复选框可启用模型周围的裁剪边界。选择此边界并使用拖曳控制柄调整其尺寸。调整边界尺寸时，模型的可见性也随之变化。要关闭边界并保持裁剪，须清除“裁剪区域可见”复选框
裁剪区域可见	显示或隐藏裁剪区域。在图纸视图和明细表视图中，视图裁剪不可用
视图范围	在任何平面视图的视图属性中，都可以设置视图范围。通过视图范围可以控制定义各个视图边界的特定几何平面。这些边界通过定义准确的剖切面以及顶部和底部剪裁平面来设置

14.3.3 立面图的生成

1. 创建立面视图

在 Revit 中，立面视图是默认样板的一部分。当设计者使用默认样板创建项目时，项目将包含东、西、南、北四个立面视图。在立面视图中绘制标高线，将针对设计者绘制的每条标高线创建一个对应的平面视图，如图 14-41 所示。

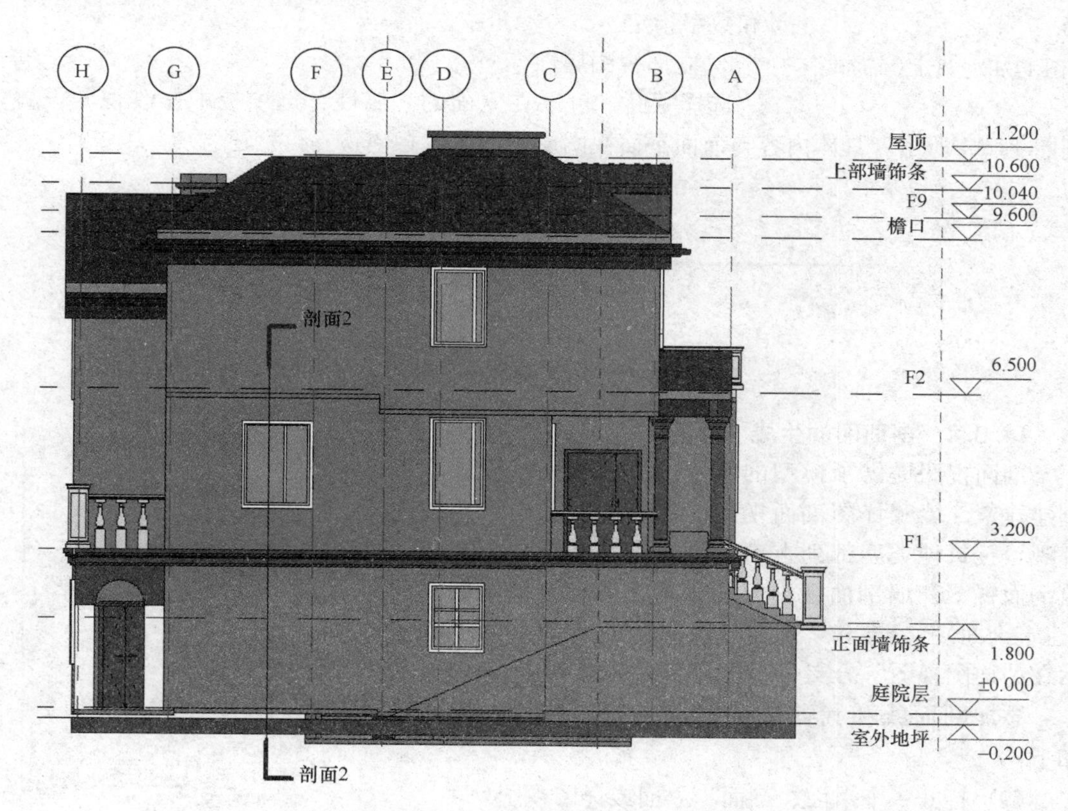

图 14-41 创建立面视图

设计者可以创建其他外部立面视图或内部立面视图。内部立面视图描述内墙的详图视图并说明如何创建该墙的特征。可在内部立面视图中显示的房间示例有厨房和浴室。

创建立面视图步骤如下：

(1) 打开平面视图。

(2) 点击“视图”选项卡→“创建”面板→“立面”下拉列表→“立面”命令。此时会显示一个带有立面符号的光标。

(3) 在“类型选择器”列表中，选择视图类型，或者点击“编辑类型”按钮以修改现有视图类型或创建新的视图类型。

(4) 将光标放置在墙附近并单击以放置立面符号。

【提示】 移动光标时，可以按【Tab】键来改变箭头的位置，箭头会捕捉到垂直墙。

(5) 要设置不同的内部立面视图，可高亮显示立面符号的方形造型并单击。立面符号会随用于创建视图的复选框选项一起显示，如图 14-42 所示。

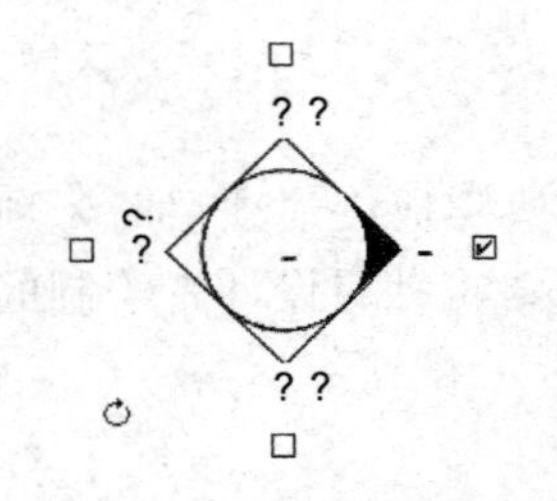

图 14-42　显示立面符号

（6）选中复选框表示要创建立面视图的位置。

（7）单击远离立面符号的位置以隐藏复选框。

（8）点击高亮显示符号上的箭头以选择它。

（9）单击箭头一次以查看剪裁平面，如图 14-43 所示。

（10）在项目浏览器中，选择新的立面视图。立面视图由字母和数字指定。

2. 立面视图属性

选择立面，可以在立面的“属性”选项板中修改视图设置，如图 14-44 所示。具体内容与前面平面视图属性的修改相同，不再赘述。

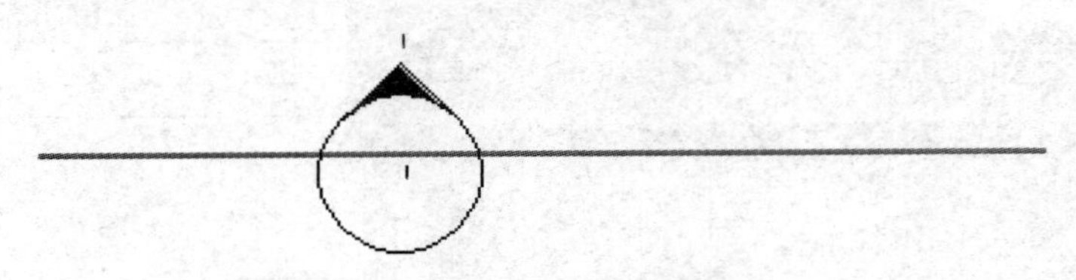

图 14-43　查看剪裁平面

14.3.4　剖面图的生成

剖面视图提供了模型的特定部分的视图。设计者可以创建建筑、墙和详图剖面视图。每种类型都有唯一的图形外观，且每种类型都列在项目浏览器下的不同位置处。建筑剖面视图和墙剖面视图分别显示在项目浏览器的“剖面（建筑剖面）”分支和“剖面（墙剖面）”分支中。剖面图显示在“详图视图”分支中。建筑剖面示例如图 14-45 所示。

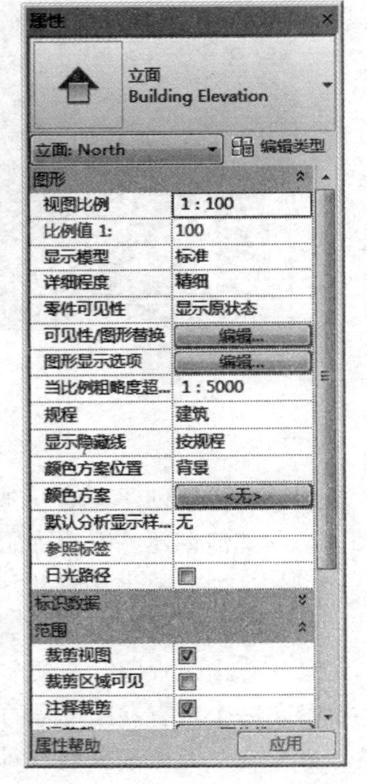

图 14-44　立面视图的“属性”选项板

添加剖面线和裁剪区域以定义新的剖面视图，步骤如下：

（1）打开一个平面、剖面、立面或详图视图。

（2）点击“视图”选项卡→“创建”面板→“剖面”命令。

（3）从“类型选择器”列表中选择视图类型，或者点击“编辑类型”按钮以修改现有视图类型或创建新的视图类型。

（4）将光标放置在剖面的起点处，并拖曳光标穿过模型或族。

【提示】现在可以捕捉与非正交基准或墙平行或垂直的剖面线。可在平面视图中捕捉到墙。

（5）当到达剖面的终点时单击，这时将出现剖面线和裁剪区域，并且已选中它们，如图 14-46 所示。

（6）如果需要，可通过拖曳控制柄来调整裁剪区域的大小，剖面视图的深度将相应地发生变化。

（7）点击“修改”按钮或按【Esc】键以退出“剖面”工具。

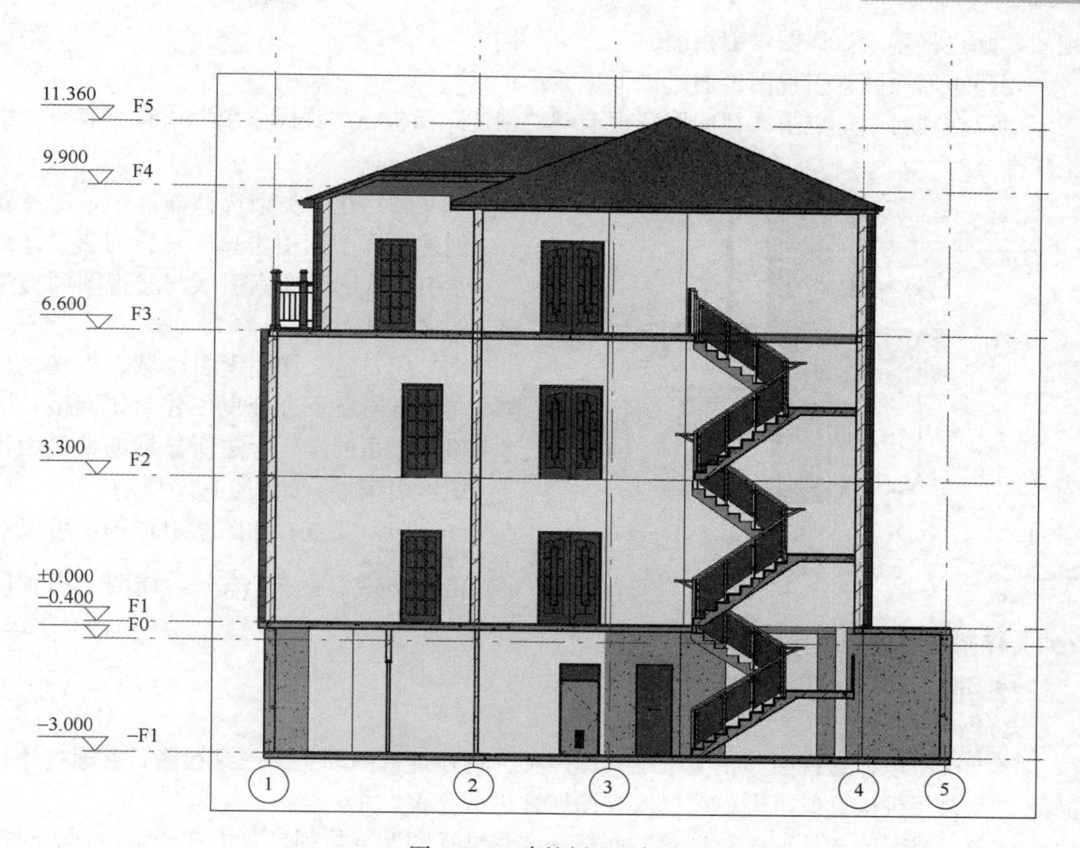

图 14-45 建筑剖面示例

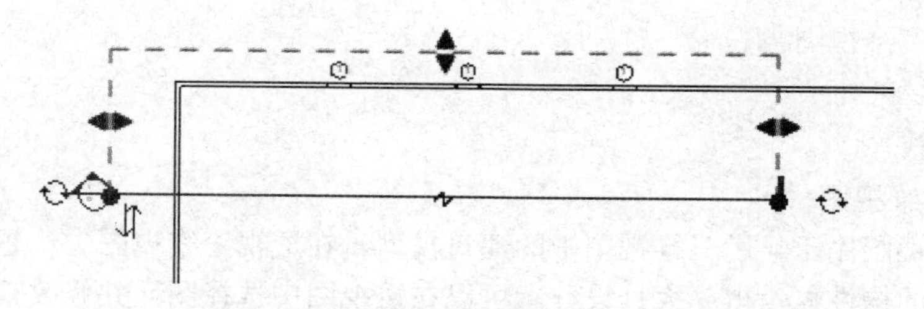

图 14-46 设置剖面终点

（8）要打开剖面视图，可双击剖面标头或从项目浏览器的“剖面”组中选择剖面视图。当修改设计或移动剖面线时剖面视图将随之改变。

（9）当需要创建阶梯状剖面视图时，可以点击“剖面”工具，将剖切线在合适的地方进行拆分，并将剖切线一端拉到合适的位置。

14.3.5 详图索引、大样图的生成

详图索引以较大比例显示另一视图的一部分。在施工图文档集中，使用详图索引可以为持续增加的详细程度提供标记视图的有序变化。可向平面视图、剖面视图、详图视图或立面视图中添加详细信息详图索引或视图详图索引。在视图中绘制详图索引编号时，Revit 会创建一个详图索引视图。然后，可以向详图索引视图中添加详图，以提供有关建筑模型中该部分的详细信息。绘制详图索引的视图是该详图索引视图的父视图。如果删除父

视图，则也将删除该详图索引视图。

创建矩形详图索引视图可通过以下步骤：

（1）在项目中，点击“视图”选项卡→“创建”面板→“详图索引”下拉列表→“矩形”命令。

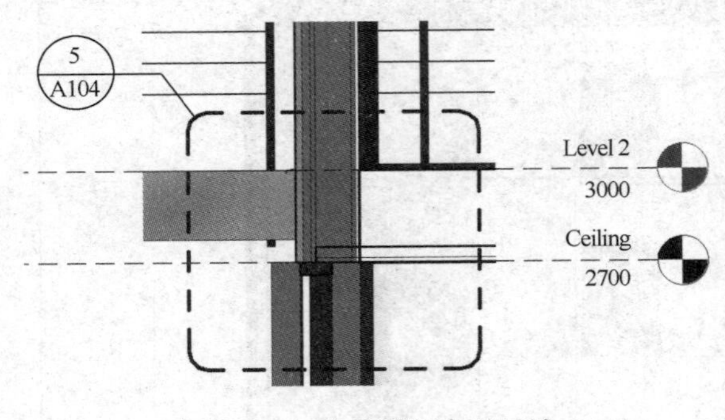

图 14-47　定义详细索引区域

（2）在“类型选择器”中，选择要创建的详图索引类型——详细信息详图索引或视图详图索引（与父视图同类型的详图索引视图）。

（3）定义详图索引区域，将光标从左上方向右下方拖曳创建封闭网格，网格左上角的虚线旁边所显示的编号为详图索引编号，如图 14-47 所示。

（4）要查看详图索引视图，可以双击详图索引标头 5/A104，详图索引视图（即大样图）将显示在绘图区域中。

14.3.6　三维视图的生成

1. 三维视图分类

三维视图包含透视图和正交三维视图两种。创建透视图和正交三维视图，并通过添加背景、调整相机位置或范围、或修改视图属性进行完善。

点击“视图”选项卡→“创建”面板→“三维视图”下拉列表，出现的下拉列表包括以下选项：

（1）默认三维视图；

（2）相机；

（3）漫游。

2. 透视三维视图

透视三维视图用于显示三维视图中的建筑模型，在透视三维视图中，越远的构件显示得越小，越近的构件显示得越大。设计者可以在透视图中选择图元并修改其类型和实例属性。创建或查看透视三维视图时，视图控制栏会指示该视图为透视视图，如图 14-48 所示。

【提示】在启用了工作共享的项目中使用时，三维视图命令会为每个用户创建一个默认的三维视图。程序会为该视图指定｛3D-用户名｝名称。

可以使用剖面框来限制三维视图的可见部分，创建剖切透视三维视图，如图 14-49 所示。

3. 正交三维视图

正交三维视图用于显示三维视图中的建筑模型，在正交三维视图中，不管相机距离的远近，所有构件的大小均相同，如图 14-50 所示。

4. 创建透视三维视图

“透视”选项控制三维视图是否显示为正交视图，步骤如下：

图 14-48 透视三维视图

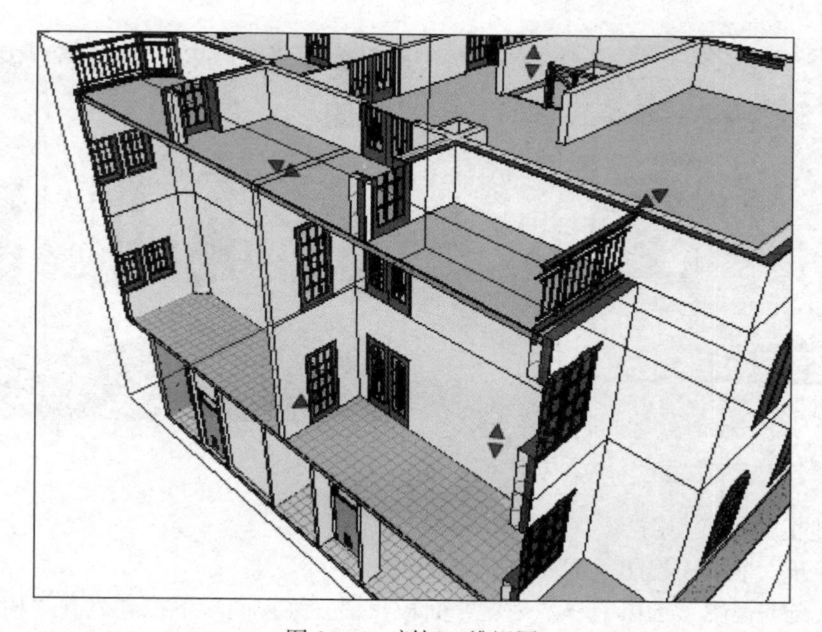

图 14-49 剖切三维视图

（1）打开一个平面视图、剖面视图或立面视图。

（2）点击“视图”选项卡→“创建”面板→“三维视图”下拉列表→“相机”命令。

（3）在绘图区域中单击以放置相机。

（4）将光标拖曳到所需目标然后单击即可放置，如图 14-51 所示，Revit 将创建一个透视三维视图，并为该视图指定名称，如“三维视图 1”“三维视图 2”等。要重命名视图，在项目浏览器中的该视图上单击鼠标右键并选择“重命名”命令。

图 14-50　正交三维视图

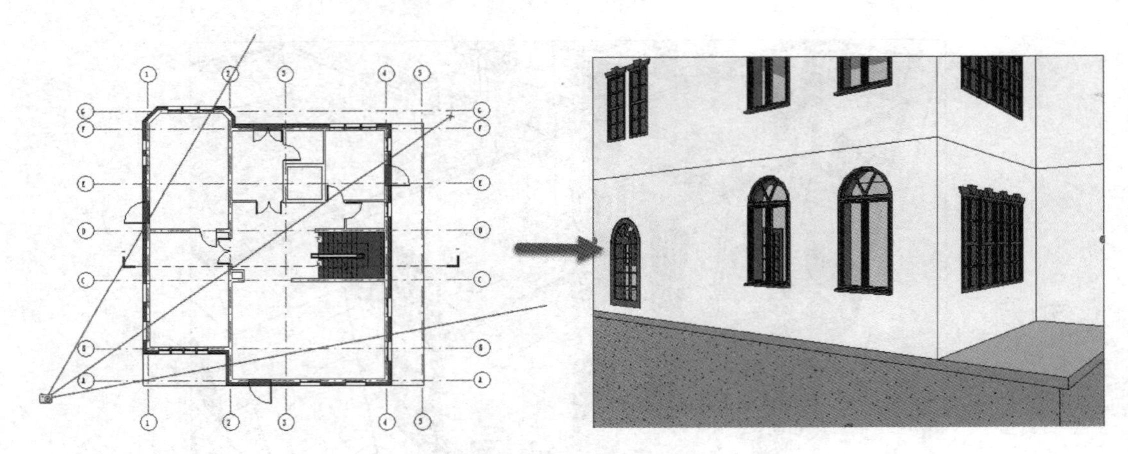

图 14-51　创建透视三维视图

5. 创建正交三维视图

（1）打开一个平面视图、剖面视图或立面视图。

（2）点击“视图”选项卡→“创建”面板→“三维视图”下拉列表→“相机”命令。

（3）在选项栏上清除“透视图”选项。

（4）在绘图区域中单击一次以放置相机，然后再次单击放置目标点，如图 14-52 所示。

当前项目的未命名三维视图将打开并显示在项目浏览器中。如果项目中已经存在未命名视图，“三维”工具将打开该现有视图。通过在项目浏览器中的视图名称上单击鼠标右键，然后点击“重命名”命令，可以重命名默认三维视图。重命名的三维视图将随项目一起保存。如果重命名未命名的默认三维视图，则下次点击“三维”工具时，Revit 将打开新的未命名视图。

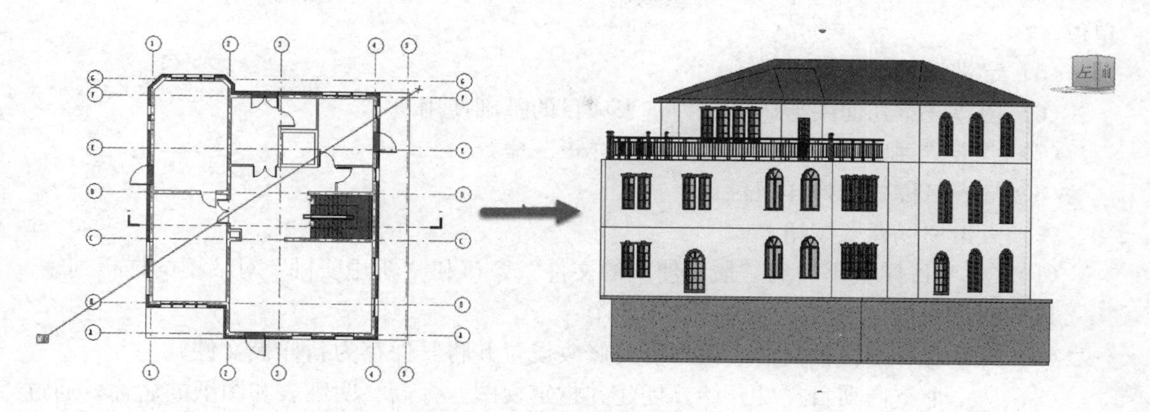

图 14-52 创建正交三维视图

同样可以使用剖面框来限制三维视图的可见部分，创建剖切正交三维视图。

14.4 样板文件管理

14.4.1 样板文件的作用

项目样板为新项目提供了起点，包括视图样板、已载入的族、已定义的设置（如单位、填充样式、线样式、线宽、视图比例等）和几何图形（如果需要）。安装后，Revit中提供了若干样板，用于不同的规程和建筑项目类型。Revit 提供了四种样板文件：构造样板、建筑样板、结构样板、机械样板。也可以创建自定义样板以满足特定的需要，或确保遵守办公标准。项目样板使用文件扩展名 .rte。

创建新项目时，选择最恰当的反映规程和设计目的的样板。可按照下列步骤使用自定义样板：

（1）在按"项目"后出现的"最近使用的文件"窗口中，从一个简短的样板列表中作出选择；

（2）从"新建项目"对话框中访问项目样板的完整列表，包括 Revit 的默认样板和自定义样板。

14.4.2 创建和管理样板文件

一般建模任务使用 Revit 自带的四种项目样板文件即可。对于更专业化、定制化的设计任务，可以创建新的项目样板文件，下面简要介绍。

1. 创建项目样板

可以使用多种方法创建自定义项目样板，步骤如下：

（1）点击"菜单"→"新建"→"项目"命令。

（2）在"新项目"对话框的"样板文件"下，选择：①"无"（可从一个空白项目文件创建样板）；②"浏览"（可使样板基于现有的项目样板定位到样板位置）。

（3）在"新建"选项下选择"项目样板"选项。

（4）点击"确定"按钮。

【提示】不是基于现有样板，则显示"选择初始单位"对话框，指定使用英制或公制单位。

(5) 定义设置。

(6) 创建任意几何图形，可作为将来项目的基础使用。

(7) 点击“菜单”→“另存为”→“样板”命令。

(8) 输入名称并选择样板目录。

(9) 点击“保存”按钮。

(10) 将项目样板添加到“最近使用的文件”窗口和“新建项目”对话框的样板列表。

其他创建项目样板的方法包括以下几个：

(1) 打开现有的样板文件，根据需要修改设置并将其保存为新样板文件。

(2) 从一个空白项目文件开始，创建并指定视图、标高、明细表和图纸的名称。通过创建图纸，并在图纸上添加空视图，以此创建施工图文档集。将项目另存为样板文件。在使用样板创建项目并开始在视图中绘制几何图形时，图纸中的视图将更新。此策略将自动创建施工图文档。

(3) 使用包含几何图形的项目，可以在该几何图形的基础上创建新项目。例如，如果已经定义了一个大学校园的几何图形，并且要将此几何图形包含在多个新的大学项目中，可以将含有此几何图形的项目另存为样板。每次用此样板打开项目时，都会包含该几何图形。

2. 项目样板设置

定义项目样板设置以在整个项目中保持一致性。项目样板设置一般包括以下信息的设置，以保证其一致性：

(1) 项目信息：包括诸如项目名称、项目编号、客户名称等信息。

(2) 项目设置：例如设计者可以预定义构件和线的样式、材质的填充样式、项目单位、模型视图的捕捉增量等。

(3) 视图样板：使用视图样板可以确保遵守办公标准，并实现与施工图文档集的一致性。

(4) 族：包含系统族和已载入的族，可以根据需要修改或复制项目的系统族（例如墙），还可以载入族（例如常用的族、自定义族和标题栏）。

(5) 项目视图：预定义平面视图、标高、明细表、图例、图纸等。

(6) 可见性/图形设置：是在“对象样式”对话框中针对项目指定的。如有必要，可以逐个视图替换相应的设置。

(7) 打印设置：预定义打印机和打印设置。

(8) 项目和共享参数：预定义项目参数并标识共享参数文件。

14.5 管理项目文件

14.5.1 建立和打开项目

1. 创建

如果已准备好在Revit中进行新的设计，需要创建项目。创建项目可以通过下列方法之一完成：

（1）按快捷键【Ctrl+N】；

（2）点击“菜单”→“新建”→“项目”命令；

（3）在“最近使用的文件”窗口中的“项目”下，点击“新建”选项或所需样板的名称。

2. 打开

在打开 Revit 项目文件时，可以设置相关选项以核查文件的图元损坏情况，从中心工作共享模型中分离本地模型，或新建中心模型的本地副本。

（1）点击“菜单”→“打开”→“项目”命令。

（2）在“打开”对话框中，定位到 Revit 项目文件所在的文件夹。

（3）如果仅查看某种类型的文件，请从“文件类型”下拉列表中选择该类型。

（4）选择所需的选项。

① 核查：扫描、检测并修复项目中损坏的图元。此选项可能会大大增加打开文件所需的时间。仅在定期维护大型工作共享文件时或准备升级时，才使用此选项。

② 从中心分离：打开工作共享的本地模型，且使该模型独立于中心模型。

③新建本地文件：打开中心模型的本地副本。

（5）选择 Revit 项目文件，然后点击“打开”选项。

【提示】 如果设计者正在编辑非工作共享文件，则其他用户将具备对该文件的只读访问权限。

14.5.2 保存项目

1. 保存文件

保存文件、定义保存选项和提醒，并管理备份文件和日志文件。要保存文件，可以通过执行下列操作之一完成：

（1）点击“菜单”→“保存”命令；

（2）按快捷键【Ctrl+S】；

（3）在快速访问工具栏上，点击“保存”命令；

（4）若要将当前文件以其他文件名或位置进行保存，点击“菜单”→“另存为”命令；

（5）如果所处理的项目已启用了工作共享，而且设计者希望将所作的修改保存到中心模型中，点击“协作”上下文选项卡→“同步”面板→“与中心文件同步”下拉列表→“立即同步”命令进行同步。

2. 将视图保存到外部项目

可以将视图保存到外部 Revit 项目。此操作将把视图及该视图中的所有可见图元（模型图元和视图专有图元）都保存到新的项目文件中。

（1）在项目浏览器中，选择一个视图。

（2）在视图名称上单击鼠标右键，然后点击“保存到新文件”命令。

（3）输入 Revit 文件的新名称。

14.5.3 备份文件

所有备份操作（例如复制、清除等）都将在保存对项目所作的修改时发生。如有必要，可以使用备份文件撤销对项目的最新修改，从而将项目恢复到以前保存的状态。

在保存项目时，Revit 会为该项目的以前版本（即在进行当前保存之前的项目文件）创建备份副本。此备份副本的名称为<project _ name>. <nnnn>. rvt，其中<nnnn>表示该文件的保存次数，以四位数字表示。备份文件与项目文件位于同一文件夹中。可以指定 Revit 能够保存的最多备份文件数。如果备份文件数超出最大值，Revit 将清除最早的备份文件。例如，如果最大值是三个备份文件，而项目文件夹包含五个备份文件，那么 Revit 将删除最早的两个备份文件。

15　标高与轴网构建

标高和轴网是建筑单体设计中首先应确定的部分，在 Revit Architecture 中标高和轴网作为基准图元，是建筑构件在立剖面和平面视图中定位的重要依据，两者存在密切关系。

本章将在上一章新建项目文件的基础上，为项目创建标高和轴网，以方便后续设计捕捉定位。

建议先创建标高，再创建轴网。这样在立面视图中轴线的顶部端点将自动位于最上面一层标高线之上，轴线与所有标高线相交，所有楼层平面视图中会自动显示轴网。

【提示】先创建标高，后创建轴网，这点对体育场等具有放射形轴网的建筑尤其重要。因为在四个正立面上只能看到部分轴线，无法将所有轴线的标头调整到最上面的标高之上，所以后创建的平面视图中将不能显示所有轴线。

15.1　标　　高

15.1.1　创建标高

标高用来定义楼层层高或其他必需的建筑垂直参照（墙顶、基础底端等）及生成平面视图。

在 Revit Architecture 中，“标高”命令必须在立面视图或剖面视图中才能使用，因此在正式开始项目设计前，必须事先打开一个立面视图。

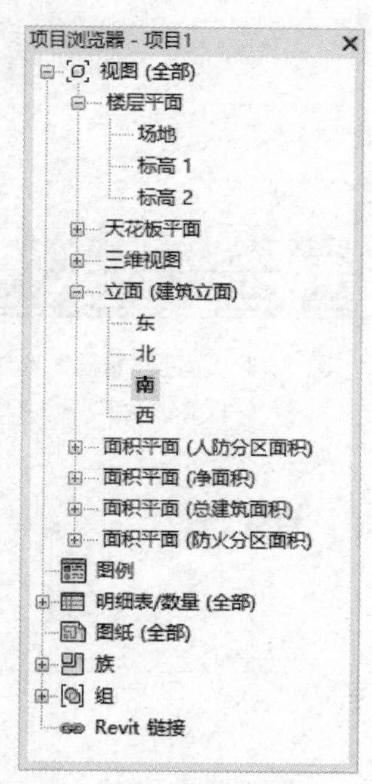

图 15-1　项目浏览器

（1）打开项目文件，在项目浏览器中双击“立面”中的“南立面”视图，如图 15-1 所示。

【提示】系统默认设置了两个标高：标高 1 和标高 2，将其重命名为 F1 和 F2。随后我们将创建所需的其他标高。

（2）单击选择 F2，这时在 F1 和 F2 之间会显示一条临时尺寸标注，同时标高标头名称及标高值也都变成有色显示（有色显示的文字、标注等单击即可编辑修改）。

（3）在临时尺寸标注值上单击激活文本框，输入新的层高值为“3300”后按【Enter】键确认，将一层与二层之间的层高修改为 3.3m，如图 15-2 所示。

【提示】修改标高 F2，也可以选中 F2 标高线，在“属性”选项板的“立面”参数中重新输入标高值，如图 15-3 所示。

（4）点击“建筑”选项卡中“基准”面板上的“标高”标高 图标，移动光标到视图中 F2 左侧标头上方，当出现

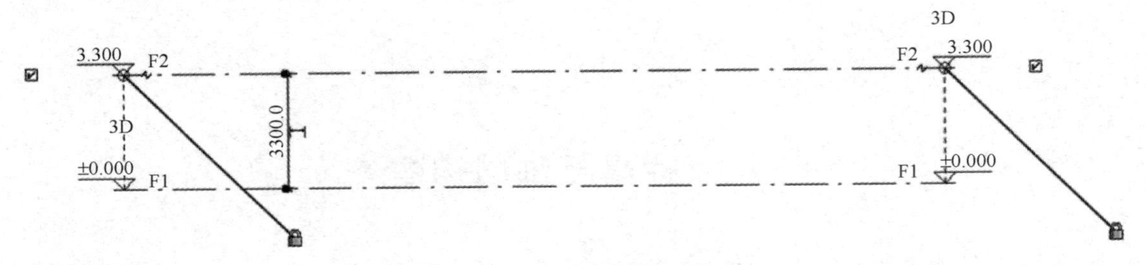

图 15-2　修改标高 2

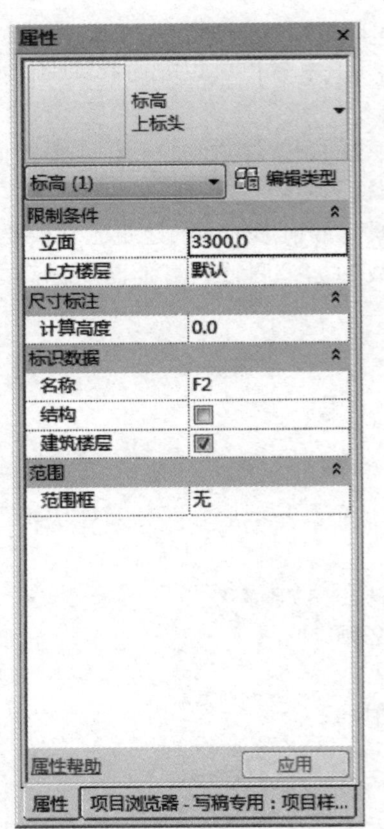

图 15-3　通过“属性”选项板修改标高

标头对齐虚线时，单击捕捉标高起点。

（5）从左向右移动光标到 F2 右侧标头上方，当出现标头对齐虚线时，再次单击捕捉标高终点，创建标高 F3，如图 15-4 所示。绘制标高期间不必考虑标高尺寸，绘制完成后可用与 F2 相同的方法调整其间隔，使其与 F2 的间距为 3.3m。连续按两次【Esc】键退出。

【提示】要调整某一个标高的尺寸，应单击激活该标高然后进行修改，或者上下拖拽该标高线，还可以通过单击拖动尺寸操纵柄，调整标高线范围。

下面利用工具栏中的“复制”命令，创建标高 F4 和 F5。

（1）选择标高 F3，点击“复制”命令，选项栏勾选“约束”和多重复制选项“多个”。

（2）移动光标在标高 F3 上单击捕捉一点作为复制参考点，然后垂直向上移动光标，输入间距值“3300”后按【Enter】键确认，复制出新的标高，如图 15-5 所示。

（3）向下移动光标，输入间距值“1460”后按【Enter】键确认，复制出另一个新的标高，如图 15-6 所示。

【提示】“复制”命令的“约束”选项可以保证正交，“多个”选项，可以在一次复制完成后无须激活“复制”命令而继续执行操作，从而实现多次复制。

下面创建标高 F0 和 -F1。

图 15-4　创建标高 F3

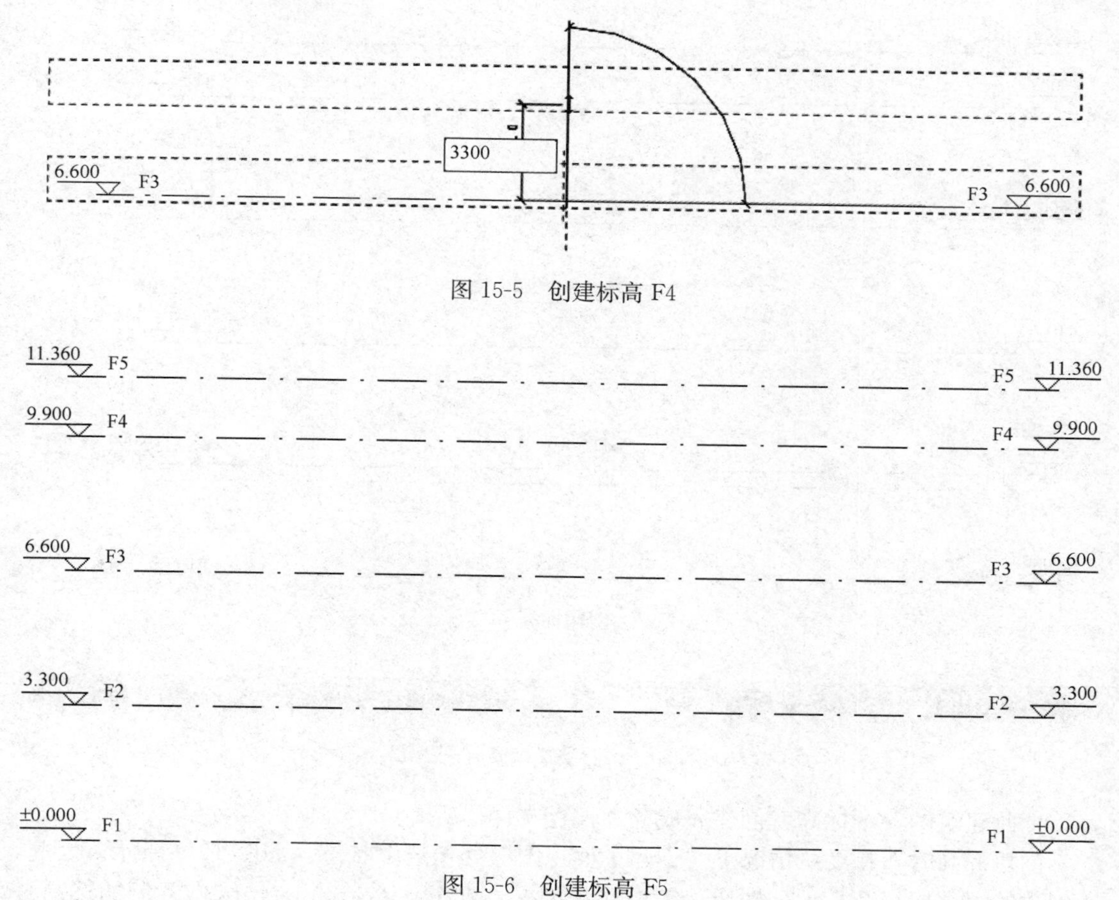

图 15-5 创建标高 F4

图 15-6 创建标高 F5

（1）选择标高 F2，点击“复制”命令，选项栏勾选多重复制选项“多个”。

（2）移动光标在标高 F2 上单击捕捉一点作为复制参考点，然后垂直向下移动光标，输入间距值“3700”后按【Enter】键确认，复制出新的标高。

（3）继续向下移动光标，输入间距值“2600”后按【Enter】键确认，复制出另一个新的标高。分别选择新复制的两根标高线，单击标头名称激活文本框，分别输入新的标高名称“F0”“—F1”后按【Enter】键确认，结果如图 15-7 所示。

【提示】当需要一次绘制多个间距相等的标高（多层或高层建筑）时，可以使用“阵列”命令。

（1）选择一个现有标高，点击“修改｜标高”上下文选项卡，选择“阵列”命令，设置选项栏，取消勾选“成组并关联”复选框，输入“项目数”为 6，即生成包含被阵列对象在内的共 6 个标高，并保证正交，也可以勾选“约束”复选框，以保证正交，如图 15-8 所示。

（2）单击新阵列标高，向上移动，输入标高间距“3000”后按【Enter】键，系统将自动生成包含原有标高在内的 6 个标高。

【提示】如果在操作中勾选了“成组并关联”复选框，阵列后的标高将自动成组，需要编辑该组才能调整标高的标头位置、标高高度等属性。

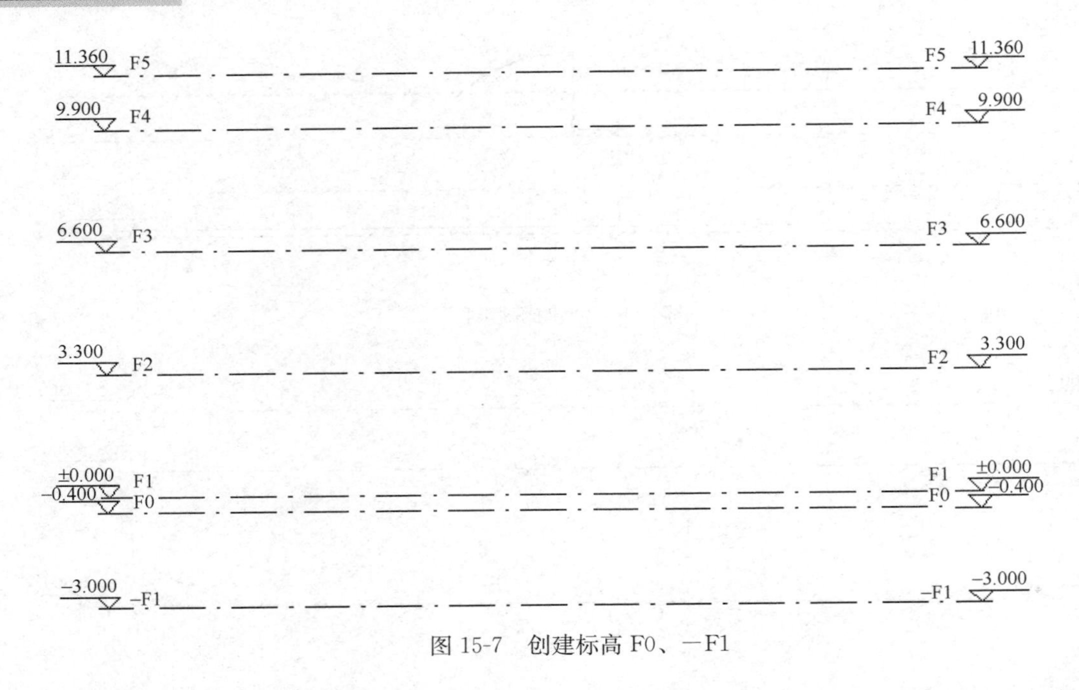

图 15-7　创建标高 F0、－F1

修改 | 标高　成组并关联　项目数: 6　移动到: 第二个　最后一个　约束　激活尺寸标注

图 15-8　设置标高阵列

至此建筑的各个标高就创建完成了，保存文件。

创建标高时，在默认情况下“创建平面视图”处于选中状态，如图 15-9 所示。因此，所创建的每个标高都是一个楼层。需要注意的是：在 Revit Architecture 中复制的标高是参照标高，因此新复制的标高标头都以黑色显示，而且在项目浏览器中的“楼层平面”项下也没有创建新的平面视图，而且标高标头之间有干涉，下面将对标高作局部调整。

图 15-9　选中“创建平面视图”

15.1.2　修改和编辑标高

（1）单击拾取标高 F0，从“类型选择器”中选择“类型”为“下标头”类型，标头自动向下翻转方向，如图 15-10 所示。

（2）选择“视图”选项卡中的“创建”面板，在“平面视图”中点击“楼层平面”命令，打开“新建楼层平面”对话框，如图 15-11 所示。从下面列表中选择“－F1”和“F4”，点击“确定”按钮后，在项目浏览器中创建了新的楼层平面“－F1”和“F4”。

（3）在项目浏览器中双击“立面（建筑立面）”项下的“南立面”视图回到南立面中，发现标高－F1 和 F4 标头变成有色显示，保存文件，得到如图 15-12 所示的标高。

其他标高编辑方法：选择任意一根标高线，会显示临时尺寸、一些控制符号和复选框，如图 15-13 所示。可以编辑其尺寸值，单击并拖拽控制符号可整体或单独调整标高标头位置，控制标头隐藏或显示、标头偏移等操作。

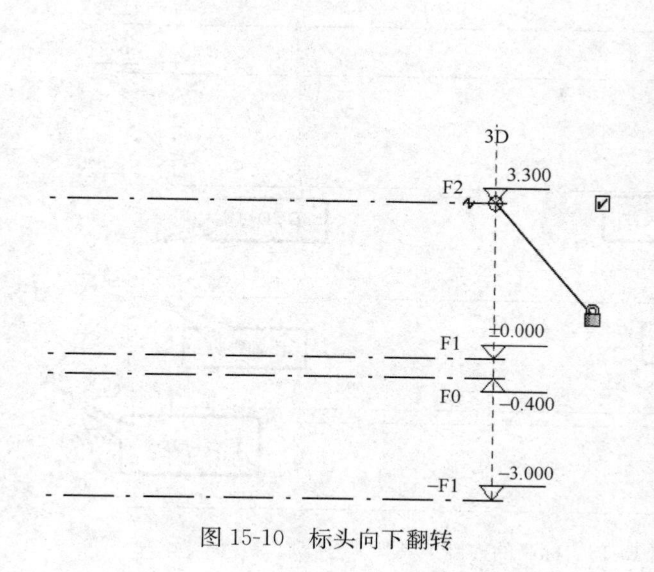

图 15-10 标头向下翻转

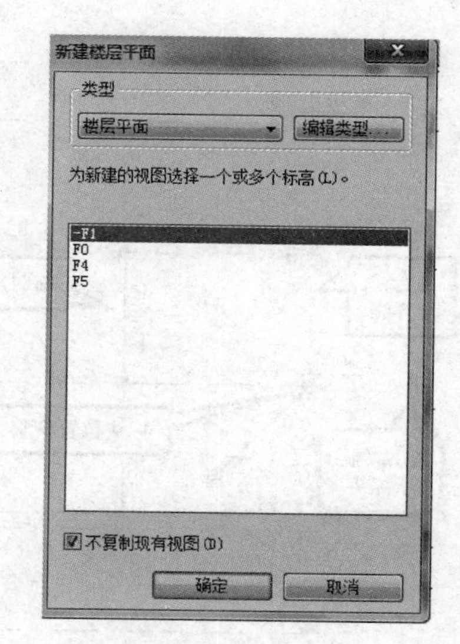

图 15-11 “新建楼层平面”对话框

11.360 F5 F5 11.360
9.900 F4 F4 9.900
6.600 F3 F3 6.600
3.300 F2 F2 3.300
±0.000 F1 F1 ±0.000
−0.400 F0 F0 −0.400
−3.000 −F1 −F1 −3.000

图 15-12 设置标高后的效果

在本例中，不需要偏移标高标头。若在其他设计中需要偏移标高标头，可选择需偏移的标高，单击轴线两侧标头位置的“添加弯头”符号，可使标高线从其编号偏移，然后即可以通过端点拖拽控制柄调整标高线的偏移位置，如图 15-14 所示。

当编号移动偏离轴线时，其效果仅在本视图中显示，不影响其他视图。

此外，单击标头外侧的☑，可以关闭/打开轴号显示。

还可以选择在二维或三维视图中调整标高。单击一个标高时，在其周围将出现“3D”

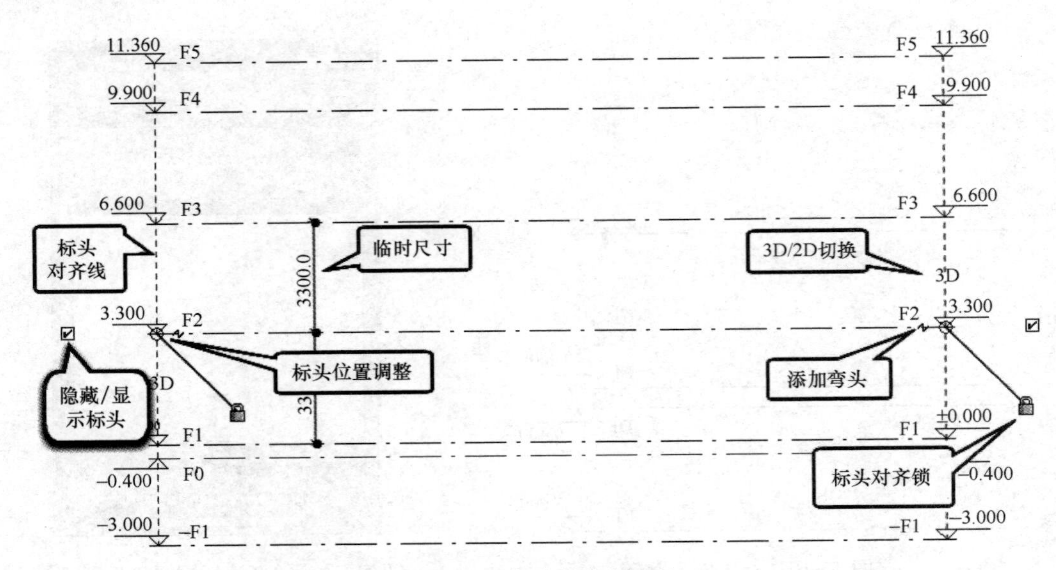

图 15-13　标高的控制工具

的文字提示，如图 15-15 所示。这表明当在某一个视图中调整标高线的范围时，这个改动将应用到其他所有的视图中去。比如，在北立面中调整标高线的范围，那么在南立面视图中也发生相应的变化（两者位置相反），如图 15-16 和图 15-17 所示。

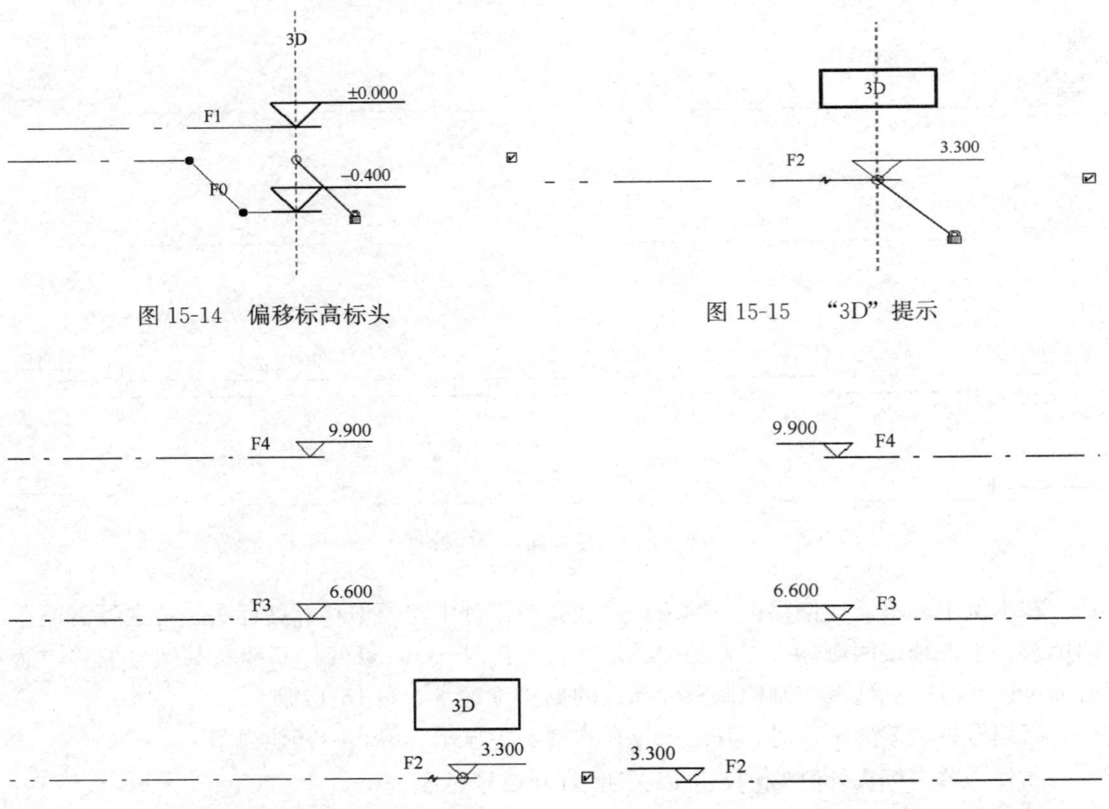

图 15-14　偏移标高标头

图 15-15　“3D”提示

图 15-16　三维视图中调整北立面中的标高

图 15-17　三维视图中南立面中的标高发生变化

选中标高后，单击文字“3D”，使其变为“2D”，此时将会使范围从三维切换至二维。在二维环境的某一个视图中调整标高线的范围，这个改动将仅对该视图发生作用，而不会应用到其他的视图中。比如，在北立面中调整标高线的范围，但在南立面视图中不发生变化，如图 15-18 和图 15-19 所示。

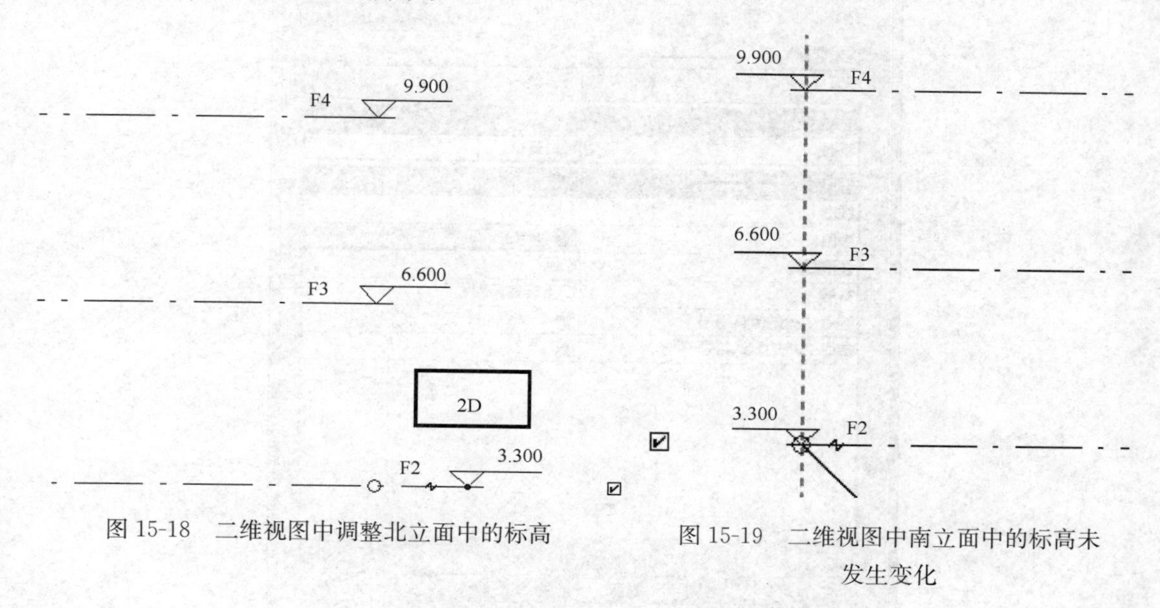

图 15-18　二维视图中调整北立面中的标高

图 15-19　二维视图中南立面中的标高未发生变化

除了上面介绍的一些实例编辑方法，还可以通过修改标高属性来编辑项目中该类型的所有标高线。

单击选择某个标高，在“属性”选项板中单击“编辑类型”按钮打开“类型属性”对话框，如图 15-20 所示。

1. 基面

如果“基面”值设置为“项目基点”，则在此标高上显示的高程基于项目基点，如果“基面”值设置为“测量点”，则显示的高程基于固定测量点。一般来说，默认使用“项目基点”作为“基面”值。

2. 线宽

设置标高类型的线宽。

3. 颜色

设置标高线的颜色。可以从 Revit Architecture 定义的颜色列表中选择颜色，或自定义颜色。

4. 线型图案

设置标高线的线型图案。线型图案可以为实线或点画线。可以从 Revit Architecture 定义的列表中选择线型图案，或自定义线型图案。

5. 符号

可以选择不同的标高标头的类型，每一种标高标头都是一个可载入的组文件，可以选择上标高标头、下标高标头显示以及是否显示数值。

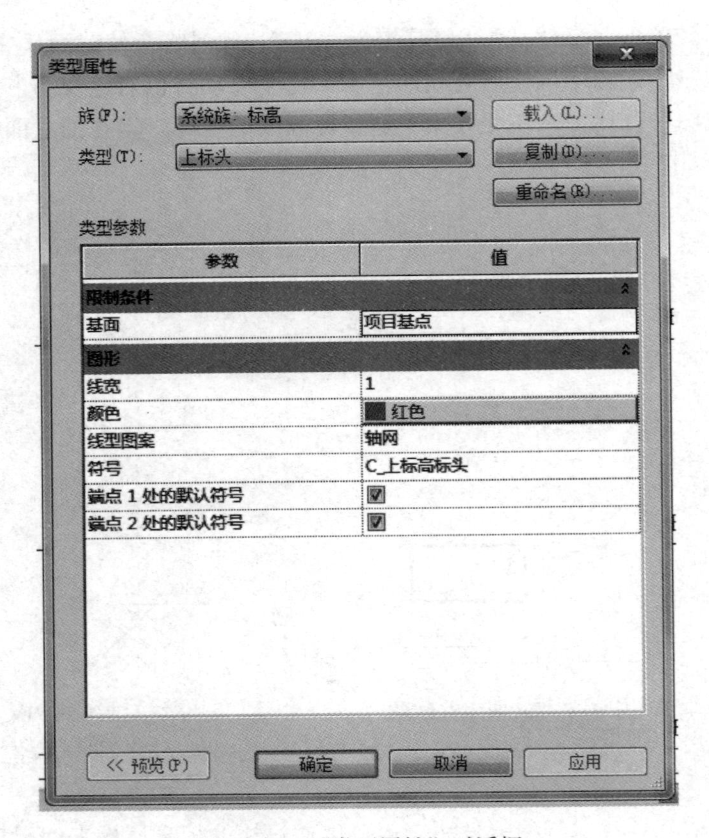

图 15-20 “类型属性”对话框

6. 端点 1 处的默认符号/端点 2 处的默认符号

勾选时在标高端点 1 或 2 处会出现在“符号”参数中选择的符号类型。

15.2 轴 网

15.2.1 添加轴网

下面将在平面图中创建轴网。轴网用于为构件定位，在 Revit 中轴网确定了一个不可见的工作平面，只需要在任意一个平面视图中绘制一次，其他平面和立面、剖面视图中都将自动显示。目前，Revit 中可以绘制弧形和直线轴线，不支持折线轴线。

（1）在项目浏览器中双击“楼层平面”项下的“F1”视图，打开首层平面视图。选择“建筑”选项卡中的“基准”面板，点击“轴网”命令 轴网，移动光标到视图中单击捕捉一点作为轴线起点。从下向上垂直移动光标一段距离后，再次单击捕捉轴线终点创建第一条垂直轴线，轴号为“1”。

（2）单击选择 1 轴线，点击“复制”命令，选项栏勾选多重复制选项“多个”和正交约束选项“约束”。移动光标在 1 轴线上单击捕捉一点作为复制参考点，然后水平向右移动光标，输入间距值“4530”后按【Enter】键确认后复制 2 轴线。保持光标位于新复制的轴线右侧，分别输入“3000”“5530”“1935”后按【Enter】键确认，复制 3、4、5 轴线。完成后结果如图 15-21 所示。

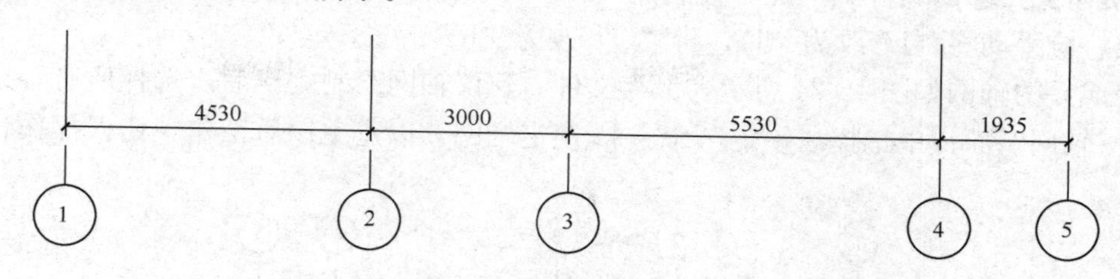

图 15-21　创建轴线

（3）点击"轴网"命令，移动光标到视图中 1 轴线标头左上方位置单击捕捉一点作为轴线起点。然后从左向右水平移动光标到 5 轴线右侧一段距离后，再次单击捕捉轴线终点创建第一条水平轴线。选择刚创建的水平轴线，修改标头文字为"A"，创建 A 轴线。单击选择 A 轴线，点击工具栏"复制"命令，选项栏勾选多重复制选项"多个"和正交约束选项"约束"。

（4）移动光标在 A 轴线上单击捕捉一点作为复制参考点，然后垂直向上移动光标，保持光标位于新复制的轴线右侧，分别输入"1800""3830""2800""2640""3190""1000"后按【Enter】键确认，复制 B～G 轴线。

【提示】还可以通过"阵列""镜像"命令绘制特殊间距的轴线。"阵列"命令的使用同标高中所讲，在此不再赘述。使用"镜像"命令时，1、2 轴线以 3 轴线为中心可以生成 4、5 轴线，但镜像后的 4、5 轴线顺序发生颠倒，需要手动修改，如图 15-22 所示。

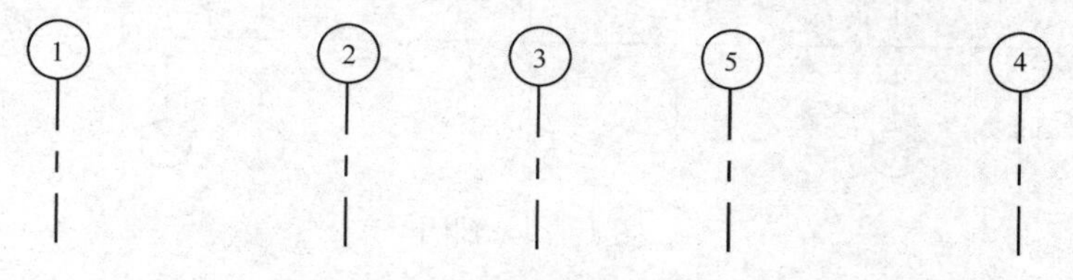

图 15-22　以"镜像"命令创建轴线

当绘制轴线时，可以让各轴线的头部和尾部相互对齐。如果轴线已对齐，在选择其中一根轴线时将会出现一个锁以指明对齐（图 15-23）。当需要移动同方向的全部轴网时，只需要选择轴网中的任意一根轴线并拖拽端点处的"拖拽控制柄"，就可以使对齐的轴线都随之移动。

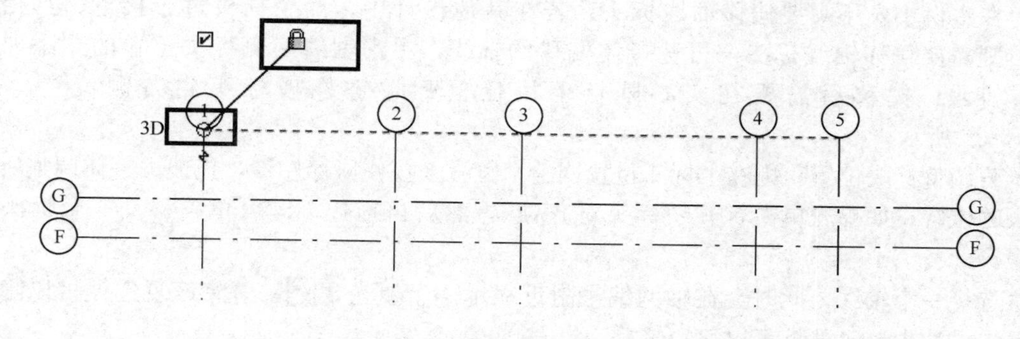

图 15-23　轴线对齐

【提示】目前的软件版本还不能自动排除 I、O 等轴线编号，如果在设计中涉及这两个轴线，应手动将“I”改为“J”，将“O”改为“P”。

完成后的轴网如图 15-24 所示，保存文件。建议轴网绘制完毕后，选择所有轴线，在“修改｜轴网”面板中选择“锁定”命令锁定轴网，以避免以后工作中错误操作移动轴网位置。

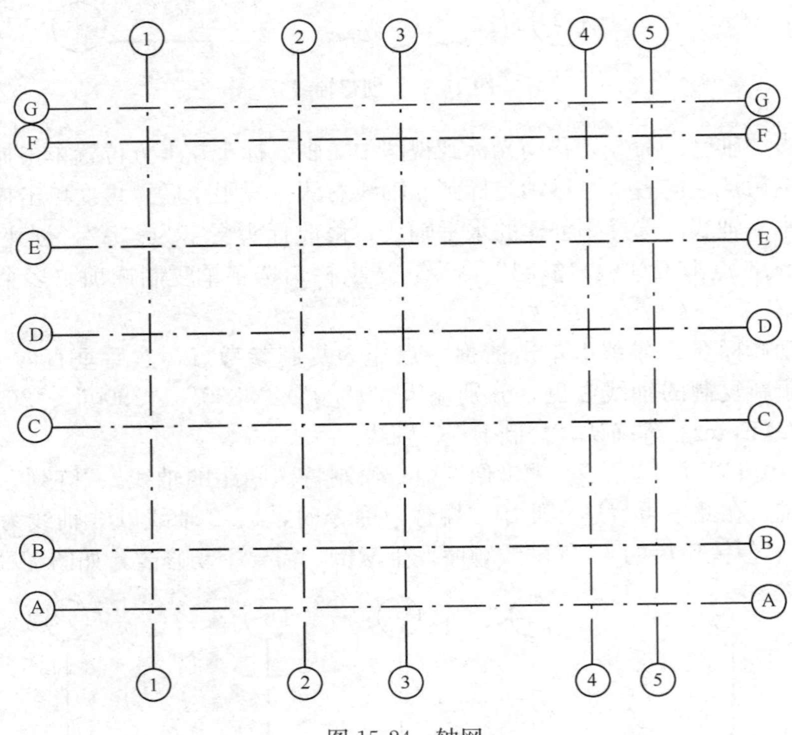

图 15-24　轴网

15.2.2　编辑和修改轴网

绘制完轴网后，需要在平面视图和立面视图中手动调整轴线标头位置，以满足出图需求。与标高编辑方法一样，选择任意一个轴线，会显示临时尺寸、一些控制符号和复选框，如图 15-25 所示，可以编辑其尺寸值，单击并拖拽控制符号可整体或单独调整轴线标头位置，还可进行控制标头隐藏或显示、标头偏移等操作。

在本例中，不需要偏移轴线标头。若在其他设计中，两个标头过于接近、互相交叠，则需要偏移轴线标头，可选择需偏移的轴线，单击轴线两侧标头位置的“添加弯头”符号，偏移后需要在实心圆点上按住鼠标左键拖拽标头到右侧位置，如图 15-26 所示。

若调整标头位置，则在“标头位置调整”符号上按住鼠标左键，拖拽可整体调整所有标头的位置；如果先单击打开“标头对齐锁”，然后再拖拽，即可单独移动一个标头的位置。

选择一个轴线，此时会在轴网编号附近显示一个复选框☑，清除该复选框可以隐藏标号，或选中该复选框可以显示编号。

类似于标高，当单击一个轴线时，也将出现“3D”的文字提示。当单击“3D”后，

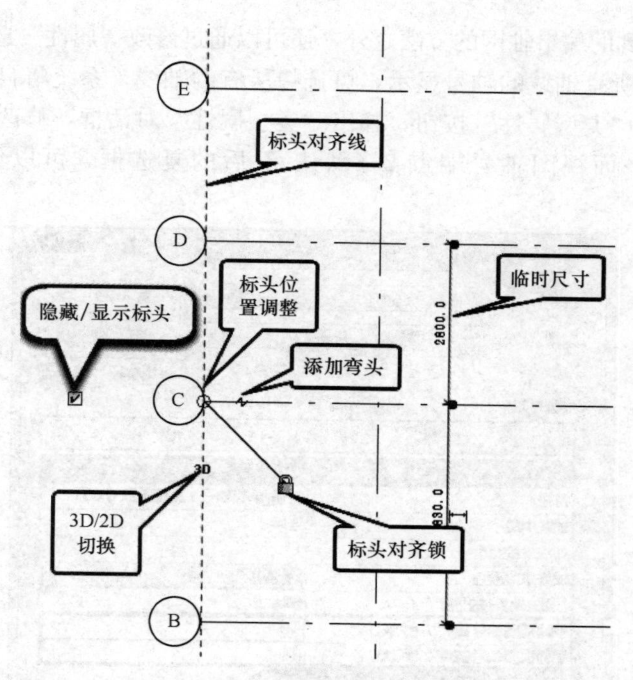

图 15-25　编辑和修改轴网

文字会变为“2D”，其作用同标高中相同，此处不再赘述。

在项目浏览器中双击“立面（建筑立面）”项下的“南立面”视图，使用前述编辑标高和轴网的方法，调整标头位置，结果如图 15-27 所示。可以用同样的方法调整东立面或西立面视图标高和轴网。

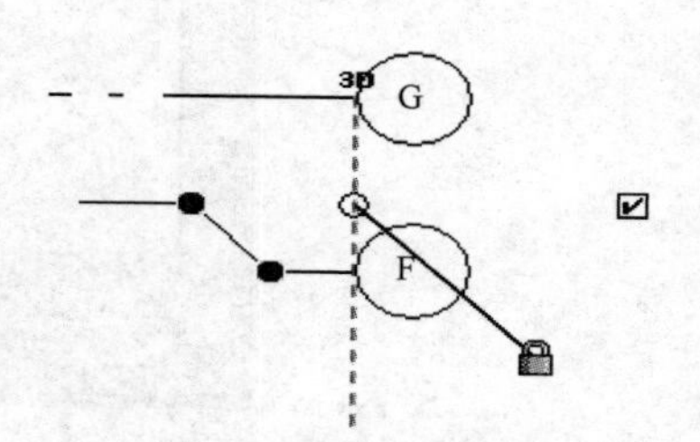

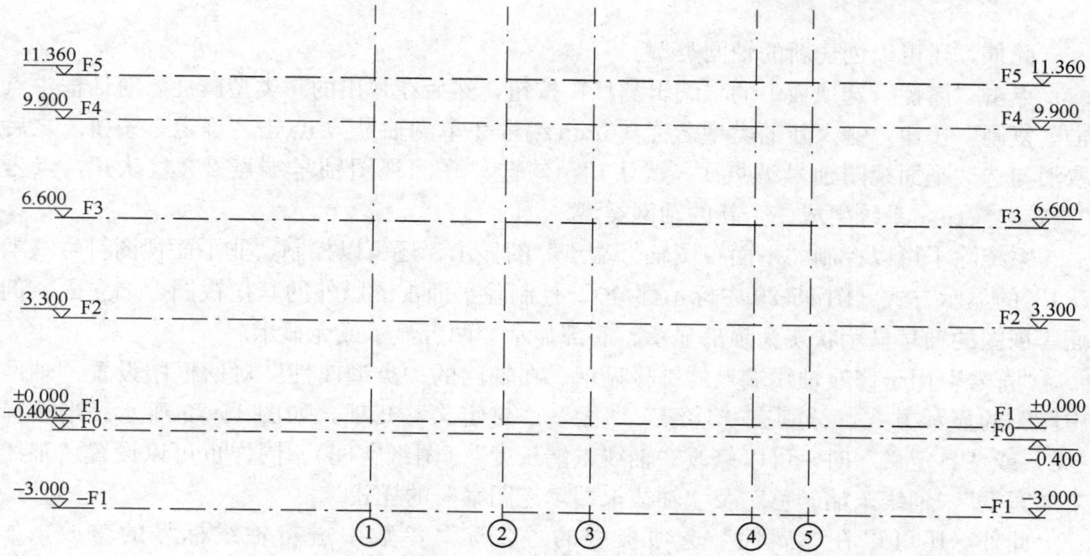

图 15-26　偏移标头

图 15-27　编辑标头位置

除了实例中提到的编辑轴网的方法之外，还可以通过修改“属性”选项板来编辑轴网。

如果需要修改所有轴线的轴号显示，可选择所有的轴线，系统将自动激活“修改 | 轴网”选项卡，点击“类型属性”按钮，弹出“类型属性”对话框，修改“平面视图轴号端点 1（默认）” “平面视图轴号端点 2（默认）”后的复选框，可以修改轴号显示，如图 15-28 所示。

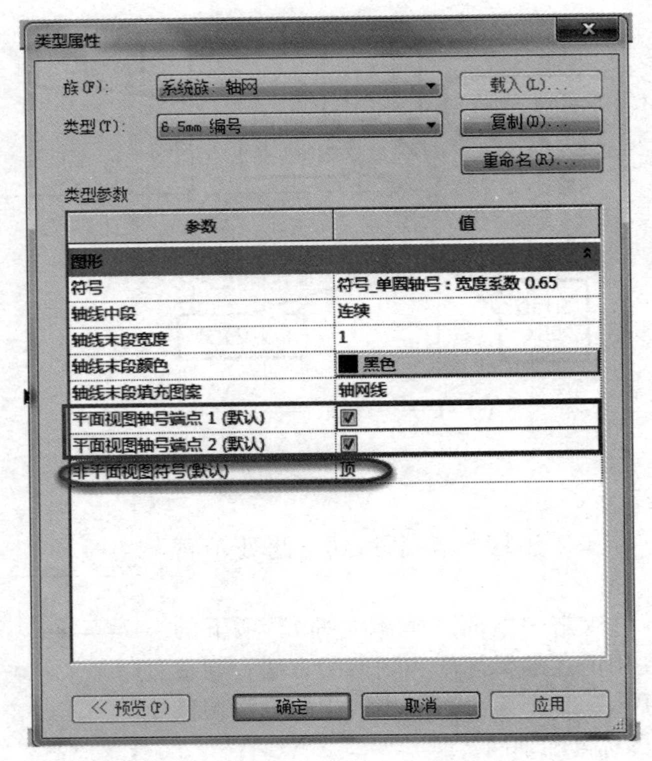

图 15-28 “类型属性”对话框

此外，还可以创建新的轴网类型。

点击“属性”选项板中的“编辑类型”按钮，然后在弹出的“类型属性”对话框中点击“复制”按钮，键入新的类型名称“5mm 编号 2-单侧轴号”，点击“确定”按钮。之后取消勾选“平面视图轴号端点 1（默认）”，勾选“平面视图轴号端点 2（默认）”，点击“确定”按钮，系统生成一个新的轴网类型。

系统除了可以控制“平面视图轴号端点”的显示，还可以控制“非平面视图符号（默认）”的显示方式（图 15-29 中标示部分），控制除平面视图以外的其他视图，如立面、剖面等视图的轴号显示状态为顶部显示、底部显示、两者显示或无显示。

“符号”用于修改轴线端点的符号显示。在轴网的“类型属性”对话框中设置“轴网中段”的显示方式，分别有“连续”“无”“自定义”几项，如图 15-29 所示。当选择“无”或“自定义”时，可以修改“轴线末端长度”（图纸空间）。同样也可以设置“轴线末端宽度”“轴线末端颜色”及“轴线末端填充图案”的样式。

此外，还可以在“属性”选项板中的“名称”参数中进行轴线标号的修改，如图 15-30 所示。

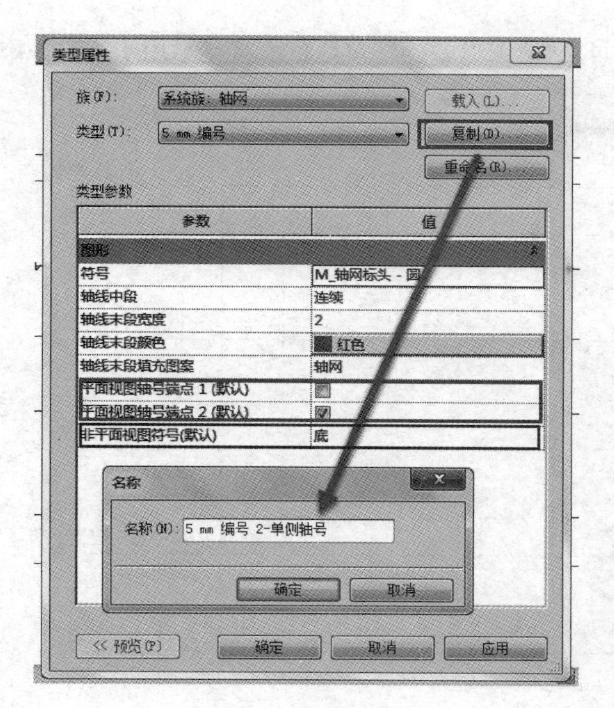

图 15-29　创建轴网类型

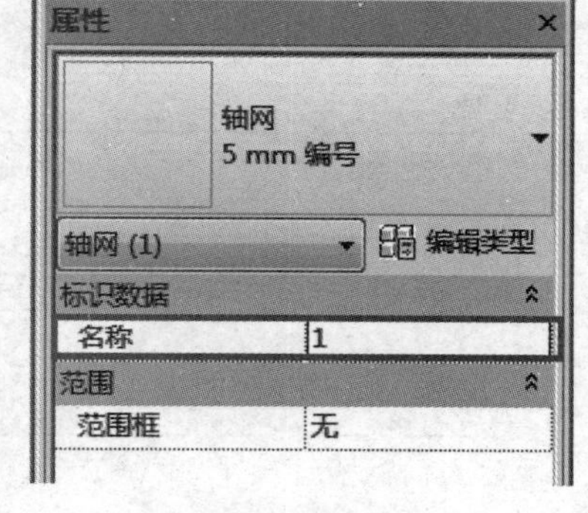

图 15-30　修改显示方法

调整了轴网的标头位置、轴号显示和轴号偏移等，设置完成后选择轴线，在“修改｜轴网”选项卡中选择“影响范围”命令，在“影响基准范围”对话框中（图 15-31）选择需要的平面或立面视图名称，可以将这些设置应用到其他视图。

此处还需要提到，轴线是有限平面，在立面视图中拖拽其范围，如果轴线与标高线相交，那么在这个标高线所对应的楼层平面视图中就会显示该轴线（图 15-32）；如果轴线与某一标高不相交，在相应平面视图中看不到轴线（图 15-33）。

因此，建议先绘制标高，再绘制轴网，这样在立面图中，轴网显示于最上层的标高上方，在每一个标高的平面视图中都可见。

【提示】添加标高和轴网之后，可以隐藏它们。在绘图区域中，选择要隐藏的图元。选择“修改｜<图元>”选项卡中的“视图”面板，在“在视图中隐藏”下拉列表中选择“隐藏图元”“隐藏类别”以及“按过滤器隐藏”选项，如图 15-34 所示。也可以选择图元，单击鼠标右键，在“在视图中隐藏”下拉列表中选择“图元”“按类别”或“按过滤器”命令。选择“图元”命令将在视图中隐藏此图元；选择“按类别”命令将在视图中隐藏此类别的所有

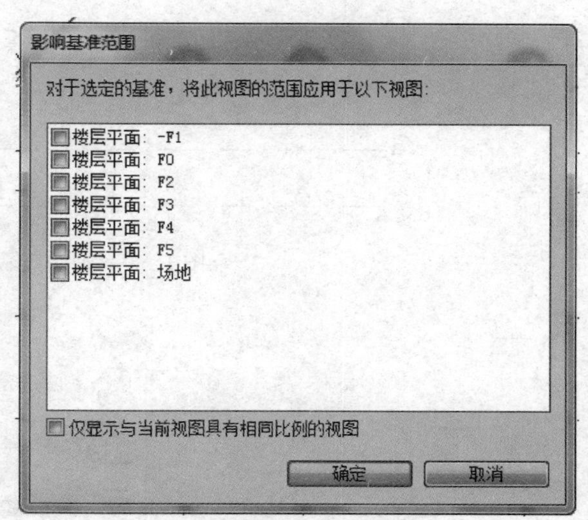

图 15-31　设置影响范围

图元；选择“按过滤器”命令，则“可见性/图形替换”对话框上将显示用于修改、添加或删除过滤器的“过滤器”选项卡。

至此标高和轴网创建完成，保存文件。

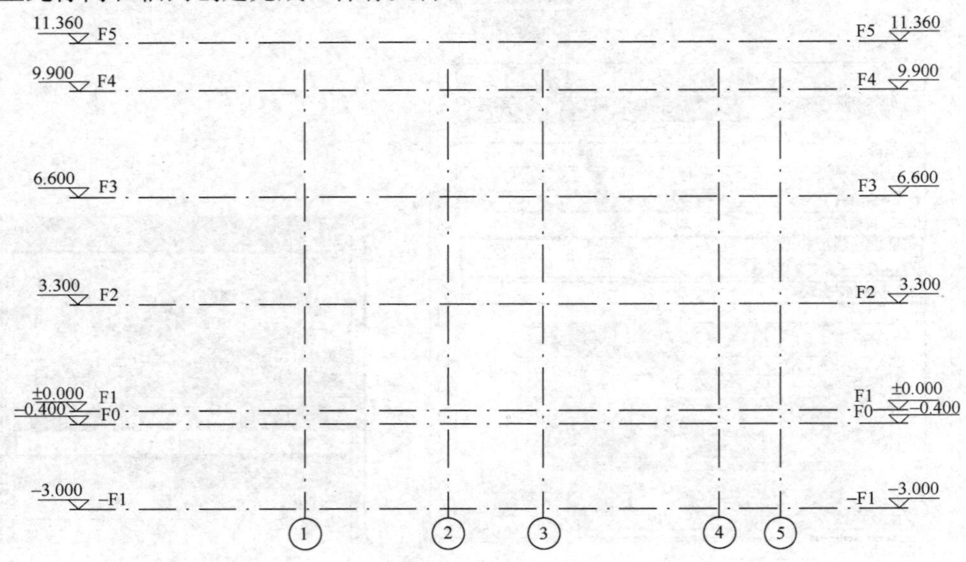

图 15-32 轴线与标高相交

图 15-33 轴线与标高不相交

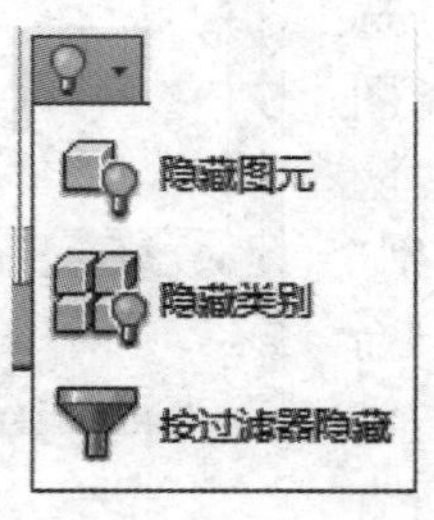

图 15-34 隐藏图元

16 地 下 层 建 模

16.1 地下层墙体建模

16.1.1 墙体概述

Revit 中的墙体不仅是建筑空间的分隔主体，而且也是门窗、墙饰条与分割缝、卫浴灯具等的承载主体，在创建门窗等构件之前需要先创建墙体，之后相关的构件才能够附着。

墙体构造层设置以及材质设置不仅影响三维、透视和立面视图中的外观表现，更直接影响后期施工图设计中的墙体大样、节点详图等视图中的墙体截面显示。可以通过修改墙的类型属性来添加或删除层，将层分割为多个区域，以及修改层的厚度或指定的材质。

Revit 中的墙体包括三种墙族：基本墙族、叠层墙族和幕墙族。所有墙类型都通过这三种系统族来建立不同样式的墙体和定义参数等。在基本墙和叠层墙族中的所有墙类型都具有名为“功能”的类型属性，参数的值包括“内部”“外部”“基础墙”“挡土墙”“檐底板”和“核心竖井”，如图 16-1 所示。

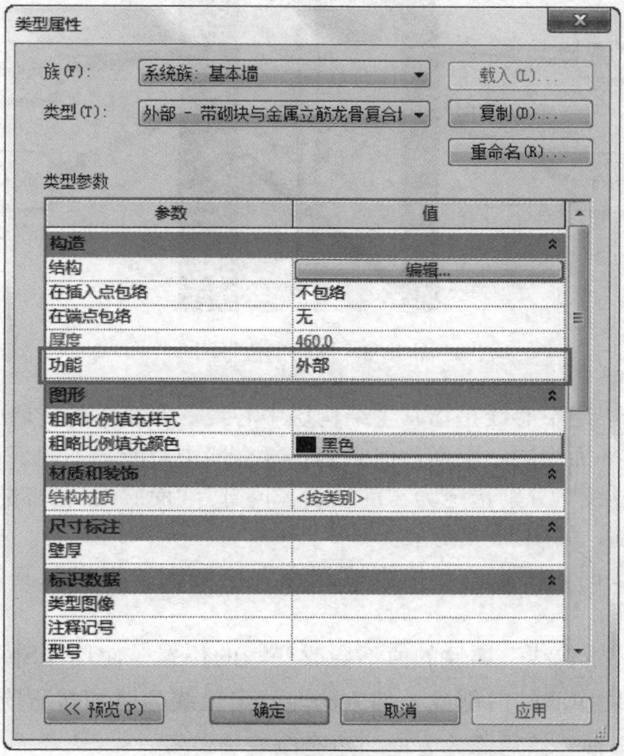

图 16-1 “类型属性”对话框

【提示】 Revit 中的墙体属于系统族。系统族是在 Revit 中预定义的族，包含基本建筑构件，如墙、窗和门。例如，基本墙系统族包含定义内墙、外墙、基础墙、常规墙和隔断墙样式的墙类型。可以复制和修改现有系统族，但不能创建新系统族。

1. 墙结构

Revit 中包含多个垂直层或区域。墙的类型参数“结构”中定义了墙的每层位置、功能、厚度以及材质等。Revit 对墙预设了 6 种层功能：“面层 1 [4]”“保温层/空气层 [3]”“涂膜层”“结构 [1]”“面层 2 [5]”“衬底 [2]”，该部分将会在第 17 章进行详述。

定位线: 墙中心线

图 16-2　在“选项栏”中设置定位线

2. 墙的定位线

该属性用于指定使用墙的哪一个垂直平面相对于所绘制的路径或在绘图区域中指定的路径来定位墙。可以在图 16-2 所示的选项栏（放置墙之前），或者在“属性”选项板（放置墙之前或之后）中选择下列平面中的任何一个：“墙中心线（默认）”“核心层中心线”“面层面：外部”“面层面：内部”“核心面：外部”和“核心面：内部”，如图 16-3 所示。

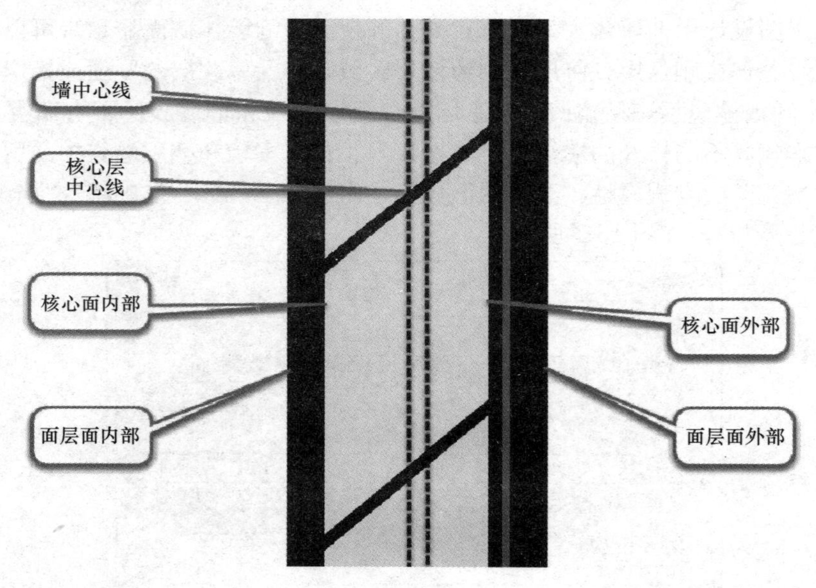

图 16-3　墙的定位平面

【提示】 墙的核心层中心线是指其主结构层中心线。在简单的砖墙中，“墙中心线”和“核心层中心线”的平面为同一平面，但它们在复合墙中可能会不同。

例如，将“定位线”分别指定为“面层面：内部”“面层面：外部”，光标位于虚参照线处，从左到右绘制，如图 16-4 所示。

选择单个墙分段时，圆点（“拖曳墙端点”控制柄）将指示其定位线，如图 16-5 所示。

修改现有墙的“定位线”属性的值不会改变墙的位置。使用【Space】键或视图中的“翻转”控制柄⇅来切换墙的内部或外部方向时，定位线为墙翻转所围绕的轴。因此，如果修改“定位线”选项，然后修改方向，也会改变墙位置。

图 16-4 基于不同定位线绘制墙

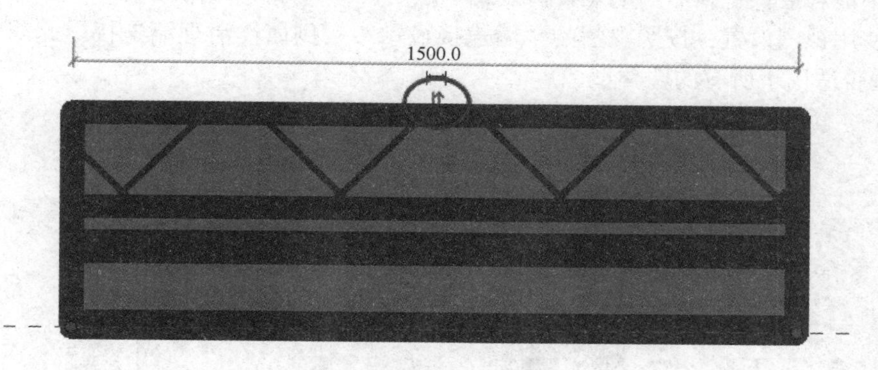

图 16-5 “拖曳墙端点”控制柄指示定位线

3. 墙的结构用途

“基本墙”族中的所有墙类型都具有名为“结构用途”的实例属性，该属性指定墙是非承重墙，还是三种结构墙（承重墙、剪力墙或复合结构墙）之一。在使用“墙：建筑”命令时，默认的“结构用途”值为“非承重”；如果使用“墙：结构”工具，则“结构用途”值为“承重”。

4. 墙连接

墙相交时，Revit 会创建“平接”“斜接”和“方接”三种连接方式（图 16-6～图 16-8），并通过删除墙与其相应构件层之间的可见边来清理平面视图中的显示。通过选择“平接”以外的连接选项（斜接、方接），或者通过指定墙针对彼此平接或方接的不同顺序，可以修改墙体连接在平面视图中的显示方式。Revit 中修改墙连接的配置最多涉及四面墙的连接的配置，方法是修改连接类型或墙连接的顺序。

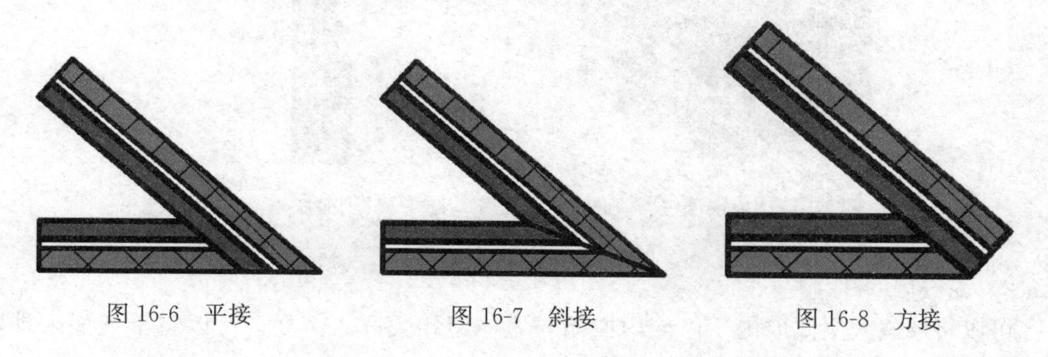

图 16-6 平接　　图 16-7 斜接　　图 16-8 方接

连接类型为“平接”或“方接”时，可以点击“下一步”和“上一步”按钮循环预览可能的连接顺序。

此外，还可以通过以下方法指定是否清理连接以及按照视图的默认设置来清理。

（1）打开平面视图，点击“修改”选项卡→“几何图形”面板→“墙连接”命令。

（2）将光标移至“墙连接”命令上，然后在显示的灰色方块中单击。

（3）在选项栏上，选择“显示”方式，其包括以下选项：

① 清理连接：选择“墙连接”部分进行编辑时，临时实线指示墙层实际在何处结束，退出“墙连接”工具且不打印时，这些线将消失，如图16-9所示。

② 不清理连接：显示墙端点针对彼此平接的情况，如图16-10所示。

③ 使用视图设置：按照视图的“墙连接显示”实例属性清理墙连接。此属性控制清理功能是否适用于所有的墙类型。

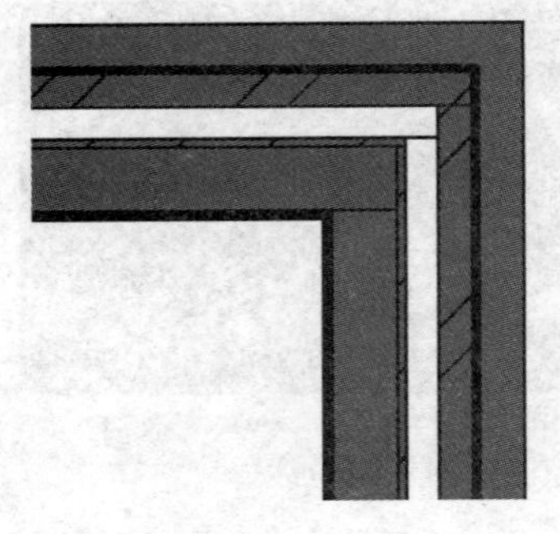

图16-9　清理连接

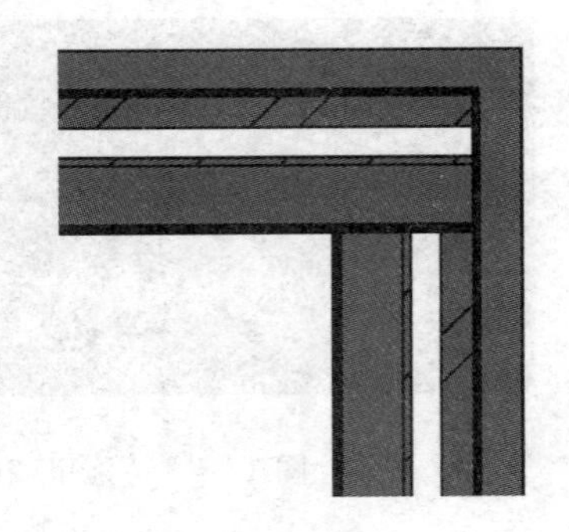

图16-10　不清理连接

（4）点击“修改”按钮退出该工具。

5. 几种常见墙类型

1）叠层墙

除了“基本墙”和“幕墙”族以外，Revit还包括用于为墙建模的“叠层墙”族，这些墙包含一面接一面叠放在一起的两面或多面不同子墙，如图16-11和图16-12所示。

图16-11　叠层墙三维视图

图16-12　叠层墙立面图

2）内嵌墙

可以将墙嵌入主体墙内，以使内嵌墙与主体墙相关联。例如，可以将幕墙嵌入外墙内，也可以将墙嵌入幕墙嵌板内。与主体墙中的门或窗类似，调整其主体尺寸，嵌入墙不会自动调整尺寸。如果移动主体墙，则嵌入墙将随之移动，如图 16-13 所示。

图 16-13 内嵌墙

16.1.2 新建剪力墙

创建墙体需要先定义好墙体类型、墙厚、做法、材质、功能等，然后指定墙体的平面位置、高度参数等。具体操作步骤如下：

(1) 在项目浏览器中展开“楼层平面”选项，双击“－F1”进入地下一层视图平面。

(2) 点击“建筑”选项卡→“构建”面板→“墙：建筑”命令。

(3) 从“类型选择器”中设置墙的类型为“剪力墙-200mm”，如图 16-14 所示。选择“属性”选项板，单击“编辑类型”按钮，在“类型属性”对话框中，通过“复制”命令新建一个墙类型并命名为“剪力墙-250mm”。点击”结构”参数组中的“编辑”按钮打开“编辑部件”对话框，将其结构层的厚度改为 250mm，如图 16-15 所示。

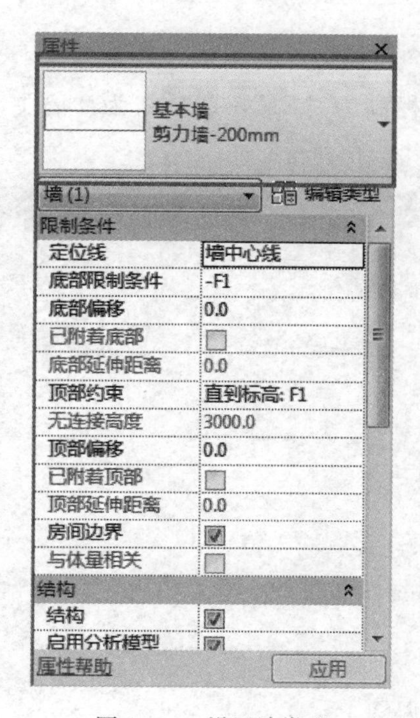

图 16-14 设置墙类型

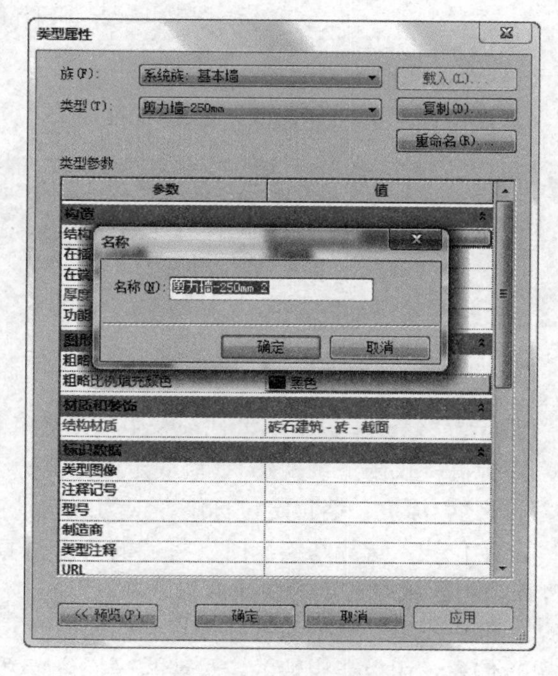

图 16-15 新建墙类型

(4) 点击“结构［1］”的“材质”选项，点击“＜按类别＞”按钮打开“材质浏览器”对话框，选择“混凝土-现场浇筑混凝土”作为剪力墙的结构材质，点击两次“确定”按钮后完成对墙厚度以及材质的设置，如图 16-16 所示。

下面开始进行墙的绘制。

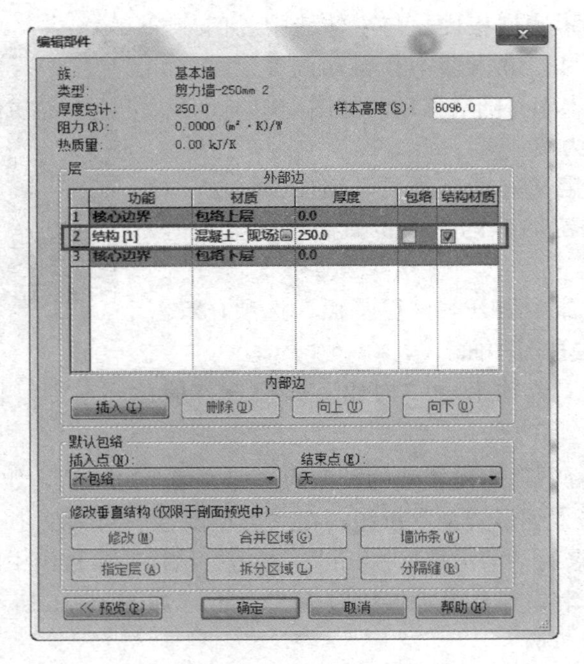

图 16-16 “编辑部件”对话框

(1) 在选项栏里指定绘制方式为“高度”，顶部标高为“F1”，定位线为“墙中心线”，确认勾选“链”复选框，如图 16-17 所示。

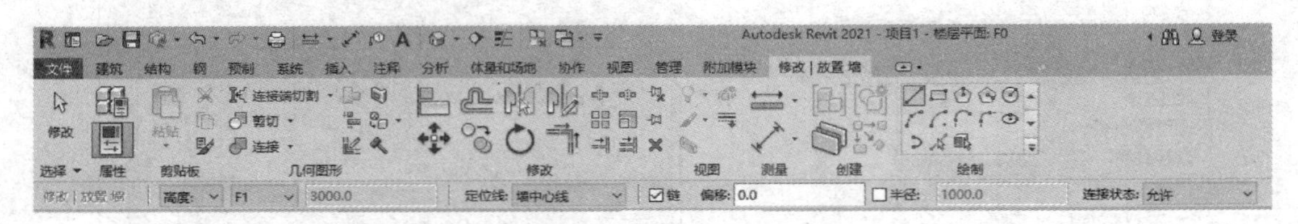

图 16-17 设置绘制方式

【提示】“修改｜设置墙”选项卡中的参数解释如下：

① 标高（仅限三维视图）：墙底定位标高。

② 高度/深度：墙顶定位标高，或为默认设置“未连接”输入值。

③ 定位线：选择在绘制时要将墙的哪个垂直平面与光标对齐，或要将哪个垂直平面与将在绘图区域中选定的线或面对齐。

④ 链：用以绘制一系列在端点处的墙。

⑤ 偏移：用以指定墙的定位线与光标位置之间的偏移。

对于墙的高度或深度设置一直是理解难点，除了以上在选项栏中对墙进行定义，还可以在选项栏中指定以下属性：

① 标高（对于三维视图）；

② 深度/高度；

③ 墙顶定位标高；

④ 无连接高度。

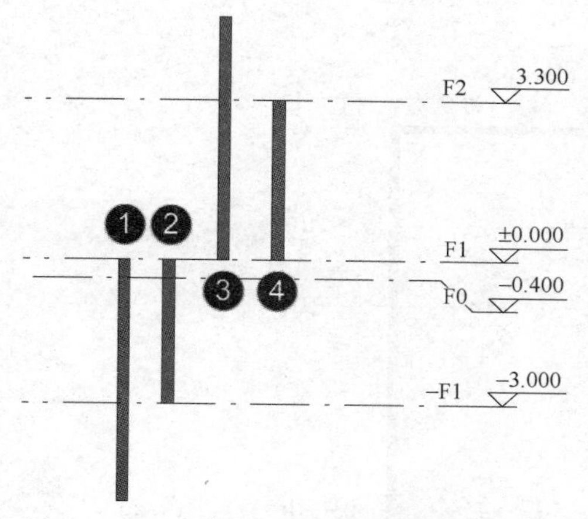

图 16-18　以不同深度/高度设置创建的墙体

使用这些属性以及“墙底定位标高”参数，控制是从指定标高向上还是向下绘制墙、墙高度，以及在“墙底定位标高”参数或“墙顶定位标高”参数发生移动时其高度是否相应改变。在平面视图中创建墙时，“墙底定位标高”参数是与视图关联的标高。

【提示】使用选项栏上的“深度”时，应使用结构平面查看从当前标高向下延伸的墙，或修改楼层平面的视图范围以使其可见。

图 16-18 显示了“墙底定位标高”为 F1（标高 1)，使用不同深度/高度设置创建的四面墙的剖视图，表 16-1 给出了相关参数。

以不同深度/高度设置创建的墙体　　**表 16-1**

属性	墙 1	墙 2	墙 3	墙 4
深度/高度	深度	深度	高度	高度
底部限制条件	F1	F1	F1	F1
底部偏移	−5000	−3000	0	0
顶部约束	直到标高 F1	直到标高 F1	未连接	直到标高 F2
无连接高度	—	—	5000	—

(2) 在功能区“修改｜放置墙”选项卡的“绘图”面板中，选择“直线”工具，如图 16-19 所示。在绘图区域单击定义墙的起点，墙会自动按照鼠标移动的方向绘制，再次单击定义墙的终点。按两次【Esc】键结束墙的绘制。

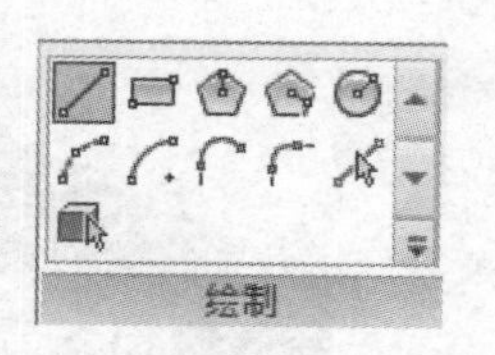

图 16-19　“直线”工具

【提示】绘制墙后如果发现墙的内外部不正确，可以选中该墙后使用【Space】键或者翻转控制柄方便切换墙的内部或者外部。

(3) 移动光标单击捕捉 A 轴线和 1 轴线交点为绘制墙体的起点，然后顺时针单击捕捉 F 轴线和 1 轴线交点、F 轴线和 5 轴线交点、A 轴线和 5 轴线交点、A 轴线和 1 轴线交点、H 轴线和 7 轴线交点、D 轴线和 7 轴线交点，绘制外部剪力墙墙体，如图 16-20 和图 16-21 所示。

除了使用“绘图”面板中默认的“直线”工具以外，还可以使用面板中的“拾取线”工具和“拾取面”工具等。

使用“拾取线”工具可以沿图形中选择的线来对墙体进行分段。线可以是模型线、参照平面或图元（如屋顶、幕墙嵌板和其他墙）边缘；使用“拾取面”工具可以将墙放置于在图形中选择的体量面或常规模型面上。

(4) 重新选中该墙，在其“属性”选项板中勾选参数“结构”，将该墙由“非承重墙”变为“承重墙”，点击“应用”按钮完成该设置，如图 16-22 所示。

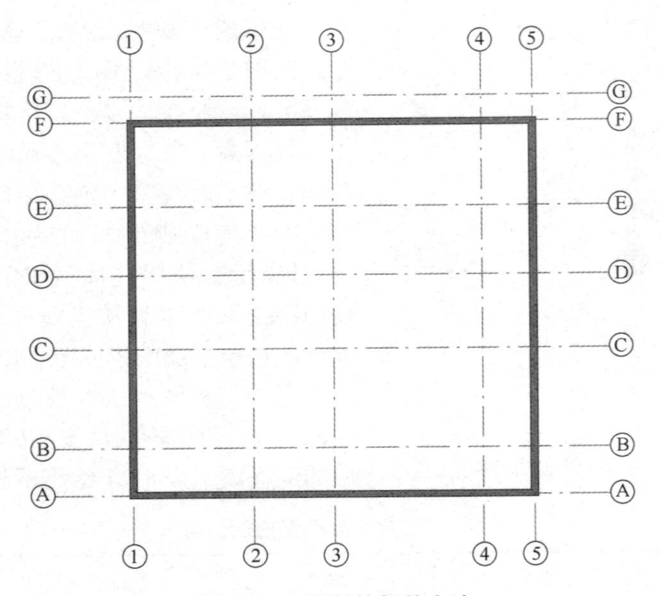

图 16-20　绘制外部剪力墙

图 16-21　墙体三维效果图

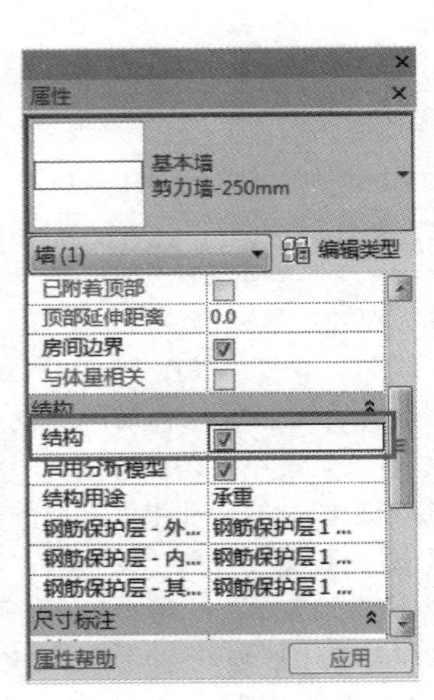

图 16-22　修改墙体参数

16.1.3　新建内墙

下面绘制地下室一层内部剪力墙。由于内部剪力墙主要是 200mm 厚墙体，按照上文步骤新建名称为“剪力墙－200mm”的墙体。

地下一层内墙包括剪力墙和填充墙。选择“剪力墙”类型画出全部墙体，然后完成对墙体的修改工作。

（1）点击“建筑”选项卡→“工作平面”面板→“参照平面”命令，在适当区域单击拉伸绘制参照平面，再次单击定义参照平面的终点，按两次【Esc】键结束绘制。

（2）单击参照平面，界面显示测量注释，然后单击测量注释上的数字并修改为想要的距离，如图 16-23 所示。同理，将参照平面作为其他部分的设计参照，如图 16-24 所示。

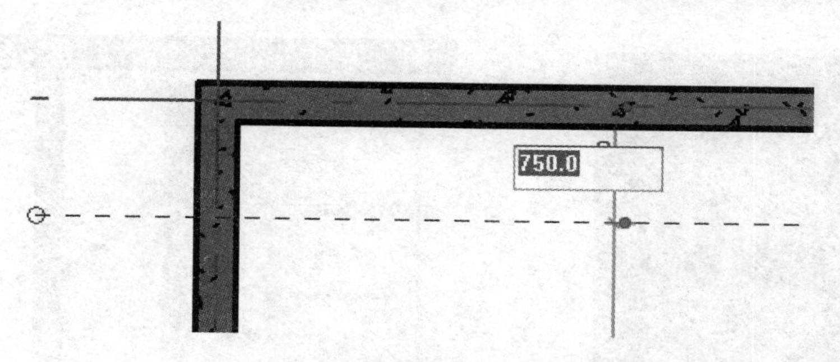

图 16-23 修改参照平面

【提示】使用“参照平面”工具可以绘制参照平面，方便精准设计准则。

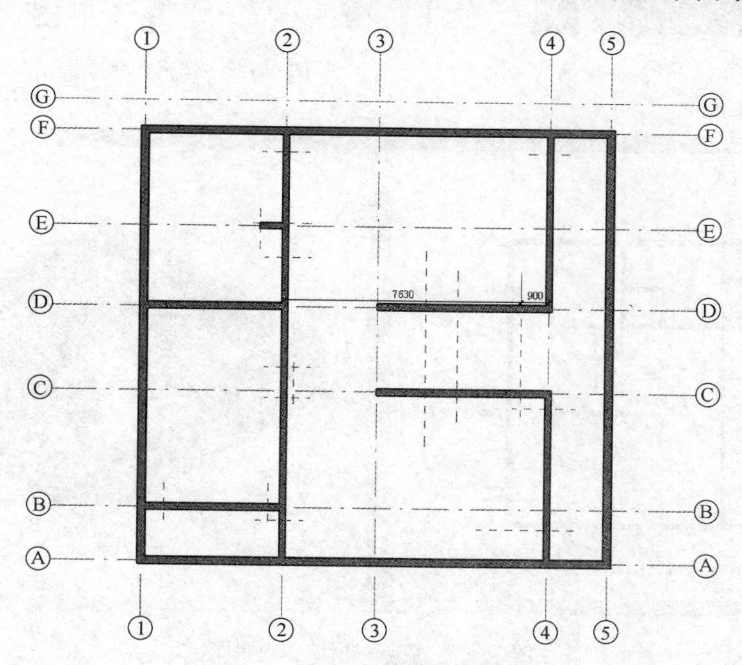

图 16-24 修改其他部分参照平面

（3）单击需要修改的墙体，例如单击墙中心线在 2 轴线的墙体，在“修改｜墙”选项卡的“修改”面板中，选择“拆分图元”工具，将光标移到参照平面与墙中心线交点所在位置，单击完成拆分，如图 16-25 所示。

（4）单击 2 轴线上指定的墙体，在“属性”选项板中选择“砖墙－200mm”作为非承重墙，如图 16-26 所示。

接下来完成地下室一层其他内墙的绘制：点击“墙：建筑”命令，在“属性”选项板中选择“基本墙：砖墙－200mm”类型，对余下的墙体进行绘制，如图 16-27 所示。完成地下一层墙体后，保存文件。

【提示】外墙和内墙只是人为设定的名称，关键是通过设定墙的构造层的厚度、功能、材质来定义墙的种类。内外墙、不同层、不同材质的墙体建议复制新的墙体类型，便于后期的整体编辑和管理。绘制墙时按住【Shift】键可强制正交。

图 16-25 拆分墙体

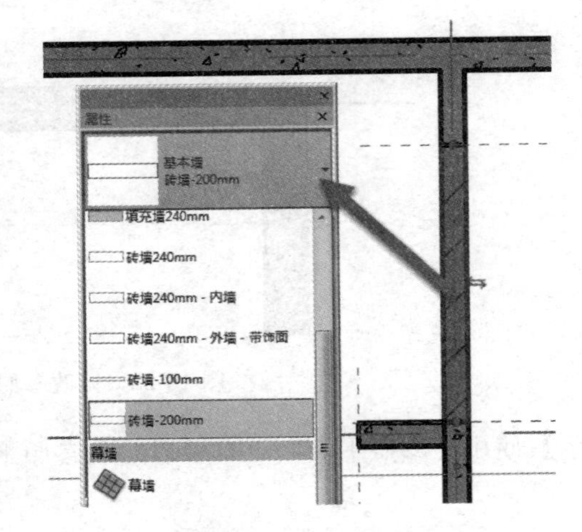

图 16-26 选择非承重墙

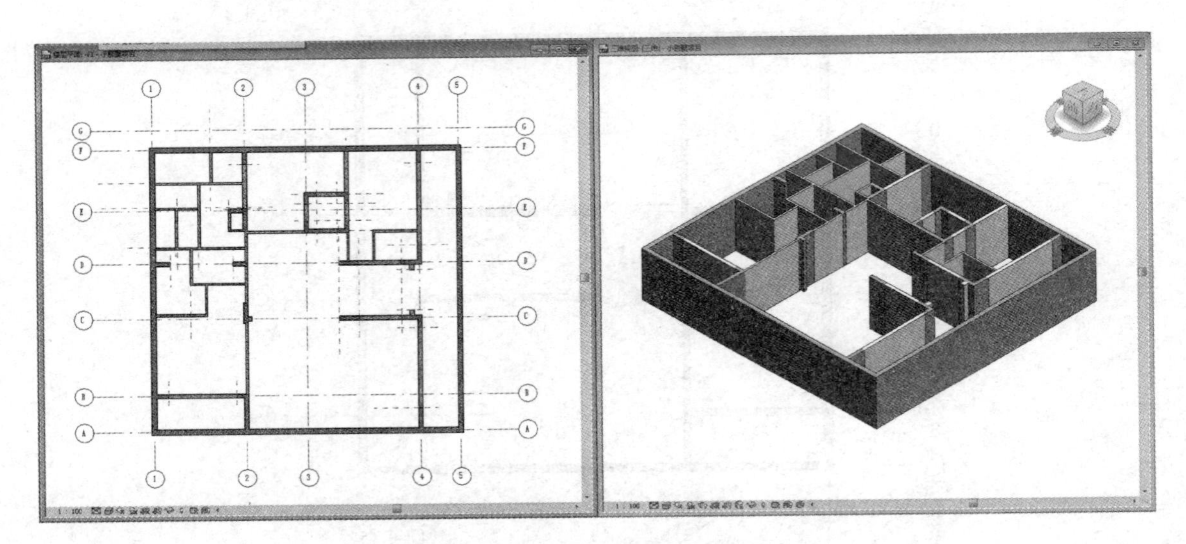

图 16-27 地下一层墙体效果图

16.1.4 墙的类型属性

要修改墙的类型属性，点击“修改”选项卡→“属性”选项板→“编辑类型”按钮，打开“类型属性”对话框，参数说明见表 16-2。

墙的类型属性参数说明 表 16-2

类型参数	
构造	
结构	点击“编辑”按钮可创建复合墙
在插入点包络	设置位于插入点墙的层包络
在端点包络	设置墙端点的层包络

续表

类型参数	
厚度	设置墙的厚度
功能	可将墙设置为“内部”“外部”“基础墙”“挡土墙”“檐底板墙”或“核心竖井”类别。功能可以用于创建明细表以及针对可见性简化模型的过滤，或在进行导出时使用
图形	
粗略比例填充样式	设置粗略比例视图中墙的填充样式
粗略比例填充颜色	将颜色应用于粗略比例视图中墙的填充样式
材质和装饰	
结构材质	为图元结构指定材质
标识数据	
类型注释	此字段用于放置有关墙类型的常规注释
URL	指向网页的链接
说明	墙的说明
部件说明	基于所选部件代码的部件说明
部件代码	从层级列表中选择的统一格式部件代码
类型标记	用于指定特定墙的值
防火等级	墙的防火等级
成本	建造墙的材料成本
分析属性	
传热系数	用于计算热传导，通常通过流体和实体之间的对流和阶段变化
热阻	用于测量对象或材质抵抗热流量（每时间单位的热量或热阻）的温度差
吸收率	用于测量对象吸收辐射的能力，等于吸收的辐射通量与入射通量的比率
粗糙度	用于测量表面的纹理

【提示】修改墙类型属性会影响项目中该类型的所有墙。此外，在修改类型参数值时，类型名称不会更新。如果要创建新的墙类型，请点击“复制”命令。

16.1.5 墙的实例属性

通过更改墙实例属性可以修改其定位线、底部限制条件和顶部限制条件、高度和其他属性，参数说明见表16-3。

墙的实例属性 **表16-3**

实例参数	
限制条件	
定位线	墙在指定平面上的定位线
底部限制条件	墙距墙底定位标高的高度。仅当“墙底定位标高”被设置为标高时，此属性才可用
底部偏移	墙距墙底定位标高的高度。仅当“墙底定位标高”被设置为标高时，此属性才可用

续表

实例参数	
已附着底部	指示墙底部是否附着到另一个模型构件
底部延伸距离	墙层底部移动的距离
顶部约束	
无连接高度	绘制墙的高度时，从其底部向上测量
顶部偏移	墙距顶部标高的偏移
已附着顶部	指示墙顶部是否附着到另一个模型构件
顶部延伸距离	墙层顶部移动的距离
房间边界	如果选中，则墙将成为房间边界的一部分。如果清除，则墙不再是房间边界的一部分
与体量相关	指示此图元是从体量图元创建的
结构	
结构	指定墙体是否为结构墙
启用分析模型	设置是否进行后期结构分析
结构用途	墙的结构用途，包括承重、抗剪和复合结构
钢筋保护层——外部面	指定钢筋保护层与墙外部面之间的距离
钢筋保护层——内部面	指定钢筋保护层与墙内部面之间的距离
钢筋保护层——其他面	指定钢筋保护层与墙其他面之间的距离
尺寸标注	
长度	墙的长度
面积	墙的面积
体积	墙的体积
标识数据	
注释	添加用于描述墙的特定注释
标记	应用于墙的标签，通常是数值
阶段化	
创建的阶段	创建墙的阶段
拆除的阶段	拆除墙的阶段

16.2 地下一层门

在Revit中，门和窗是必须基于“墙”进行创建的一类族，也就是说必须有墙作为主体，门和窗才可以被添加到项目中，墙上会自动剪切一个门窗“洞口”并放置门窗族。在平面、立面以及三维视图中，找到适合的角度可以添加门和窗。

16.2.1 插入门

(1) 点击“插入”选项卡→“从库中载入”面板→“载入族”命令，载入一个“防火门”。

（2）打开“－F1”视图，点击“建筑”选项卡→“构建”面板→“门”命令，在“类型选择器”中选择“防火门”，其类型为“750mm×2000mm”。

（3）将光标移到2轴线“剪力墙－200mm”的墙体上，此时会出现门与周围墙体距离的相对尺寸，如图16-28所示。单击确定放置，并按两次【Esc】键创建结束门的绘制。在平面视图中放置门之前，按【Space】键可以控制门的左右开启方向。

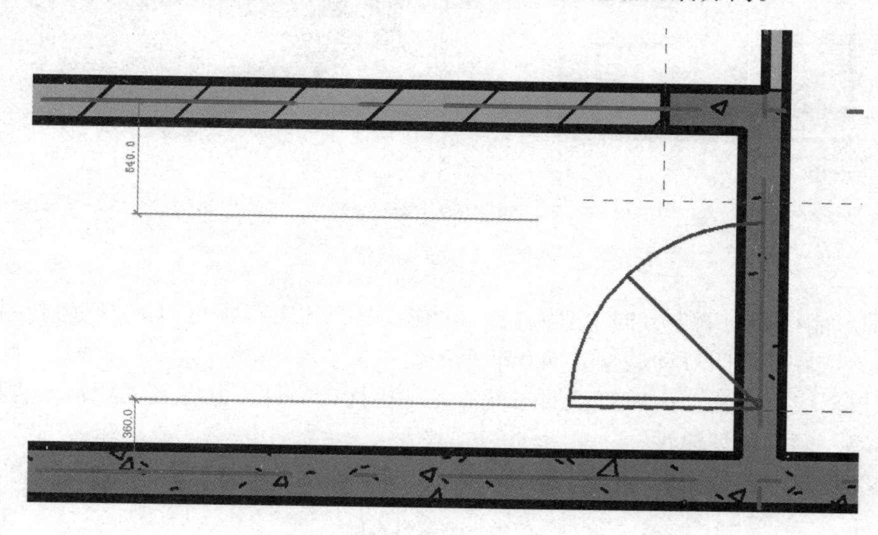

图16-28　插入门

（4）重新选择该门，单击的“临时尺寸”输入距离值以调整门的实际位置，如图16-29所示。

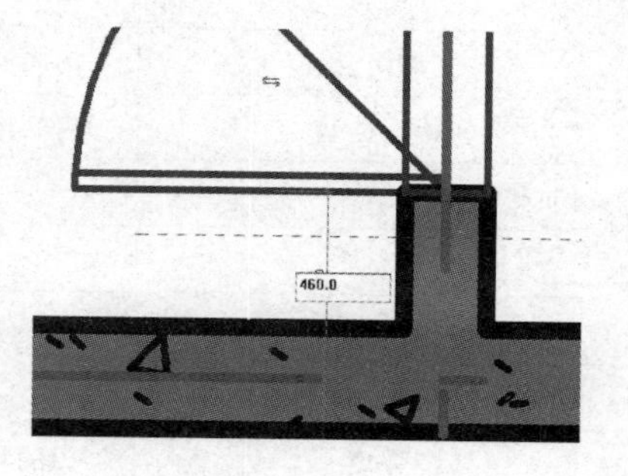

图16-29　调整门的位置

（5）在“类型选择器”中分别选择“防火门－900mm×2100mm”“防火门－750mm×1800mm”“平开门PKM0821”等门类型。将门依次插入地下一层墙上，如图16-30所示。

16.2.2　编辑和修改门

1. 右键菜单常用功能

在平面视图中选择放置的门，在门上单击鼠标右键，从快捷菜单中可以选择以下命令：

（1）翻转开门方向：水平翻转门。

（2）翻转面：垂直翻转门。

2. 编辑命令

选择门，在“修改｜门”选项卡中选择“移动”“复制”“镜像”“阵列”等命令能够快速创建门。使用“对齐”命令可以捕捉门的洞口边界或中点位置，将门对齐到某平面位置。

【提示】使用“移动”“复制”“镜像”“阵列”命令创建门时，新的位置必须有墙体存在，否则系统将警告并自动删除门。复制门时，选项栏勾选“多个”为多重复制，勾选

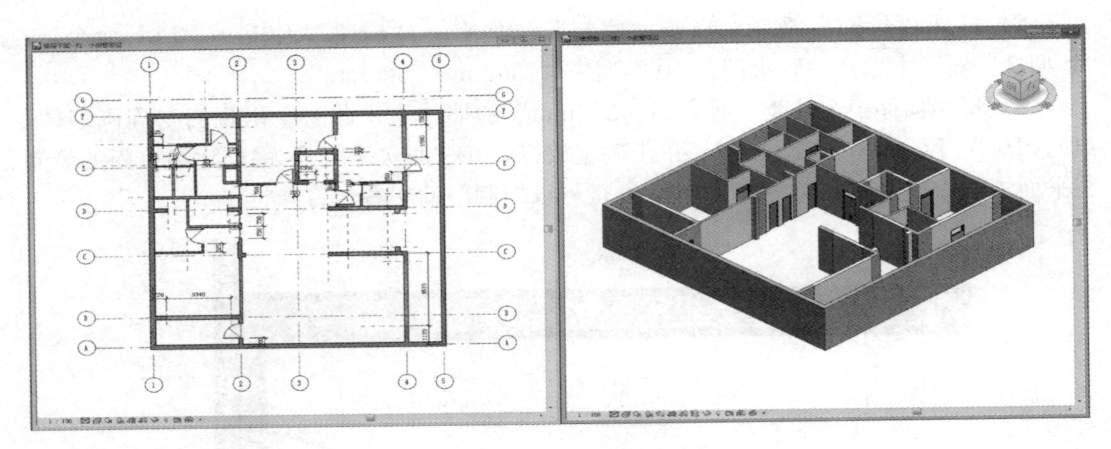

图 16-30 插入其他门

“约束”则只能在当前墙体方向上复制门，取消勾选“约束”则可以将门复制到其他不同方向的墙上，复制后门自动调整方向和墙平齐。

可以根据项目需要，创建自己的门窗等各种构件族文件，并在其他项目中直接调用。

16.2.3 门的类型属性

门的类型属性参数见表 16-4。

门的类型属性参数 表 16-4

类型参数	
构造	
功能	指示门是内部的（默认值）还是外部的
墙闭合	门周围的层包络
构造类型	门的构造类型
材质和装饰	
门材质	门的材质（如金属或木质）
框架材质	门框架的材质
尺寸标注	
厚度	门的厚度
高度	门的高度
粗略宽度	门的粗略洞口的宽度
粗略高度	门的粗略洞口的高度
标识数据	
部件代码	从层级列表中选择的统一格式部件代码
注释记号	添加或编辑门注释记号
类型注释	关于门类型的注释。此信息可显示在明细表中
防火等级	门的防火等级
成本	门的成本

续表

类型参数	
分析属性	
传热系数	用于计算热传导，通常通过流体和实体之间的对流和阶段变化
热阻	用于测量对象或材质抵抗热流量（每时间单位的热量或热阻）的温度差
太阳得热系数	阳光进入窗口的入射辐射部分，包括直接透射和吸收后在内部释放两部分
可见光透射比	穿过玻璃系统的可见光量，以百分比表示

16.2.4 门的实例属性

门的实例属性参数见表 16-5。

门的实例属性参数 **表 16-5**

实例参数	
限制条件	
标高	指明放置此实例的标高
底标高	指定相对于放置此实例的标高的底高度
构造	
框架类型	指定门框类型
材质和装饰	
框架材质	指定框架使用的材质
面层	指定应用于框架和门的面层
标识数据	
注释	显示用户输入或从下拉列表中选择的注释
标记	按照用户所指定的那样标识或枚举特定实例
阶段化	
创建的阶段	指定创建实例时的阶段
拆除的阶段	指定拆除实例时的阶段
其他	
顶高度	指定相对于放置此实例的标高的实例顶高度。修改此值不会修改实例尺寸

16.3 地下一层窗

窗的创建与编辑方法与上文中门的创建完全一样，本节不再详细叙述。

16.3.1 插入窗

(1) 打开“−F1”视图，点击“建筑”选项卡→“构建”面板→“窗”命令。

(2) 在“类型选择器”上选择“推拉窗-单扇推拉窗”“推拉窗-双扇推拉窗”以及

“固定窗-弧顶窗”，在墙上单击并将窗放置在指定位置，如图16-31所示。

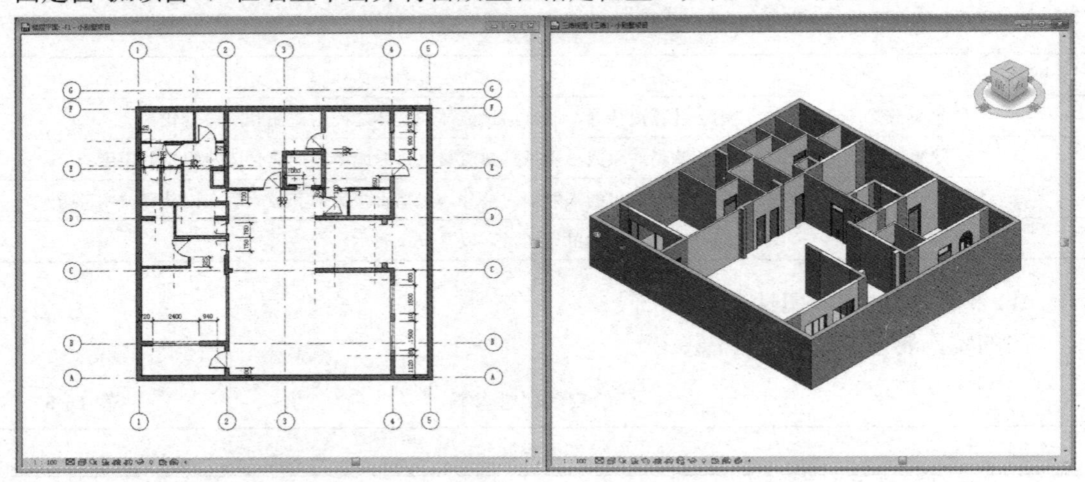

图16-31 插入窗

16.3.2 编辑和修改窗

插入窗后可以根据需要调整窗体高度，调整方法如下：

(1) 在任意视图中选择窗，在“属性”选项板中修改“底高度”参数，如图16-32所示。点击“确定”按钮完成设置。

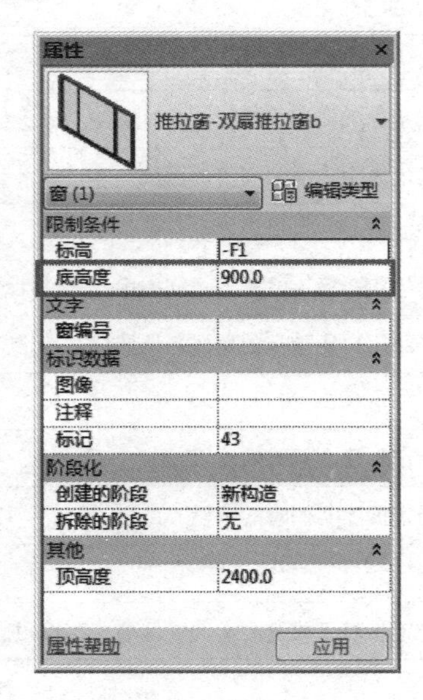

图16-32 修改窗台高度

(2) 进入项目浏览器，单击“立面”，双击“东立面”从而进入东立面视图。由于剪力墙外墙遮挡，需要先把该墙隐藏，具体操作为：单击选中所需隐藏墙体，并点击视图控制栏中的“临时隐藏/隔离”按钮，选择“隐藏图元”选项将5轴线上的墙隐藏，如图16-33所示。

在东立面视图中选择窗移动临时尺寸控制点至“－F1”标高线，修改临时尺寸标注值为 500，然后按【Enter】键确认修改，如图 16-34 所示。通过以上操作，最终结果如图 16-35 所示。

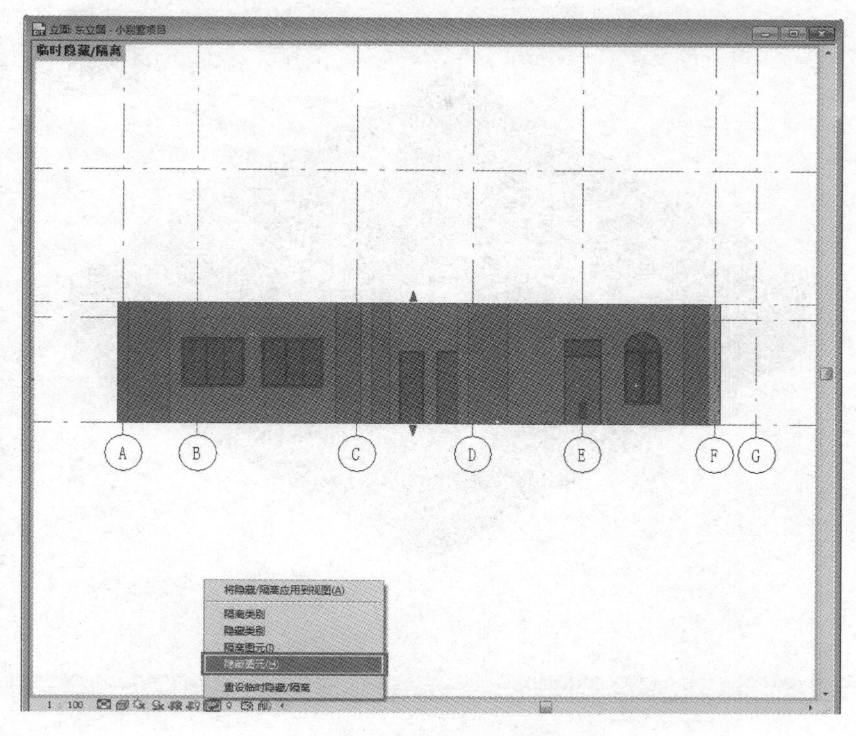

图 16-33　隐藏外墙

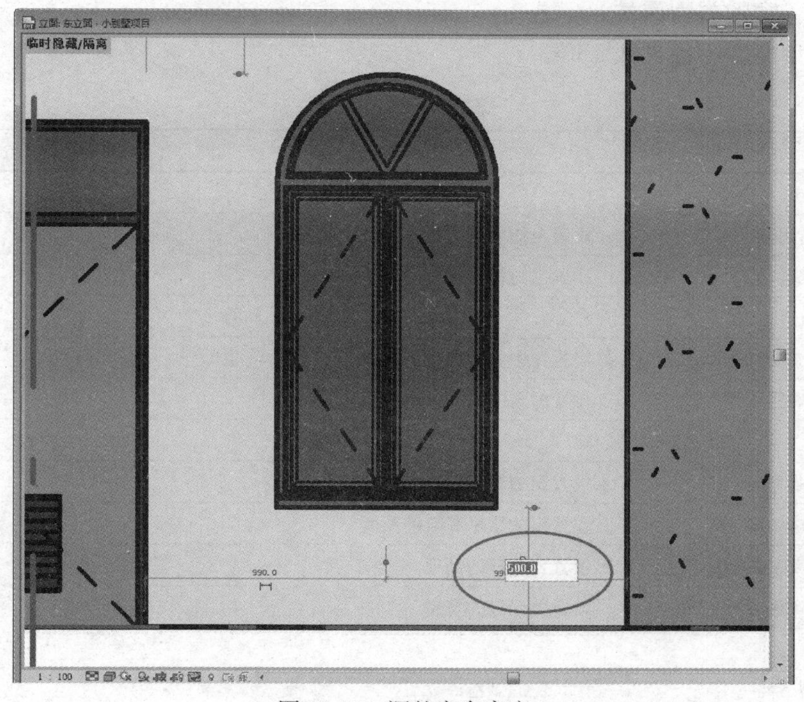

图 16-34　调整窗台高度

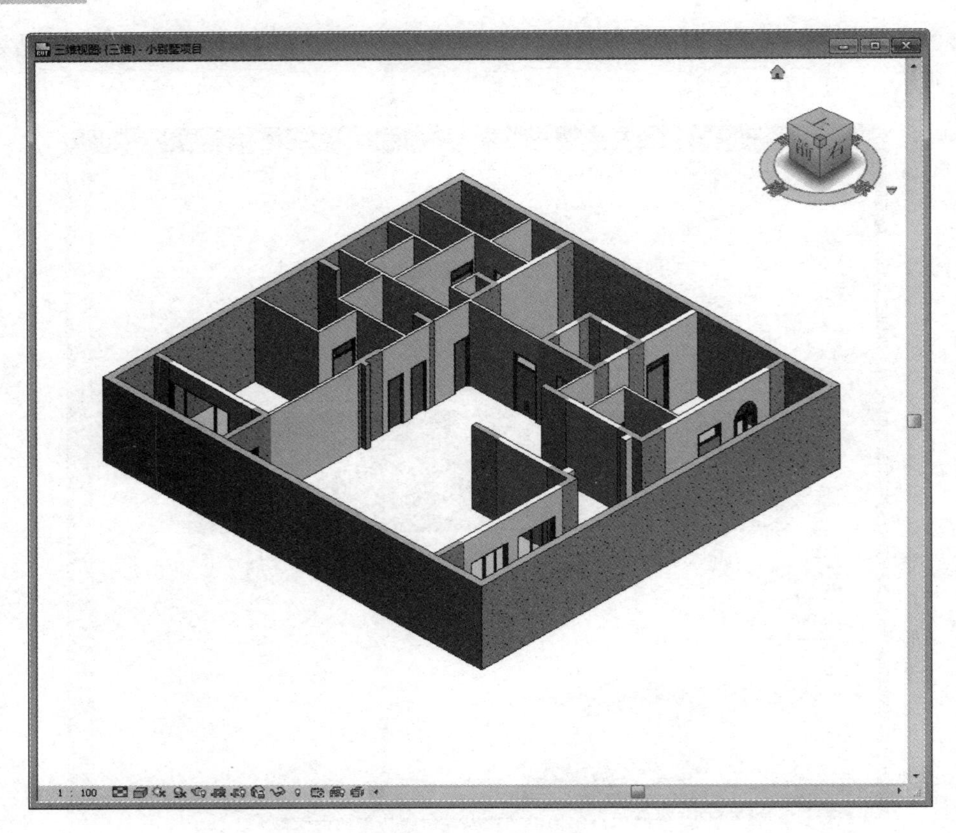

图 16-35　阶段性模型展示

16.3.3　窗的类型属性

窗的类型属性参数见表 16-6。

窗的类型属性参数　　　　**表 16-6**

类型参数	
构造	
墙闭合	设置窗周围的层包络
构造类型	设置窗的构造类型
材质和装饰	
玻璃嵌板材质	设置窗中玻璃嵌板的材质
窗扇材质	设置窗扇的材质
尺寸标注	
粗略宽度	设置窗的粗略洞口的宽度
粗略高度	设置窗的粗略洞口的高度
高度	设置窗洞口的高度
宽度	设置窗洞口的宽度
标识数据	
制造商	标识窗的制造商

续表

类型参数	
注释记号	添加或编辑门注释记号
类型注释	有关窗类型的特定注释
部件代码	从层级列表中选择的统一格式部件代码
成本	窗的成本
类型标记	指明特定窗的专用值
分析属性	
传热系数	用于计算热传导，通常通过流体和实体之间的对流和阶段变化

16.3.4 窗的实例参数

窗的实例参数见表 16-7。

窗的实例参数 **表 16-7**

实例属性	
限制条件	
标高	指明放置此实例的标高
底标高	指定相对于放置此实例的标高的底高度
标识数据	
注释	显示用户输入或从下拉列表中选择的注释
标记	按照用户所指定的那样标识或枚举特定实例
阶段化	
创建的阶段	指定创建实例时的阶段
拆除的阶段	指定拆除实例时的阶段
其他	
顶高度	指定相对于放置此实例的标高的实例顶高度。修改此值不会修改实例尺寸

16.4 地下一层楼板

楼板是分隔承重构件，它将房屋沿垂直方向分隔为若干层，并把竖向荷载及楼板自重通过墙体、梁或柱传递给基础。

16.4.1 创建楼板

(1) 打开地下一层平面“－F1”，点击“建筑”选项卡→“构建”面板→“楼板：建筑”命令，进入绘制模式。

(2) 在“修改｜创建楼层边界”选项卡的“绘制”面板中选择“拾取墙”命令，在选项栏中设置偏移值为－20，移动光标到外墙外边线上，依次拾取外墙外边线，自动创建楼板轮廓线。使用“修改”面板下的“删除”命令，可以删除多余线段，单击完成。拾取墙创建的轮廓线会自动和墙体保持关联关系，当墙体位置发生改变后，楼板也会自动更新，如图 16-36 所示。

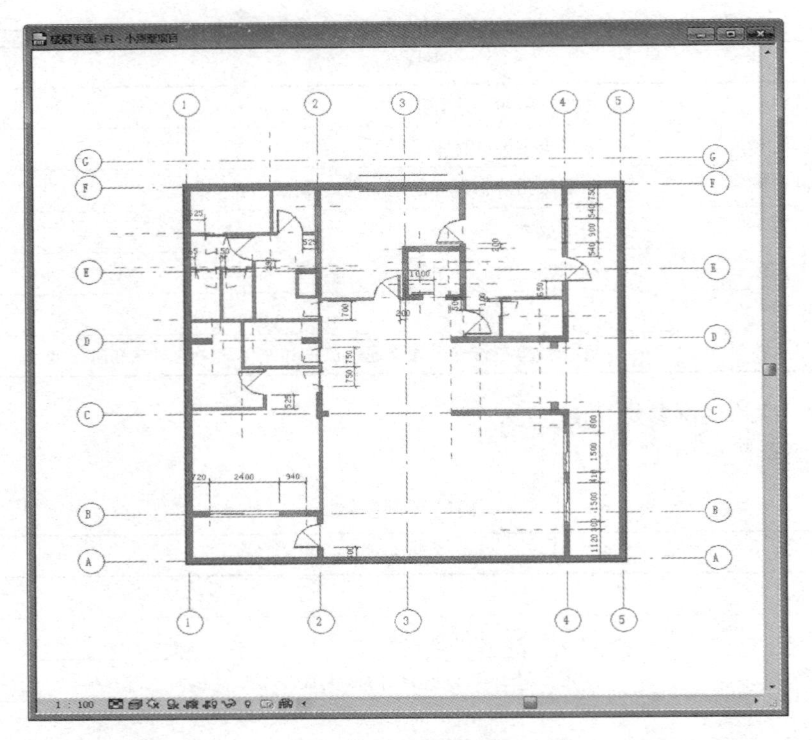

图 16-36 创建楼板

【提示】延伸到墙中（至和核心层）用于定义轮廓线至墙核心层之间的偏移距离。

（3）在“属性”选项板的“类型选择器”中选择“室内地坪-150mm”，点击“修改｜创建楼层边界”选项卡中“模式”下的“对勾”命令完成楼板绘制。

创建的地下一层楼板如图 16-37 所示。

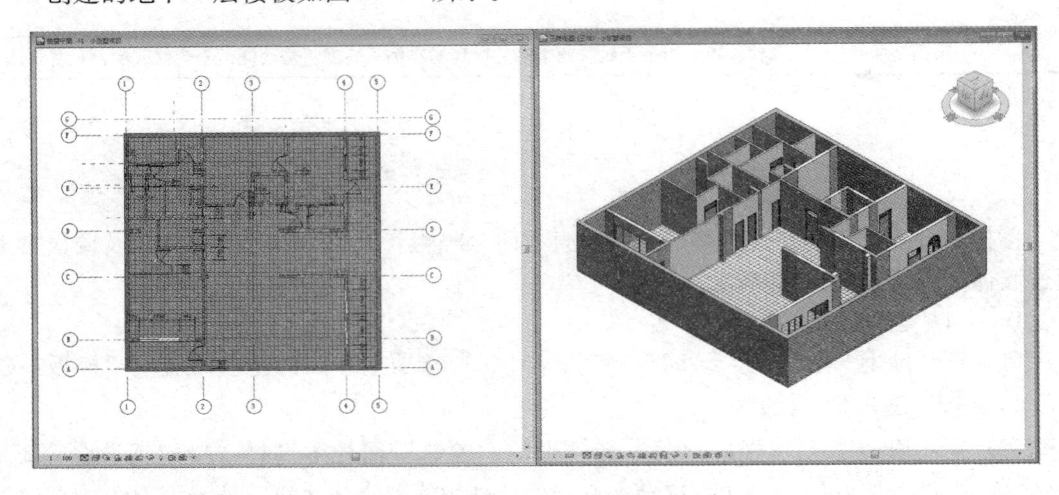

图 16-37 完成地下一层楼板的创建

16.4.2 楼板的类型属性

楼板的类型属性参数见表 16-8。

楼板的类型属性参数 表 16-8

类型参数	
构造	
结构	创建复合楼板合成
默认厚度	指示楼板类型的厚度，通过累加楼板层的厚度得出
功能	指定楼板是内部的还是外部的
图形	
粗略比例填充样式	指定粗略比例视图中楼板的填充样式
粗略比例填充颜色	为粗略比例视图中的楼板填充样式应用颜色
材质和装饰	
结构材质	窗扇的材质。为图元结构指定材质
标识数据	
注释记号	添加或编辑门注释记号
类型注释	有关窗类型的特定注释
部件代码	从层级列表中选择的统一格式部件代码
类型标记	指明特定窗的专用值
成本	楼板的成本
分析属性	
传热系数	用于计算热传导，通常通过流体和实体之间的对流和阶段变化
热质量	对建筑图元蓄热能力进行测量的一个单位，是每个材质层质量和指定热容量的乘积
吸收率	建筑图元吸收辐射能力的一个测量单位，是吸收的辐射与事件总辐射的比率
粗糙度	表示表面粗糙度的一个指标，其值从 1 到 6（其中“1”表示粗糙，“6”表示平滑，“3”则是大多数建筑材质的典型粗糙度），用于确定许多常用热计算和模拟分析工具中的气垫阻力值

16.4.3 楼板的实例属性

楼板的实例属性参数见表 16-9。

楼板的实例属性参数 表 16-9

实例属性	
限制条件	
标高	将楼板约束到的标高
自标高的高度偏移	指定楼板顶部相对于标高参数的高程
房间边界	表明楼板是房间边界图元
与体量相关	指示此图元是从体量图元创建的。该值为只读
结构	
结构	指示此图元有一个分析模型
尺寸标注	
坡度	将坡度定义线修改为指定值，而无需编辑草图

续表

实例属性	
周长	楼板的周长。该值为只读
面积	楼板的面积。该值为只读
体积	楼板的体积。该值为只读
厚度	楼板的厚度
标识数据	
注释	说明或类型注释中尚未定义的楼板相关特定注释
标记	用于楼板的用户指定标签
阶段化	
创建的阶段	创建楼板的阶段
拆除的阶段	拆除楼板的阶段

17 地上层建模

17.1 首层建模

17.1.1 新建首层外墙

1. 墙体材质创建

小别墅地上层外墙为370mm厚砖墙，软件现有墙体中没有该类型墙体，需要为地上层外墙重新创建一种墙体类型。

(1) 在项目浏览器中展开“楼层平面”选项，双击“F1”进入F1楼层平面视图。点击“建筑”选项卡→“构建”面板→“墙：建筑”命令。

(2) 点击“类型选择器”，在下拉列表中选择“基本墙：砖墙－200mm”，在“属性”选项板上单击“编辑类型”按钮。在弹出的“类型属性”对话框中，点击“复制”按钮，新建名称为“地上层外墙－370mm”的墙体，如图17-1所示。在弹出的“编辑部件”对话框中可对墙体的构造和厚度进行设置，插入并调整墙的构造层后，再分别调整构造的功能、材质与厚度。

(3) 点击“结构”参数组中的“编辑”按钮，打开“编辑部件”对话框。点击“插入”按钮，插入两个新的结构层，通过“向上”“向下”按钮调整层的顺序，调整后的顺序如图17-2所示。

(4) 点击“功能”选项卡下的“结构[1]”项，在下拉列表中选择“面层1[4]”项；点击“材质”选项卡中的“按类别”项，打开“材质浏览器”对话框，点击选择“装饰面层-瓷砖-外墙”选项。

(5) 点击“图形”选项卡中“着色”参数下的“颜色”按钮，弹出“颜色”对话框。在“基本颜色”选项卡中

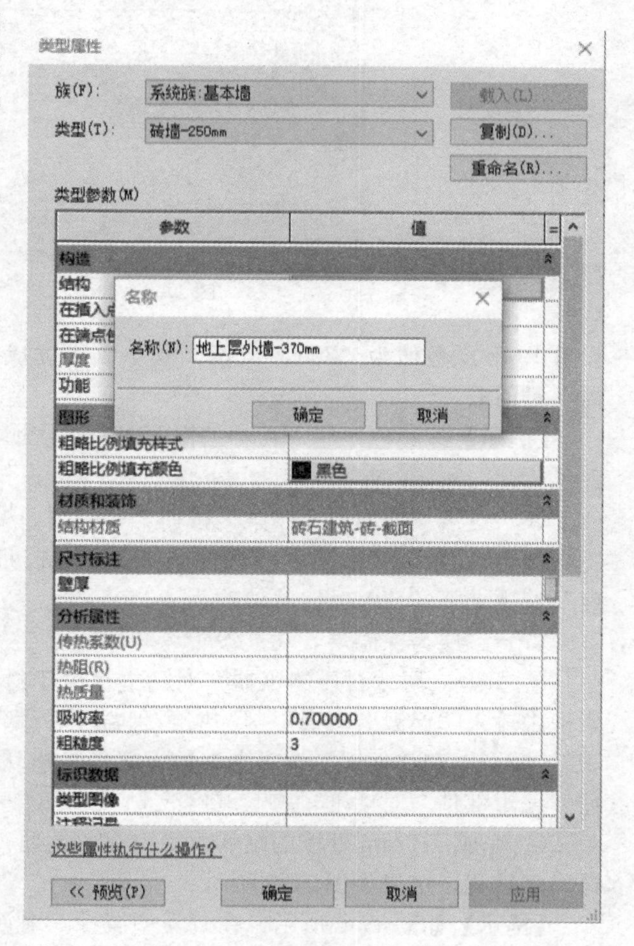

图17-1 新建名称为“地上层外墙－370mm”的墙体

图 17-2 “编辑部件”对话框

设置RGB颜色值为“255，255，206”。设置完成后点击“确定”按钮，返回“材质浏览器”对话框。

【提示】该颜色仅用于在着色视图中表示该墙饰面层的颜色，并不表示渲染时的材质颜色。

（6）点击“表面填充图案”按钮，在“表面填充图案”参数下的“填充图案”设置为“〈无〉”。设置结果如图 17-3 所示，点击确认按钮返回墙“编辑部件”对话框。点击“厚度”选项卡下的“0.0”，将值改为“2.0”。

（7）二层为保温层，功能设置为“保温层/空气层［3］”。下面修改二层墙体结构。

① 打开二层“材质浏览器”对话框。由于材质类别较多，可以使用搜索功能。在搜索框中输入“保温”，选择“隔热层/保温层-外墙隔热层”，如图 17-4 所示。右侧的“标识”“图形”和“外观”选项卡参数设置保持默认值，完成设置后点击“确定”按钮，返回“编辑部件”对话框，将其厚度改为“150.0”。

② 完成370mm外墙的结构设置。在“类型属性”对话框中点击“确定”按钮完成墙体类型设置，结果如图 17-5 所示。

【提示】如图 17-6 所示，在“类型属性”对话框中，“构造”参数组中的“功能”参数要根据墙体功能进行设置。本例中原200mm厚砖墙为外墙，新创建的370mm厚墙体

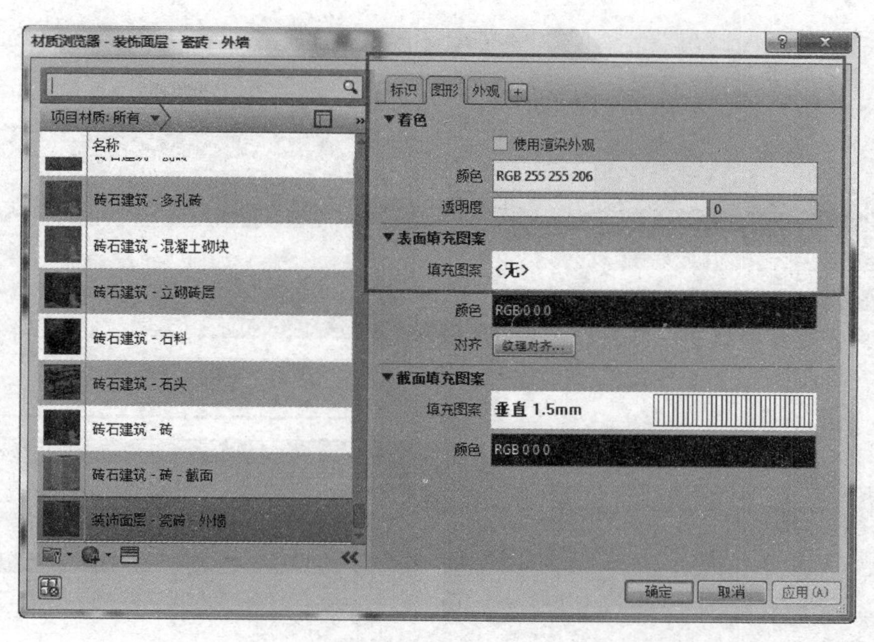

图 17-3 对“装饰面层-瓷砖-外墙”材质进行设置

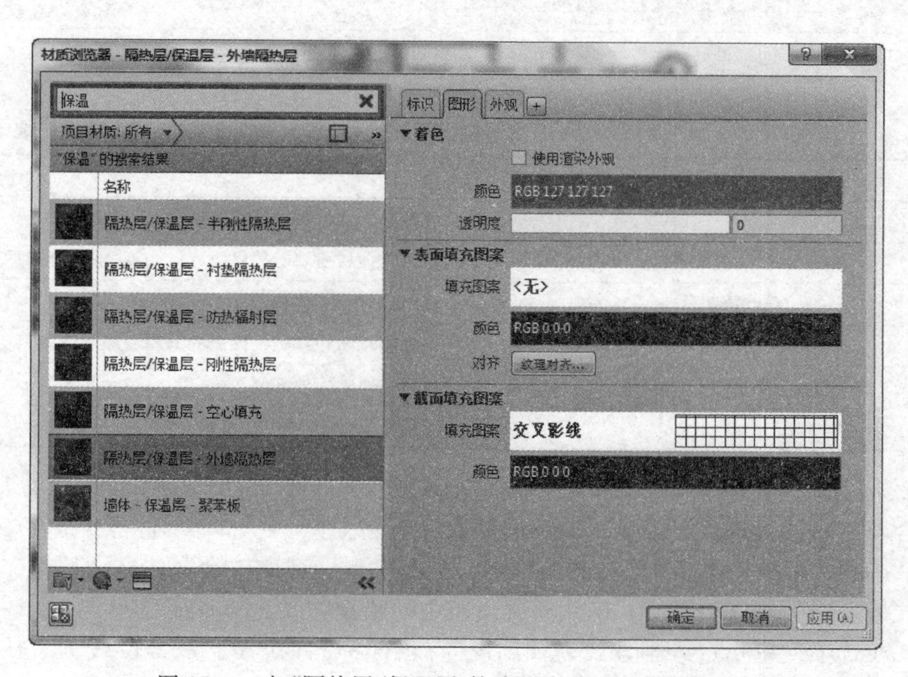

图 17-4 对“隔热层/保温层-外墙隔热层”材质进行设置

为地上层外墙，故不需更改。

【提示】复合墙中不同墙层具有不同的优先级，见表 17-1。

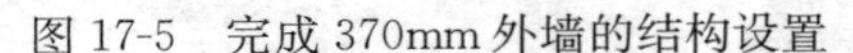

图 17-5　完成 370mm 外墙的结构设置

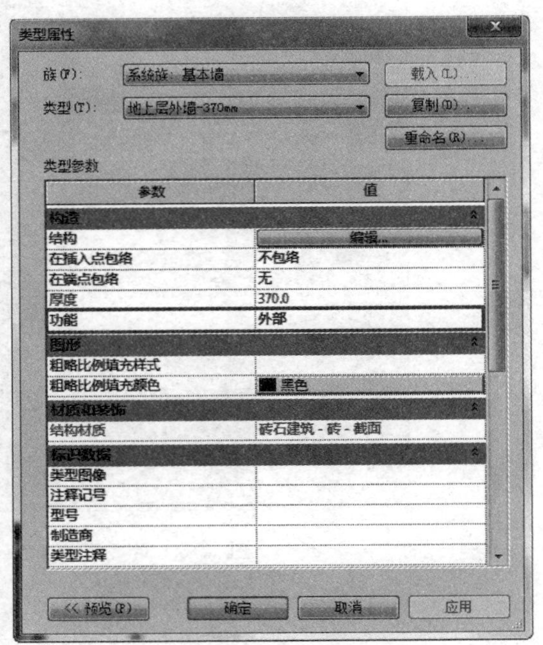

图 17-6　对“功能”参数进行设置

不同墙层的优先级　　**表 17-1**

功能/优先级	描述
结构［1］(优先级 1)	支撑其余墙、板、屋顶的层
衬底［2］(优先级 2)	作为其他材质基础的材质（例如胶合板或石膏板）
保温层/空气层［3］(优先级 3)	隔绝并防止空气渗透
涂膜层	通常用于防止水蒸气渗透的薄膜，厚度应该为 0
面层 1［4］(优先级 4)	涂层 1 通常为外部层
面层 2［5］(优先级 5)	涂层 2 通常为内部层

2. 绘制首层外墙

复合墙材料设置好后，开始进行首层外墙的绘制。

(1) 确认当前视图为 F1 楼层平面视图，选择“墙：建筑”命令，在“属性”选项板中选择“地上层外墙-370mm”，确认绘制面板中的绘制方式为“直线”。

(2) 在选项栏里指定绘制方式为“高度”，顶部标高为“F2”，定位线为“核心层中心线”，确认勾选“链”选项，将连续绘制墙体，偏移量默认为“0”，如图 17-7 所示。

(3) 以 F 轴和 1 轴交点为墙体绘制起点，移动光标捕捉 F 轴和 1 轴交点并单击，沿 1 轴向上方移动 400（也可输入“400”），再次单击完成绘制。光标继续以 45°沿右上方向向 G 轴移动，直至系统显示“45.000”，G 轴高亮，并提示最近点，如图 17-8 所示，单击确定。

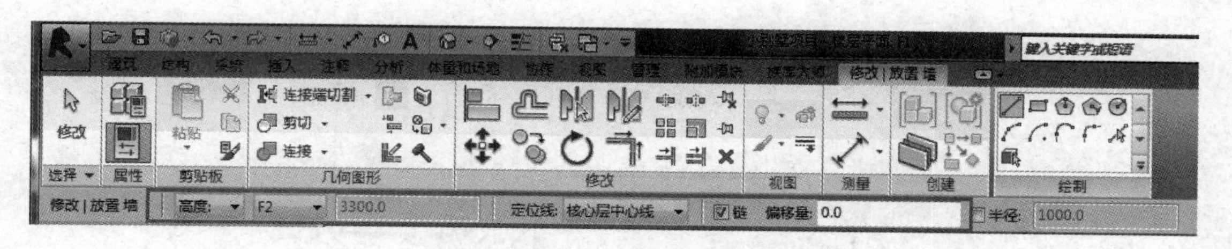

图 17-7 设置高度、定位线及偏移量

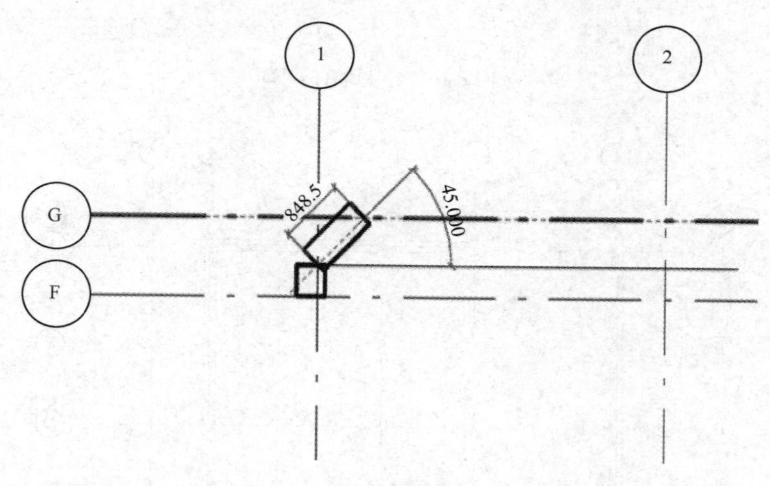

图 17-8 绘制墙体（1）

（4）继续沿 G 轴方向水平向右移动光标，输入“3611”，单击确定，绘制长度为 3611mm 的墙体，如图 17-9 所示。接下来，光标以 45°向右下方向移动，直至 Revit 显示“45.000”，输入“650”，单击鼠标左键确定，表示沿此方向绘制 650mm 长的墙体，如图 17-10 所示。

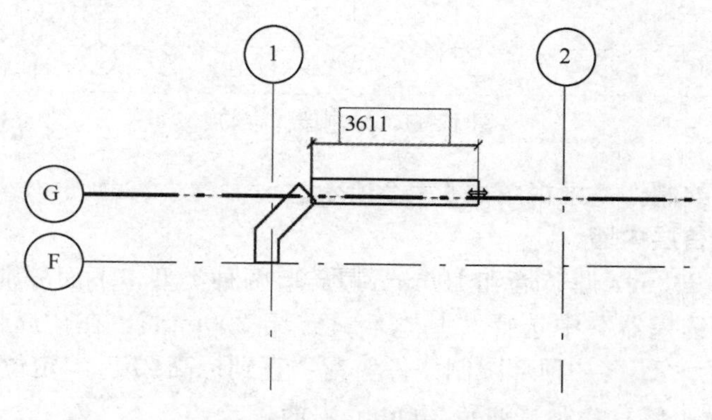

图 17-9 绘制墙体（2）

（5）捕捉 F 轴和 2 轴交点，单击确定，沿 F 轴线方向水平向右绘制直至捕捉到 F 轴和 4 轴交点，再次单击完成绘制。同理，接下来依次顺时针捕捉 A 轴和 4 轴交点、A 轴和 2 轴交点、B 轴和 2 轴交点、B 轴和 1 轴交点，在捕捉到每一交点后单击确定绘制，最后与初始点（即 F 轴和 1 轴交点）首尾相连，单击确认，如图 17-11 所示。

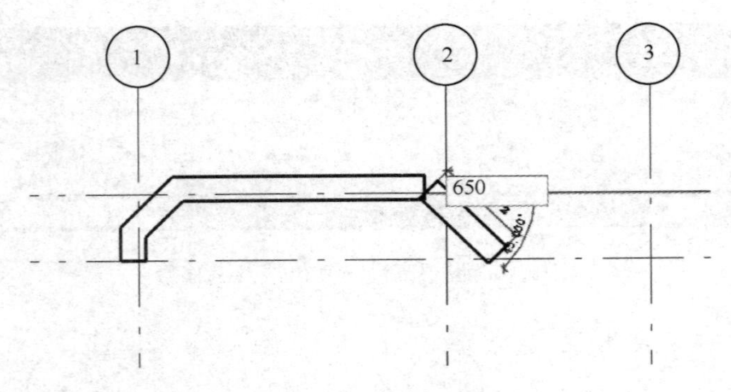

图 17-10 绘制墙体（3）

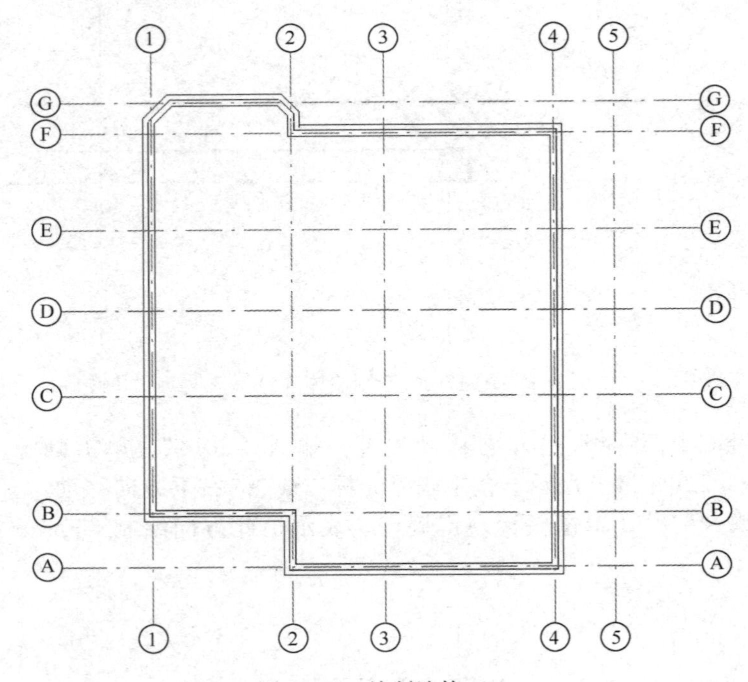

图 17-11 绘制墙体（4）

完成首层外墙绘制，三维视图如 17-12 所示。

17.1.2 新建首层内墙

首层内墙包括 200mm 厚砖墙和 100mm 厚砖墙两种类型，下面分别进行绘制。

（1）在“类型选择器”中选择“基本墙：砖墙-200mm”，在“属性”选项板中设置“基准限制条件”为“1F”，“顶部限制条件”为“直到标高 2F”。“定位线”选择“墙中心线”，按图 17-13 所示位置绘制普通砖 200mm 内墙。

（2）货梯井的矩形墙体可以按如下步骤绘制：①如图 17-13 所示，在 3 轴线上 E、F 轴线之间任意一点单击开始绘制，光标水平向右移动，输入“2100”，再次单击完成绘制，按两次【Esc】键退出墙体绘制模式；②单击墙体，如图 17-14 所示，显示临时尺寸标注，并单击墙体到 F 轴线的尺寸标注，对其进行编辑，输入“2080”，使绘制墙体位置与图 17-13 一致；③按【Enter】键再次绘制墙体（在 Revit 中【Enter】键可以恢复上一步命令），捕捉刚绘制完成的墙体右端点，光标垂直向下移动，输入“2100”，单击确定；④光标继续水平向左移动，输入“2100”，单击确定；⑤光标沿 5 轴线垂直向上方移动直至与墙体绘制起点连接，使墙体首尾相连，完成本段墙体绘制。

【提示】墙体绘制完成后要对其进行检查，确保箭头方向正确，墙体内部外部没有画反。

（3）在“类型选择器”中选择“基本墙：普通砖-100mm”，设置“基准限制条件”为“1F”，“顶部限制条件”为“直到标高 2F”，“定位线”选择“墙中心线”，参照图 17-13 绘制普通砖 100mm 内墙。

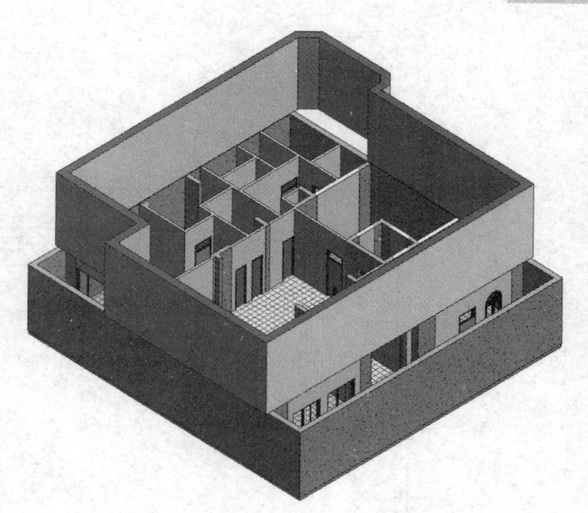

图 17-12　首层外墙三维视图

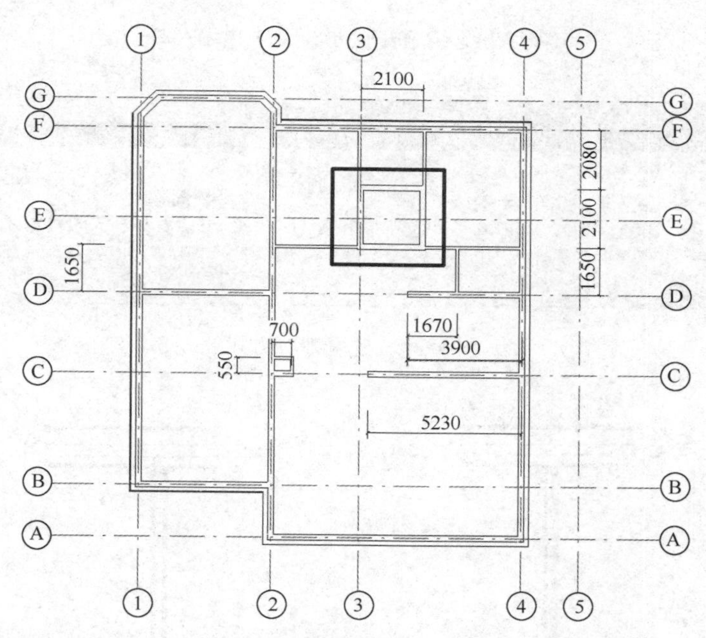

图 17-13　绘制普通砖 200mm 内墙（1）

【提示】与货梯井相交的 100mm 内墙可按如下方法绘制：①捕捉 F 轴线与 3 轴线交点，沿 3 轴线垂直向下移动光标，直到与普通砖 200mm 矩形内墙相交；②点击“修改”面板中的“对齐”命令，选择首选对齐方式为“参照墙面”，如图 17-15 所示；③单击 200mm 厚内墙外部面层，选定其为基准对齐目标位置，再移动光标到 100mm 厚内墙外部面层上，如图 17-16 所示，可使 100mm 厚内墙外部与 200mm 厚内墙外部对齐，绘制完成后如图 17-17 所示。

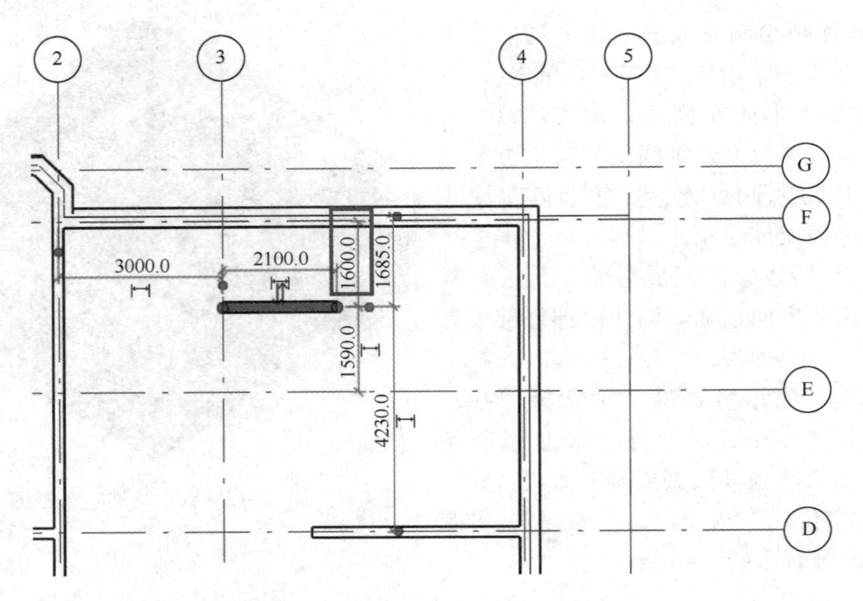

图 17-14　绘制普通砖 200mm 内墙（2）

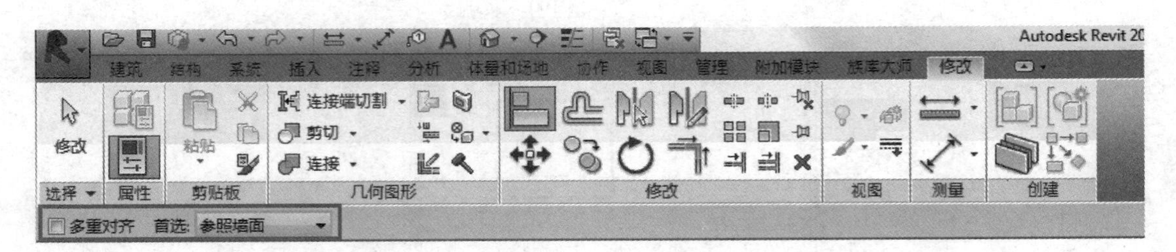

图 17-15　选择对齐方式

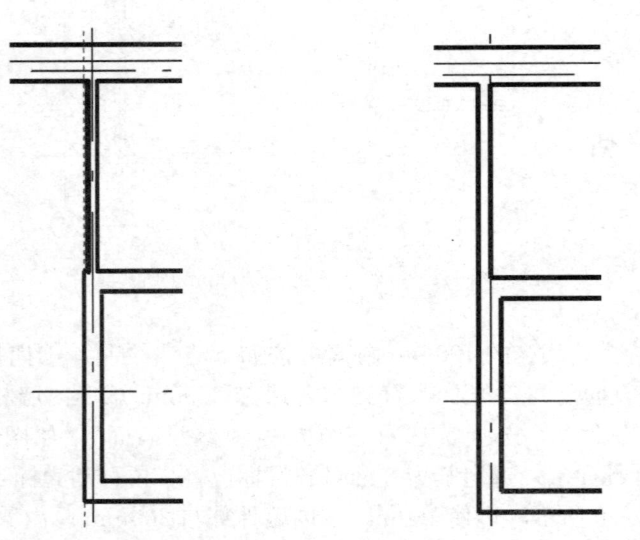

图 17-16　使 100mm 厚内墙与 200mm 厚内墙对齐

图 17-17　内墙绘制效果

首层墙体绘制完成。完成后的首层墙体三维视图如图 17-18 所示，完成绘制并保存。

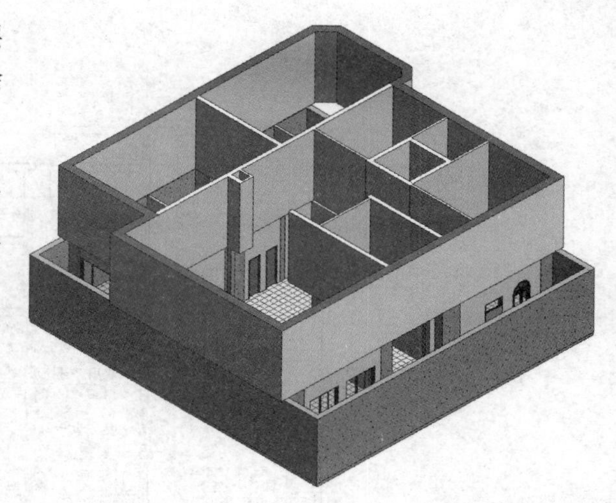

图 17-18 首层墙体三维视图

17.1.3 插入和编辑门窗

首层平面内外墙体绘制完成后，可创建首层门窗。门窗的插入和编辑方法与第 16 章相同，本章不再详细讲解。

(1) 选择项目浏览器中的“楼层平面”，双击“F1”进入首层平面视图。

(2) 点击“建筑”选项卡→“构建”面板→“门”命令，根据项目要求，载入新的门族，在“修改 | 放置门”上下文选项卡中点击“载入族”命令，如图 17-19 所示。

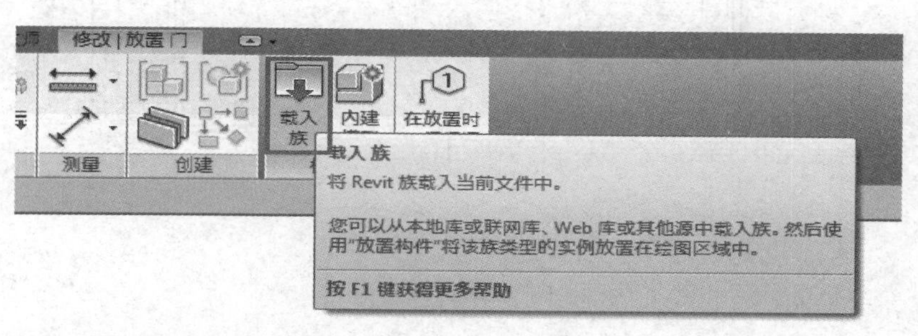

图 17-19 载入族

(3) 在弹出的对话框中，选择“建筑”→“门”→“普通门”→“平开门”→“单扇”文件夹，按住【Ctrl】键同时选择“单扇平开镶玻璃门 10”“单扇平开玻璃木格子门 12-带圆顶”，点击“确定”按钮。同样，选择“建筑”→“门”→“普通门”→“平开门”→“双扇”文件夹，选择“双扇平开镶玻璃门 6”，单击“确定”按钮。完成门族的载入。

1. 插入和编辑门

接下来按如图 17-20 所示插入门。

(1) 点击“门”命令，在“类型选择器”中选择“单扇平开玻璃木格子门 12-带圆顶”门类型，点击“编辑类型”按钮，打开“类型属性”对话框。复制新建名为“1200×2100（首层大门）”。

(2) 修改尺寸标注分组中的“粗略宽度”为“1200.0”，“粗略高度”为“2100.0”，其他参数保持不变，如图 17-21 所示。设置完成后，点击“确定”按钮，退出“类型属性”对话框。在“属性”选项板中将其高度设置为“200.0”，如图 17-22 所示。

(3) 移动鼠标光标至 1 轴线上 D 轴线与 E 轴线间的外墙上，沿墙的方向放置门，单击放置，如图 17-23 所示。这时门的位置与图 17-20 不一致，需要通过调整临时尺寸标注进行调整。单击所要调整的门，如图 17-23 所示，显示门与 D 轴线的临时尺寸标注，表示门边与 D 轴线的距离为 500mm。

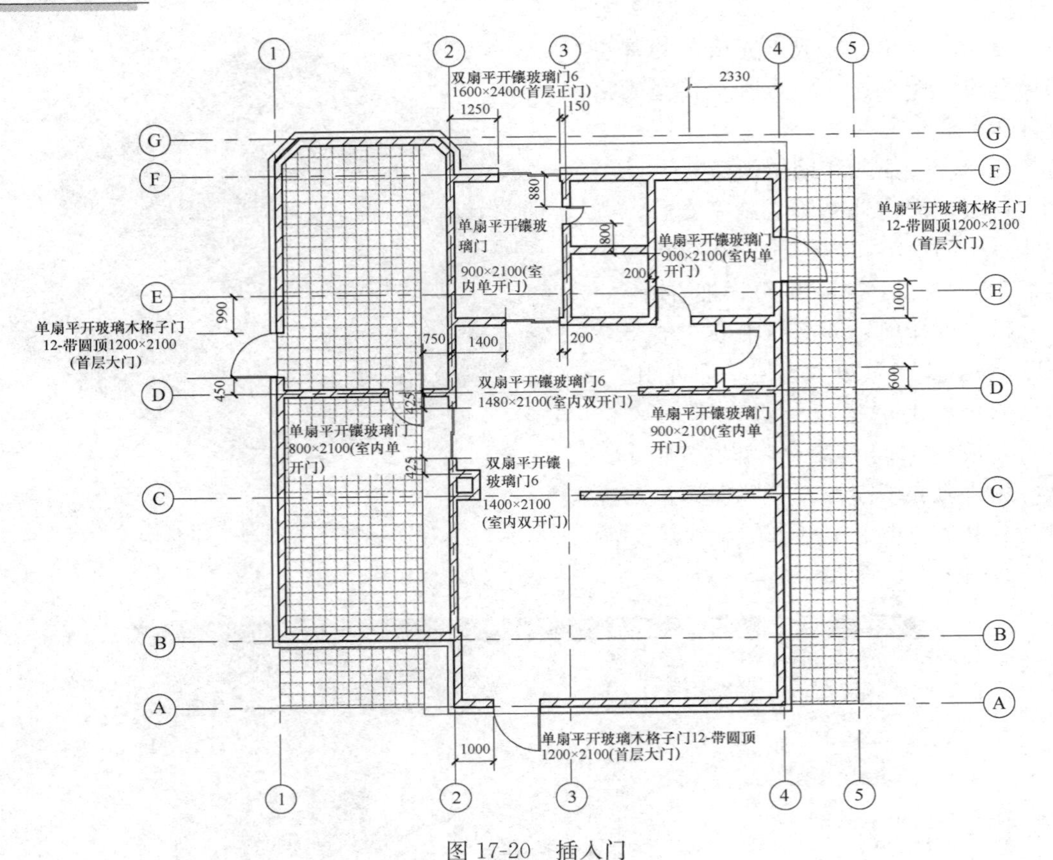

图 17-20 插入门

类型属性

族(F)：单扇平开玻璃木格子门12-带圆顶　　载入(L)...

类型(T)：1200 x 2100 (首层大门)　　复制(D)...

重命名(R)...

类型参数

参数	值
限制条件	
门嵌入	0.0
构造	
功能	内部
墙闭合	按主体
构造类型	
材质和装饰	
门嵌板材质	<按类别>
玻璃	<按类别>
把手材质	<按类别>
框架材质	<按类别>
贴面材质	<按类别>
尺寸标注	
粗略宽度	1200.0
粗略高度	2100.0
厚度	50.0
框架宽度	10.0

<< 预览(P)　确定　取消　应用

图 17-21 修改尺寸标注

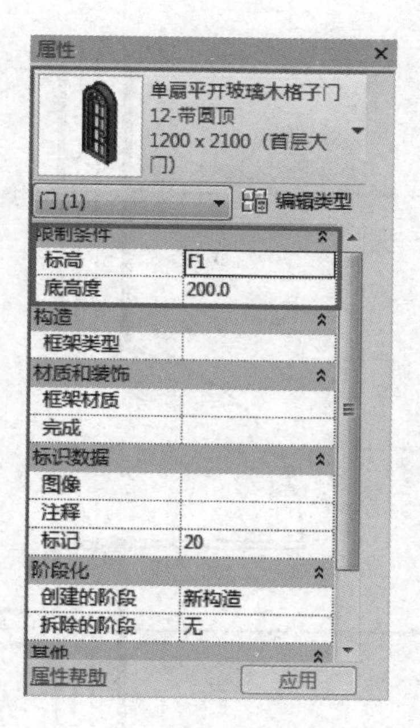

图 17-22　设置高度

（4）单击尺寸标注“500”，输入“450”，即可将门移动到指定位置。放置门时会自动剪切洞口，如图 17-24 所示。

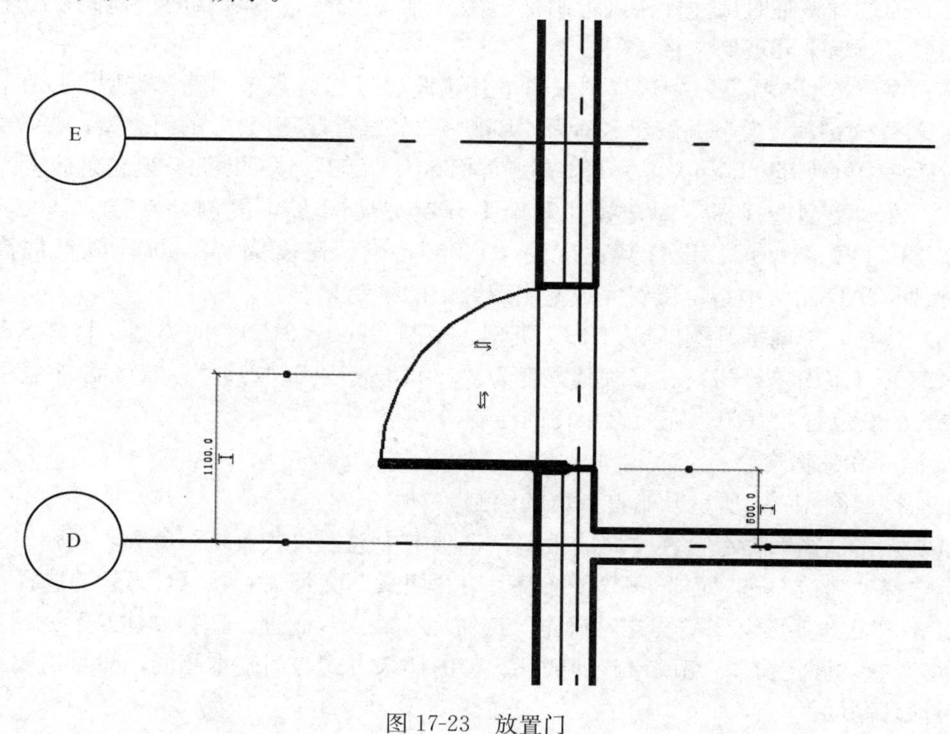

图 17-23　放置门

【提示】如果 Revit 给出的临时尺寸标注与定位标准不一致，还可以通过拖动尺寸界线上的小蓝点移动尺寸界线以便定位。

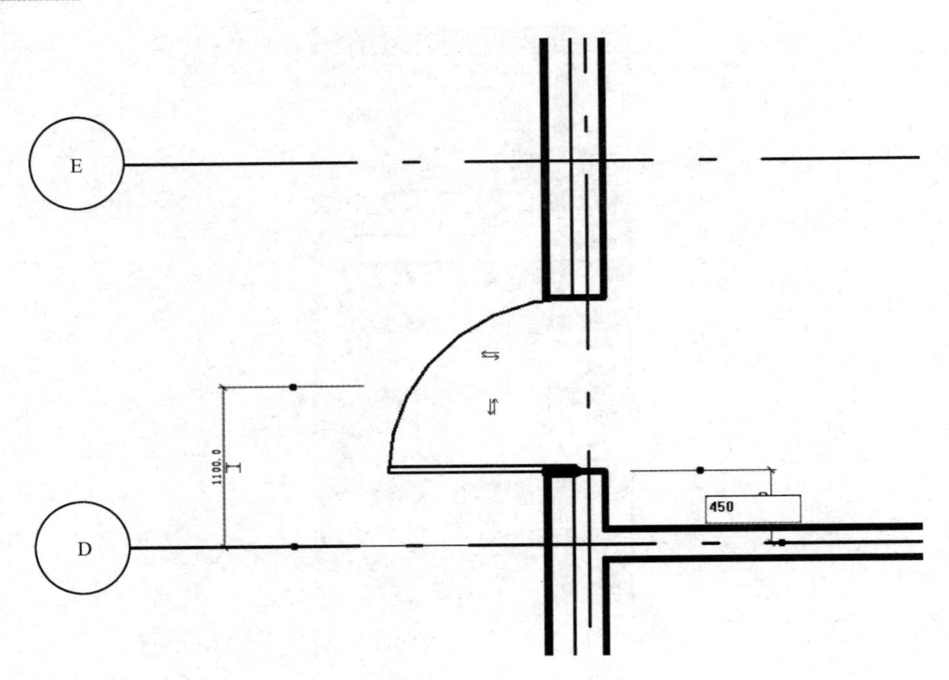

图 17-24　调整门的位置

(5) 通过调整临时尺寸标注进行调整，在 A 轴线上的 2、3 轴线间，4 轴线上的 D、F 轴线间放置单扇平开玻璃木格子门。

(6) 在“类型选择器”中选择“双扇平开镶玻璃门 6”，点击“编辑类型”按钮，打开“类型属性”对话框，复制并新建名称为“1600×2400（首层正门）”的门类型，在“类型属性”对话框中修改其宽度和高度。调整其底部标高为“200”。按照图 17-20 位置放置。

(7) 在“类型选择器”中选择“双扇平开镶玻璃门 6”，复制并新建“1400×2100（室内双开门）”类型门，设置其宽度为“1400”，确认高度为“2100”，默认底高度为“0”。按照 CAD 图纸中指定位置完成室内双开门的绘制。

(8) 选择“单扇平开镶玻璃门 10”类型，复制“900×2100”的类型，将其名称改为“900×2100（室内单开门）”。修改其宽度为“900”，高度为“2100”，默认底高度为“0”。按照图 17-20 位置放置门，完成首层门的绘制。

2. 插入和编辑窗

下面按照图 17-25 所示开始首层窗的绘制。

(1) 点击“窗”命令，在“修改 | 窗”选项卡中选择“载入族”命令。在弹出的对话框中，选择“建筑”→“窗”→“装饰窗”→“西式”文件夹，按【Ctrl】键选择“欧式窗套窗 3”“欧式弧形窗 2”，点击“确定”按钮完成载入。同理，选择“建筑”→“窗”→“普通窗”→“固定窗”，完成窗族的载入。窗的插入方式与门基本相同，只是需要根据需求调节窗台高度。

(2) 点击“窗”命令，选择“推拉窗 1-带贴面”，打开“类型属性”对话框，复制新建“780×1200”类型推拉窗，将其命名为“780×1200（地上层推拉窗）”，默认窗台高度为“900”，在“属性”选项板上将底高度改为“350”。放置在 1、2 轴线间的 G 轴线上，

3、4 轴线间的 F 轴线上，D、F 轴线间的 4 轴线上。编辑临时尺寸按图 17-25 所示位置精确定位。

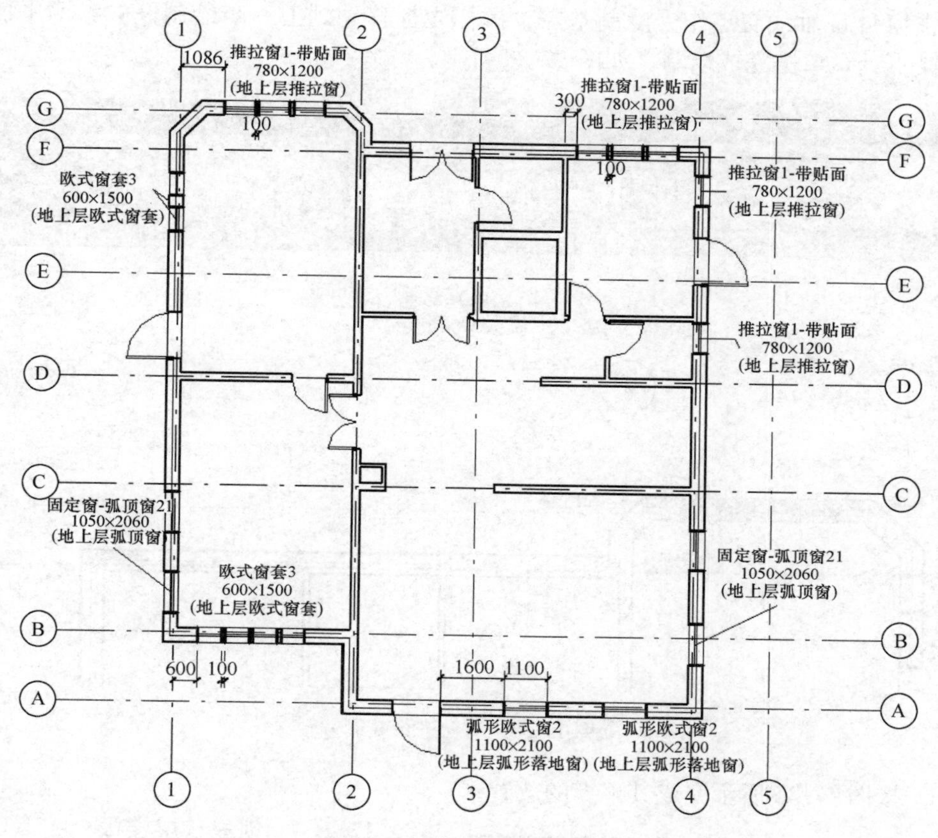

图 17-25　插入门和编辑窗

【提示】G 轴线与 F 轴线上窗类型、数量与间距都是一样的，可以采用“复制”命令实现操作。

(1) 在 F 轴线上使用参照平面标记窗位置。选择“修改”选项卡中的“工作平面”面板中的“参照平面”命令，在 3 轴线右侧创建参照平面，如图 17-26 所示定位其位置。

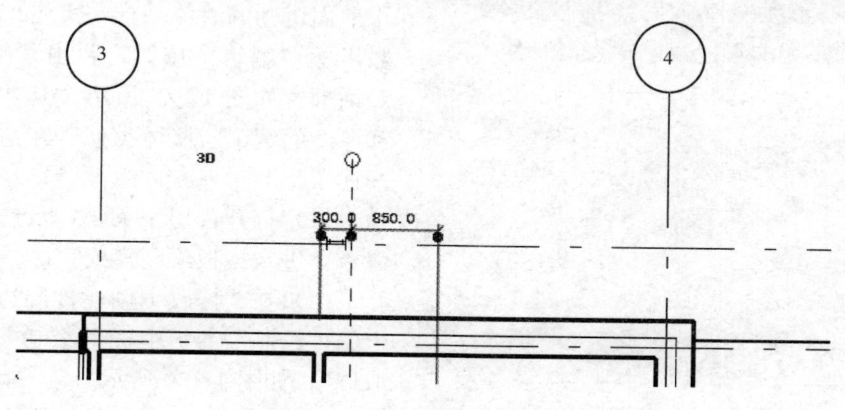

图 17-26　创建参照平面

（2）选择G轴线上已经建好的窗，选择“修改｜窗”选项卡，点击“修改”面板中的“复制”命令，由于不是平行或者垂直移动，故将“约束”勾选去掉，如图17-27所示。单击窗与G轴线交点作为复制基点，鼠标光标移动到上一步绘制好的参照平面与F轴线的交点处，单击完成绘制，如图17-28所示。

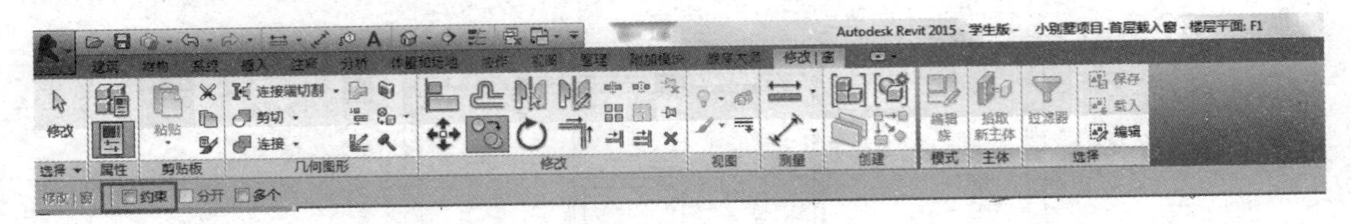

图17-27　设置复制方式

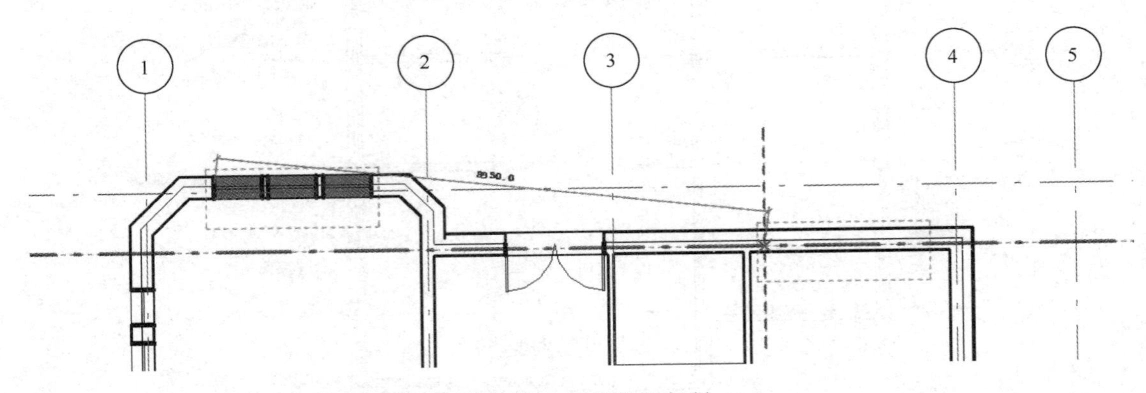

图17-28　对窗进行复制

（3）按图17-25所示完成其他窗的放置。

17.1.4　创建首层楼板

下面给别墅创建首层楼板。Revit可以根据墙来创建楼板边界轮廓线自动创建楼板，在楼板和墙体之间保持关联关系，当墙体位置改变后，楼板也会自动更新。

楼板类型设为默认，楼板结构的修改跟前面讲到的墙体一样，点击“结构”参数组的“编辑”按钮，弹出“编辑部件”对话框，如图17-29所示。其功能、材质和厚度的编辑与墙体类似，在这里就不再详述了。

（1）打开首层平面F1。点击“楼板”命令，进入楼板绘制模式。

（2）在“修改｜创建楼层边界”选项卡的“绘制”面板中选择绘制方式为“拾取墙”，如图17-30所示。

（3）按图17-31所示，依次单击拾取

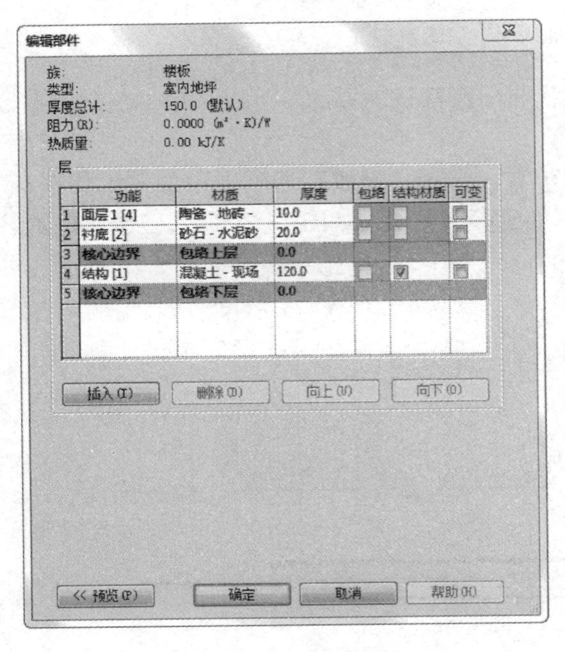

图17-29　“编辑部件”对话框

外墙自动创建楼板轮廓线。拾取墙创建的轮廓线自动和墙体保持关联关系，沿外墙核心层表面绘制生成了楼板边界线。下面选择绘制方式为“直线”，在5轴线上任意绘制一条直线，如图17-32所示。

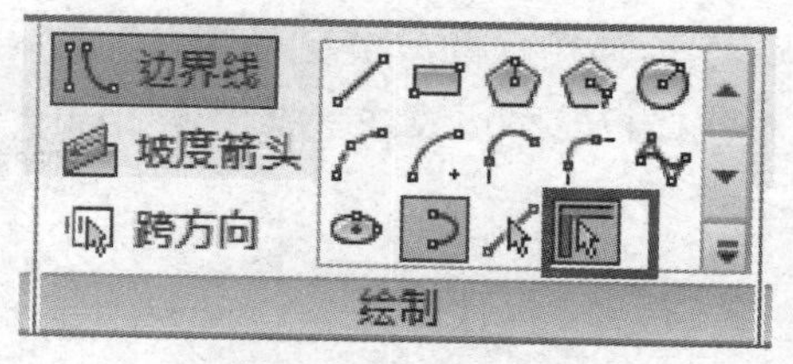

图17-30　“绘制”面板

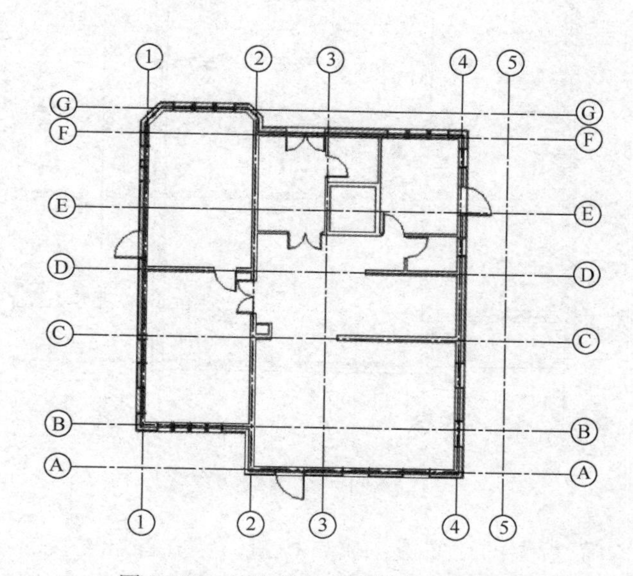

图17-31　拾取外墙自动创建楼板轮廓线

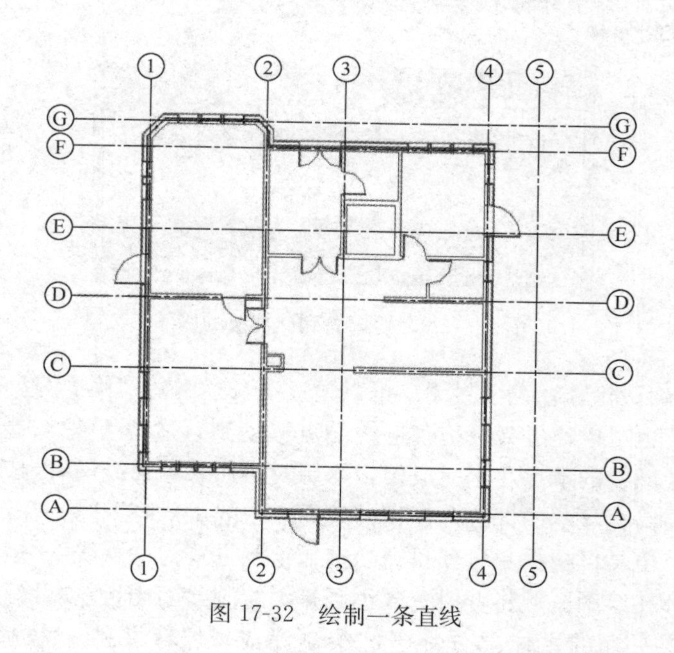

图17-32　绘制一条直线

（4）使用“修剪 / 延伸为角”命令，依次单击 1 轴和 A 轴、A 轴和 5 轴、F 轴和 5 轴使楼板轮廓边界线首尾相连，如图 17-33 所示，完成楼板绘制。

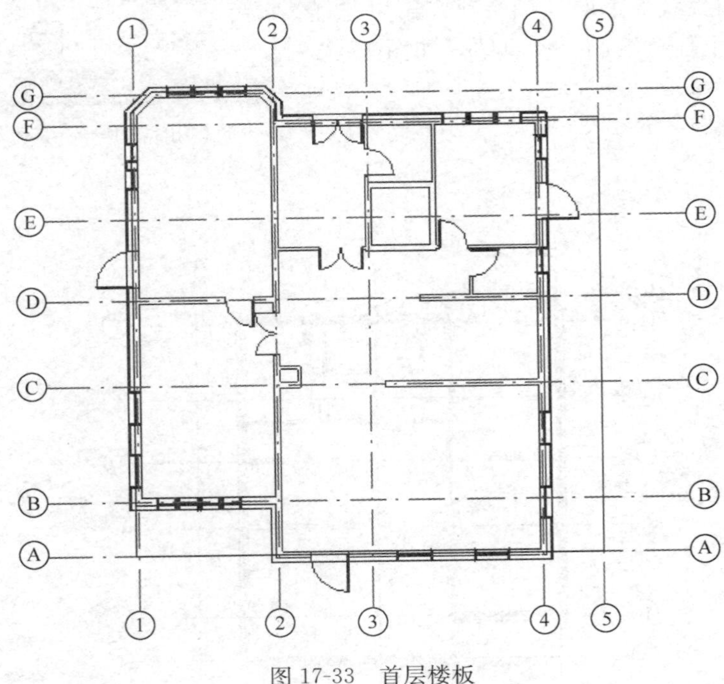

图 17-33　首层楼板

（5）点击“模式”面板上的“完成编辑”按钮，完成首层楼板的绘制。此时弹出如图 17-34所示的“是否希望将高达此楼层标高的墙附着到此楼层的底部”提示，按“No”按钮，表示不附着此楼板。

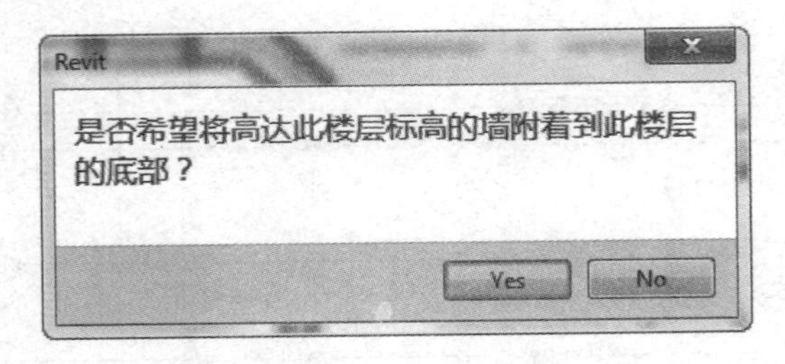

图 17-34　是否附着到此楼层的底部

【提示】检查确认轮廓线完全封闭。可以通过工具栏中的“修剪/延伸为角”命令修剪轮廓线使其封闭，也可以通过光标拖动迹线端点移动到合适位置来实现，Revit 将会自动捕捉附近的其他轮廓线的端点。当完成楼板绘制时，如果轮廓线没有封闭，系统会自动提示。此时需要查看高亮显示的部位，使用修改面板中的“对齐”“修剪/延伸为角”等命令使楼板轮廓封闭。也可以根据具体项目需要选择绘制方式为“直线”“矩形”“圆弧”等绘制命令，此时光标在绘图区域将变成一支小画笔，绘制封闭楼板轮廓线。

至此本案一层平面的主体部分都已经绘制完成，保存文件。完成后的三维效果如图 17-35所示。

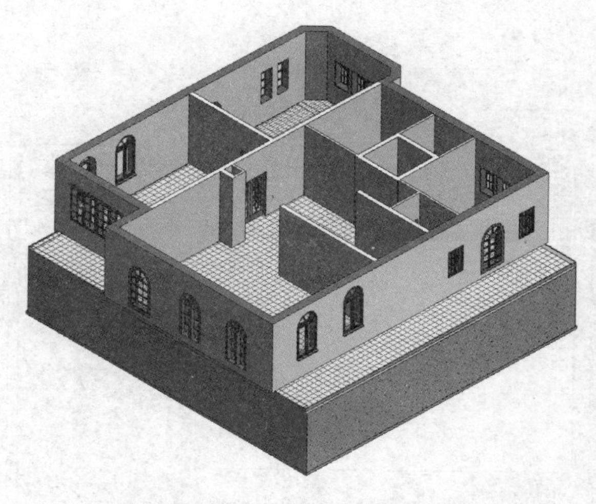

图 17-35 首层三维效果图

17.2 二 层 建 模

17.2.1 复制首层构件

(1) 进入 F1 楼层平面视图，从首层构件左上角到首层构件右下角位置，按住鼠标左键拖拽选择框，框选首层所有构件，如图 17-36 所示。

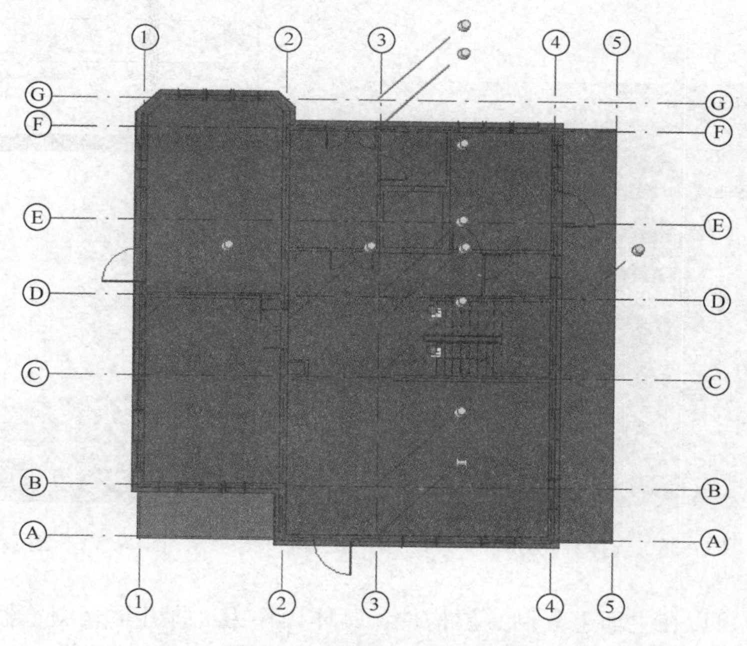

图 17-36 框选首层所有构件

(2) 在选择构件的状态下，在“修改丨选择多个”选项卡中点击“过滤器”命令，打开“过滤器”对话框，确保只勾选“墙”“门”“窗”“楼板”类别，点击“确定”按钮关闭对话框，如图 17-37 所示。

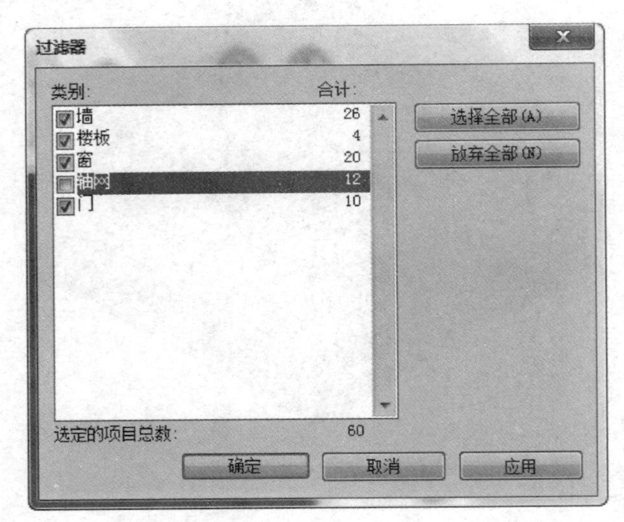

图 17-37 勾选类别

（3）点击“修改”选项卡→“剪贴板”面板→“复制”命令，在粘贴命令下拉列表中选择“与选定的标高对齐”，选择标高为“F2”，如图 17-38 和图 17-39 所示，将首层平面的所有构件复制到二层。

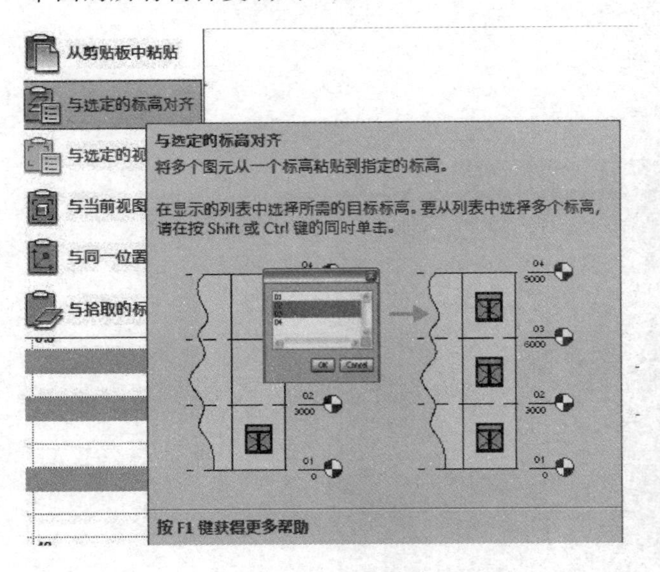

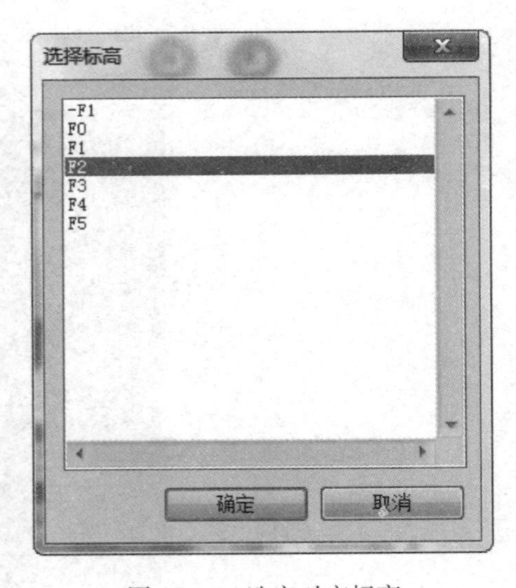

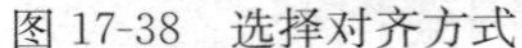

图 17-38 选择对齐方式

图 17-39 选定对齐标高

【提示】也可以在立面上复制一层构件，具体操作为：打开项目浏览器中的“立面”分支，双击“南立面”进入“南立面”视图。在南立面中，从首层构件左上角位置到首层构件右下角位置，按住鼠标左键拖拽选择框，框选首层所有构件。在构件选择状态下进行过滤和复制，步骤与通过平面视图复制一致。

首层平面所有的构件都被复制到二层平面，如图 17-40 和图 17-41 所示。

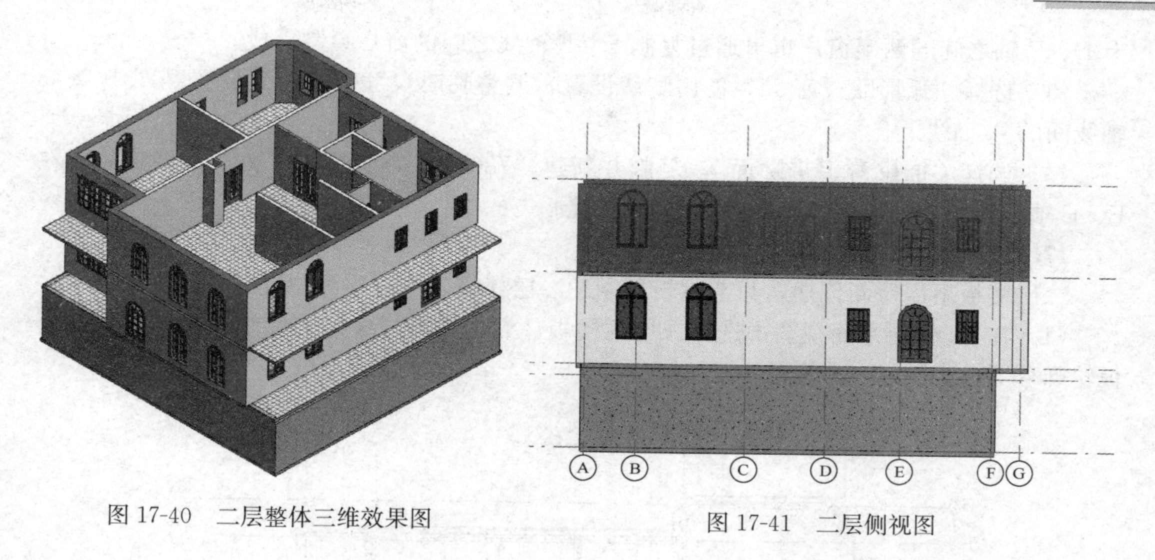

图 17-40　二层整体三维效果图

图 17-41　二层侧视图

17.2.2　编辑二层门窗

（1）选择二层外墙上的门，按【Delete】键将其删除并替换为窗户，具体位置如图 17-42所示。

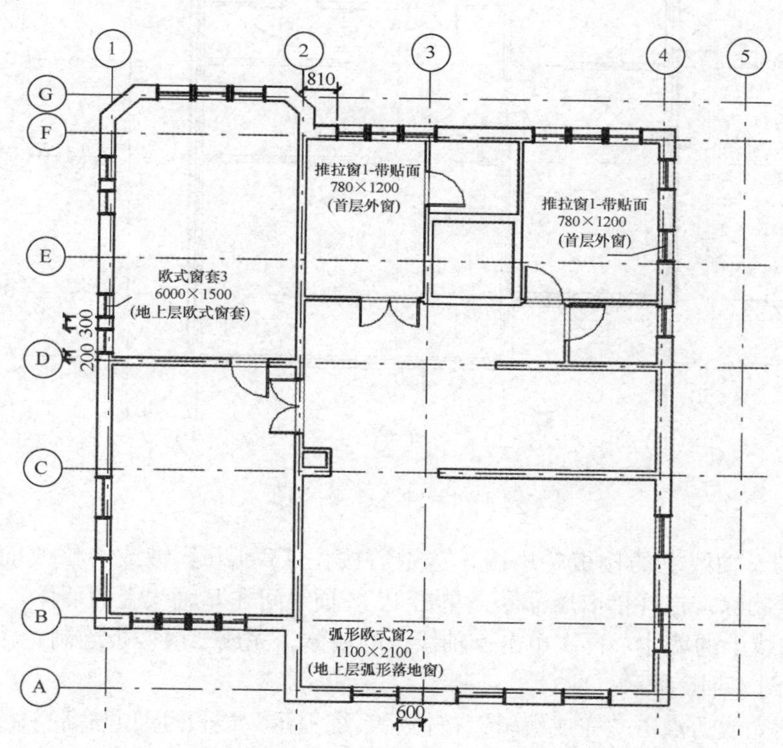

图 17-42　二层门窗位置平面图

（2）在 2 轴右侧距离 810mm 处建立参照平面，选择 1、2 轴线之间 G 轴线上的三个窗户，选择“修改”选项卡的“复制”命令，选择外墙与窗户的交点为复制基点，不勾选“约束”，将其移动到参照平面与 2 轴右侧外墙外表面的交点处，单击确定。同理，1 轴线上D、E轴之间的两扇窗户也可通过复制E、F轴线之间的窗户绘制完成。

(3) 选择“弧形欧式窗2”，使用默认设置，调整临时尺寸值，将其放置到图中2、3轴线间的A轴线上。

(4) 选择“推拉窗1-带贴面”，复制并新建“780×1200”的窗户类型，将其放置在E、F轴线间的4轴线上，完成二层门窗的绘制。

17.2.3 编辑二层楼板

二层楼板不需重新创建，只需编辑复制的一层楼板，修改边界位置即可。

(1) 在F2楼层平面视图中选择二层的楼板，点击选项栏中的“编辑”按钮，打开楼板轮廓草图，如图17-43所示。

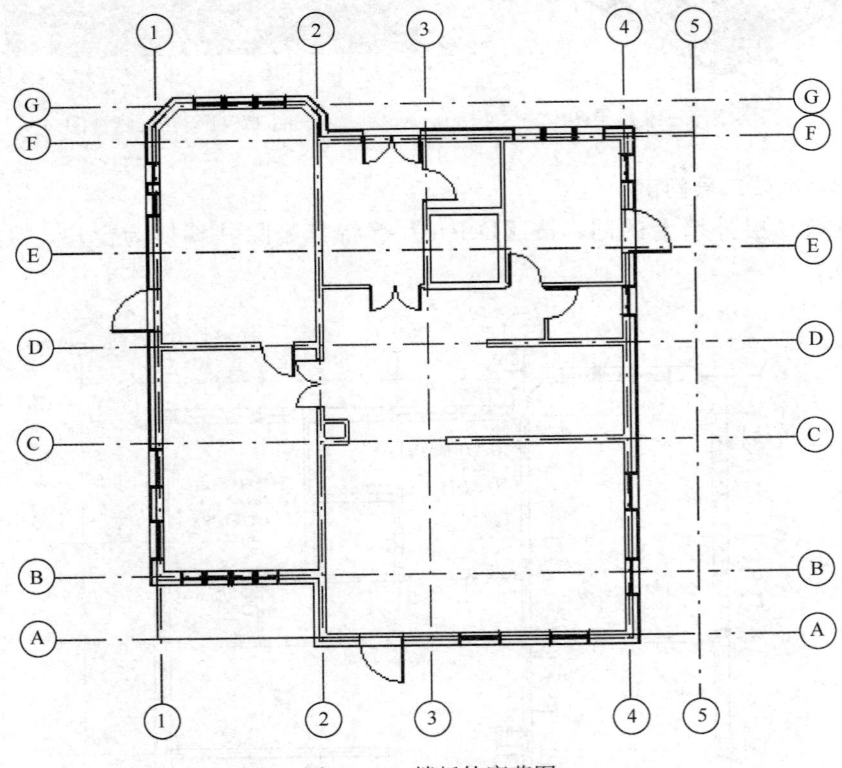

图17-43 楼板轮廓草图

(2) 单击5轴线上的楼板轮廓线，选中后按住【Delete】键或者修改面板中的“删除”命令将其删除。选择拾取墙命令，单击1、2轴线间在B轴线上的墙体，然后单击A、B轴线间2轴线上的墙体，再次单击4轴线上的墙体。完成二层楼板绘制。楼板编辑过程如图17-44、图17-45所示。

(3) 绘制完成后点击“完成编辑”按钮后系统提示“楼板/屋顶与高亮显示的墙重叠。是否希望连接几何图形并从墙中剪切重叠的体积?”，如图17-46所示，选择“Yes”完成二层楼板绘制。

至此本项目二层平面的主体都已经绘制完成，保存文件，三维视图如图17-47所示。

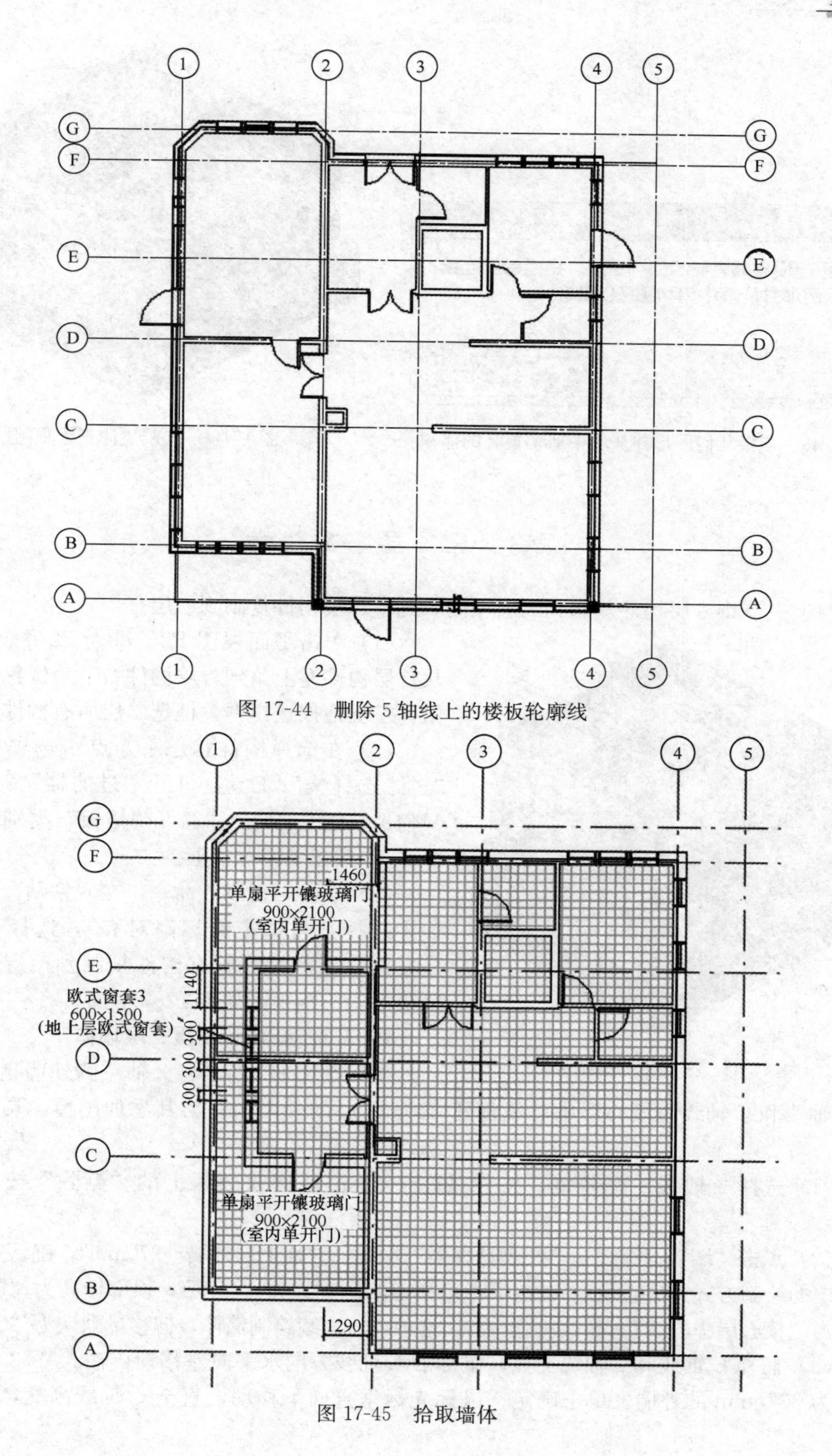

图 17-44　删除 5 轴线上的楼板轮廓线

图 17-45　拾取墙体

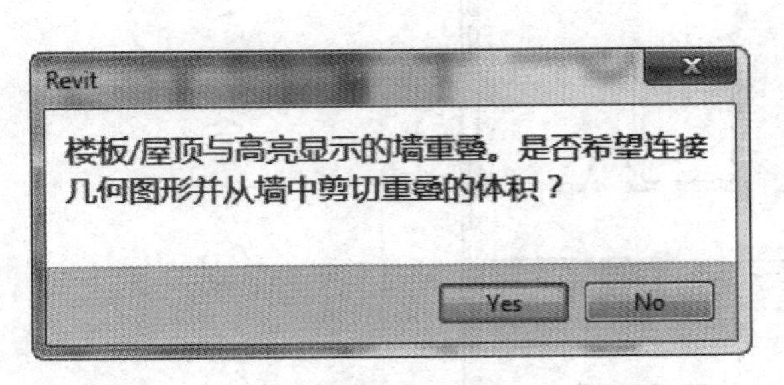

图 17-46　连接几何图形并从墙中剪切重叠的体积

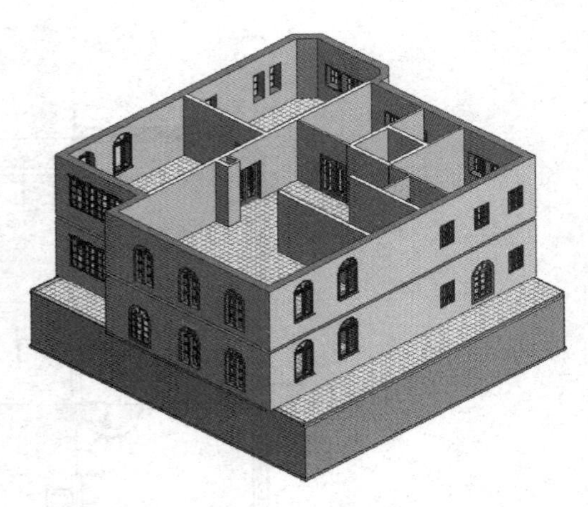

图 17-47　二层主体三维视图

17.3　三　层　建　模

与上一节将一层构件复制到二层相同，先将二层构件复制到三层。

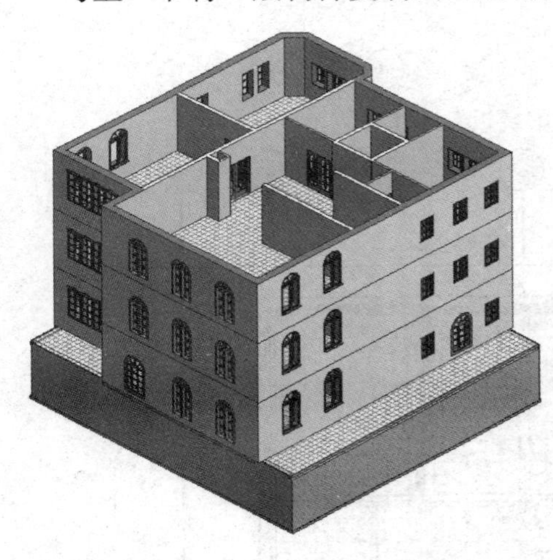

图 17-48　三层主体三维视图

(1) 单击平面视图 F2，进入 F2 平面视图，从首层构件左上角到首层构件右下角位置，按住鼠标左键拖拽选择框，框选二层所有构件。

(2) 在选择构件状态下，点击选项栏中的“过滤选择集”工具，打开“过滤器”对话框，只勾选“墙”“门”“窗”“楼板”类别，点击“确定”按钮关闭对话框。

(3) 点击“复制”命令，在“粘贴”下拉列表中选择“与选定的标高对齐”，选择标高为 F3。将二层平面的所有构件复制到三层。复制完成后，三维视图如图 17-48 所示。

17.3.1　新建和编辑三层墙体

按照图 17-49 所示将 2 轴左侧外墙删除，并以 E 轴线和 C 轴线为核心层中心线创建 370mm 厚的外墙，并为其添加门窗，具体操作如下：

(1) 选择 2 轴线左侧外墙，按住【Delete】键或修改面板上的“删除”按钮将其删除。

(2) 点击“墙”命令，在“类型选择器”中选择“地上层外墙－370mm”，确认“绘制”面板中的绘制方式为“直线”。在选项栏里指定绘制方式为“高度”，顶部标高为“F4”，定位线为“核心层中心线”，确认勾选“链”选项，将连续绘制墙体，偏移量默认为“0”。

(3) 捕捉 E 轴线和 2 轴线交点，鼠标沿 E 轴线方向水平向左移动，输入“3375”，绘制长为 3375mm 的外墙，单击确定。鼠标光标垂直向下移动，直至 C 轴线高亮，单击确定。沿C轴线水平向右移动光标，直至与2轴线的墙体相交，完成绘制。修改墙体方向。

（4）单击2轴线的墙体，在“修改｜墙”选项卡的“修改”面板中，选择“拆分图元”工具，将光标分别移动到移到E轴线和2轴线相交、C轴线和2轴线相交位置，点击鼠标左键完成拆分，如图17-50所示。将E轴线以上、C轴线以下的墙体类型改为“地上层外墙－370mm”，修改后的墙体如图17-51所示。使用“对齐”命令，选择对齐方式为“首选为参照墙面”，不勾选“多重对齐”，将修改后的墙体与外墙外部面层表面对齐，如图17-52所示。

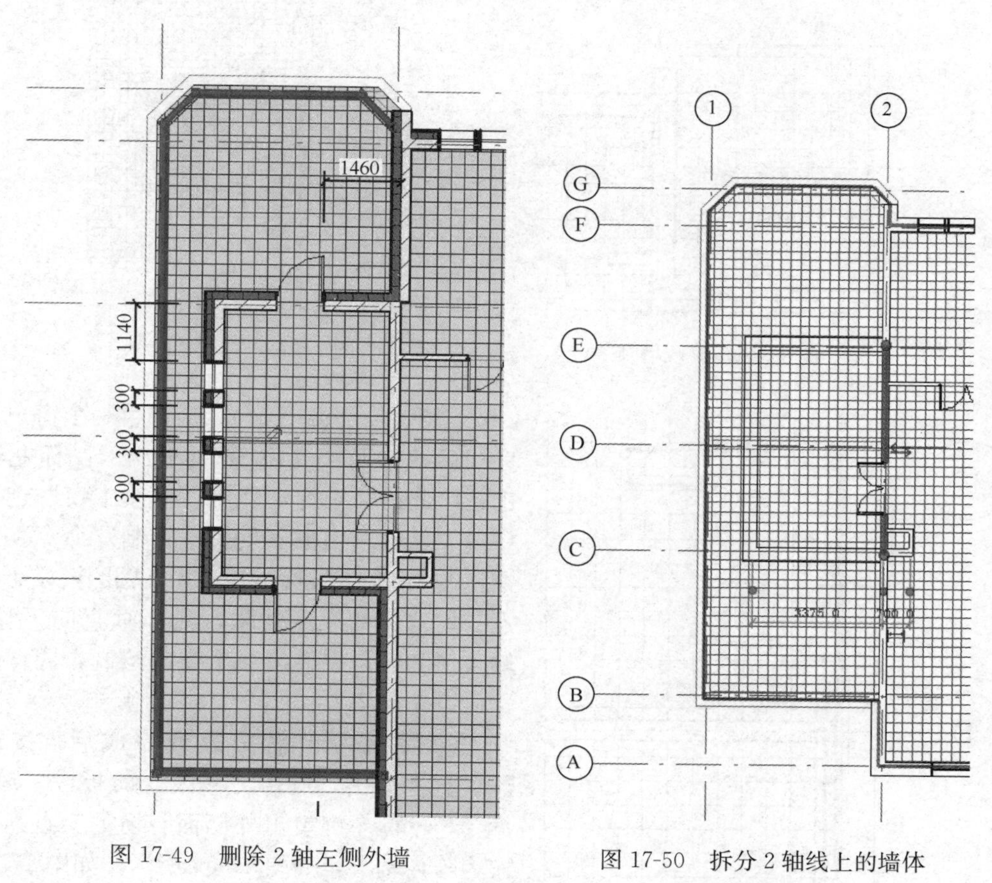

图17-49　删除2轴左侧外墙　　图17-50　拆分2轴线上的墙体

17.3.2　插入和编辑三层门窗

按照图17-50所示，放置三层门窗。

（1）点击“窗”命令，在“类型选择器”中选择“欧式窗套窗3”族下“600×1500（地上层欧式窗套）”类型，窗台高度修改为“900”。确认在“属性”选项板中，标高默认条件为“F3”，将底高度修改为“950”。将窗放置于E、C轴线间之前所绘制的外墙上。单击选中放置的窗，通过修改临时尺寸值，将其放置在距离E轴线1140mm的位置处，如图17-53所示。

（2）窗的绘制有如下三种方法：

① 移动光标调整临时尺寸值，在距离第一个窗户100mm下方放置第二个窗，同理完成第三、四个窗的绘制。

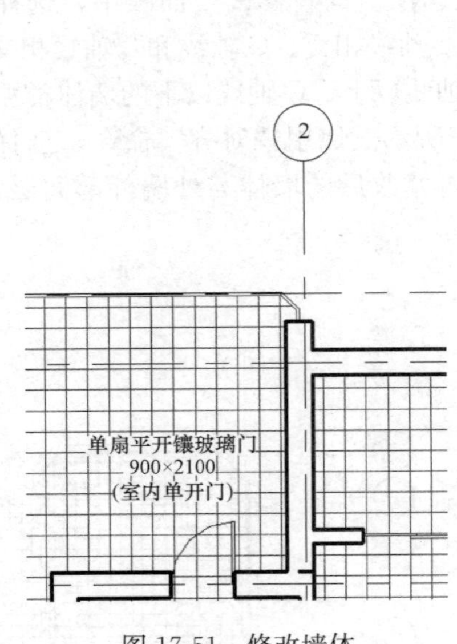

图 17-51　修改墙体

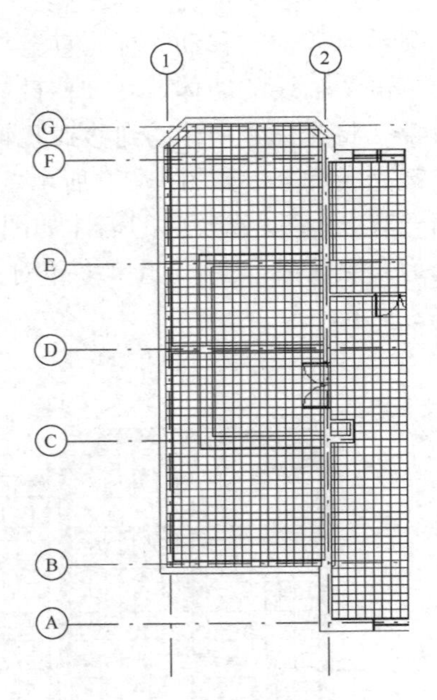

图 17-52　对齐墙体

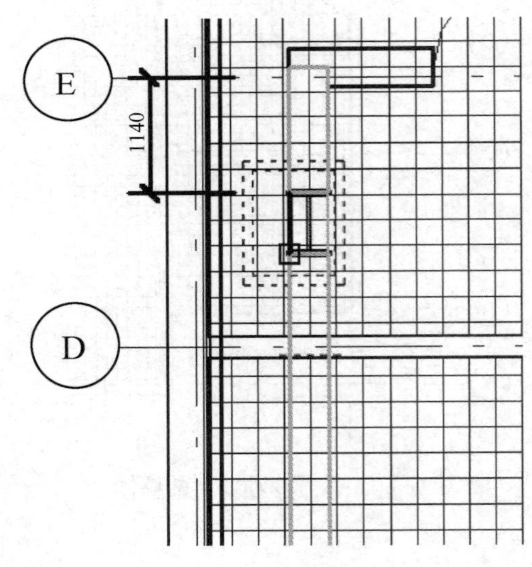

图 17-53　放置三层门窗

② 使用“复制”命令。在第一个窗户放置完成后，按两次【Esc】键退出。鼠标左键单击选中此窗，选择功能区“修改 | 窗”选项卡中的“修改”面板，点击“复制”命令。单击窗户与外墙外部边的交点，以此作为复制基点。勾选“约束”选项，光标垂直向下移动，输入“900”，完成第二个窗的绘制，同样的方式可以完成第三、四个窗的绘制。

③ 在第一个窗户放置完成后，按两次【Esc】键退出。点击“修改”面板中“阵列”命令，鼠标左键单击外墙面与窗的交点，以此作为阵列基点，如图 17-53 所示。如图 17-54所示，在“项目数”中将数值修改为“4”，“移动到”第二个，由于是在竖直方向上进行绘制，所以勾选“约束”选项。垂直向下移动光标，输入“900”，表示阵列第二个窗距离第一个 900mm，再次确认窗数量为 4，单击确定。完成三层窗的绘制。

（3）点击“门”命令，在“类型选择器”中选择“单扇平开镶玻璃门”族下“900×2100（室内单开门）”类型，按照图 17-50 的位置放置，调整临时尺寸，使其精确定位。完成三层门的绘制。完成后的小别墅主体部分三维视图如图 17-55 所示。至此，小别墅地上层主体结构已绘制完成。

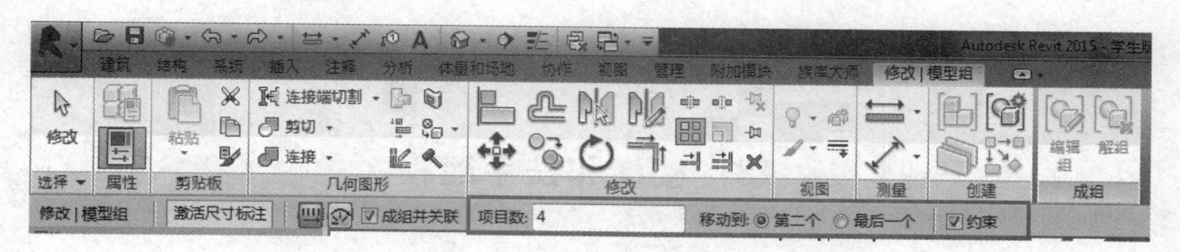

图 17-54 设置项目数

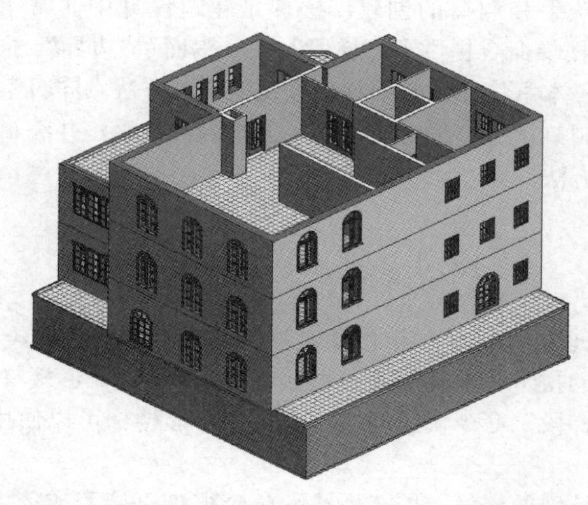

图 17-55 小别墅主体地上部分三维视图

18　楼梯和扶手建模

前面几章完成了地下层、地上层、墙体、门窗、楼板等主体结构的建模，第18章将主要介绍别墅楼梯、扶手和洞口的创建。楼梯是建筑设计中非常重要的一个建筑构件，Revit Architecture 的楼梯命令提供了“梯段”和“踢面”“边界”子命令，可以自由创建各种常规及异形楼梯。本章将详细介绍创建直梯的两种方法，同时学习通过编辑楼板轮廓和使用洞口工具创建洞口，通过编辑扶手路径创建阳台扶手，并编辑楼梯扶手，最后简单介绍螺旋楼梯的创建方法。

18.1　直线形楼梯

在 Revit Architecture 中，楼梯由楼梯和扶手两部分构成，在绘制楼梯时，可以沿楼梯自动放置指定类型的扶手。常规的直线形楼梯（直梯）、U形楼梯、L形楼梯、螺旋楼梯等，都可以使用“梯段”命令快速创建。对一些异形楼梯可以使用“踢面”和“边界”命令手工绘制创建。

对于一些形状很特殊的楼梯，用“梯段”命令很难直接完成创建，可以使用“踢面”和“边界”命令，用手工绘制方式创建异形楼梯。本节以小别墅项目地上一层到二层的U形楼梯为例进行绘制，过程如下：

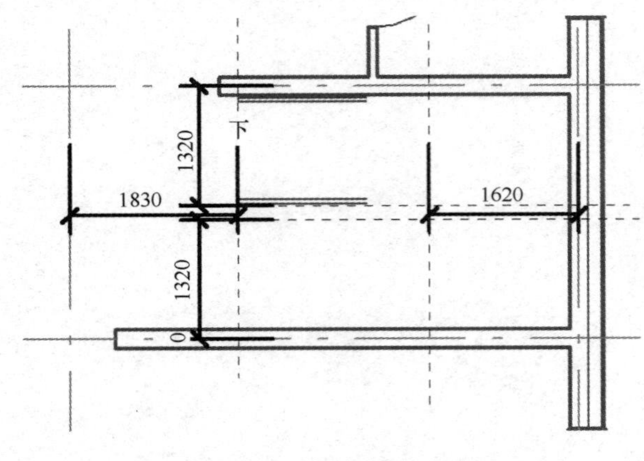

图18-1　创建参照平面

（1）在项目浏览器中双击“楼层平面”项下的“F1”，打开首层平面视图。点击“楼梯”命令，进入楼梯绘制模式。

（2）按前述方法创建参照平面，如图18-1所示。在3、4轴线和C、D轴线之间绘制4个参照平面，并用临时尺寸精确定位参照平面与墙边线或者轴线的距离。上下两个水平参照平面到轴线的距离为1320mm，其中100mm为墙厚度的一半，1220mm为楼梯梯段宽度；左边垂直参照平面到左边轴线（3轴线）的距离为1830mm，为第一跑起跑位置；右边垂直参照平面到右边轴线（4轴线）的距离为1620mm。

（3）打开“属性”选项板，点击“编辑类型”命令，打开“类型属性”对话框。选择楼梯类型为“整体板式-公共”，复制并新建名称为“整体板式-室内地上层”的楼梯类型。设置“最小踏板深度”为“260.0”，设置“最大踢面高度”为“190.0”；确认勾选“构造”参数分组中的“整体浇筑楼梯”选项，修改“功能”为“内部”；勾选“图形”参数分组中的“平面中的波折符号”选项，设置“文字大小”为“3.0000mm”，“文字字体”为“宋体”，该选项将在楼梯平面投影中显示上楼或下楼的指示文字（具体文字内容在楼梯实例属性中设置）；修改“踏板材质”和“踢面材质”为“混凝土-沙/水泥砂浆面层”，修改“整体式材质”为“混凝土-现场浇注混凝土”，如图 18-2 所示。

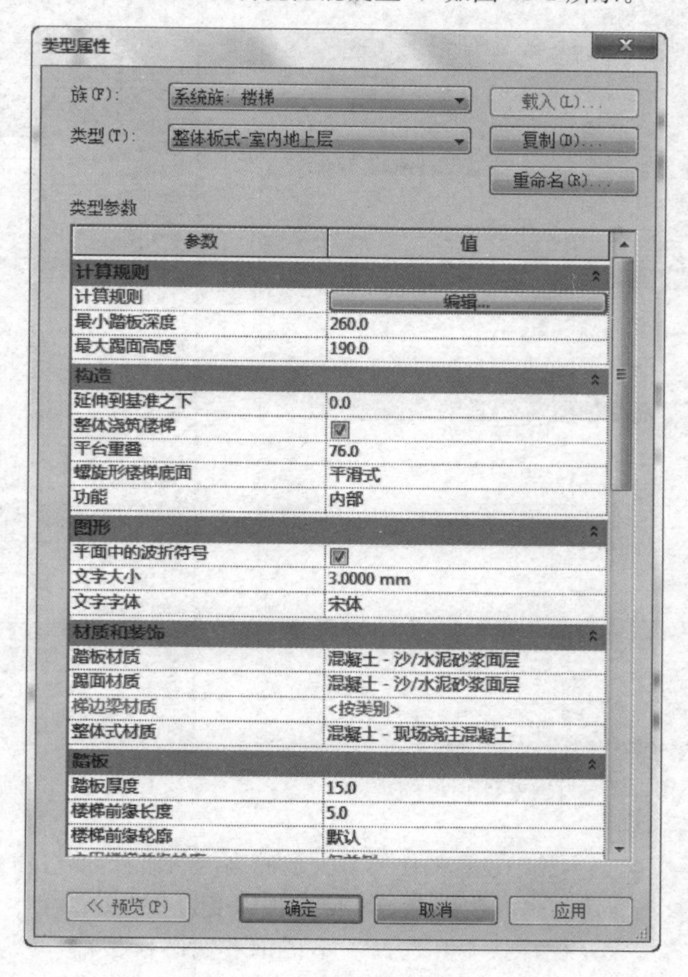

图 18-2 设置类型属性（1）

（4）“踏板”参数分组中的“踏板厚度”修改为“15.0”，“楼梯前缘长度”修改为“5.0”，“楼梯前缘轮廓”设为“默认”；“踢面”参数分组中，确认勾选“开始于踢面”和“结束于踢面”，“踢面类型”设为“直梯”，“踢面厚度”修改为“15.0”，“踢面至踏板连接”设为“踏板延伸至踢面下”；“梯边梁”参数分组中的“在顶部修减梯边梁”设为“匹配标高”，“楼梯踏步梁高度”修改为“120.0”，“平台斜梁高度”修改为“150.0”。由于在上一步设置中勾选了“整体浇筑楼梯”选项，因此“梯边梁”中部分选项不可用。设置完成后，点击“确定”按钮，返回“属性”选项板，如图 18-3 所示。

（5）在“属性”选项板中，确认楼梯参数中的“底部标高”为“F1”，“顶部标高”为“F2”，“底部偏移”和“顶部偏移”均为“0.0”，“多层顶部标高”为“无”；在“图形”参数分组中，设置“文字（向上）”为“上”，“文字（向下）”为“下”，即根据楼梯的上、下楼方向，标注文字为“上”和“下”；设置“尺寸标注”参数分组中的楼梯“宽度”为“1220.0”，如图18-4所示。

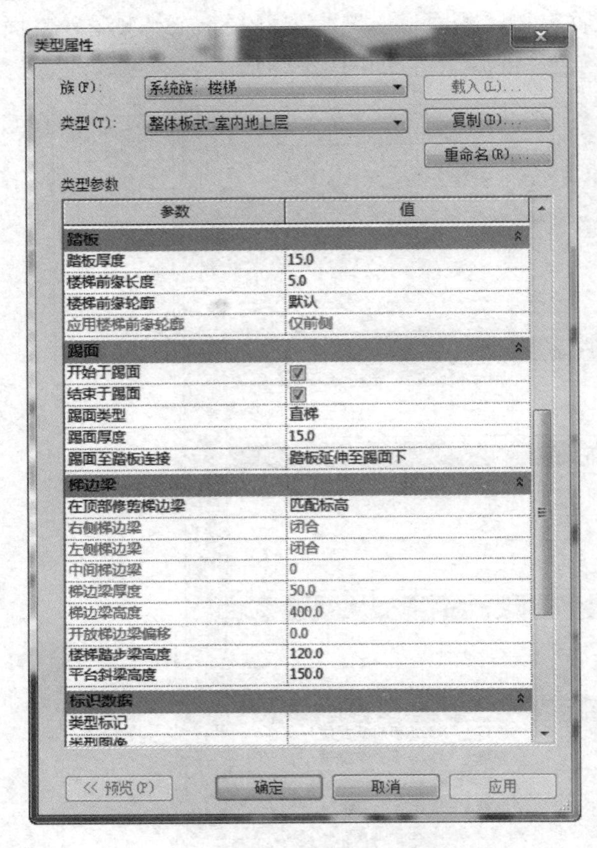

图18-3　设置类型属性（2）

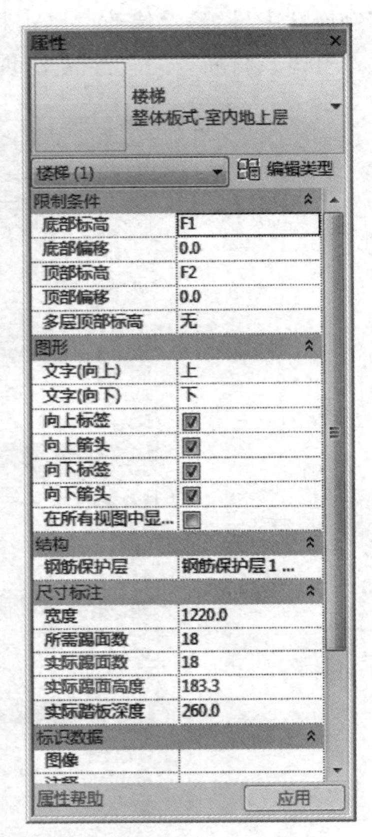

图18-4　设置属性参数

Revit已经根据类型参数中设置的楼梯最大踢面高度、楼梯的基准标高和顶部标高限制条件，自动计算出所需的踢面数为18，实际踏板深度为260mm。

（6）按前述方法设置栏杆扶手，选择“不锈钢玻璃嵌板栏杆－900mm”，勾选“踏板”选项。

（7）点击“构件”面板“梯段”中的“创建草图”按钮，进入“绘制”面板的“边界”，选择“直线”命令，如图18-5所示。沿楼梯间墙体边线绘制楼梯外边界，沿水平参照平面绘制楼梯内边界，如图18-6所示，深色线条即是楼梯内外边界线。

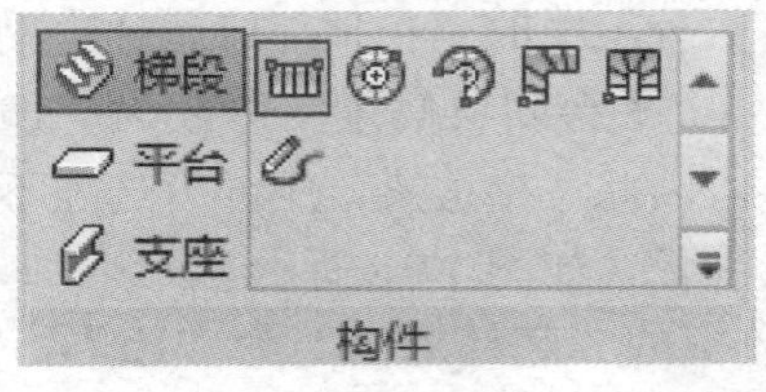

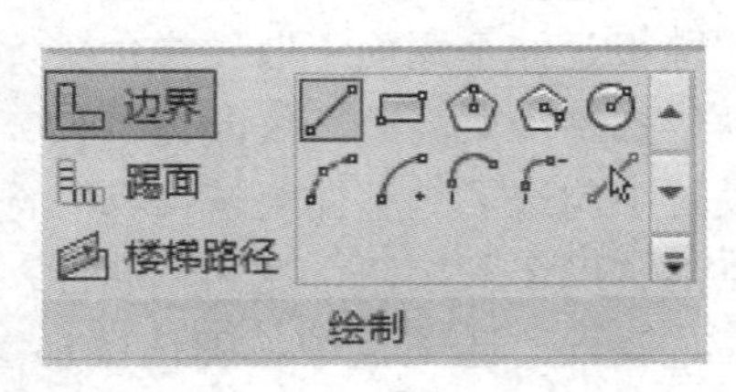

图18-5　绘制楼梯边界（1）

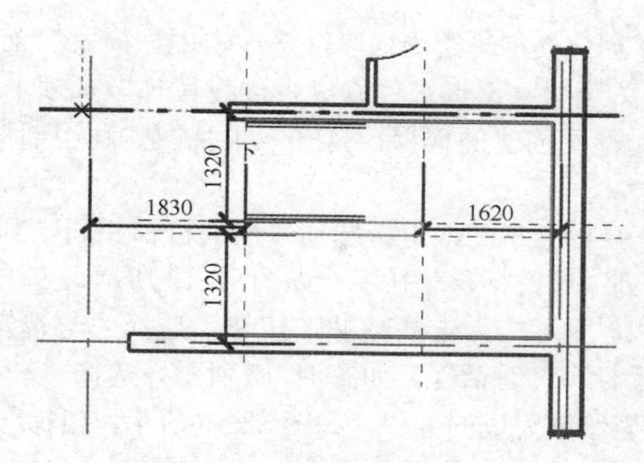

图 18-6 绘制楼梯边界（2）

（8）点击“绘制”面板中的“踢面”按钮，选择“直线”命令，如图 18-7 所示。黑色垂直直线即是楼梯踢面线，每两个踢面线间的距离为 260mm，共创建了 18 个踢面，可以使用“复制”命令快速创建，如图 18-8 所示。

图 18-7 绘制踢面（1）

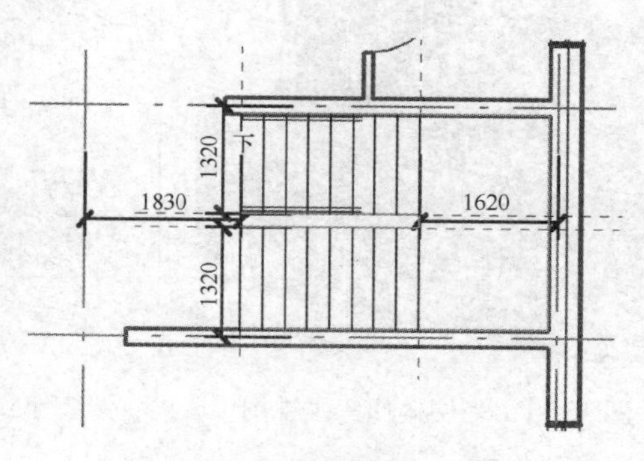

图 18-8 绘制踢面（2）

（9）使用绘制边界和踢面线方式创建楼梯，如果楼梯中间带休息平台，则无论是常规楼梯还是异形楼梯，在平台和踏步交界处的楼梯边界线必须拆分为两段，或者分开绘制。如图 18-9 所示，点击“修改”面板中的“拆分”命令，移动光标到图 18-10 中上侧边界线和上面水平参照平面交点处，单击将边界拆分为左右两段，下侧边界线于同样位置拆分。

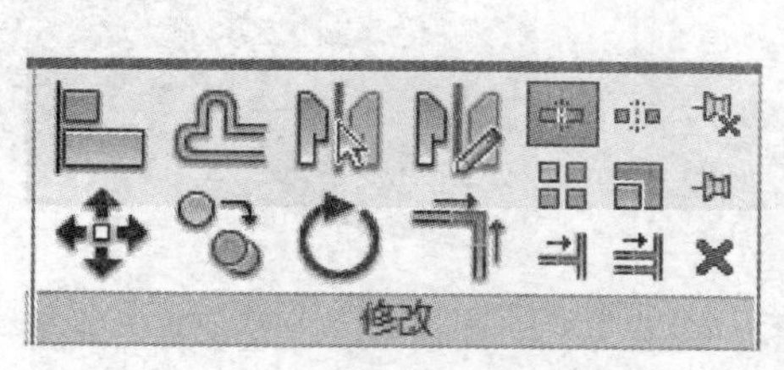

图 18-9 拆分平台和踏步交界处的楼梯边界线（1）

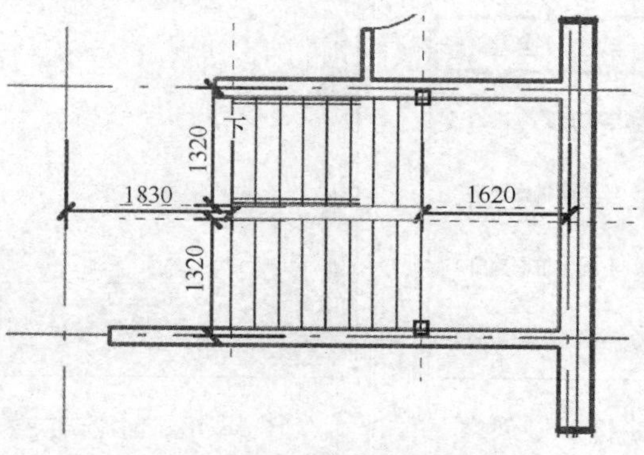

图 18-10 拆分平台和踏步交界处的楼梯边界线（2）

（10）点击“修改｜创建楼梯>绘制梯段”选项卡中“模式”面板上的“完成编辑模式”按钮，完成楼梯草图绘制。再点击“修改｜创建楼梯”选项卡中“模式”面板上的“完成编辑模式”按钮。查看创建的楼梯，打开三维视图，利用剖切框剖切出楼梯部分，如图18-11所示。

（11）地上二层到三层的楼梯与地上一层到二层的楼梯相同，利用“复制”命令，复制楼梯。选中地上一层到二层的楼梯和扶手，如图18-12所示；点击“剪切板”面板中的“复制”按钮，如图18-13所示；点击“粘贴”按钮，选择“与选定的标高对齐”，如图18-14所示；弹出“选择标高”对话框，如图18-15所示，选择“F2”，点击“确定”按钮完成楼梯粘贴。再次查看绘制完成的楼梯，如图18-16所示，楼梯部分绘制完成。

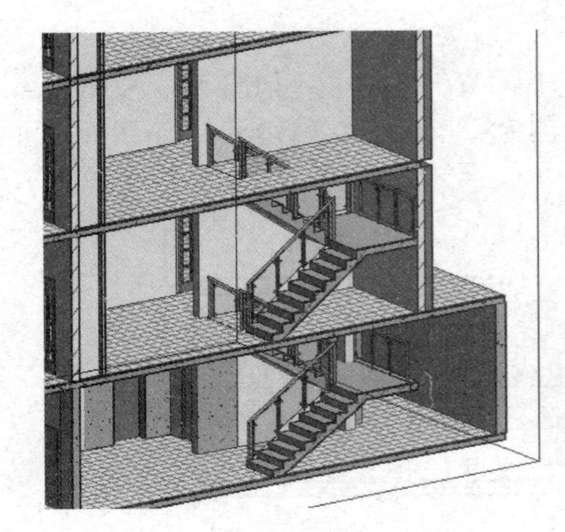

图18-11　一层楼梯三维视图

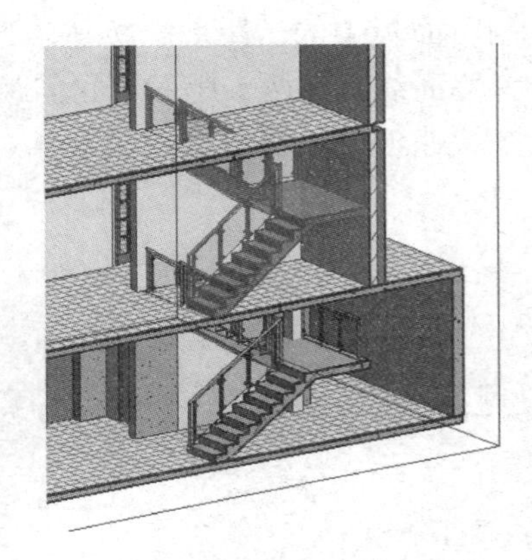

图18-12　创建二层楼梯（1）

图18-13　创建二层楼梯（2）

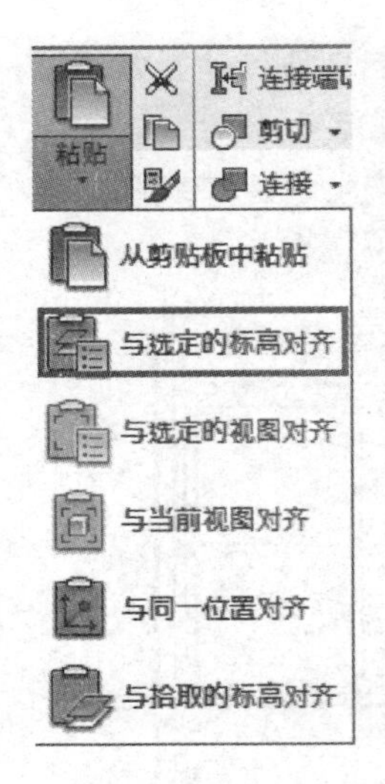

图18-14　创建二层楼梯（3）

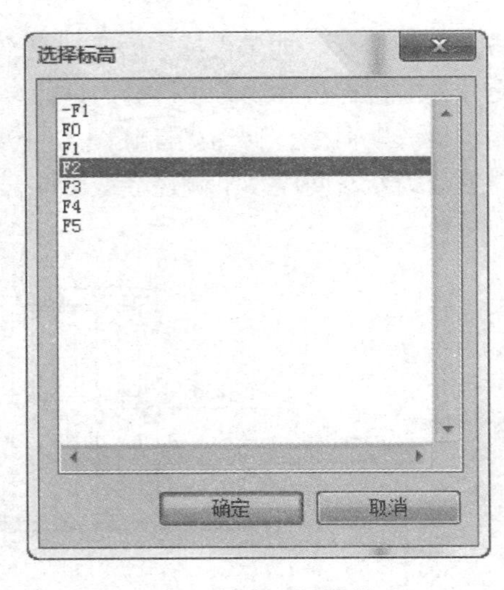

图18-15　创建二层楼梯（4）

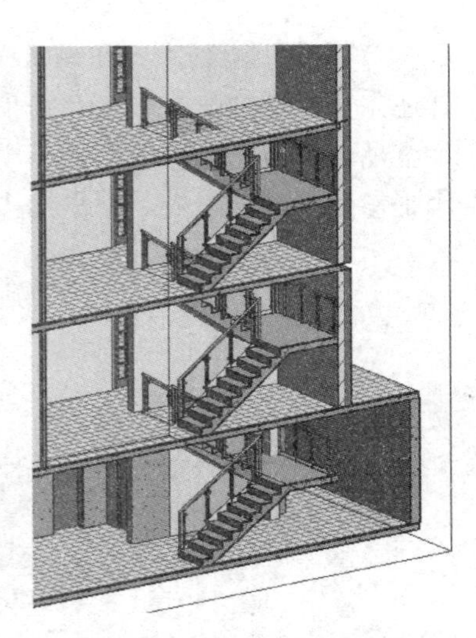

图18-16　二层楼梯三维视图

18.2 创　建　洞　口

在项目中添加楼板、天花板等构件后，需要在楼梯间、电梯间等部位创建洞口。在创建楼板、天花板、屋顶这些构件的轮廓边界时，可以通过编辑轮廓来生成楼梯间、电梯井等部位的洞口，也可以使用 Revit 提供的洞口工具在创建完成的楼板、天花板上生成洞口。

18.2.1　编辑楼板轮廓创建洞口

首先，以创建楼梯洞口为例通过编辑楼板轮廓创建洞口。

(1) 继续 18.1 节的练习，选择一层平面楼板，如图 18-17 所示。在“修改｜楼板”选项卡的“模式”面板中点击“编辑草图”按钮，进入编辑界面。

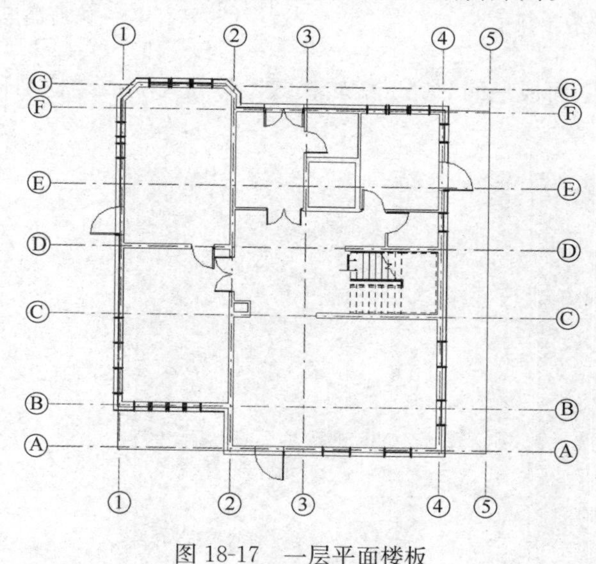

图 18-17　一层平面楼板

(2) 在“绘制”面板中点击“边界线”按钮，选择“拾取线”命令，如图 18-18 所示。拾取楼梯边界和墙体边界作为楼板轮廓边界，如图 18-19 所示。

图 18-18　拾取楼梯边界和墙体边界 (1)

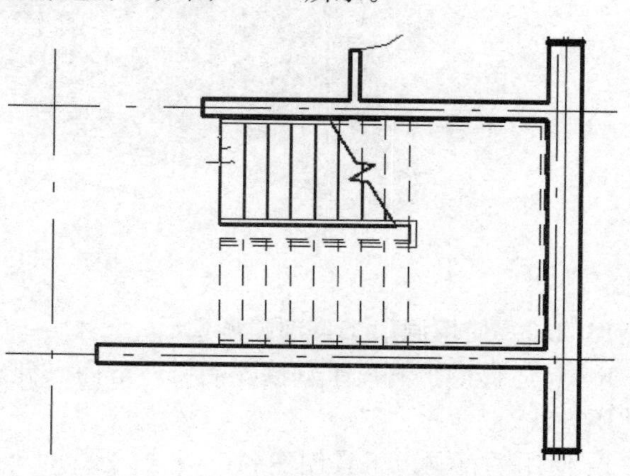

图 18-19　拾取楼梯边界和墙体边界 (2)

（3）点击“修改”面板中的“修剪/延伸为角”按钮（图 18-20），利用“修剪”工具修剪楼板边界，使之成为闭合边界，如图 18-21 所示。

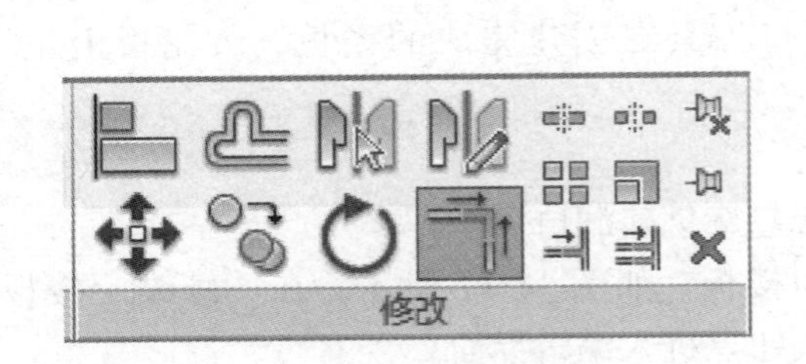

图 18-20　修剪楼板边界（1）

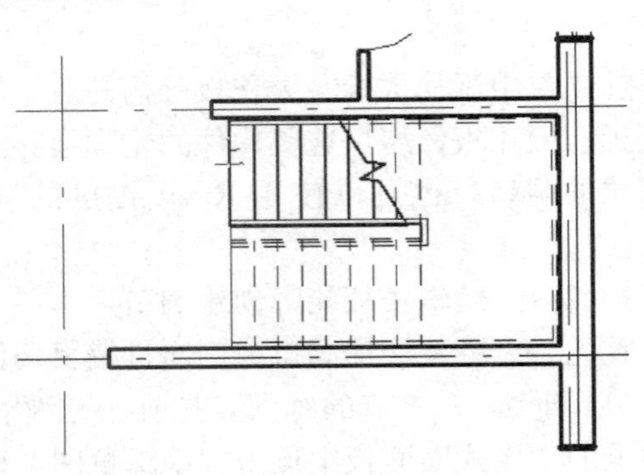

图 18-21　修剪楼板边界（2）

（4）点击“模式”面板上的“完成编辑模式”按钮，完成楼梯洞口绘制。绘制完成的楼梯洞口如图 18-22 所示。

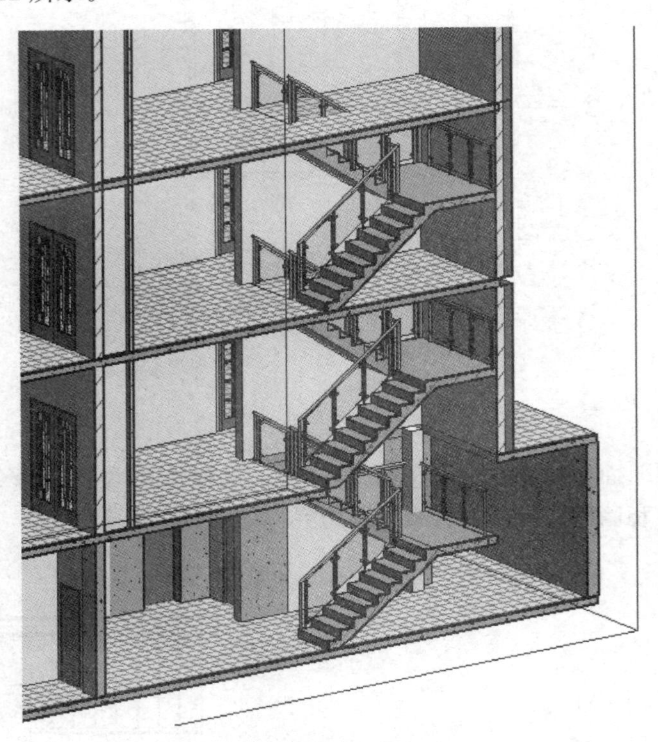

图 18-22　楼梯洞口三维视图

18.2.2　使用洞口工具创建洞口

Revit 还提供了洞口工具创建洞口，下面以创建二层楼板的楼梯洞口为例讲解洞口工具使用方法。

1. 使用垂直洞口工具创建洞口

（1）双击项目浏览器中的 F2 楼层平面，进入 F2 楼层平面视图。点击“视图”选项卡的“创建”面板中的“剖面”按钮，如图 18-23 所示。确认“属性”选项板中的剖面类型为“建筑剖面-国内符号”，如图 18-24 所示。在楼梯间创建水平剖切面，如图 18-25 所示。

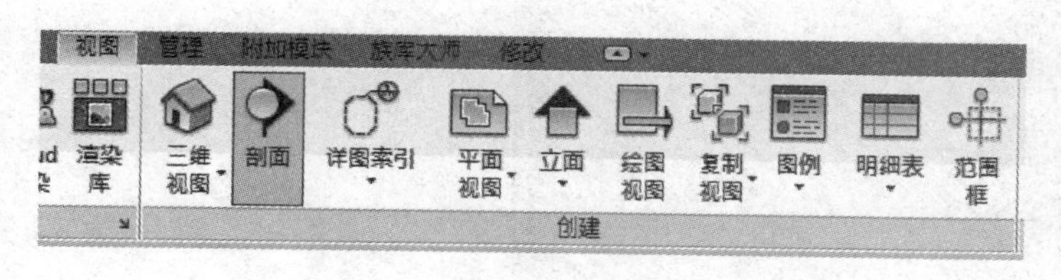

图 18-23 创建水平剖切面（1）

图 18-24 创建水平剖切面（2）

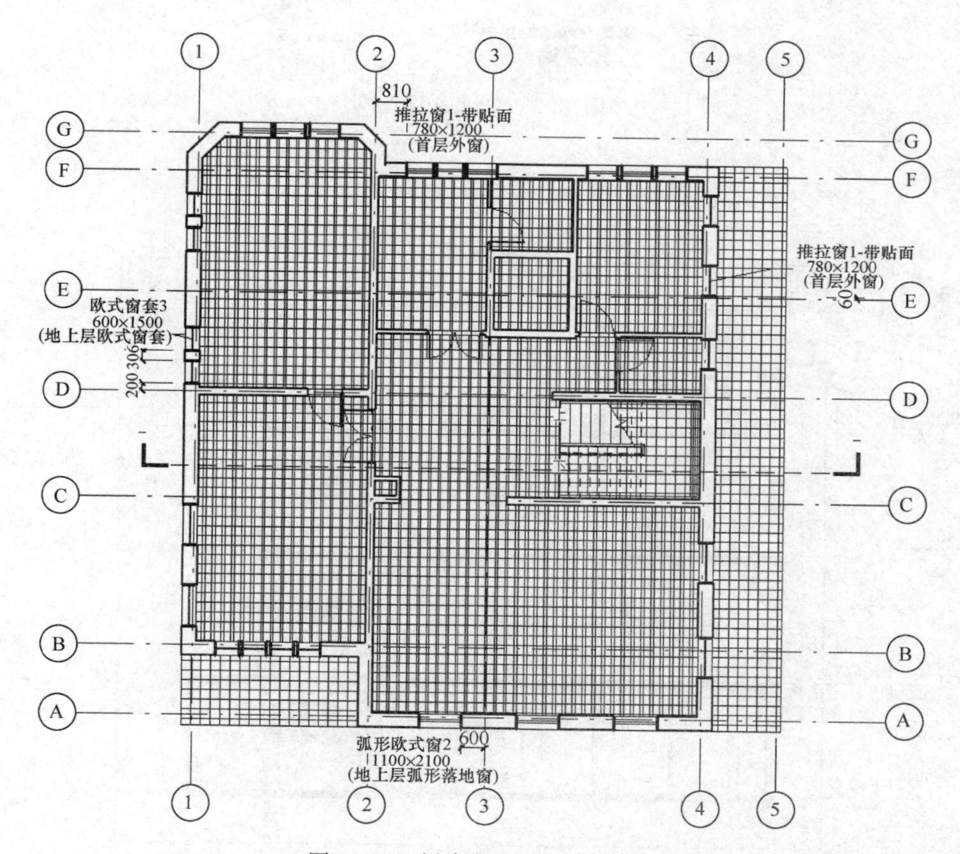

图 18-25 创建水平剖切面（3）

（2）创建完剖面后，如图 18-26 所示，在项目浏览器中会出现新的视图类别——剖面（建筑剖面-国内符号），展开后双击刚刚创建的剖面视图“Section 0”，进入剖面视图，如图 18-27 所示。

（3）点击“建筑”选项卡的“洞口”面板中的“垂直”按钮，将沿垂直于标高平面的方向为构件添加洞口，如图 18-28 所示。

（4）在剖面视图中移动鼠标光标至 F2 楼板处，单击选择该楼板，为所选择的楼板进行添加洞口修改操作，系统弹出“转到视图”对话框，如图 18-29 所示。在视图列表中选

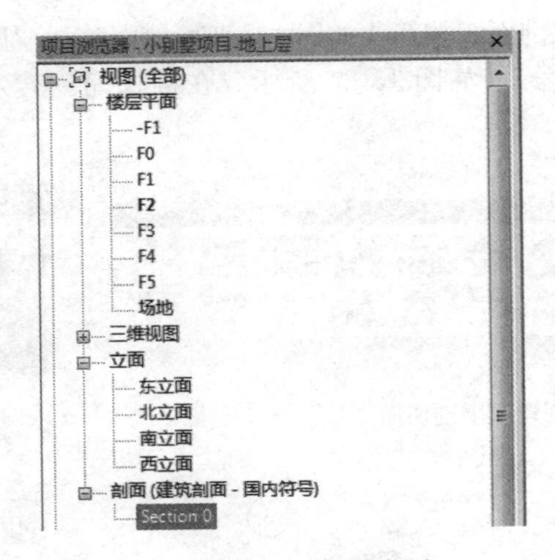

图 18-26 新的视图类别

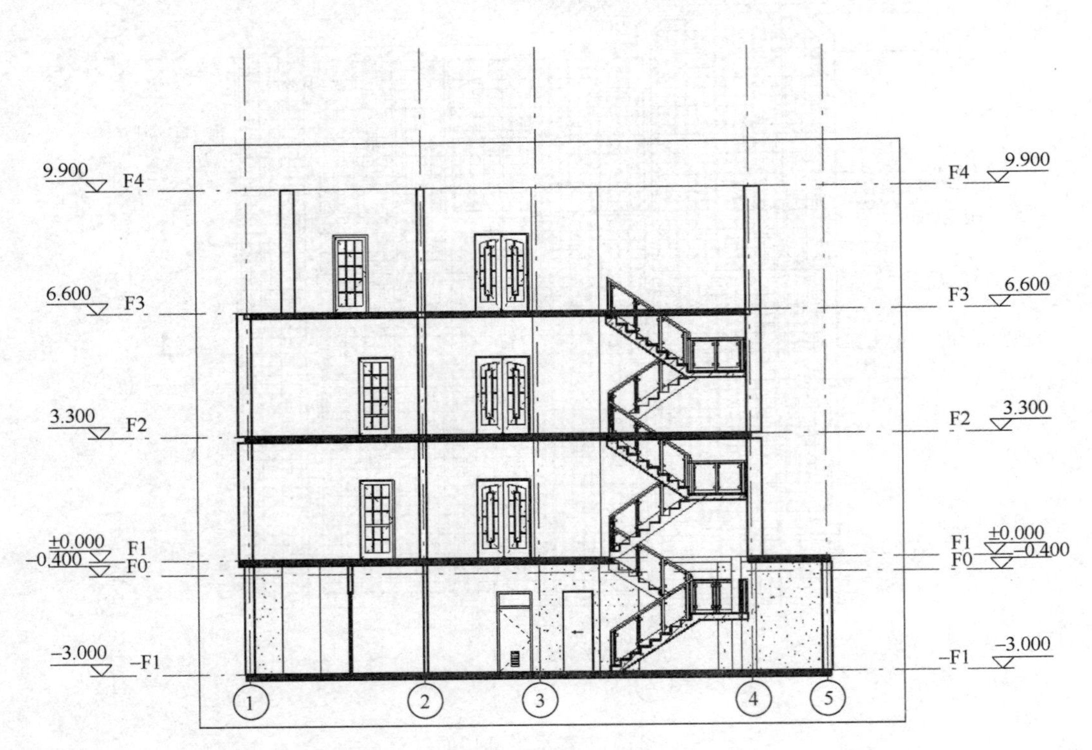

图 18-27 剖面视图

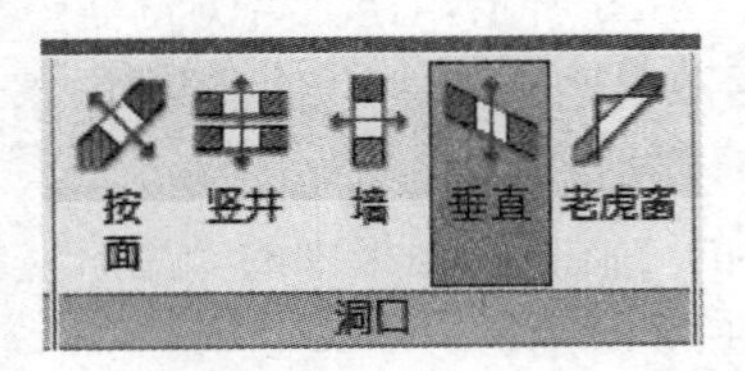

图 18-28 沿垂直方向添加洞口

择“楼层平面：F2”，点击“打开视图”按钮，打开 F2 楼层平面视图，并进入“创建洞口边界”编辑模式。

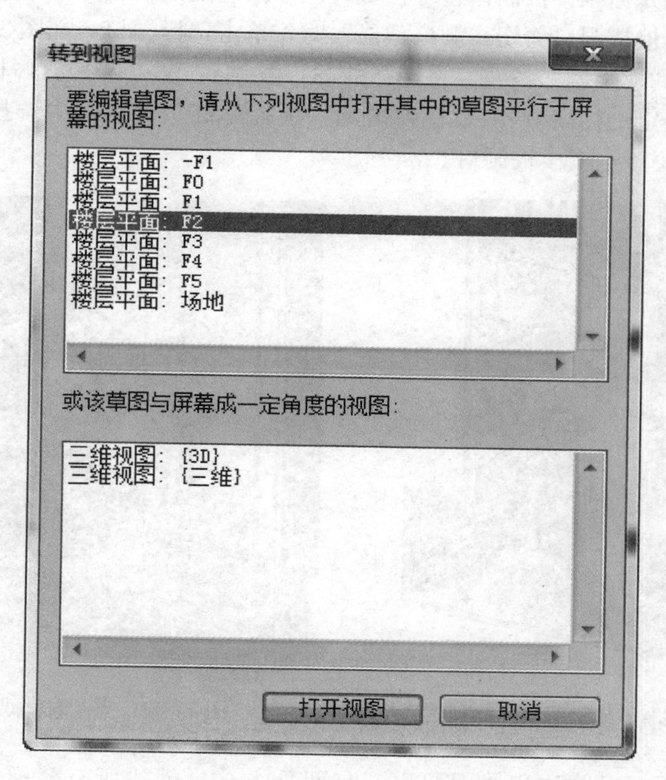

图 18-29 “转到视图”对话框

（5）如图 18-30 所示，使用“绘制”面板中的“拾取线”绘制模式，确认选项栏中的“偏移量”为“0.0”。沿楼梯边界线及墙体边界线绘制洞口边界，并使用“修剪”工具修剪洞口边界线，使其首尾相连，如图 18-31 所示。

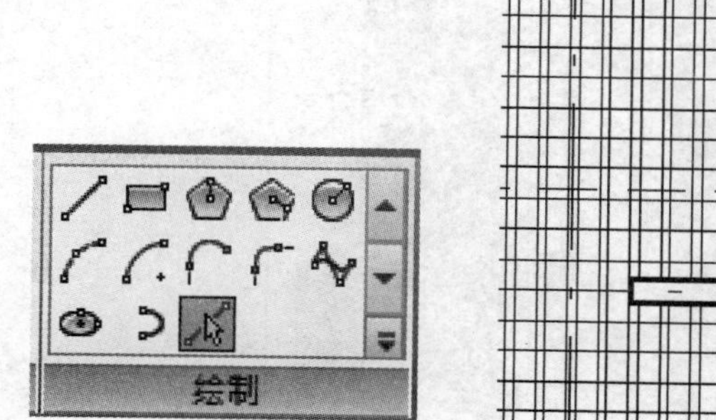

图 18-30 绘制洞口边界（1）

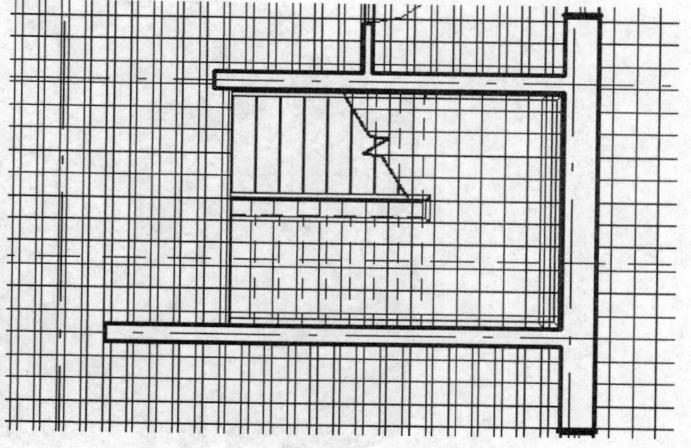

图 18-31 绘制洞口边界（2）

（6）点击“完成编辑模式”按钮，完成洞口绘制。切换到三维视图，绘制完成的楼梯洞口如图 18-32 所示。

(7) 移动鼠标光标至楼板洞口边缘位置，循环按键盘上的【Tab】键，注意在状态栏高亮显示构件为“楼板洞口剪切：洞口截面”时，单击选择洞口，如图 18-33 所示。点击“剪切板”面板中的“复制”按钮，将选择的洞口复制到 Windows 剪贴板。点击“粘贴”按钮，选择“与选定的标高对齐”，在弹出的“选择标高”对话框中选择标高“F3”，在 F3 标高楼板相同位置生成楼板洞口。

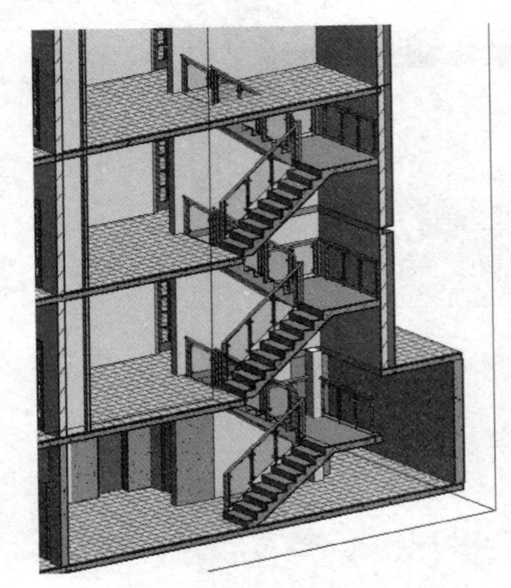

图 18-32　楼梯洞口三维视图

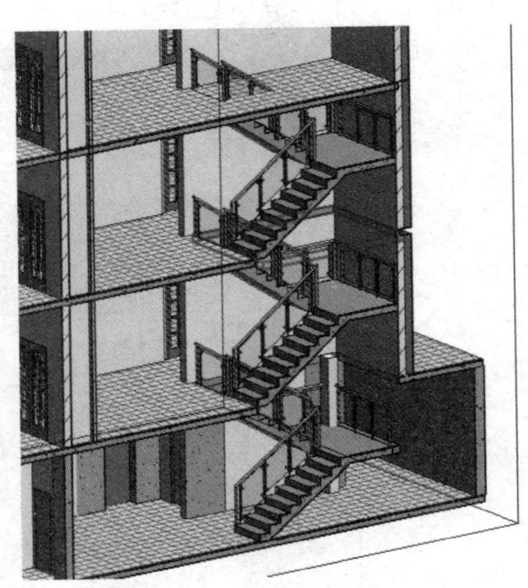

图 18-33　选择洞口截面

(8) 通过编辑楼板轮廓和使用洞口工具两种方式，创建所有楼梯洞口，如图 18-34 所示。

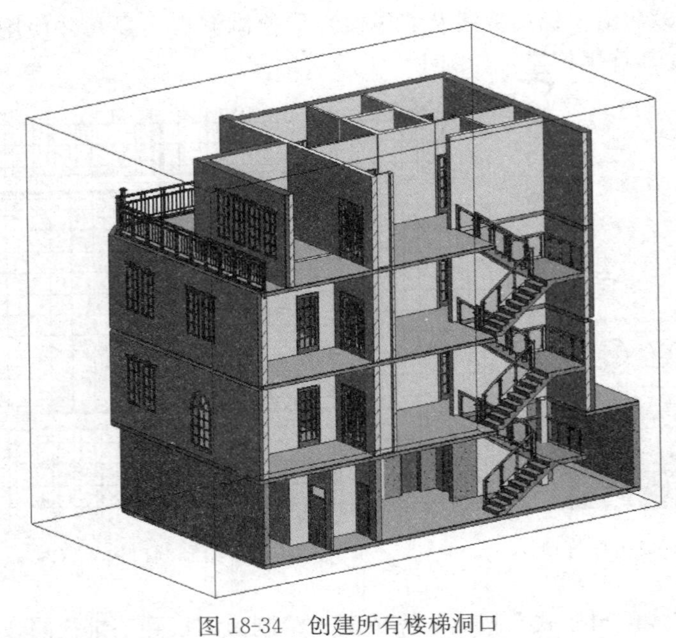

图 18-34　创建所有楼梯洞口

2. 使用竖井洞口工具创建洞口

使用垂直洞口工具为构件开洞时，一次只能为所选择的单一构件创建洞口。使用竖井洞口工具可以为垂直高度范围内的所有楼梯、天花板、屋顶及檐底板构件创建洞口。下面使用竖井洞口工具在小别墅项目中的货运电梯井位置创建洞口。

（1）切换至F1楼层平面视图，适当放大轴线3和轴线4间的电梯井位置，如图18-35所示。点击“建筑”选项卡中“洞口”面板上的“竖井”按钮，进入“创建竖井洞口草图”编辑状态。系统自动切换至“修改｜创建竖井洞口草图”选项卡。

（2）设置“绘制”面板中的绘制模式为“边界线”，“绘制方式”为“矩形”，如图18-36所示。设置选项栏中的“偏移量”值为“0.0”，取消勾选“半径”选项，如图18-37所示。移动鼠标光标至左上角电梯井内墙核心层表面交点处并单击，将其确定为矩形第一点，如图18-38所示。向右下方移动鼠标光标，在右下角交点处单击，完成矩形边界线的绘制。

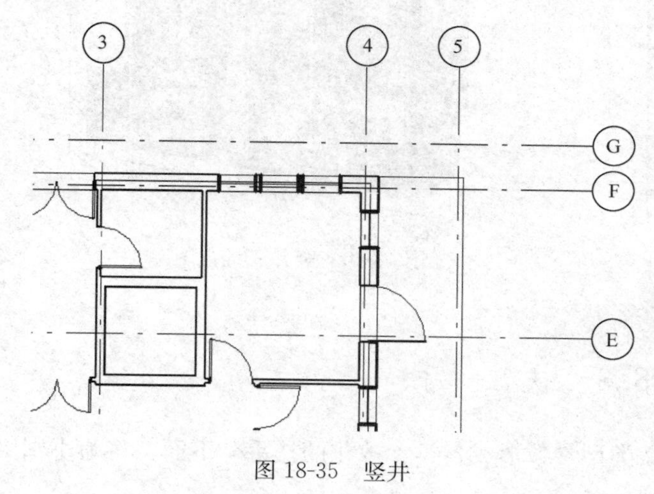

图18-35 竖井

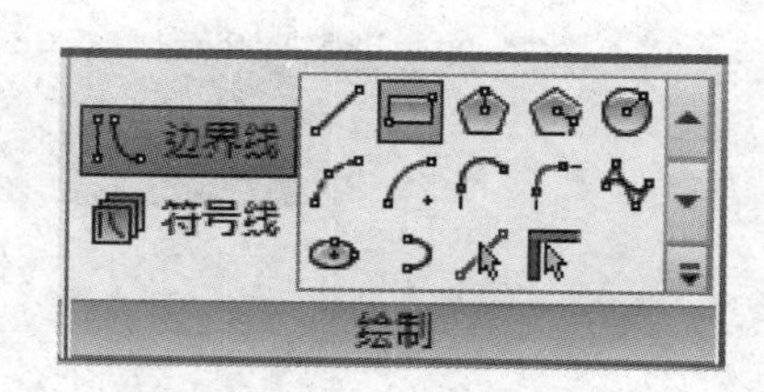

图18-36 绘制矩形边界线（1）

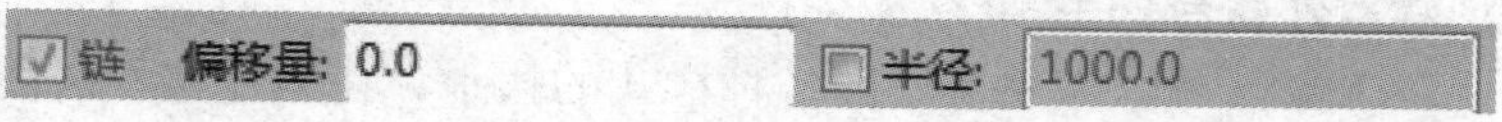

链 偏移量: 0.0 半径: 1000.0

图18-37 绘制矩形边界线（2）

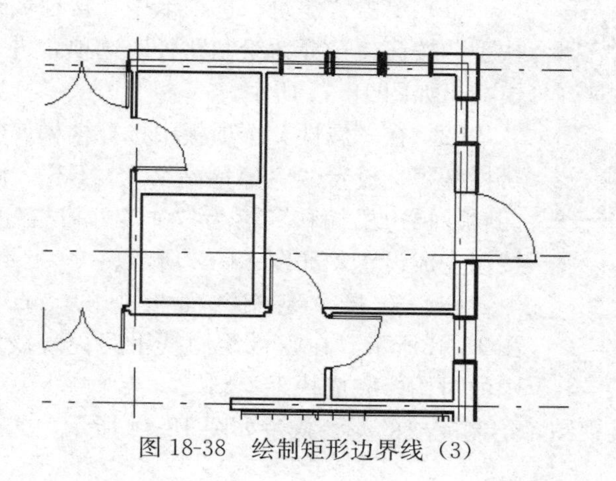

图18-38 绘制矩形边界线（3）

(3) 打开竖井“属性”选项板，如图 18-39 所示。修改竖井洞口参数中的“顶部偏移”值为“0.0”，“底部偏移”值为“−900.0”，设置“底部限制条件”为“F1”，“顶部约束”为“直到标高：F3”，即 Revit 将在 F1 标高之下 900mm 处至 F3 标高之间创建竖井洞口，设置完成后，点击“应用”按钮。

(4) 点击“完成编辑模式”按钮，完成竖井洞口绘制。切换至三维视图，Revit 将剪切设置高度内所有楼板，如图 18-40 所示。

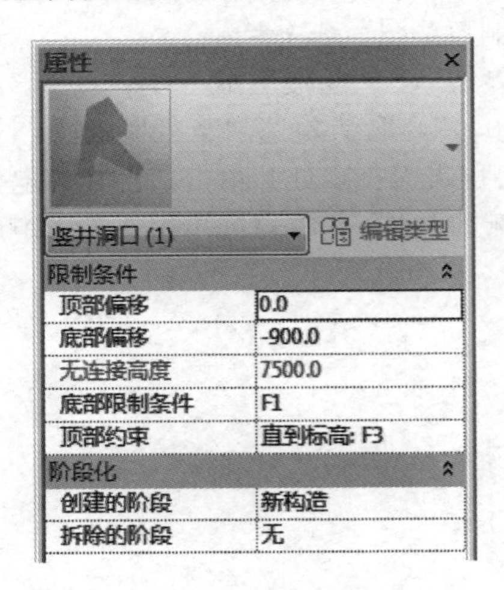

图 18-39 设置竖井洞口属性

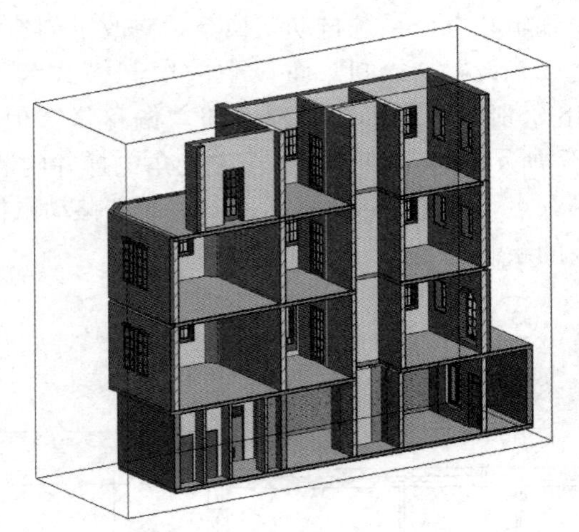

图 18-40 竖井三维视图

18.3 扶 手

扶手属于系统族，可以通过定义类型参数形成各类参数化的扶手。下面，将为小别墅项目创建室外露台扶手，并编辑楼梯扶手。

18.3.1 创建室外露台扶手

使用“扶手”工具，可以为项目添加各种样式的扶手，在创建扶手之前，需要定义扶手的类型和结构。接下来，将使用“扶手”工具添加小别墅项目室外露台扶手。

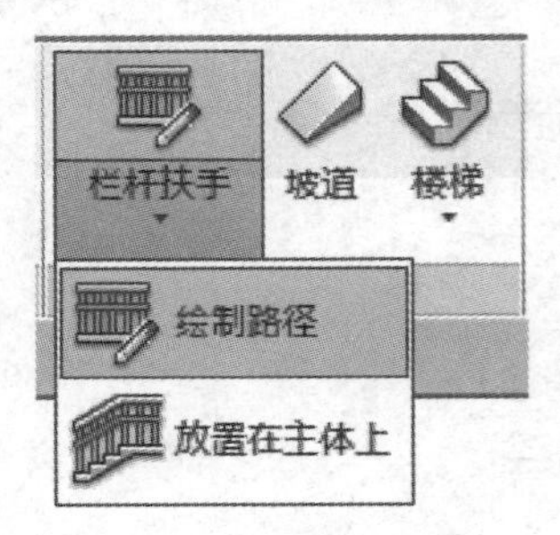

图 18-41 进入创建栏杆扶手模式

(1) 单击“建筑”选项卡中“楼梯坡道”面板上的“栏杆扶手”按钮，选择“绘制路径”选项，进入创建栏杆扶手路径模式，如图 18-41 所示。

(2) 在“属性”选项板中选择楼梯属性为“欧式楼梯（露台栏杆）”，设置“底部标高”为“F3”，修改“底部偏移”和“踏板/梯边梁偏移”值为“0.0”，设置完成后，点击“应用”按钮完成设置，如图 18-42 所示。

(3) 选择“绘制”面板中的“直线”绘制方式，如图 18-43所示，在露台绘制扶手路径直线。点击“模式”面板中的对钩，完成扶手绘制。

(4) 切换至三维视图，绘制完成的露台扶手如图 18-44 所示。

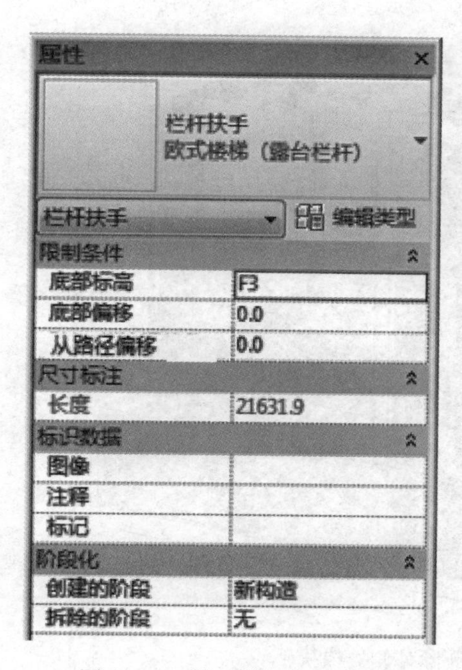

图 18-42　设置栏杆扶手属性

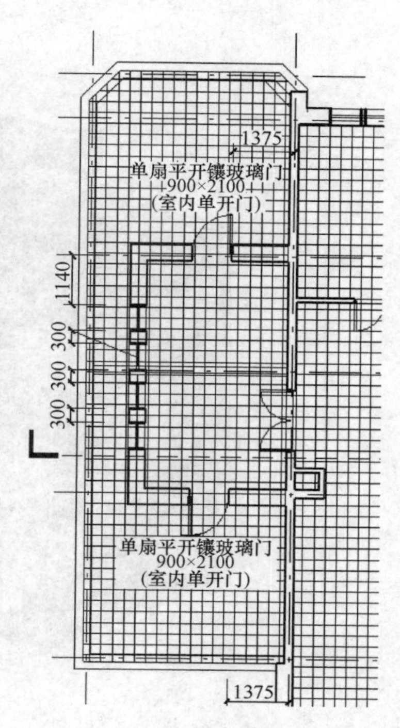

图 18-43　绘制扶手路径

图 18-44　露台扶手三维视图

18.3.2　编辑楼梯扶手

绘制完楼梯后，Revit Architecture 能自动沿楼梯的草图边界线生成扶手，同时允许用户根据要求再次修改扶手的迹线和样式，接下来，将继续编辑小别墅项目的楼梯扶手。

1. 创建楼梯扶手

(1) 打开三维视图，利用“剖切框”工具将三维模型剖切出有楼梯的剖切面。如图 18-45所示，首先选中所有外侧楼梯扶手，按【Delete】键删除。

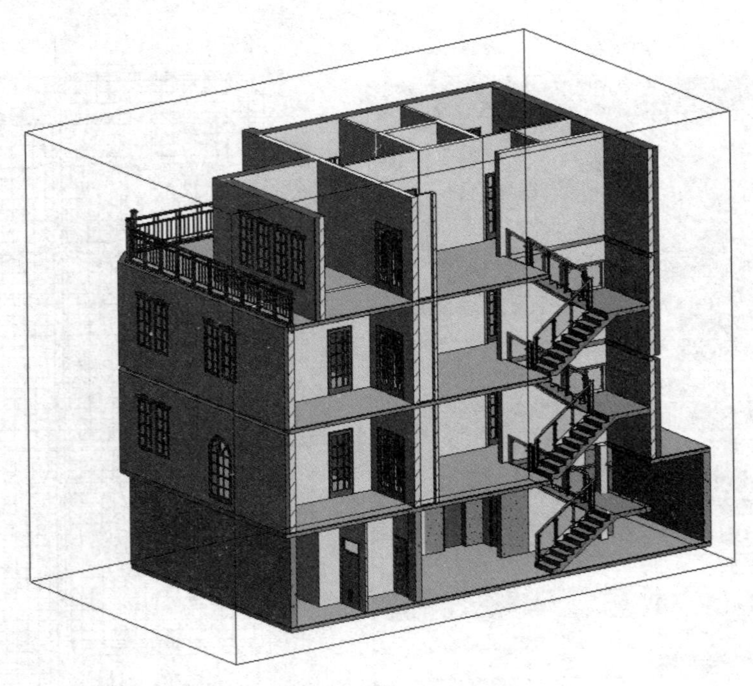

图 18-45 删除外侧楼梯扶手

(2) 切换至－F1 平面视图，选中楼梯扶手，进入编辑路径模式，如图 18-46 所示。删除上侧扶手和梯井处的扶手，完成后如图 18-47 所示。点击“完成编辑模式”按钮，完成对扶手路径的编辑。

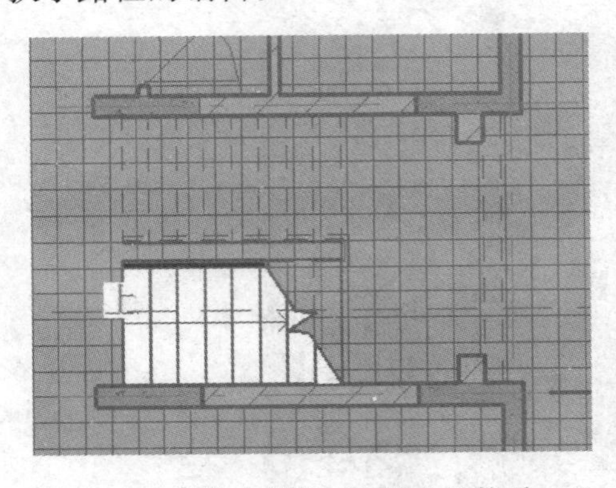

图 18-46 删除上侧扶手和梯井处扶手（1）

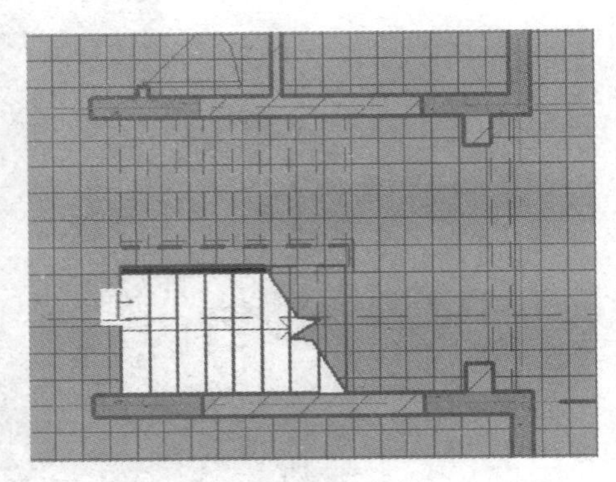

图 18-47 删除上侧扶手和梯井处扶手（2）

(3) 切换到三维视图，可以看到地下层到地上一层的左侧楼梯扶手已经删除，如图 18-48所示。

(4) 切换至－F1 平面视图，点击“栏杆扶手”命令，选择“绘制路径”选项，如图 18-49所示。打开“属性”选项板，点击“编辑类型”按钮，选择“不锈钢玻璃嵌板栏杆－900mm”，复制并新建名为“楼梯扶手-不锈钢玻璃嵌板栏杆－900mm”的类型，如图 18-50所示。确认更改并返回“属性”选项板，更改“底部标高”为“－F1”，修改“底部偏移”和“踏板/梯边梁偏移”值为“0.0”。

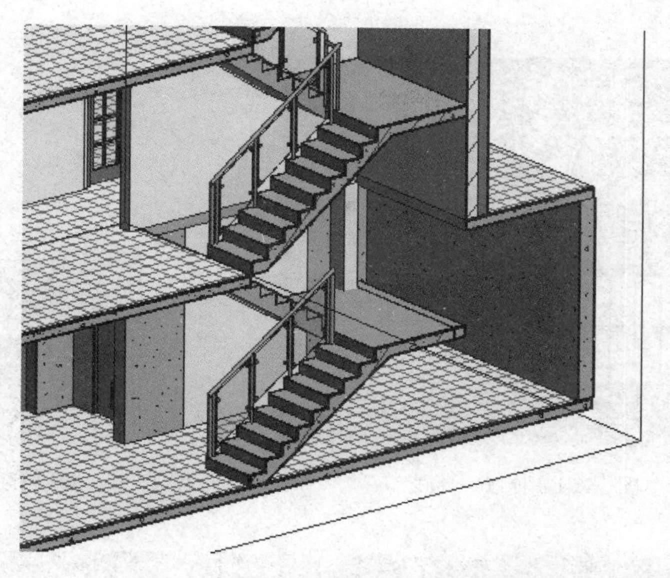

图 18-48 删除左侧楼梯扶手三维视图

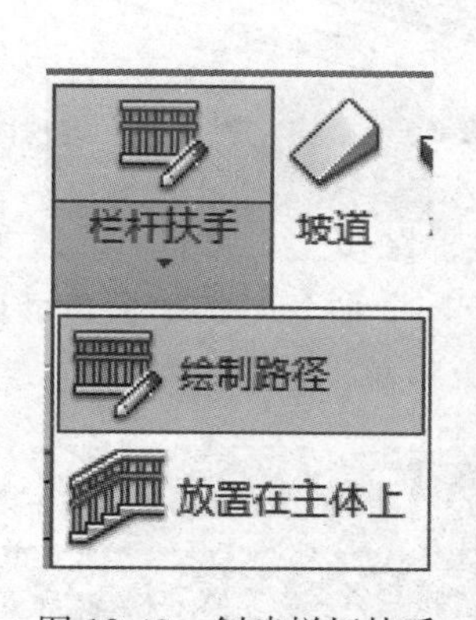

图 18-49 创建栏杆扶手

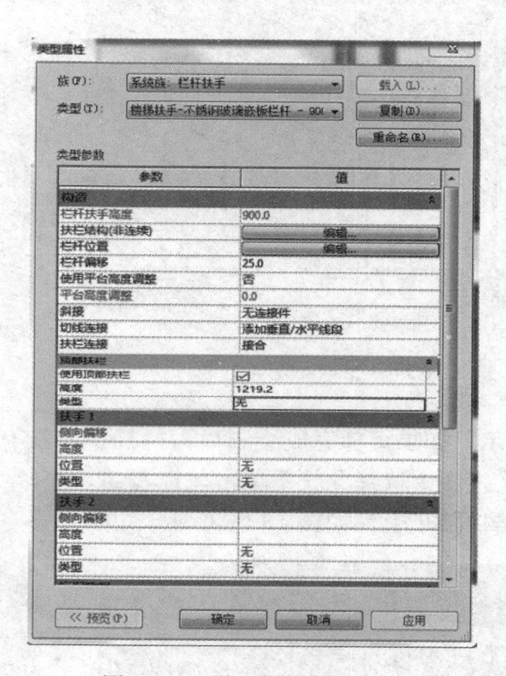

图 18-50 设置栏杆扶手属性

（5）用“绘制”面板中“拾取线”的方式绘制扶手路径，拾取楼梯内侧边界绘制扶手路径，如图 18-51 所示。因为要创建的扶手附着在楼梯上，所以用“工具”面板中的“拾取新主体”，如图 18-52 所示。将鼠标光标移至楼梯，单击拾取新主体，如图 18-53 所示。点击“完成编辑模式”按钮，完成扶手绘制。

打开三维视图，可见在地下层到地上一层的楼梯左侧创建了扶手，如图 18-54 所示。接下来将地下层到地上一层右侧的楼梯扶手类型更改为“楼梯扶手-不锈钢玻璃嵌板栏杆－900mm”。

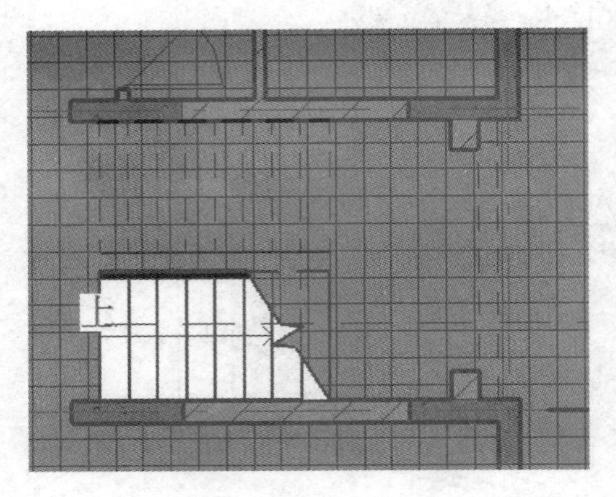

图 18-51 拾取边界线

图 18-52 拾取新主体（1）

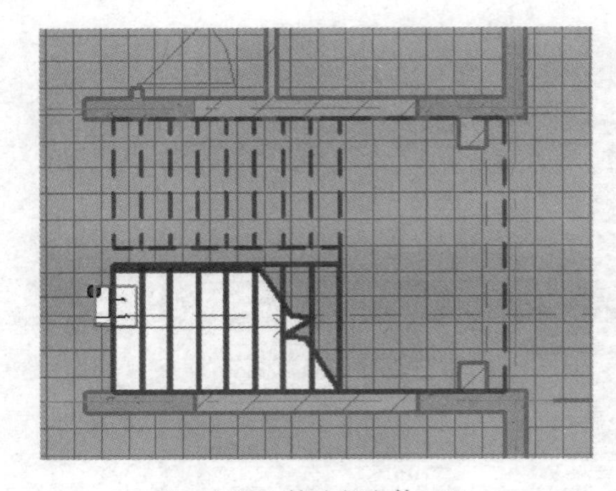

图 18-53 拾取新主体（2）

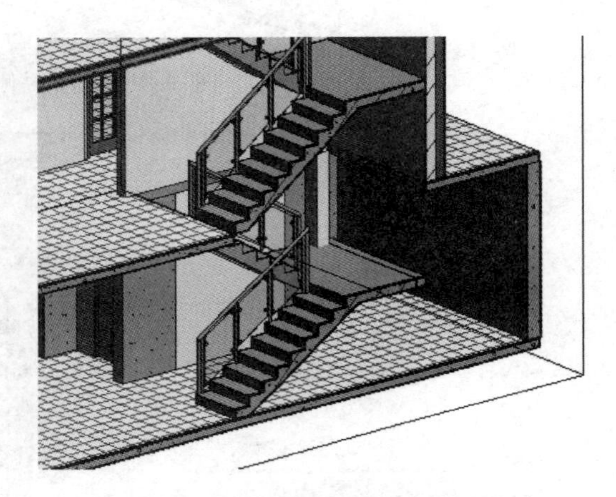

图 18-54 楼梯左侧扶手三维视图

【提示】如果楼梯完成绘制后，栏杆扶手没有落到楼梯踏步上，如图 18-55 所示，可以在三维视图中选择此扶手单击鼠标右键，选择“反转方向”命令，扶手会自动调整使栏杆落到楼梯踏步上，如图 18-56 所示。

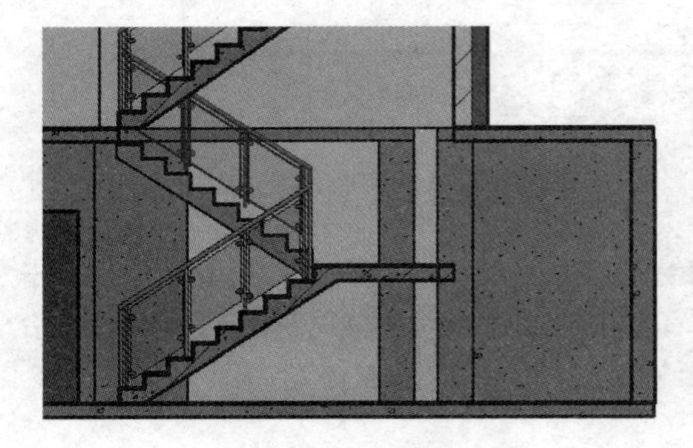

图 18-55 栏杆扶手没有落在楼梯踏步上

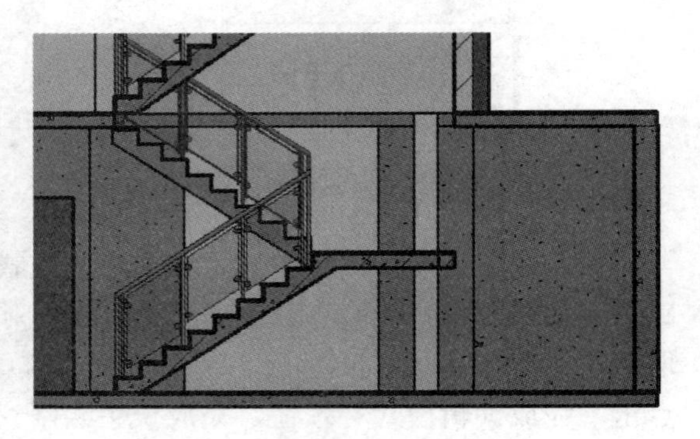

图 18-56 栏杆扶手落在楼梯踏步上

（6）按上述方法，对一层到二层及二层到三层的楼梯扶手做同样操作，完成对所有楼梯扶手的编辑，结果如图 18-57 所示。

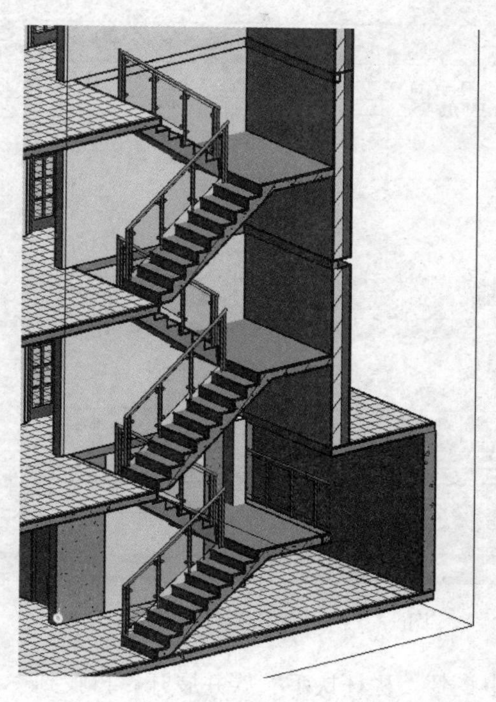

图 18-57　楼梯扶手三维视图

【提示】由于地下层到地上一层的休息平台不与墙体连接，所以在该休息平台外侧也需要创建栏杆扶手，选择扶手类型为“不锈钢玻璃嵌板栏杆－900mm”，方法与前述相同。

2. 创建扶手接头

（1）接下来对栏杆扶手进行进一步设置，使扶手能够生成接头。首先载入“扶手接头”族，点击“插入”选项卡的“从库中载入”面板中的“载入族”按钮，如图 18-58 所示。找到“扶手接头”族并点击选中，单击“打开”按钮将载入选中的族。

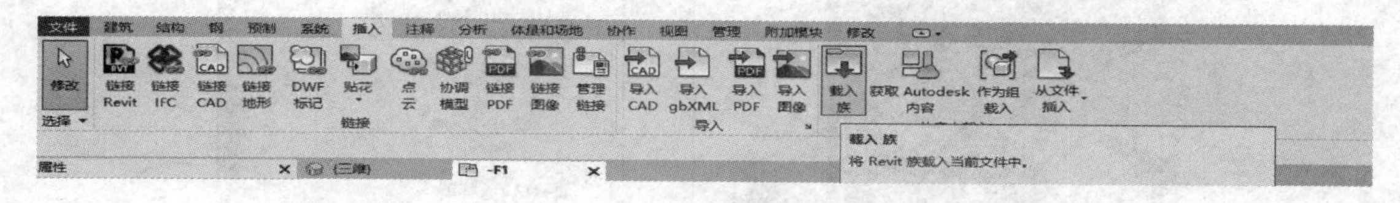

图 18-58　载入族

（2）单击刚刚创建的楼梯扶手，在“属性”选项板中点击“编辑类型”按钮，在弹出的“类型属性”对话框中点击“栏杆位置”编辑按钮，进入“编辑栏杆位置”对话框，如图 18-59 所示。修改支柱“EndPost”的栏杆族为“扶手接头：梯井 160”，修改“空间”值为“5.0”，“偏移”值为“25.0”，确认修改并退出“类型属性”对话框。

切换到三维视图，如图 18-60 所示，可以看到在梯段的连接处生成了扶手接头。但是当前扶手接头的材质与楼梯扶手不同，接下来将修改扶手接头的材质。

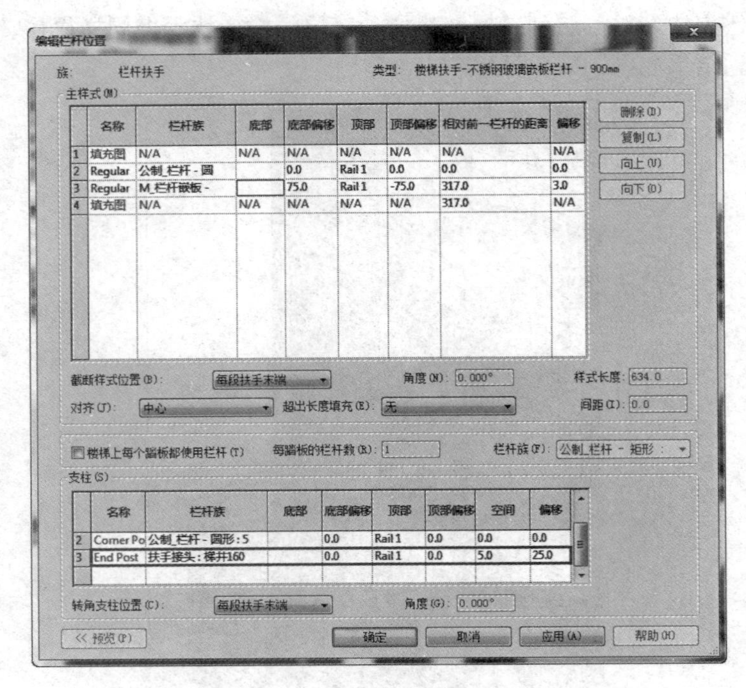

图 18-59　“编辑栏杆位置”对话框

（3）在项目浏览器中找到“栏杆扶手”族并展开，再找到“扶手接头”族并展开，双击“梯井160”，如图18-61所示。弹出“类型属性”对话框，更改接头材质为“抛光不锈钢”，如图18-62所示，点击“确定”退出。切换到三维视图，可以看到扶手接头材质与楼梯扶手一致，如图18-63所示。

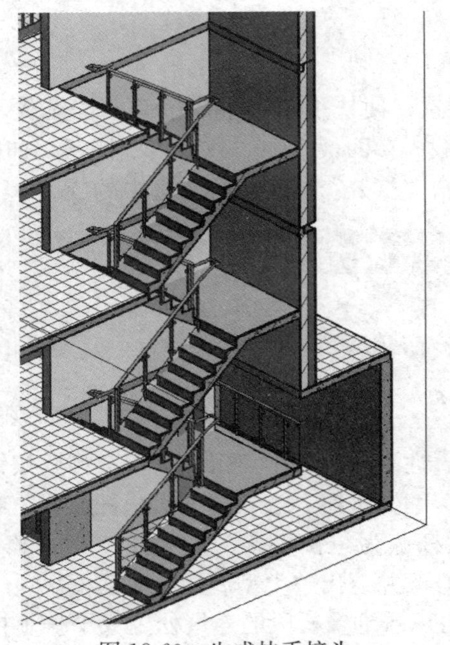

图 18-60　生成扶手接头

图 18-61　打开类型属性

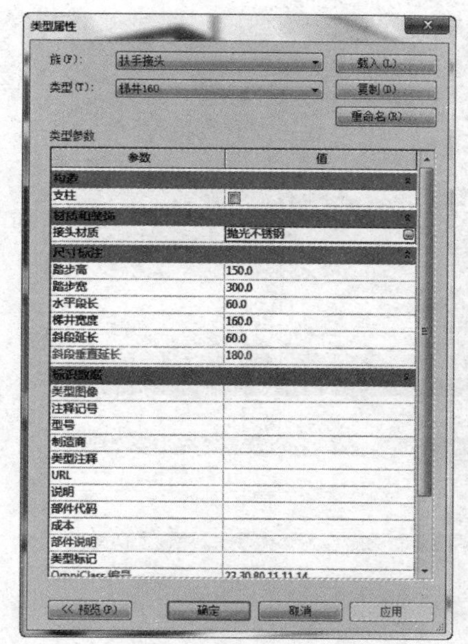

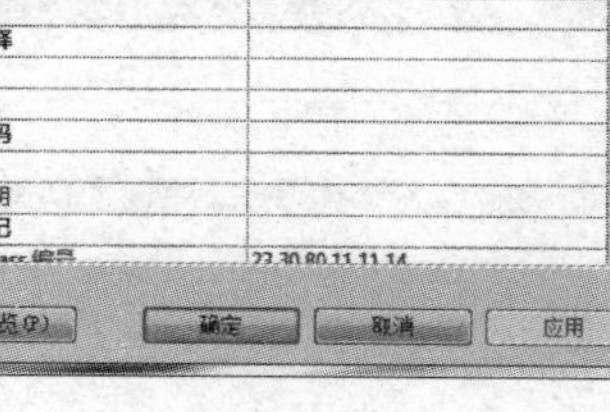

图 18-62　修改类型属性

图 18-63　修改扶手接头

3. 修改三层栏杆扶手

如图 18-64 所示，三层的栏杆扶手并不符合日常规范，接下来对三层的栏杆扶手进行进一步的修改。

(1) 切换到 F3 平面视图，选择栏杆扶手，如图 18-65 所示。

图 18-64　三层栏杆扶手

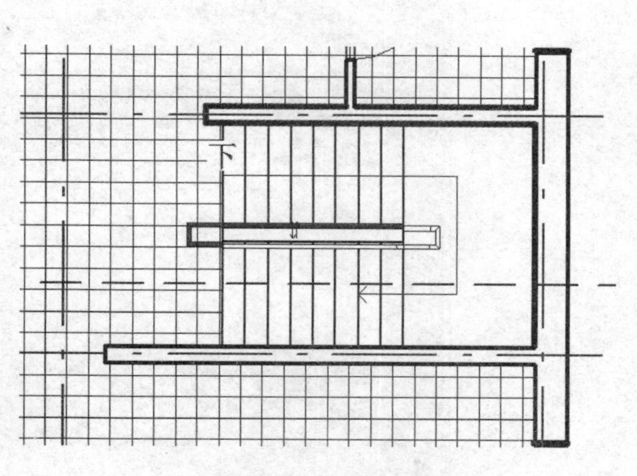

图 18-65　选择栏杆扶手

(2) 点击“编辑路径”按钮进入绘制栏杆扶手路径模式，选择“直线”绘制方式按钮，将扶手路径向左延伸 100mm，再向下垂直延伸到墙体，如图 18-66 所示。

(3) 打开栏杆扶手“属性”选项板，点击“编辑类型”按钮弹出“类型属性”对话框，复制并新建名为“楼梯扶手-不锈钢玻璃嵌板栏杆末端－900mm”，如图 18-67 所示。

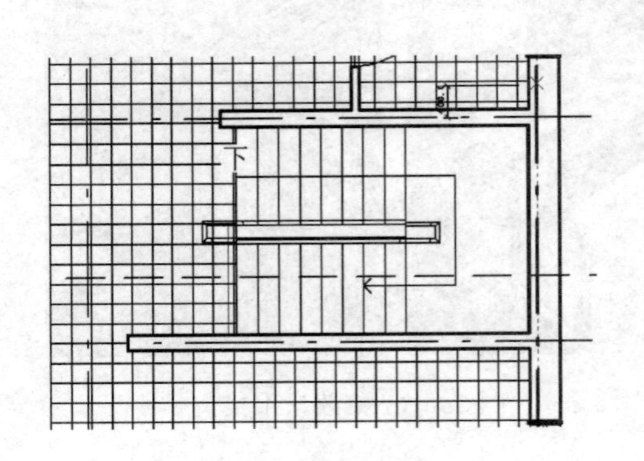

图 18-66　修改栏杆扶手

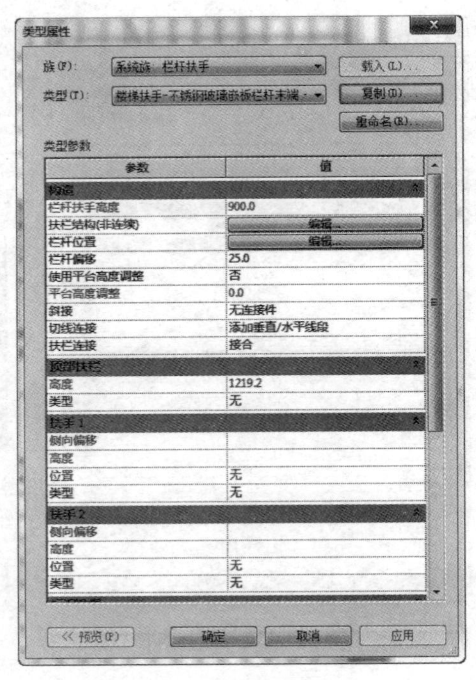

图 18-67　设置栏杆扶手类型属性

（4）点击栏杆位置的“编辑”按钮，弹出“编辑栏杆位置”对话框，修改支柱“EndPost”的“栏杆族”为“公制 _ 栏杆-圆形：50mm”，修改“空间”值为“25.0”，“偏移”值为“0.0”，如图 18-68 所示，确认修改并退出“类型属性”对话框。

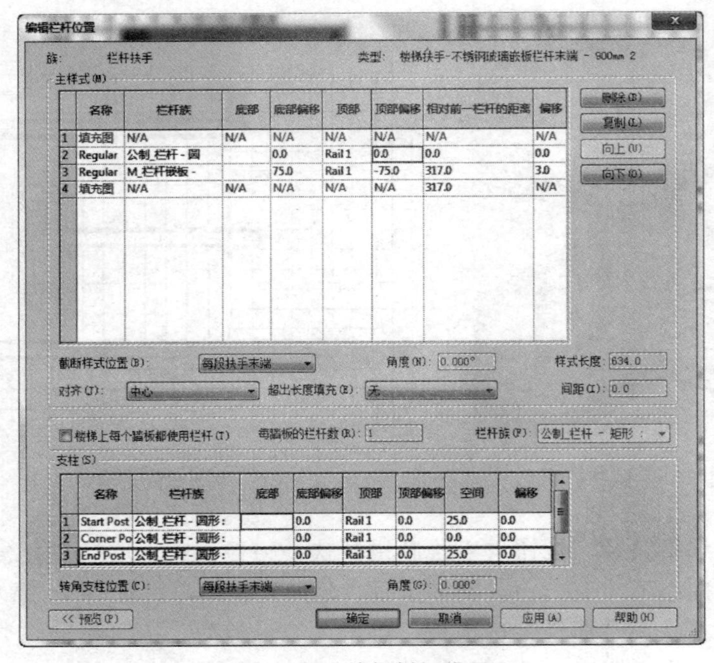

图 18-68　编辑栏杆位置

（5）点击“完成编辑模式”按钮完成对扶手的编辑，切换到三维视图，如图 18-69 所示，可以看到完成了对三层扶手的编辑修改。从图中可以看出三层水平段的扶手高度与斜段的扶手高度相同，但是我国的设计规范中要求水平段的楼梯扶手高度需大于 1.05m，因此需要对扶手进行进一步的设置。

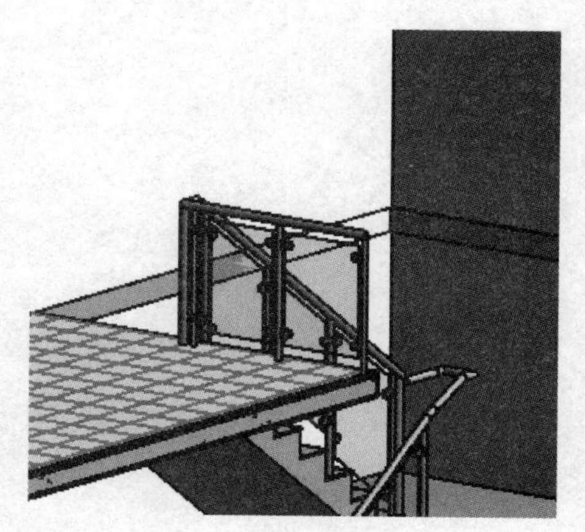

图 18-69　完成对三层扶手的编辑修改

（6）选择第五步编辑的扶手，打开“类型属性”对话框，如图 18-70 所示，设置“使用平台高度调整”为“是”，修改“平台高度调整”值为“150.0”，即水平段扶手高度将比斜段扶手高度高 150mm，设置“斜接”和“切线连接”为“添加垂直/水平线段”，设置“扶栏连接”为“接合”，点击“确定”按钮完成类型属性设置。切换到三维视图，如图 18-71 所示，可以看到水平段的扶手高度自动升高。这样就完成了小别墅项目所有栏杆扶手的设置。

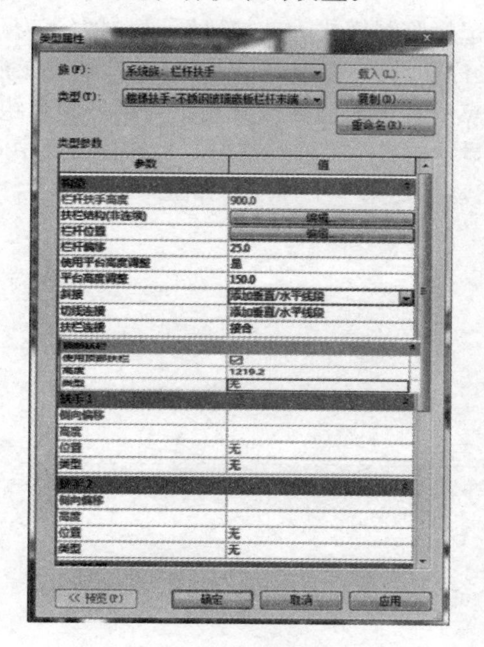

图 18-70　设置扶手类型属性

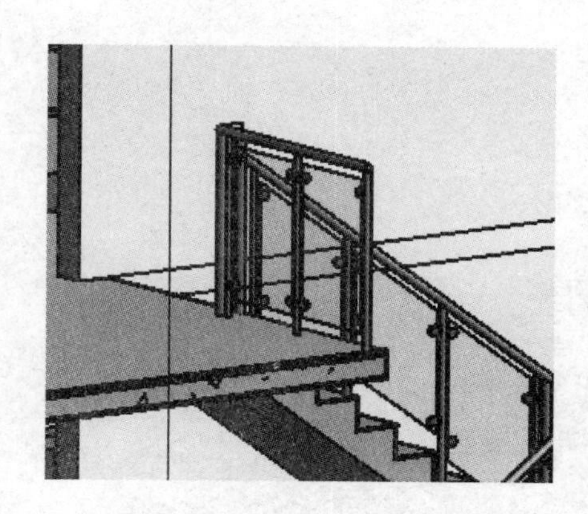

图 18-71　修改后的三层扶手

18.4　螺　旋　楼　梯

在 Revit 中除了直梯以外，还可以绘制螺旋楼梯。螺旋楼梯的创建流程和 U 形楼梯一样，只是绘制参照平面和梯段时的捕捉方式略有不同，下面以带平台的螺旋楼梯为例简要说明绘制方法。

（1）点击“楼梯”命令，进入“修改 | 创建楼梯”选项卡。

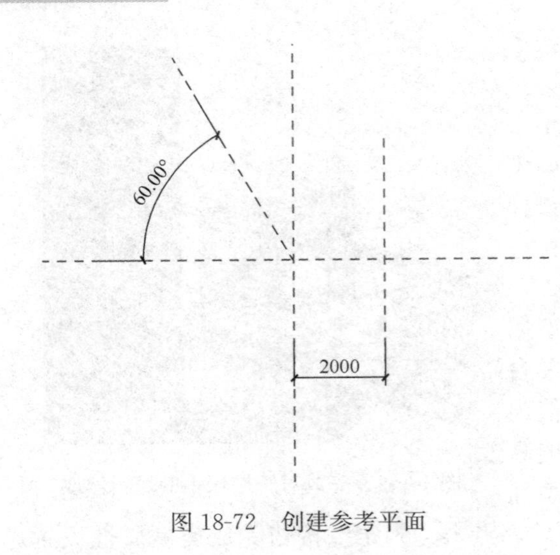

图 18-72 创建参考平面

(2) 点击“参照平面”命令，创建4个参照平面，并用临时尺寸精确定位。如图18-72所示，其中中间两条长参照平面交点为螺旋楼梯圆心，右侧垂直参照平面和水平参照平面交点为第一跑起跑点，距离左侧垂直参照平面2000mm，左侧斜参照平面为第二跑起跑点，并且与水平参照平面成60°。

(3) 打开楼梯“属性”选项板，点击“编辑类型”按钮，打开“类型属性”对话框。选择楼梯类型为“整体板式-公共”，复制并新建名称为“螺旋楼梯”的新楼梯类型，设置“最小踏板深度”“最大踢面高度”值，确认并退出“类型属性”对话框。在“属性”选项板中，设置“底部标高”“顶部标高”及“所需踢面数”。

(4) 绘制第一个梯段。在“绘制”面板中选择绘制模式为“梯段”，绘制方式为“从圆心和端点螺旋”，如图18-73所示。将鼠标光标移动到螺旋楼梯圆心处单击捕捉参照平面交点作为圆心。移动光标到右侧参照平面交点处，单击捕捉该交点作为第一跑起跑点，逆时针移动光标出现弧形楼梯预览图形、灰色显示的提示字样和临时尺。捕捉楼梯中间点或者合适点作为第一个梯段的终点，Revit将自动创建第一个梯段，如图18-74所示。

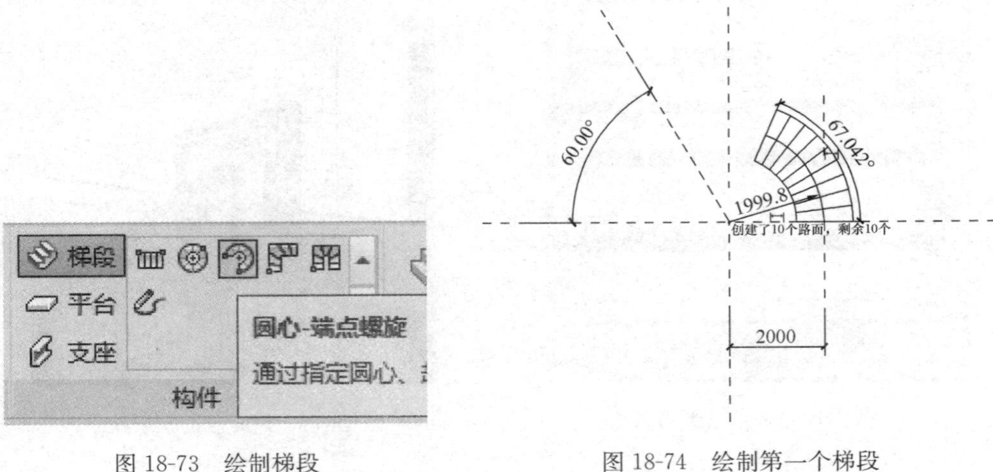

图 18-73 绘制梯段

图 18-74 绘制第一个梯段

(5) 在选项栏中选择“从圆心和端点螺旋”命令，再次捕捉螺旋楼梯圆心，移动光标到左侧斜向参照平面和梯段终点附近，从第一个梯段中点位置会延伸出一条弧线与斜向参照平面相交，单击捕捉交点作为第二个梯段的起点，移动光标到弧形预览图形之外单击一点，Revit自动创建中间平台和第二个梯段，如图18-75所示。

(6) 点击“工具”面板中的“栏杆扶手”按钮，弹出“栏杆扶手”对话框，即可选择楼梯扶手类型。

（7）点击“完成编辑模式”按钮，即可创建螺旋楼梯。切换到三维视图，创建的螺旋楼梯如图 18-76 所示，从图中可以看出，系统自动创建了弧形的楼梯平台。

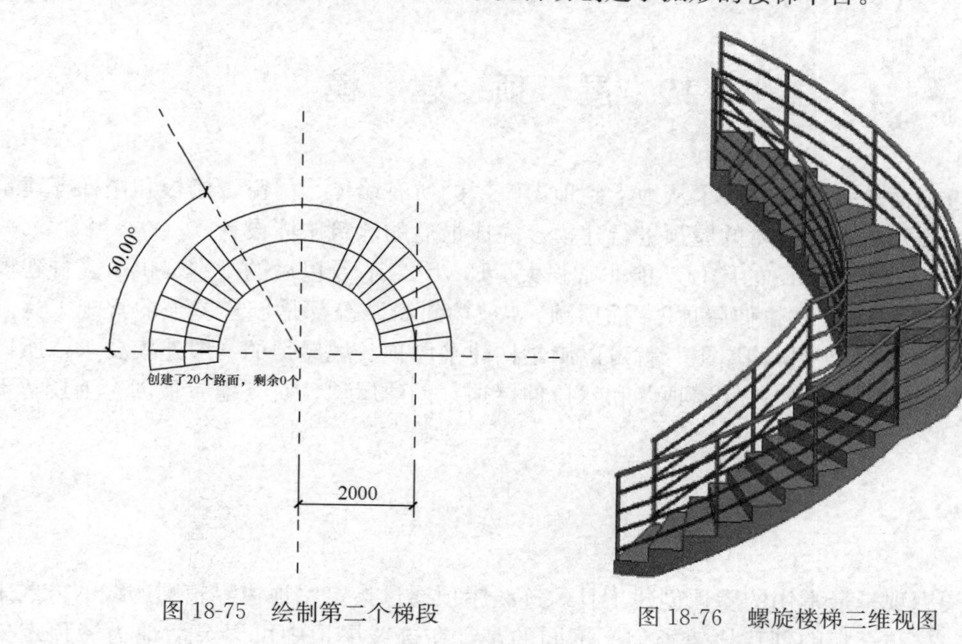

图 18-75 绘制第二个梯段

图 18-76 螺旋楼梯三维视图

19 屋 顶 建 模

通过前面几章已经完成了从地下到地上三层的所有墙体、门窗、楼板和楼梯等建筑主体构件，本章将对小别墅的屋顶进行建模，完成最后的建筑主体设计。

Revit Architecture 的屋顶功能非常强大。Revit 2018 及以后的版本提供了多种建模工具，如“迹线屋顶”“拉伸屋顶”“面屋顶”“玻璃斜窗”等都是创建屋顶的常规工具。使用“迹线屋顶”和“拉伸屋顶”就可以满足构建平屋顶、坡屋顶的一般建模要求，所以本章主要介绍如何使用“迹线屋顶”和“拉伸屋顶”创建屋顶，对其他屋顶创建工具暂不作介绍。

19.1 迹 线 屋 顶

迹线屋顶是最常用的屋顶创建工具。迹线屋顶通过指定屋顶边界轮廓迹线的方式来创建屋顶，这与楼板的创建比较类似。不同的是，在迹线屋顶中可以灵活地为屋顶定义坡度，从而方便地创建坡屋顶。

19.1.1 创建迹线屋顶

在 Revit Architecture 中，使用“迹线屋顶”命令既可以创建平屋顶也可以创建坡屋顶，下面将以小别墅项目为例分别予以介绍。

1. 平屋顶的创建

小别墅的屋顶全是坡屋顶，没有平屋顶。这里仅仅用它作一个例子演示平屋顶的创建，创建的屋顶最后不保留。

打开第 18 章完成楼梯和扶手建模的项目文件，切换至 F4 楼层平面视图，在视图中将小别墅放大到方便操作的大小。

(1) 点击“建筑”选项卡的“构建”面板中的“迹线屋顶”命令，进入“创建屋顶迹线”模式并自动切换至“修改 | 创建屋顶迹线”上下文选项卡，如图 19-1 和图 19-2 所示。

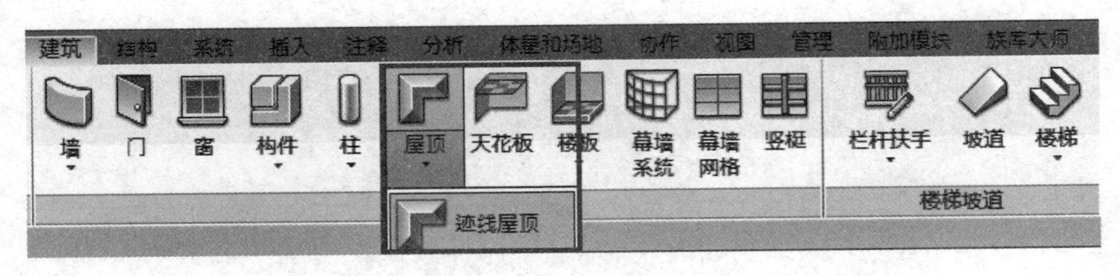

图 19-1 单击“迹线屋顶”命令

绘制屋顶迹线有多种方式，这里介绍两种：一种是使用“拾取墙”工具，另一种是使

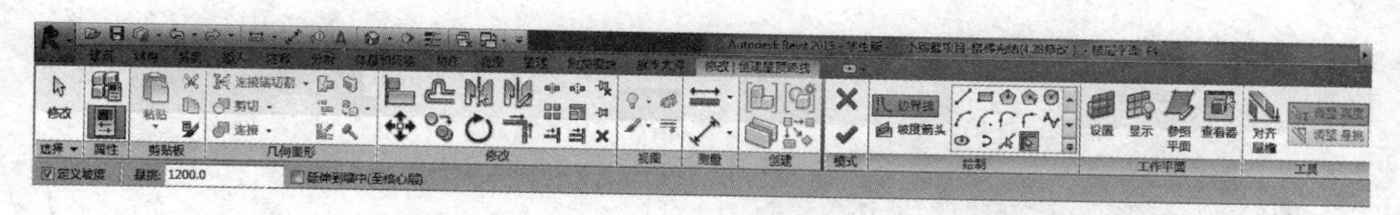

图 19-2　“修改 | 创建屋顶迹线”上下文选项卡

用“直线”工具自行绘制边界。

（2）使用“拾取墙”工具，如图 19-3 所示。确认“绘制”面板中的绘制模式为“边界线”，绘制方式为“拾取墙”；取消勾选选项栏中的“定义坡度”选项，修改“悬挑”为“0.0”，勾选“延伸到墙中（至核心层）”选项。依次单击小别墅顶层外墙核心层内边界位置，Revit Architecture 将沿墙核心层内边界生成屋顶轮廓边界线。

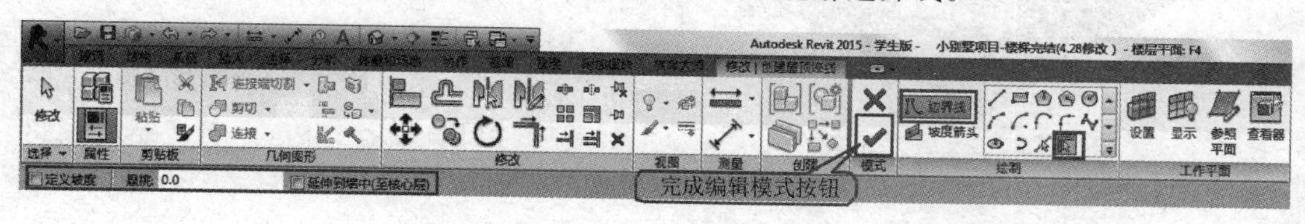

图 19-3　“拾取墙”工具

（3）点击“屋顶”面板中的“完成编辑模式”按钮，完成屋顶的绘制，效果如图 19-4所示。

（4）可以看到屋顶上表面高出了外墙顶端。这是屋顶在定位方式上与楼板的一个最大不同之处，即楼板以顶部标高定位，而屋顶以底部标高定位。所以，这里需要对屋顶进行“实例属性”修改。选中屋顶，可以看到左侧实例“属性”选项板，如图 19-5 所示。根据屋顶的定位方式，需要在 F4 楼层平面标高基础上减去屋顶的厚度，再考虑女儿墙的高度，将“自标高的底部偏移”修改为“−500.0”，点击“应用”按钮完成修改。

图 19-4　创建屋顶

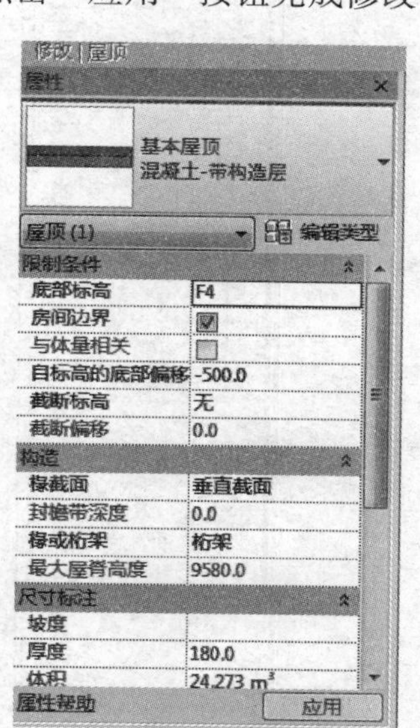

图 19-5　“属性”选项板

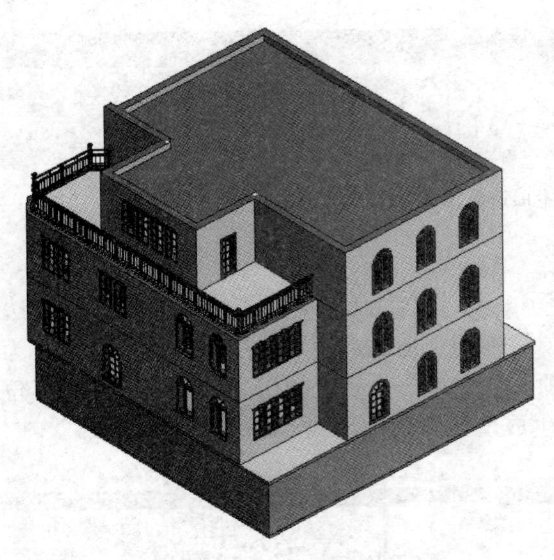

图 19-6 屋顶三维示图

(5) 按住【Ctrl】键选中所有的内墙，将其附着到屋顶的底部，完成编辑，效果如图 19-6所示。

2. 坡屋顶的创建

使用“迹线屋顶”工具创建坡屋顶有两种方式：一种是运用“修改子图元”工具将平屋顶修改为坡屋顶；另一种是直接用迹线定义坡度，创建坡屋顶。下面用第一种方式来创建小别墅南北方向的坡屋顶，用第二种方式创建东西方向的坡屋顶。

1) 南北方向坡屋顶的绘制

(1) 先使用“直线”工具（也可以使用“拾取墙”工具）按小别墅图示尺寸位置绘制好屋顶迹线轮廓，点击“完成编辑模式”按钮完成平屋顶创建。

(2) 在 F4 楼层平面视图中使用“参照平面”工具，分别绘制东西向两个参照平面，南北向一个参照平面。单击参照平面，输入其与就近轴线的距离，调整参照平面的位置。

(3) 选中屋顶，系统自动切换至“修改 | 屋顶”上下文选项卡。点击“形状编辑”面板中的“添加点”工具，拾取参照平面的两个交点。然后点击“形状编辑”面板中的“添加分割线”工具，绘制分割线，如图 19-7 所示。

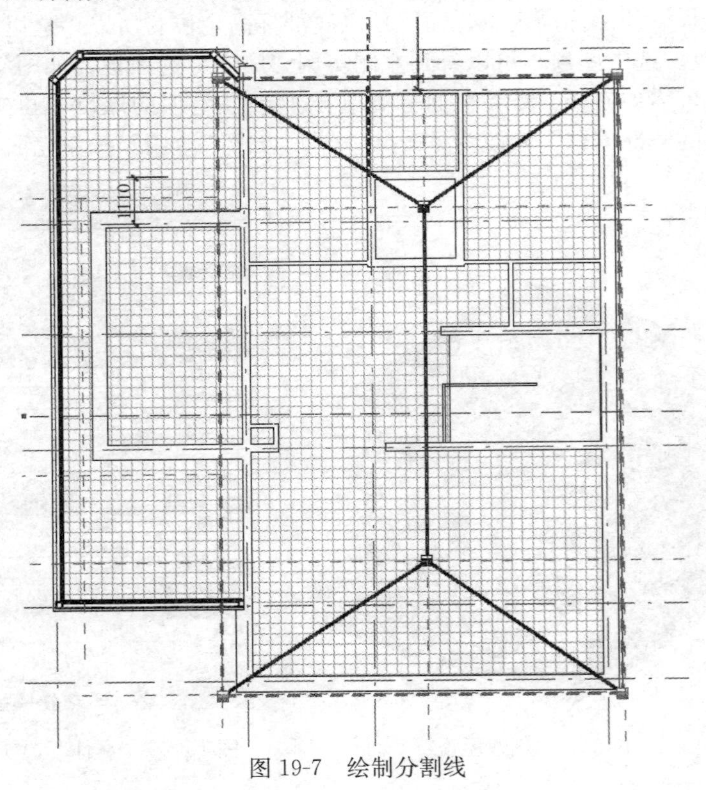

图 19-7 绘制分割线

（4）选择上一步绘制的南北向的分割线，单击分割线高程值，进入高程值编辑状态。根据屋顶顶端与底部的高程差输入相应的高程值，按【Enter】键确认，此处输入“1980”，修改所选分割线高于屋顶平面的标高“1480”，按【Esc】键退出修改子图元模式。完成效果如图 19-8 所示。

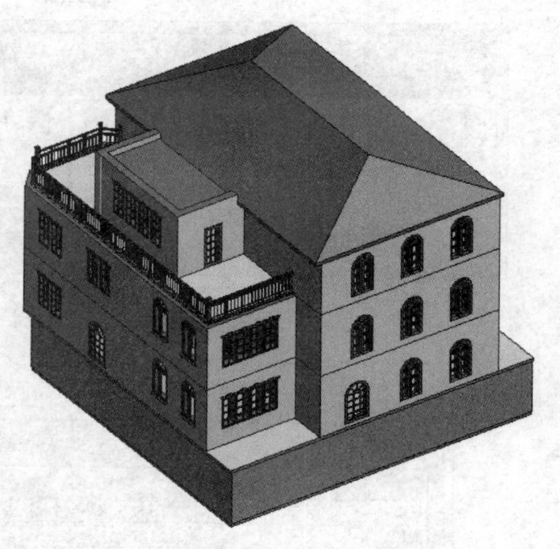

图 19-8 完成南北方向坡屋顶绘制

2）东西方向坡屋顶的绘制

绘制小别墅东西方向部分的坡屋顶，这里利用“迹线屋顶”工具直接绘制坡屋顶。开始绘制前，先将小别墅东西向的平屋顶删除。

（1）在 F4 楼层平面中选择“建筑”选项→“屋顶”工具→“迹线屋顶”工具，进入“修改｜创建屋顶迹线”上下文选项卡，选择“直线”工具，勾选“定义坡度”选项，根据图纸上屋顶轮廓外边线的位置绘制小别墅东西向的屋顶迹线。绘制完成之后，注意在生成的轮廓边界处 Revit Architecture 显示坡度符号“⊿”，如图 19-9 所示。

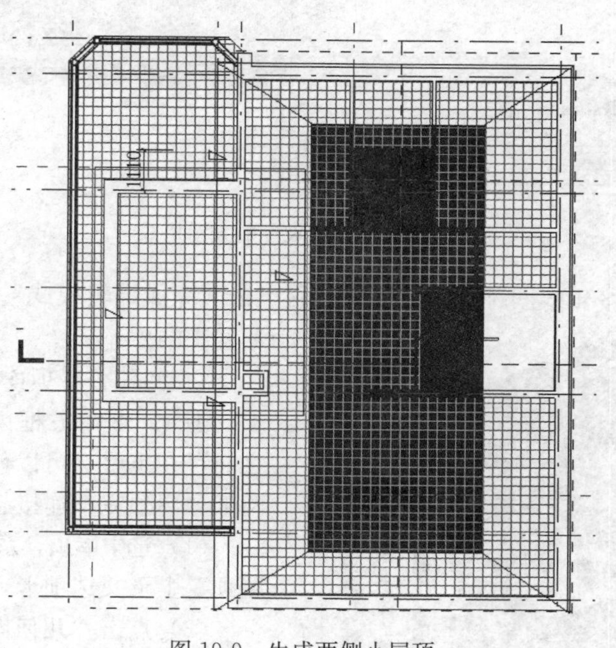

图 19-9 生成西侧小屋顶

（2）选择屋顶轮廓迹线，单击该轮廓迹线的坡度符号“⊿”，可以修改屋顶各面的坡度值。坡度的表示方式有多种，可以通过选择功能区的“管理”选项，点击“项目单位”命令，在弹出的对话框中对坡度的表示格式进行修改，如图 19-10 和图 19-11 所示。

（3）在小别墅实例中将坡度表示方式修改为“1∶比”格式，并将 C、E 轴线间和 1、2 轴线间的迹线坡度修改为“1∶2.5”，东西向的两条迹线坡度修改为“1∶1.2”，取消

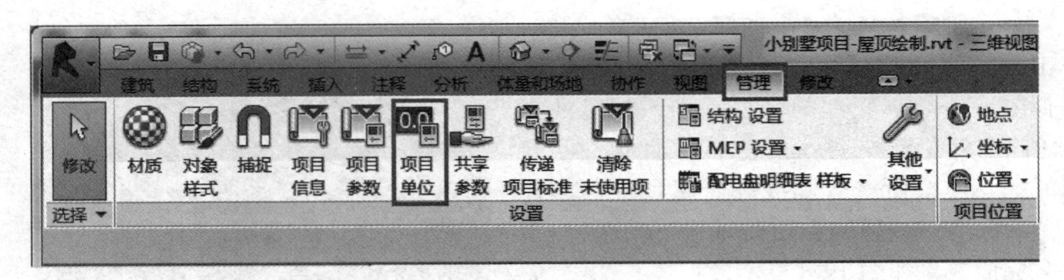

图 19-10　打开“项目单位”对话框

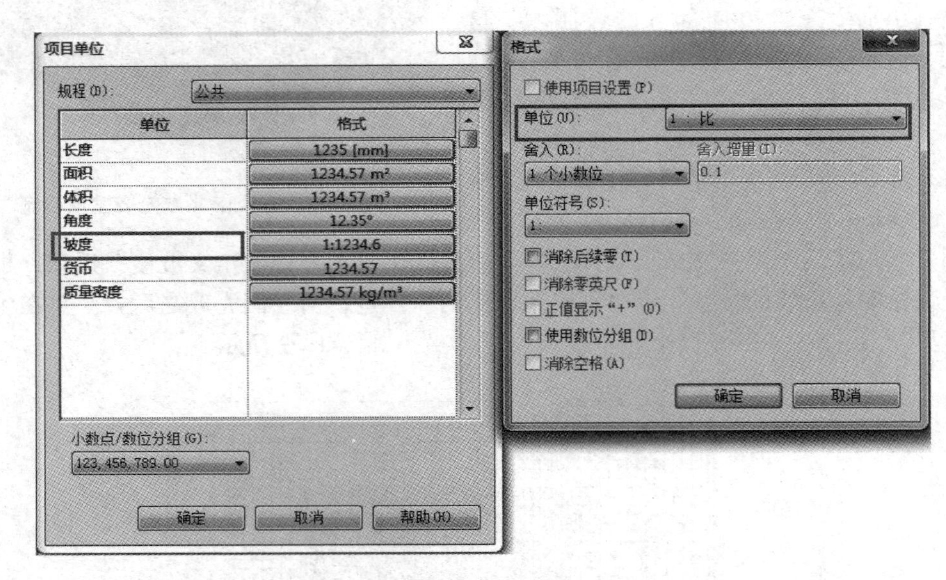

图 19-11　修改坡度的表示格式

C、E 轴线间和 2、3 轴线间迹线的坡度。然后点击“完成编辑模式”按钮完成屋顶创建，如图 19-12 所示。

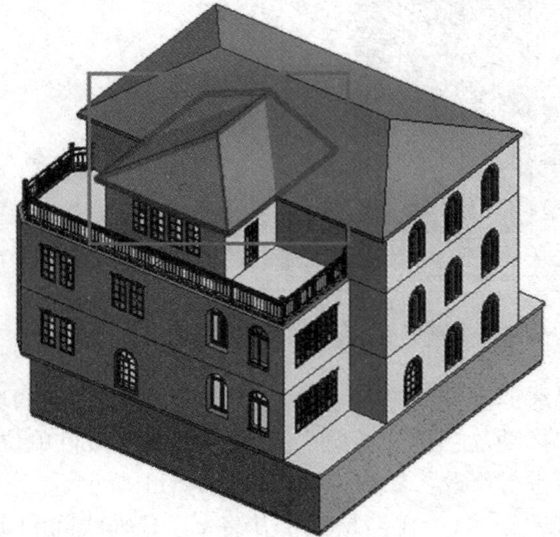

图 19-12　完成东西方向坡顶绘制

3）两部分屋顶连接

图 19-12 中方框内所示，两部分屋顶之间存在重叠，可以使用屋顶连接工具将两部分屋顶完整连接起来。

（1）选中屋顶，系统自动进入“修改 | 屋顶”上下文选项卡，如图 19-13 所示。

（2）点击“几何图形”面板中的“连接 | 取消屋顶连接”工具。按照状态栏提示“选择屋顶端点处要连接或取消连接的一条边”选择屋顶的一条边，然后选中要连接的屋顶选择面完成屋顶连接。

完成之后屋顶之间形成连接，重叠部分被删除。然后将外墙附着到屋顶底部，

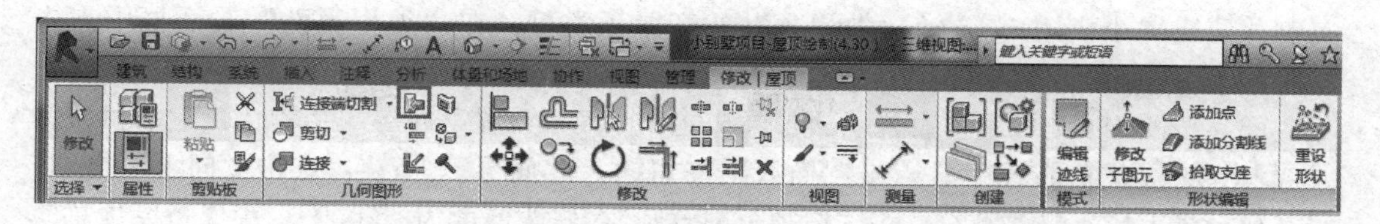

图 19-13 “连接 | 取消屋顶连接”上下文选项卡

完成后效果如图 19-14 所示。

【提示】本节中的屋顶迹线也可以使用“拾取墙”工具绘制，使用“拾取墙”工具绘制的屋顶移动，墙会跟着移动，而使用“直线”工具绘制的屋顶不会。

19.1.2 编辑和修改屋顶

屋顶创建完成之后可以对屋顶的图元属性、轮廓外形等进行编辑和修改，下面就以小别墅屋顶为例，对屋顶的编辑和修改进行介绍。

1. 修改屋顶的图元属性

Revit Architecture 默认的屋顶类型和材质构成很多时候与需要创建的屋顶不同，这种情况下就要根据需要对屋顶类型进行修改。

（1）选中前面已经创建好的屋顶，在软件左侧如图 19-15 所示的“属性”选项板中可以对屋顶的标高、偏移、截断层、坡度等进行修改。

图 19-14 屋顶完成后的模型

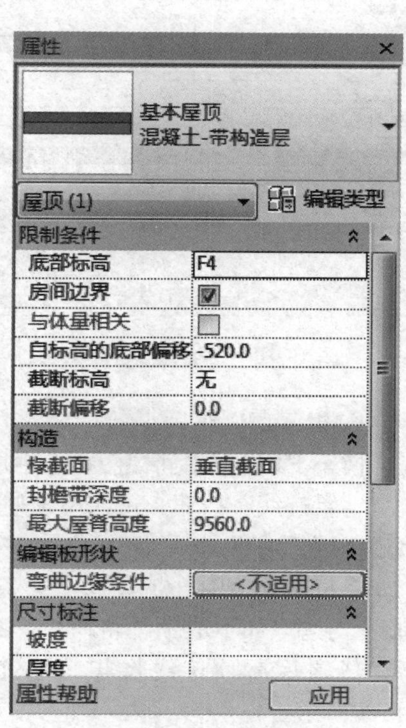

图 19-15 “属性”选项板

（2）点击“编辑类型”按钮，打开如图 19-16 所示的屋顶“类型属性”对话框。在“族”列表中选择“系统族：基本屋顶”选项，在类型列表中选择“混凝土-带构造层”。

复制并建立“小别墅－180mm 坡屋顶”的新屋顶类型。在“类型属性”对话框中点击“结构”参数后的“编辑”按钮，弹出“编辑部件”对话框。

（3）按图 19-17 所示，设置屋顶各层功能和厚度；设置第四层“结构［1］”的材质为“混凝土-现场浇筑混凝土”；点击“插入”按钮插入“面层 2［5］”，点击“向上”按钮，将其放至最上层，修改其材质为“屋顶材料－瓦”，修改厚度为“20.0”，为保持屋顶总厚度不变，将第二层“衬底［2］”的厚度修改为“60.0”。设置完成后点击“确定”按钮，返回“类型属性”对话框，再次点击“确定”按钮，返回“属性”选项板。

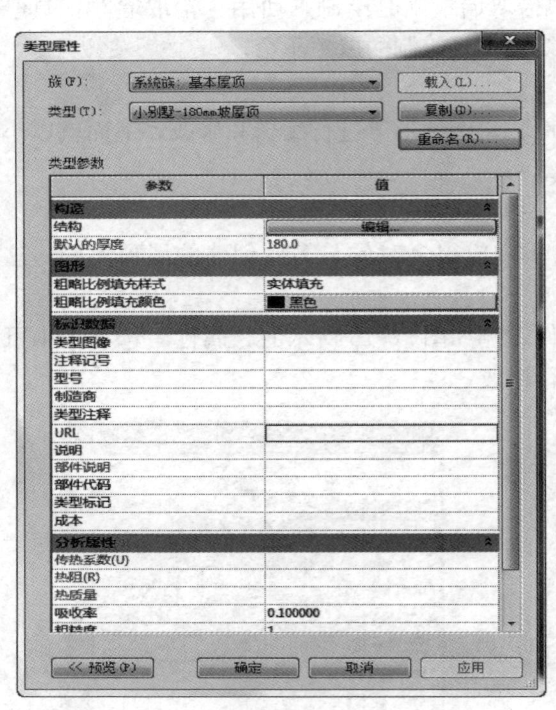

图 19-16 “类型属性”对话框

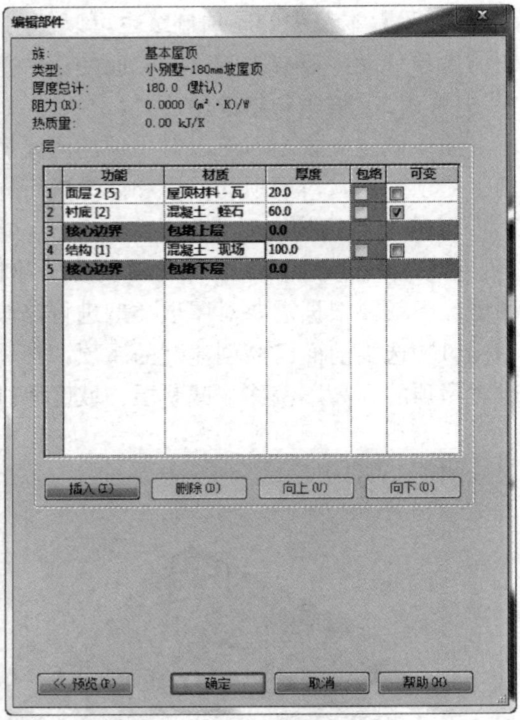

图 19-17 设置屋顶各层功能和厚度

2. 编辑屋顶迹线

切换至 F4 楼层平面视图，选中屋顶，系统自动进入“修改｜屋顶”上下文选项卡，点击“编辑迹线”按钮，进入屋顶迹线编辑状态，如图 19-18 所示。在该状态下就可以对屋顶迹线进行编辑。

如要将屋顶范围外扩，选中一条屋顶迹线，点击“偏移”命令，在勾选选项栏取消“复制”勾选（如不取消，将产生一条与其他屋顶迹线不连接的新迹线。如果取消勾选，偏移完成之后屋顶迹线将与其他迹线自动连接），输入偏移值“500”，如图 19-19 和图 19-20所示。

3. 修改坡度

对于坡度的修改在前面屋顶的创建过程中已经用到过，即选中坡屋顶，系统自动进入“修改｜屋顶”上下文选项卡，点击“编辑迹线”按钮，进入迹线编辑状态。选择需要修改坡度的屋顶迹线，单击坡度符号“⊳”，输入新的坡度值即完成修改。

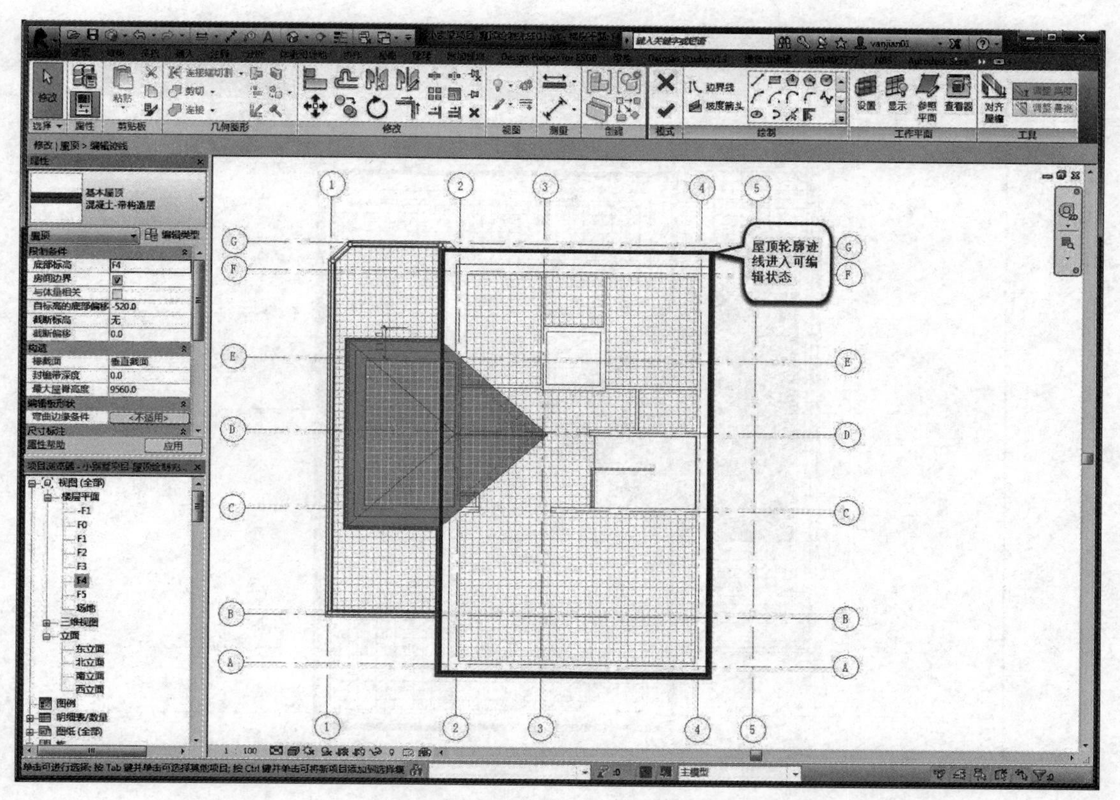

图 19-18 进入屋顶迹线编辑状态

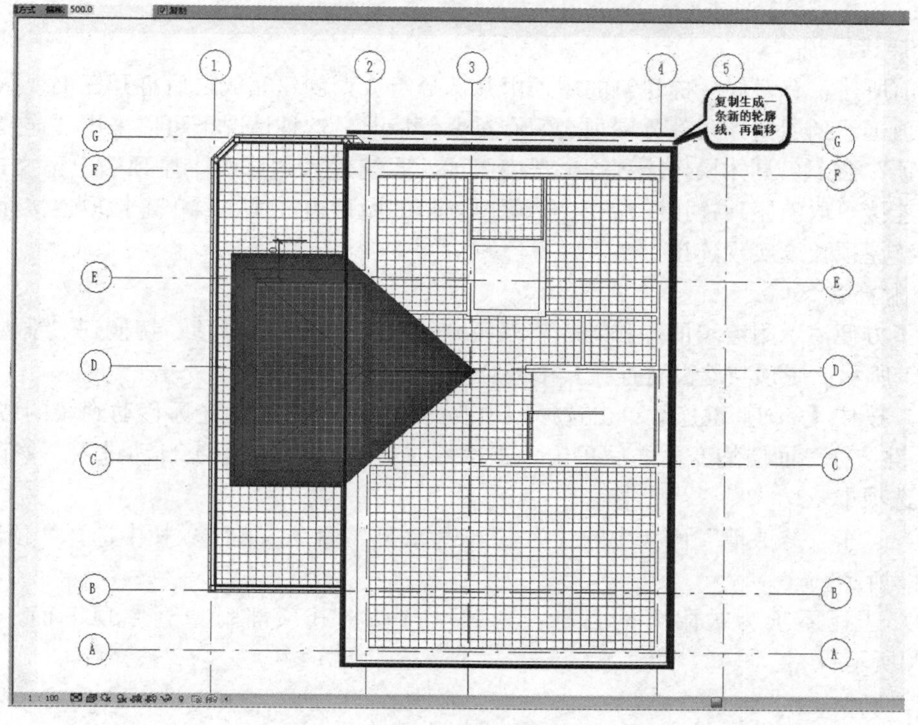

图 19-19 选中屋顶迹线

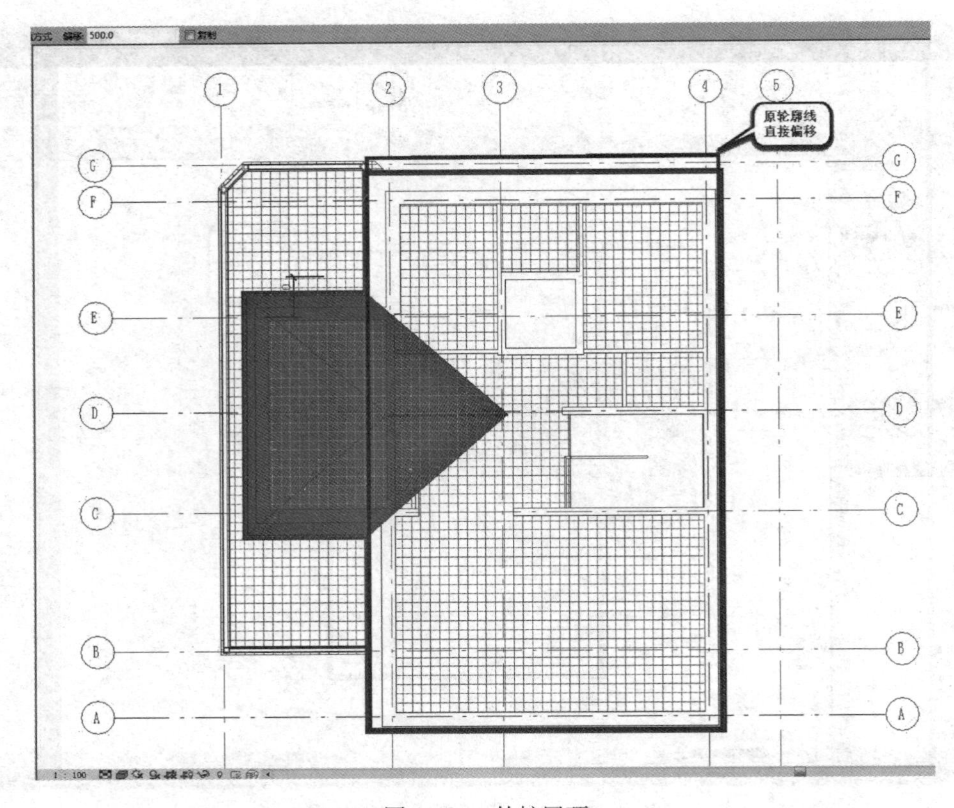

图 19-20 外扩屋顶

4. 连接屋顶

如前所述，有时候一栋建筑的屋顶由几部分组成，创建完成之后打开三维视图可能会发现屋顶延伸到屋内，几部分屋顶之间有重叠等情况。这种情况下可以采用“连接｜取消连接屋顶”命令。具体操作流程为：选中屋顶，系统进入“修改｜屋顶”上下文选项卡，点击“连接｜取消屋顶连接”命令，拾取要连接的屋顶边迹线，再单击拾取连接面，即可自动调整屋顶长度实现连接。

5. 附着墙

为了方便演示附着墙的操作，先将东西向的屋顶改成双坡屋顶。切换到三维视图，如图 19-21 所示，屋顶与墙没有连接，中间存在空隙。

(1) 按住【Ctrl】键连续单击选择屋顶西面的三面墙（或将光标移动到墙的位置，按【Tab】键，待三面墙均变色之后单击，一次性选择三面墙），系统自动进入“修改｜墙”上下文选项卡。

(2) 点击“修改墙”面板中的“附着顶部/底部”命令，在选项栏中选择“顶部”，如图 19-22 所示。

(3) 选择屋顶为被附着的目标，则墙体自动将其顶部附着到屋顶下面，效果如图 19-23所示。

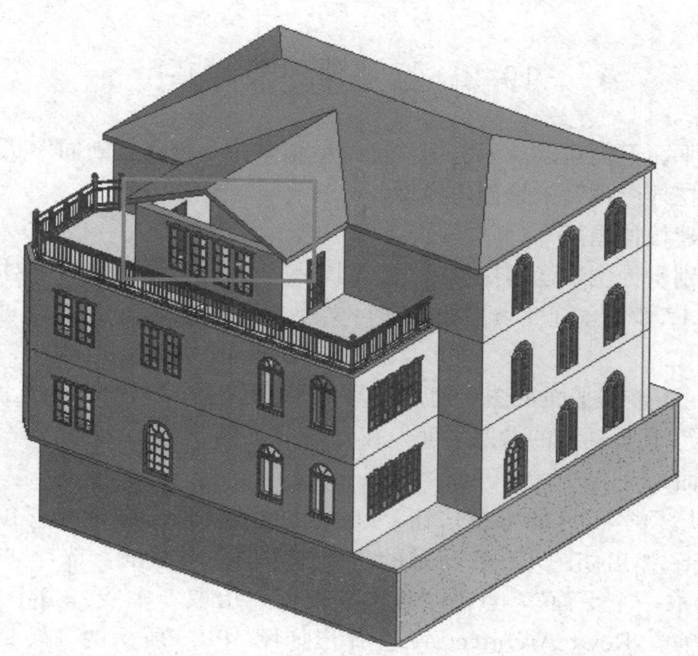

图 19-21 屋顶与墙之间的空隙

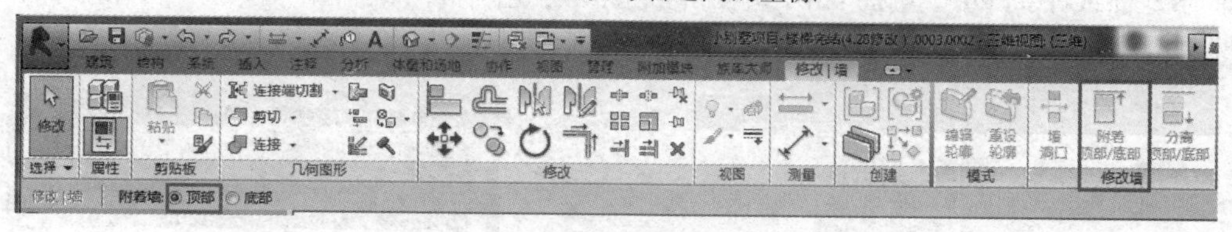

图 19-22 选择“附着顶部/底部”工具

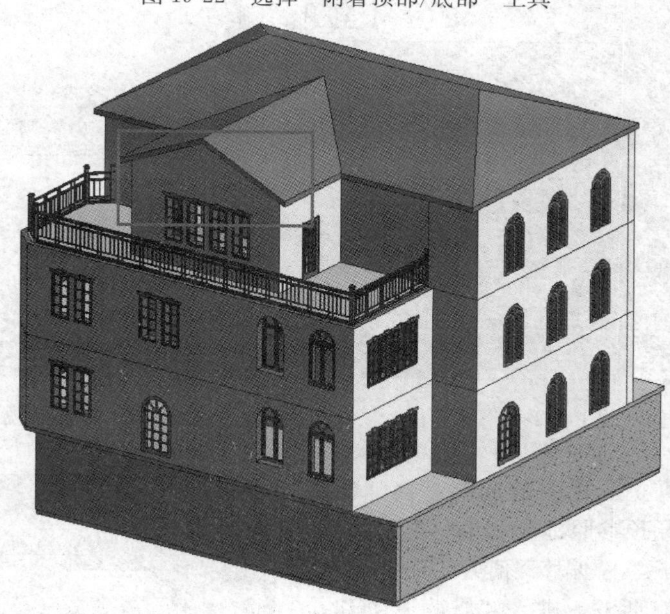

图 19-23 修改完成三维视图

19.2 拉伸屋顶

对于不能从平面上创建以及无法用“迹线屋顶”命令创建且断面形状规则的屋顶，可以从立面上用“拉伸屋顶”工具创建模型。

19.2.1 创建拉伸屋顶

下面就以小别墅为例，运用拉伸屋顶来创建一段圆弧形屋顶。为了对拉伸屋顶的创建进行演示，打开17.2节创建完坡屋顶的项目文件，将小别墅1、2轴线间和C、E轴线间的屋顶删除。

(1) 切换至F4楼层平面视图，使用“参照平面”工具，在E轴线上侧500mm处沿水平方向绘制平行于E轴线的参照平面，在C轴线下侧500mm处沿水平方向绘制平行于C轴线的参照平面。

(2) 点击“屋顶”工具的下拉按钮，在弹出的下拉列表中选择“拉伸屋顶”选项。Revit Architecture弹出如图19-24所示的“工作平面”对话框，选择“指定新的工作平面”方式为“拾取一个平面”，点击“确定”按钮，拾取2轴线。由于所选工作平面垂直于当前视图方向，Revit Architecture会弹出如图19-25所示的“转到视图”对话框。选择与2轴线平行的“立面：西立面”视图，点击“打开视图”按钮，切换到西立面视图。

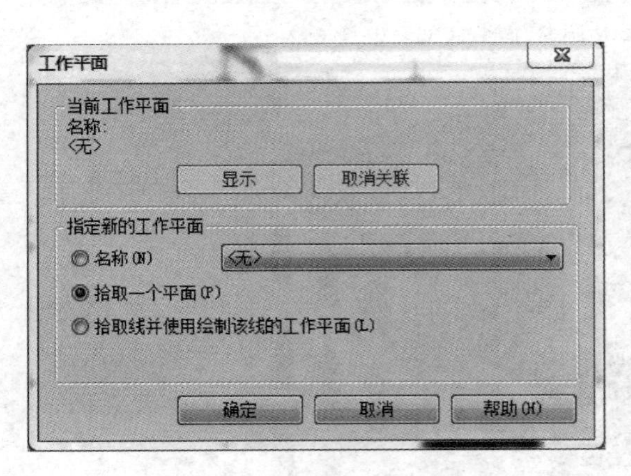

图19-24　“工作平面”对话框

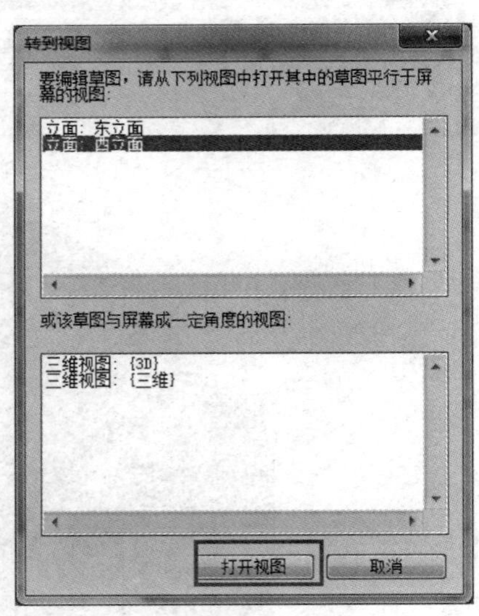

图19-25　“转到视图”对话框

(3) 在进入西立面视图的同时，会弹出如图19-26所示的“屋顶参照标高和偏移”对话框。设置“标高”为“F4”，“偏移”值为“0.0”；点击“确定”按钮退出对话框，进入“修改｜创建拉伸屋顶轮廓”上下文选项卡。适当缩放视图至合适的绘图区域，在西立面视图中C、E轴线

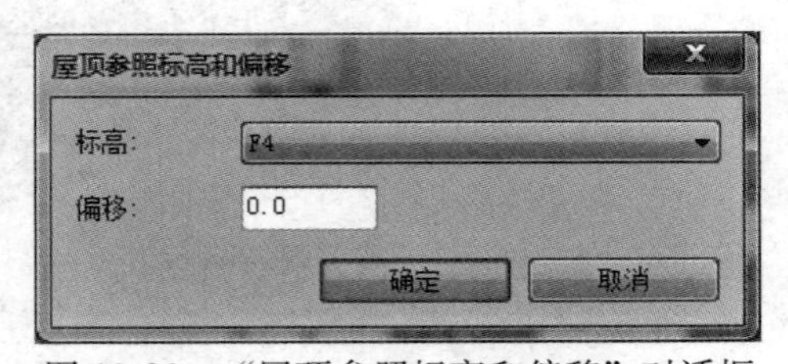

图19-26　“屋顶参照标高和偏移”对话框

两侧可以看到两个竖向的参照平面，这两个参照平面是前面绘制的水平参照平面在西立面的投影，用来创建屋顶时精准定位。

【提示】“屋顶参照标高和偏移”对话框中的选项并不决定屋顶实际所在的标高和高度，该选项只是 Revit Architecture 用于管理屋顶属性的，如使用视图过滤器按条件过滤时，“标高”和“偏移”可以作为条件来进行过滤和选择。

（4）在“绘制”面板中选择绘制方式为“起点－终点－半径弧”，鼠标光标变为。如图 19-27 所示，移动鼠标光标至 E 轴左侧参照平面与屋顶上边缘交点处，当捕捉到交点时，单击将其作为圆弧起点；向右移动鼠标光标至 C 轴右侧参照平面与屋顶上边缘交点处，当捕捉到交点时，单击确认，将其作为圆弧的终点；将鼠标光标稍稍上移，Revit Architecture 将显示临时尺寸标注，输入“4000”作为圆弧半径。按【Esc】键两次退出圆弧绘制模式。

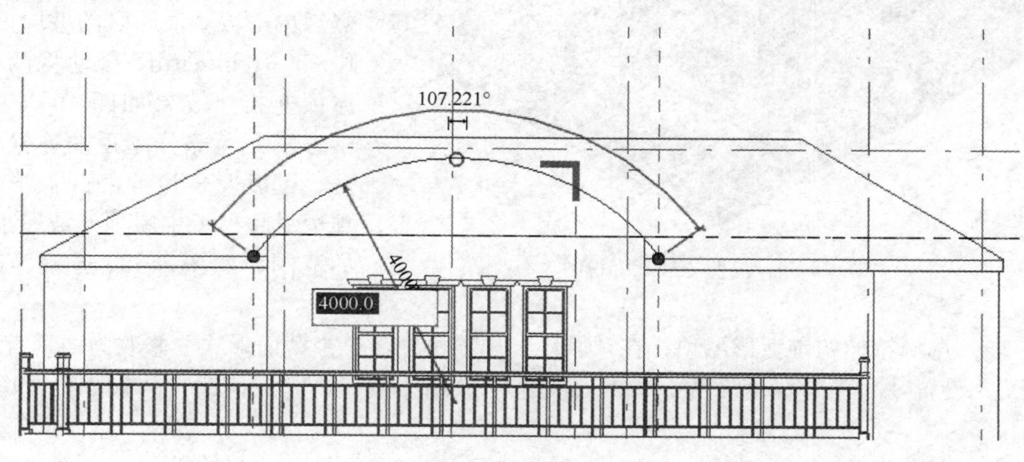

图 19-27　绘制圆弧

（5）打开拉伸屋顶实例“属性”选项板，将屋顶类型修改为“混凝土-带构造层”，修改“拉伸终点”值为“4000”，其他参数如图 19-28 所示。点击“确定”按钮，退出实例“属性”选项板。

（6）点击“完成编辑模式”按钮，完成拉伸屋顶的绘制，切换到三维视图，效果如图 19-29 所示。

可以看出，这样生成的拉伸屋顶还存在一些问题，与墙体、坡屋顶等的连接需要修改，19.2.2 节将完善屋顶细节。

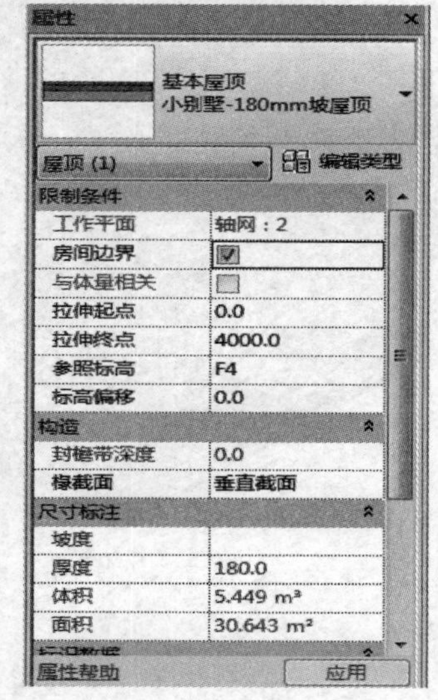

图 19-28　“属性”选项板

19.2.2　编辑和修改拉伸屋顶

如前所述，在 19.2.1 节生成的拉伸屋顶并不能满足最终的建模要求，本节将在上一节所生成的拉伸屋顶的基础上，对拉伸屋顶进行编辑和修改。

（1）将墙附着到屋顶。把鼠标光标放至拉伸屋顶下，按【Tab】键，当拉伸屋顶下三面墙均变为有色显示时，单击一次性选中三面墙体。Revit Architecture 自动进入“修

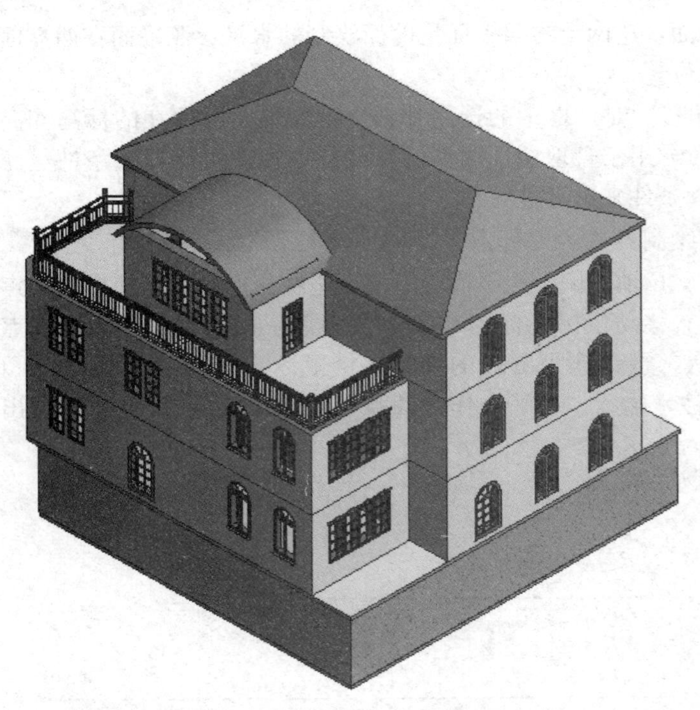

图 19-29　拉伸屋顶三维视图

改｜墙”上下文选项卡，点击“修改墙”面板中的“附着顶部/底部”命令，在选项栏中选择“顶部”项，然后选择拉伸屋顶为被附着的目标，则墙体自动将其顶部附着到拉伸屋顶下面。

（2）连接拉伸屋顶和坡屋顶。点击“修改”选项卡，选择“几何图形”面板中的“连接｜取消连接屋顶”工具，首先选择圆弧形屋顶的东侧边界，然后单击坡屋顶西侧的坡屋面，Revit Architecture 自动将两个屋顶连接，效果如图 19-30 所示。放大两部分屋顶的连接部分，可以发现拉伸的圆弧形屋顶边缘超出了主屋顶（坡屋顶）的范围，如图 19-30 方框范围所示。

（3）选择拉伸的圆弧形屋顶，在“属性”选项板中将“椽截面形式”修改为“垂直双截面”，设置“封檐带深度”为“0.0”，点击“应用”按钮，完成修改，效果如图 19-31 所示。

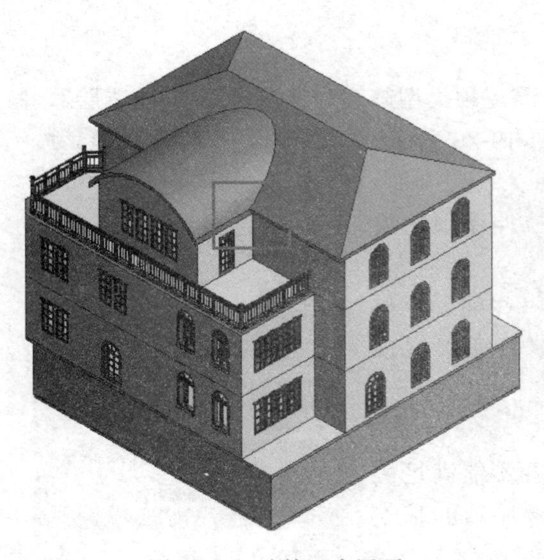

图 19-30　连接两个屋顶

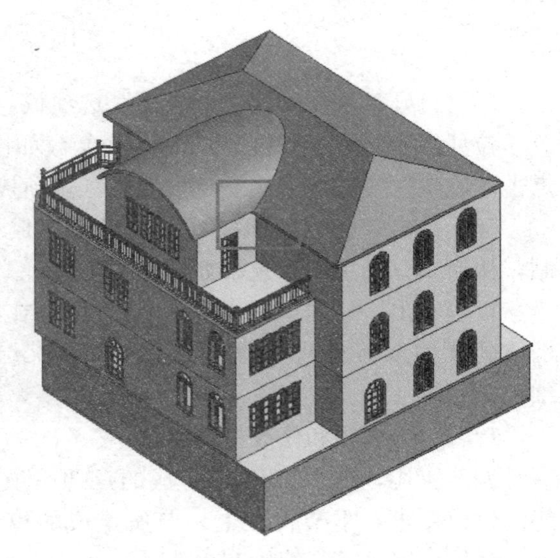

图 19-31　完成屋顶修改

19.3 屋 顶 构 件

经过前面的建模，屋顶的主体已经建成了，但与实际屋顶相比缺少一些屋顶构件。下面将对最常见的屋顶构件屋檐底板、封檐带和檐沟的创建进行演示。本节的演示基于19.1节通过迹线屋顶工具创建的小别墅屋顶文件展开。

19.3.1 屋檐底板

（1）点击“建筑”选项卡的“构建”面板中的“屋檐：底板”工具，如图19-32所示，系统自动进入“修改｜创建屋檐底板边界”上下文选项卡，进入绘制轮廓草图模式。

（2）新建厚度为200mm的屋檐底板，新建方法与屋顶相同。在“属性”选项板中点击“编辑类型”按钮，进入“类型属性”对话框。复制默认的屋檐底板并重命名为“常规屋檐底板－200mm”，然后修改结构层厚度为“200.0”。

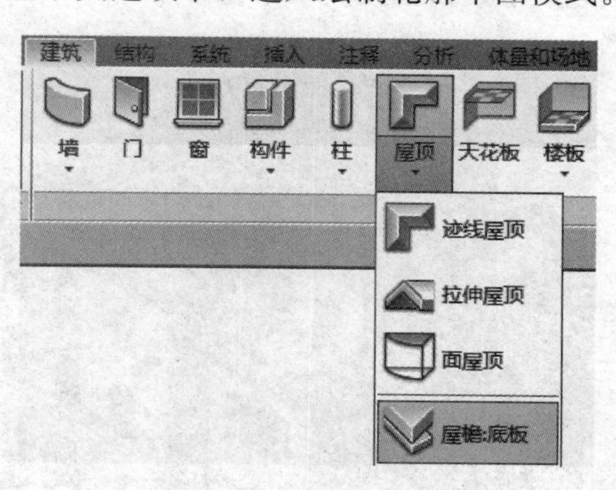

图19-32 选择“屋檐：底板”工具

（3）新建完成后在“绘制”面板中点击“拾取墙”工具选择F4楼层外墙，点击“拾取屋顶”工具选择屋顶，系统将自动生成轮廓线。使用“修剪”命令和“拆分图元”命令对轮廓线进行修剪，使其形成封闭的轮廓，如图19-33所示。

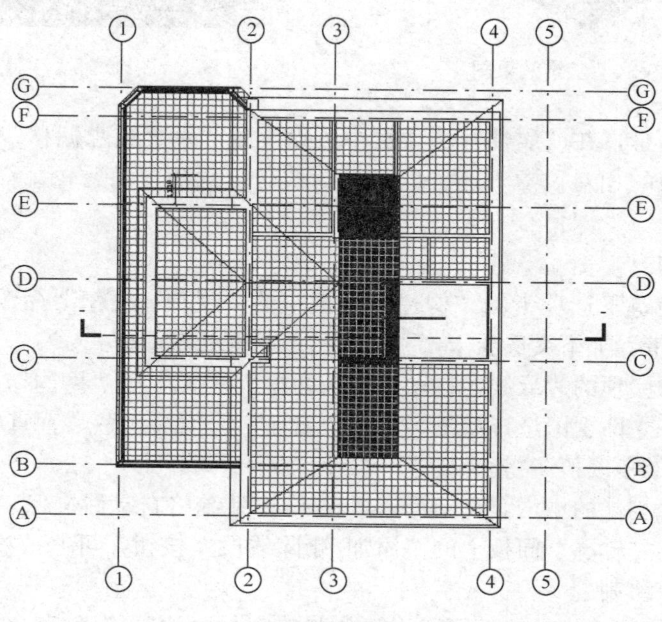

图19-33 修剪轮廓线

(4) 在“属性”选项板中选择屋檐底板类型为新建的“常规屋檐底板－200mm”，修改“自标高的高度偏移”值为“－720.0”，然后点击“完成编辑模式”按钮，完成屋檐底板的绘制。点击“修改”选项卡的“几何图形”面板中的“连接几何图形”命令 连接 ▾，连接屋檐底板和屋顶，完成后的效果如图 19-34 所示。

19.3.2　封檐带

(1) 点击“建筑”选项卡的“构建”面板中的“屋顶：封檐带”命令，系统自动进入“修改｜放至封檐带”上下文选项卡，并进入拾取轮廓线草图模式。

(2) 单击拾取屋顶的边缘线，自动以默认的轮廓样式生成封檐带，单击绘图板空白部位完成绘制，如图 19-35 所示。

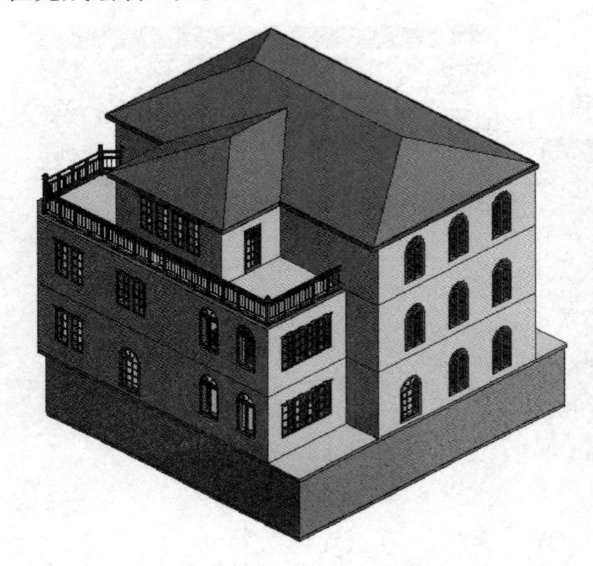

图 19-34　三维效果图

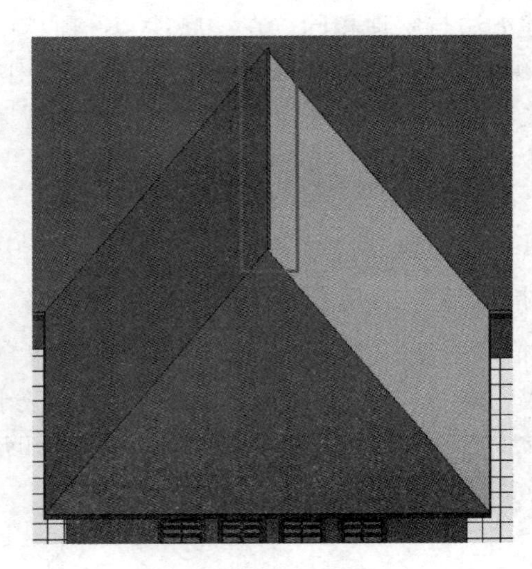

图 19-35　生成封檐带

(3) 选中封檐带，在“属性”选项板中可以设置“垂直轮廓偏移”“水平轮廓偏移”确定封檐带与屋顶的相对位置，还可以设置封檐带轮廓角度值、轮廓样式及材质等，如图 19-36所示。

19.3.3　檐沟

(1) 点击“建筑”选项卡的“构建”面板中的“屋顶：檐槽”命令，系统自动进入“修改｜放至封檐带”上下文选项卡，并进入拾取轮廓线草图模式。

(2) 单击拾取屋顶的边缘线，自动以默认的轮廓样式生成“檐沟”，单击绘图板空白部位完成绘制。在立面视图选择檐沟，可在“属性”选项板设置“垂直轮廓偏移”“水平轮廓偏移”“轮廓的角度值”“轮廓样式”以及“材质”等。

(3) 选中已经创建的檐沟，Revit Architecture 系统将自动跳转到“修改｜檐沟”上下文选项卡，点击“轮廓”面板上的“添加/删除线段”按钮，可修改檐沟路径，单击绘图板空白部位完成绘制。

【提示】封檐带与檐沟的轮廓可以用“公制轮廓－主体”族样板，创建适合自己项目的二维轮廓族。

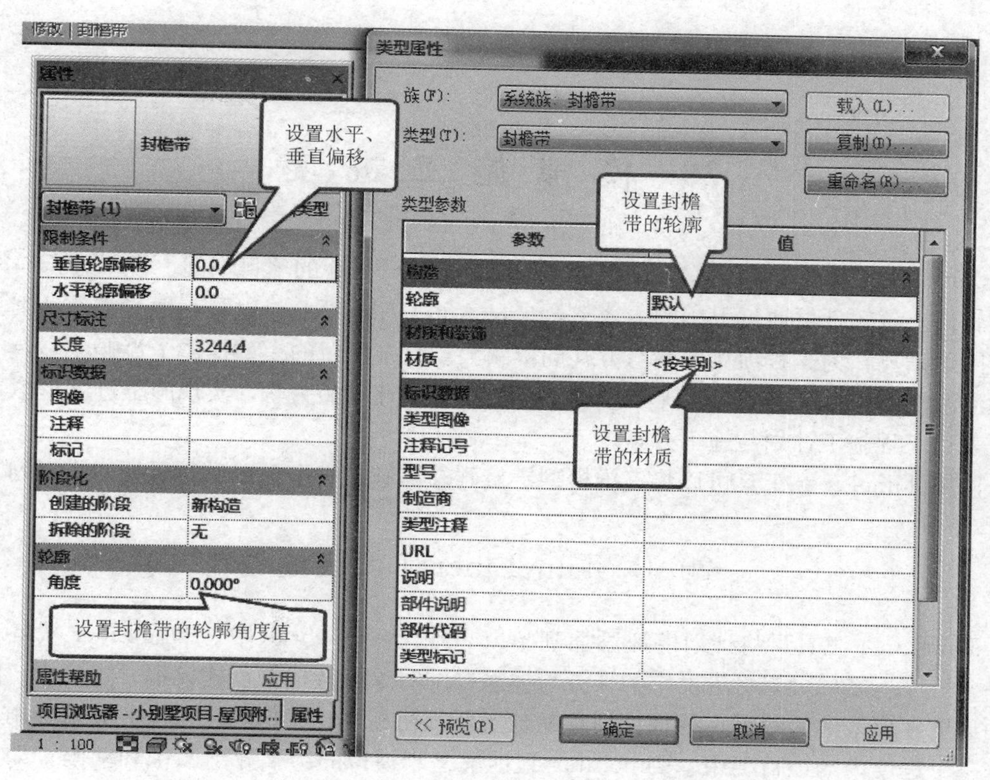

图 19-36 封檐带基本属性

20 模拟施工进度

Autodesk Navisworks 是 Autodesk 公司面向 AEC 行业的项目审阅、模拟分析与模拟协调软件。该软件可通过引用的方式整合来自 AutoCAD、Revit 以及其他三维设计工具的几何图形信息，为工程项目各参与方共同审阅大型复杂项目的模型提供了流畅、高效的浏览和漫游功能。Navisworks 可将 3D 模型与项目进度计划相关联，实现施工进度模拟，清晰地表达工程施工计划与施工方案。

使用 TimeLiner 工具可以将三维模型链接到外部施工进度，以进行可视四维规划。

20.1 TimeLiner 工具概述

TimeLiner 工具可将计划模拟添加到 Autodesk Navisworks 中。TimeLiner 从各种路径导入进度，之后可以将进度中的任务与模型中的对象相链接来创建模拟。这使用户能够看到进度在模型上的效果，并将计划日期与实际日期相比较。也可以为任务分配费用，以跟踪整个进度内的项目费用。TimeLiner 还能够基于模拟的结果导出图像和动画。如果模型或进度更改，TimeLiner 将自动更新模拟。

可以将 TimeLiner 的功能与其他 Autodesk Navisworks 工具结合使用：通过将 TimeLiner 和对象动画链接在一起，可以根据项目任务的开始时间和持续时间触发对象移动并安排其进度，且可以帮助进行工作空间和过程规划。将 TimeLiner 和 Clash Detective 链接在一起，可以对项目进行基于时间的碰撞检查。

【提示】 此功能仅适用于 Autodesk Navisworks Manage 用户。

将 TimeLiner、对象动画和 Clash Detective 链接在一起，可以对完全动画化的 TimeLiner 进度进行碰撞检测。因此，假设要确保正在移动的起重机不会与工作小组碰撞，可以运行一个碰撞检测，而不必以可视方式检查 TimeLiner 序列。

【提示】 此功能仅适用于 Autodesk Navisworks Manage 用户。

20.1.1 TimeLiner 界面

通过 TimeLiner 可固定窗口，可以将模型中的项目附加到项目任务，并模拟项目进度。

1. 打开 TimeLiner 窗口

选择“常用”选项卡中的“工具”面板，点击“TimeLiner”命令，在界面下半部分会显示“TimeLiner”窗口，如图 20-1 所示。

2. 设置 TimeLiner 选项

（1）点击中的“选项”按钮。

（2）在“选项编辑器”中展开“工具”节点，然后点击“TimeLiner”选项，进入

TimeLiner 设置面板，如图 20-2 所示。

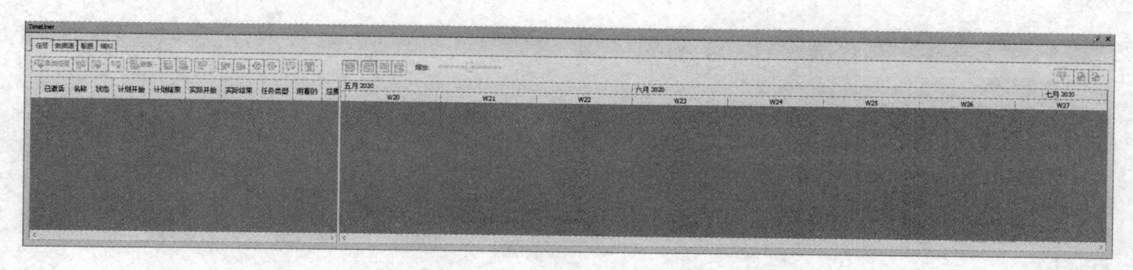

图 20-1 “TimeLiner”窗口

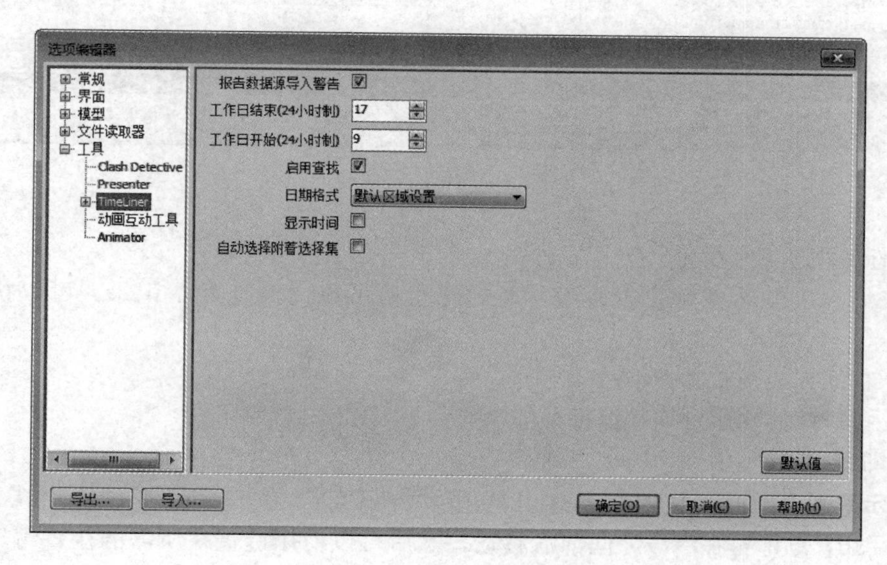

图 20-2 TimeLiner 设置面板

(3) 在 TimeLiner 设置面板中，如果想要从“TimeLiner”窗口中选择每个任务时选择“场景视图”中的所有附加项目，请选中“自动选择附着选择集”复选框。

(4) 使用“工作日开始（24 小时制）”项设置工作日开始的时间。

(5) 从“日期格式”下拉列表中选择日期格式。

(6) 如果希望在“任务”选项卡中单击鼠标右键时系统提供查找选项，请选中“启用查找”复选框。

(7) 使用“工作日结束（24 小时制）”项设置工作日结束时间。

(8) 选中“报告数据源导入警告”复选框，以便在“TimeLiner”窗口的“数据源”选项卡中导入数据时遇到问题的情况下显示警告消息。

(9) 选中“显示时间”复选框可在“任务”选项卡的日期列中显示时间。

【提示】 可以在“导入/导出”界面中设置用于将 CSV/XML 文件导入/导出到 TimeLiner 的选项。

3. “任务”选项卡

通过“任务”选项卡可以创建和管理项目任务。该选项卡显示进度中以表格格式列出的所有任务。可以使用该选项卡右侧和底部的滚动条浏览任务记录。任务选项卡如

图 20-3所示。

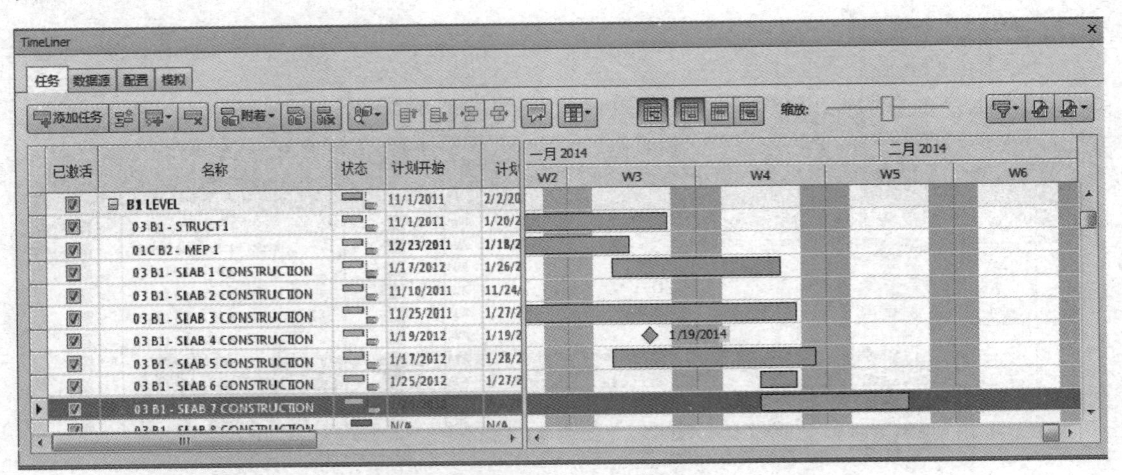

图 20-3 “任务”选项卡

1）任务视图

任务显示在包含多列的表格中，通过此表格可以灵活地显示记录。可以执行以下操作：

（1）移动列或调整其大小；

（2）按升序或降序对列数据进行排序；

（3）向默认列集中添加新用户列。

【提示】可以使用键盘在条目之间移动。只需选择一个任务，使用【Tab】和【Shift＋Tab】键即可在字段之间前后移动，然后可以使用键盘在所需的位置编辑和设置每个条目。

2）甘特图视图

甘特图是一个说明项目状态的彩色条形图。每个任务占据一行。水平轴表示项目的时间范围（可分解为增量，如天、周、月和年），而垂直轴表示项目任务。任务可以按顺序运行，以并行方式或重叠方式。

可以将任务拖动到不同的日期，也可以单击并拖动任务的任一端来延长或缩短其持续时间。所有更改都会自动更新到“任务”视图中。

4. “数据源”选项卡

通过“数据源”选项卡，可从第三方进度安排软件（如 Microsoft Project、Asta 和 Primavera）中导入任务。其中，显示所有添加的数据源以表格格式列出，如图 20-4 所示。

1）“数据源”视图

数据源显示在多列的表中。这些列会显示名称、源（例如 Microsoft Project™）和项目（例如 my _ schedule. mpp）。任何其他列（可能没有）标识外部进度中的字段，这些字段指定了每个已导入任务的任务类型、唯一 ID、开始日期和结束日期。如有必要，可以移动列或调整其大小。

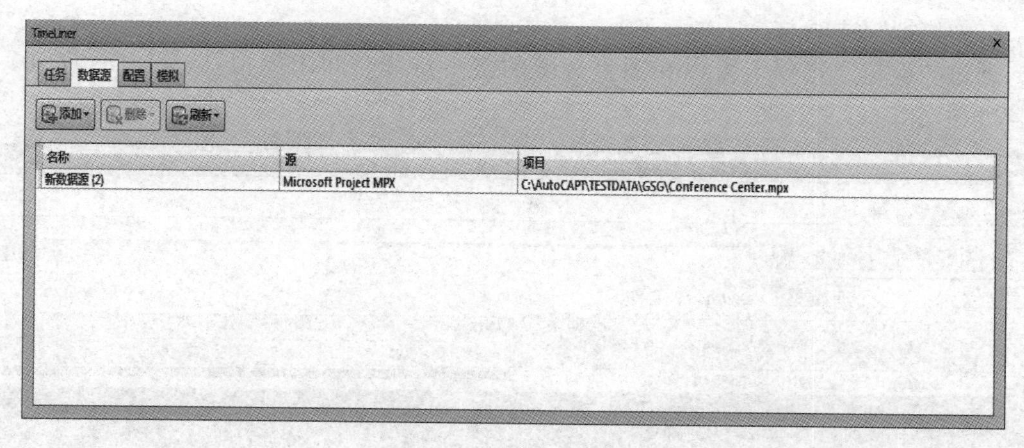

图 20-4 “数据源”选项卡

2）“数据源”按钮

（1）“添加”按钮

“添加”按钮创建到外部项目文件的新链接。点击此按钮将显示一个菜单，该菜单列出了当前计算机上所有可能链接的项目源。

（2）“删除”按钮

“删除”按钮删除当前选定的数据源。如果在将数据源删除之前刷新了数据源，则从该数据源读取的所有任务和数据都将保留在“任务”选项卡中。

（3）“刷新”按钮

“刷新”按钮显示“从数据源刷新”对话框，从中可以刷新选定数据源。

3）关联菜单

在选项卡上的数据源区域中单击鼠标右键，将打开一个关联菜单，用户可以通过该菜单来管理数据源。

5.“配置”选项卡

通过“配置”选项卡可以设置任务参数，例如任务类型、任务的外观定义以及模拟开始时的默认模型外观，如图 20-5 所示。

TimeLiner

任务 数据源 配置 模拟

添加 删除 外观定义...

名称	开始外观	结束外观	提前外观	延后外观	模拟开始外观
Construct	Green (90% Transparer	模型外观	无	无	无
Demolish	Red (90% Transparent)	隐藏	无	无	无
Temporary	Yellow (90% Transparer	隐藏	无	无	无

图 20-5 “配置”选项卡

6. “模拟”选项卡

通过“模拟”选项卡可以在项目进度的整个持续时间内模拟 TimeLiner 序列，如图 20-6所示。

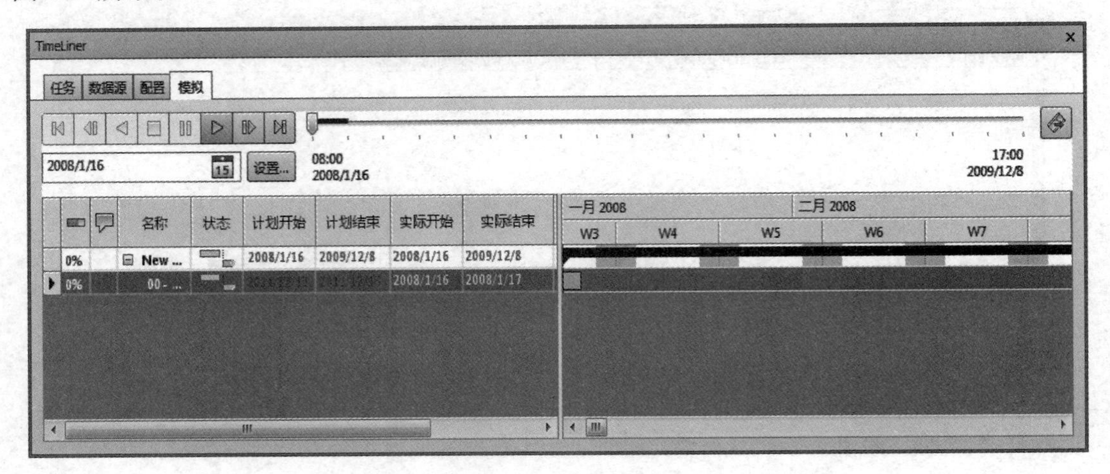

图 20-6 “模拟”选项卡

20.1.2 选择 TimeLiner 列

点击“任务”选项卡上的“列”选项，在下拉菜单中选择“选择列”。弹出“选择 TimeLiner 列”对话框，如图 20-7 所示。使用此对话框可以自定义“TimeLiner 任务”选项卡中列的显示。

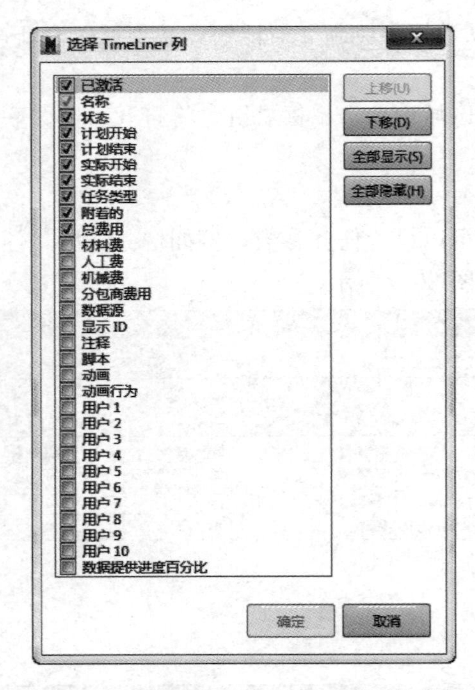

图 20-7 “选择 TimerLiner 列”对话框

1. “列表”按钮

点击“列表”按钮显示所有可用的列。点击列复选框以选中该列，使其显示在“任务”选项中。

2. “上移”按钮

点击“上移”按钮将选定列在列表中上移一个位置。

3. “下移”按钮

点击“下移”按钮将选定列在列表中下移一个位置。

4. “全部显示”按钮

点击“全部显示”按钮选中列表中的所有复选框。

5. “全部隐藏”按钮

点击“全部隐藏”按钮清除列表中的所有复选框。

20.1.3 TimeLiner 规则

使用“TimeLiner 规则”对话框可以创建和管理 TimeLiner 规则。在“任务”选项卡中点击“规则”按钮可打开“TimeLiner 规则”对话框，如图 20-8 所示。该对话框列出了当前可用的所有规则。这些规则可用于将任务映射到模型中的项目。可以编辑每个默认规则，并可以根据需要添加新规则。

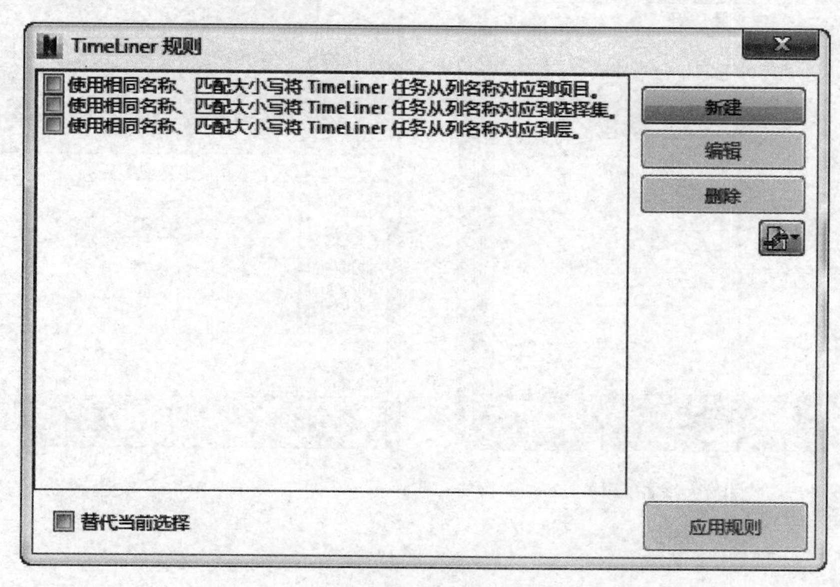

图 20-8 “TimeLiner 规则”对话框

1. “新建”按钮

点击“新建”按钮可以创建新规则。

2. “编辑”按钮

点击“编辑”按钮可以编辑当前选定的规则。

3. “删除”按钮

点击“删除”按钮可以删除当前选定的规则。

4. “导入/导出附件规则”按钮

点击“导出/导入附件规则”按钮可以从XML文件导入规则以及将规则导出到XML文件。

【提示】导入的规则将覆盖同名的所有现有规则。

5. “替代当前选择”复选框

如果选中“替代当前选择”复选框，则在应用规则时，它们将替换现有的任何附加项目。如果不选中此复选框，则这些规则会将项目附加到没有附加项目的相关任务。

6. “应用规则”按钮

点击“应用规则”按钮，应用选定规则。

20.1.4 字段选择器

“字段选择器”对话框确定从外部项目进度导入数据时使用的各种选项。每种类型数据源对应的可用选项可能不同。

用于从外部进度安排软件导入数据的“字段选择器”对话框如图20-9所示；用于导入CSV数据的“字段选择器”对话框如图20-10所示。

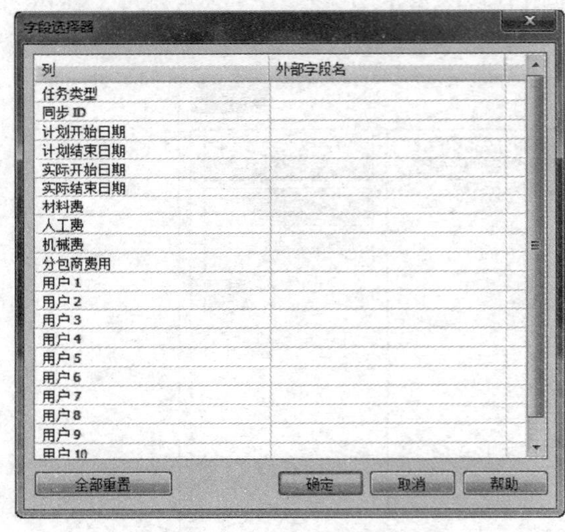

图20-9 字段选择器（1）

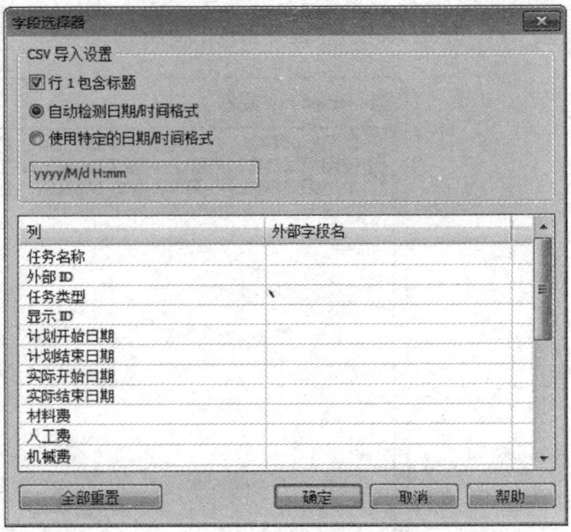

图20-10 字段选择器（2）

20.1.5 从数据源刷新

单击“TimeLiner数据源”选项卡中的“刷新”按钮，打开从数据源刷新的对话框。使用此对话框可以选择数据刷新方式。

1. 重建

从选定外部进度表中读取所有任务和关联数据（如“字段选择器”对话框中所定义），并将其添加到“任务”选项卡。

选择此选项还会使新添加到项目文件的任务与选定的外部进度表同步。此操作将在TimeLiner中重建包含所有最新任务和数据的任务层次结构。

2. 同步

使用选定外部进度表中的最新关联数据（如开始日期和结束日期）更新“任务”选项

卡中的所有现有任务。

20.1.6 模拟设置

使用“模拟”选项卡上的“设置”按钮可访问“模拟配置”对话框，如图 20-11 所示。

在“模拟设置”对话框中，选中“替代开始/结束日期”复选框可启用日期框，可以从中选择开始日期和结束日期。通过执行此操作，可以模拟整个项目较小的子部分。日期将显示在“模拟”选项卡中。这些日期也将在导出动画时使用。

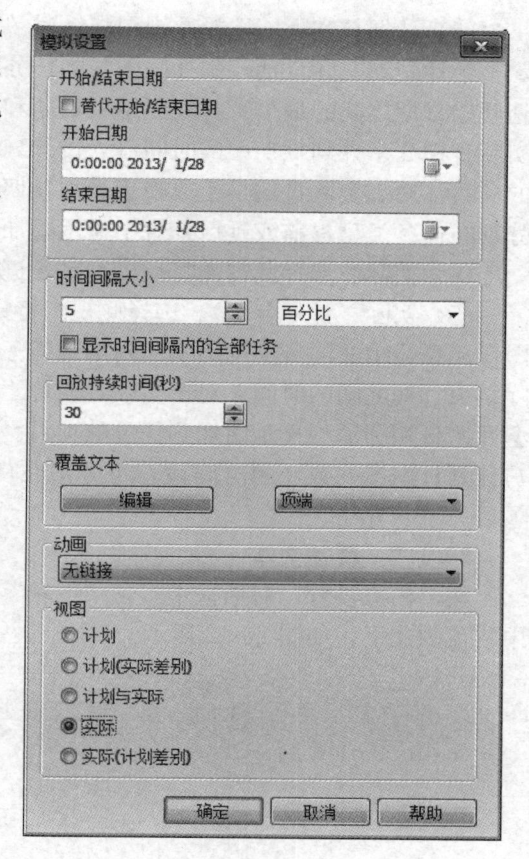

图 20-11 “模拟设置”对话框

可以定义要在使用播放控件执行模拟时使用的“时间间隔大小”。时间间隔大小既可以设置为整个模拟持续时间的百分比，也可以设置为绝对的天数或周数等。

通过选中“显示时间间隔内的全部任务”复选框并假设将“时间间隔大小”设置为“5”天，会将 5 天之内所有已处理的任务(包括在时间间隔范围内开始和结束的任务)设置为它们在“场景视图”中的“开始外观”。“模拟”滑块将通过在滑块右侧绘制一条蓝线来显示此操作。如果取消选中此复选框，则在时间间隔范围内开始和结束的任务不会以此种方式高亮显示，并且需要与当前日期重叠才可在“场景视图”中高亮显示。

使用“向上”和“向下”箭头按钮可以增加或减少持续时间（以秒为单位），还可以直接在此字段中输入持续时间。

可以定义是否应在“场景视图”中覆盖当前模拟日期以及覆盖后此日期是应显示在屏幕的顶部还是底部。从下拉列表中可以选择“无”（不显示覆盖文字）、“顶部”（在窗口顶部显示文字）或“底部”（在窗口底部显示文字）。

可以使用“覆盖文本”对话框来编辑覆盖文字中显示的信息，还可以通过点击此对话框中包含的“字体”按钮更改字体、字形和字号。

可以向整个进度中添加动画，以便在 TimeLiner 序列播放过程中，可以播放指定的视点动画或相机。

“视图”区域。每个视图都将播放描述计划日期与实际日期关系的进度。

(1) 计划。选择此视图将仅模拟计划进度（即仅使用计划的开始日期和计划的结束日期）。

(2) 计划（实际差别）。选择此视图将以“计划”进度来模拟“实际”进度。此视图仅高亮显示计划日期范围期间附加到任务的项目，该时间范围为介于“计划开始”日期和

“计划结束”日期之间的时间。对于实际日期介于计划日期中的时间段（按计划），将在任务类型开始外观中显示附加到任务的项目。对于实际日期早于或晚于计划日期（实际日期与计划日期不一致）的时间段，将分别在任务类型提前或延后外观中显示附加到任务的项目。

（3）计划与实际。选择此视图将针对“计划”进度来模拟“实际”进度。这将高亮显示整个计划和实际日期范围期间附加到任务的项目，该时间范围为介于实际开始日期和计划开始日期之间的最早者与实际结束日期和计划结束日期之间的最晚者之间的时间。对于实际日期介于计划日期中的时间段（按计划），将在任务类型开始外观中显示附加到任务的项目。对于实际日期早于或晚于计划日期（实际日期与计划日期不一致）的时间段，将分别在任务类型提前或延后外观中显示附加到任务的项目。

（4）实际。选择此视图将仅模拟实际进度（即仅使用实际开始日期和实际结束日期）。

（5）实际（计划差别）。选择此视图将针对“计划”进度来模拟“实际”进度。此视图仅高亮显示实际日期范围期间附加到任务的项目，该时间范围为介于实际开始日期和实际结束日期之间的时间。对于实际日期位于计划日期（按计划）中的时间段，将在任务类型开始日期图示中显示附加到任务的项目。对于实际日期早于或晚于计划日期（实际日期与计划日期不一致）的时间段，将分别在任务类型提前或延后外观中显示附加到任务的项目。

20.1.7　覆盖文本

在“模拟设置”对话框中点击“编辑”按钮，可以选择定义模拟期间在“场景视图”中覆盖的文字，如图20-12所示。

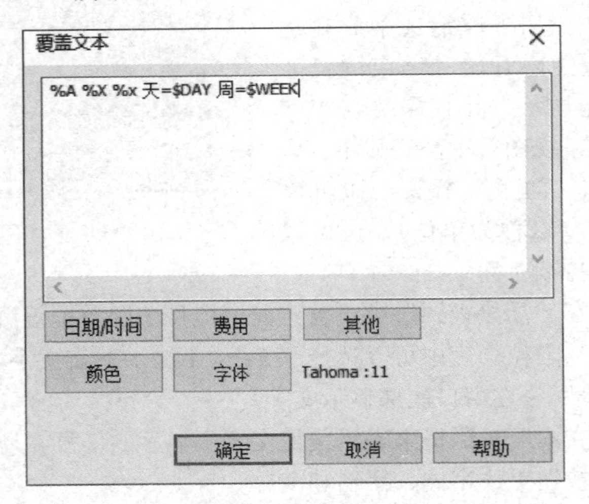

图20-12　“覆盖文本”对话框

默认情况下，日期和时间将以控制面板中的“区域设置”内指定的格式显示。可以通过在文本框中输入文本来指定要使用的确切格式。前缀有“%”或“$”字符的词语用作关键字并被各个值替换，除此以外的大多数文本将显示为输入时的状态。“日期/时间”“费用”和“其他”按钮可用于选择和插入所有可能的关键字。“颜色”按钮可用于定义覆盖文字的颜色。

各个属性的关键字，在表 20-1～表 20-4 详细列出。

“字体”按钮用于显示标准的 Microsoft Windows 字体选择器对话框。选择正确的字体、字体样式和磅值后，按“确定”按钮返回到“覆盖文本”对话框。当前选定的字体将显示在“字体”按钮的旁边，并且在 TimeLiner 模拟过程中，所有覆盖文字都将用此字体显示。

日期/时间关键字 **表 20-1**

%a	周内日期名称的缩写形式	%p	当前区域设置的 12 小时制时钟的 A. M. / P. M. 标识符
%A	周内日期名称的完整形式	%S	以十进制数表示的秒（00～59）
%b	月名称的缩写形式	%U	以十进制数表示的一年中的第几周，其中星期日为每周的第一天（00～53）
%B	月名称的完整形式	%w	以十进制数表示的周内日期（0～6；星期日为 0）
%c	与区域设置相对应的日期和时间表示	%W	以十进制数表示的一年中的第几周，其中星期一为每周的第一天（00～53）
%d	以十进制数表示的一个月中的第几日（01～31）	%x	当前区域设置的日期表示
%H	以 24 小时制表示的时（00～23）	%X	当前区域设置的时间表示
%I	以 12 小时制表示的时（01～12）	%y	以十进制数表示的不带世纪的年份（00～99）
%j	以十进制数表示的一年中的第几日（001～365）	%Y	以十进制数表示的带世纪的年份
%m	以十进制数表示的月份（01～12）	%z	时区的缩写形式；如果时区未知，则不显示字符
%M	以十进制数表示的分钟（00～59）	%Z	时区名称；如果时区未知，则不显示字符

颜色关键字 **表 20-2**

$COLOR_RED	将覆盖显示文本颜色设置为红色
$COLOR_BLUE	将覆盖显示文本颜色设置为蓝色
$COLOR_GREEN	将覆盖显示文本颜色设置为绿色
$COLOR_WHITE	将覆盖显示文本颜色设置为白色
$COLOR_BLACK	将覆盖显示文本颜色设置为黑色
$RGBr，g，b$RGB	将覆盖显示文字设置为以 0～255 表示的 RGB 值指定的任何颜色

费用关键字 **表 20-3**

$MATERIAL_COST	累计材料费
$LABOUR_COST	累计人工费
$EQUIPMENT_COST	累计机械费
$SUBCONTRACTOR_COST	累计分包商费用
$TOTAL_COST	累计总费用

额外的关键字 表 20-4

$TASKS	将每个当前活动任务的名称添加到覆盖显示文本。每个任务都在新的一行中显示
$DAY	自项目中的第一个任务开始的天数（从1开始）
$WEEK	自项目中的第一个任务开始的周数（从1开始）
Ctrl+Enter	按【Ctrl+Enter】键将在覆盖显示文字中插入一个新行
%%	百分号

20.1.8 外观定义

使用“外观定义”对话框可以自定义默认任务类型，或者在必要时创建新的任务类型。要访问该对话框，请点击“配置”选项卡上的“外观定义”按钮，如图20-13所示。

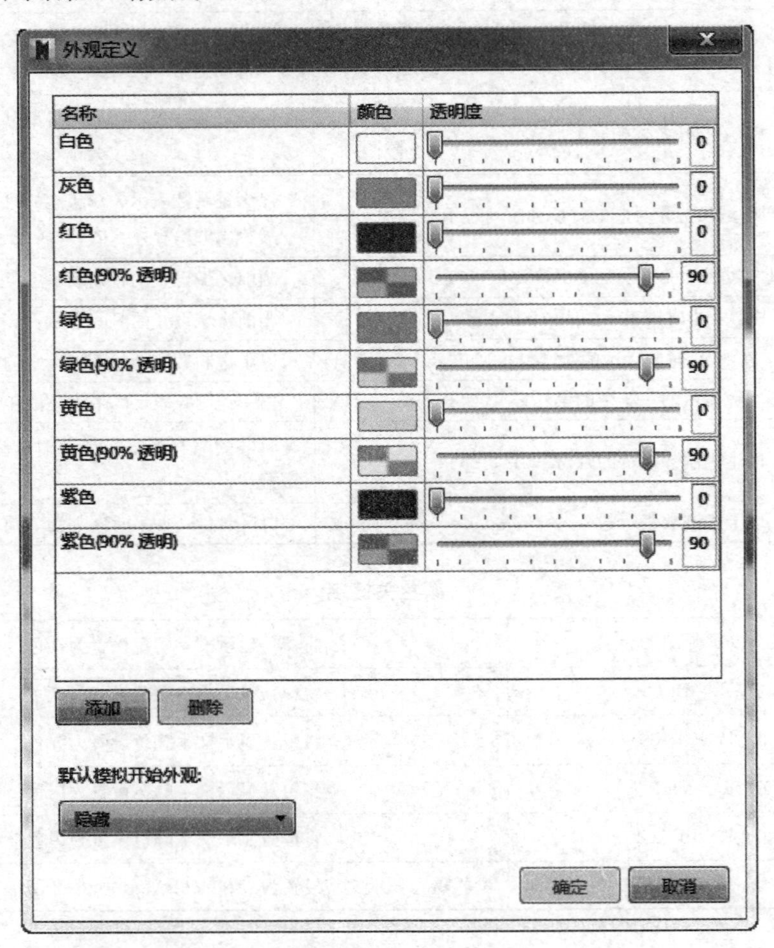

图20-13 “外观定义”对话框

TimeLiner附带一个由10个预定义的外观定义组成的外观定义集，可用于配置任务类型。外观定义了透明度级别和颜色。

（1）“名称”选项，指定外观定义名称。点击“名称”选项以根据需要对其进行更改。

（2）“颜色”选项，指定外观定义颜色。点击“颜色”选项以根据需要对其进行更改。

（3）“透明度”选项，指定外观定义透明度。使用滑块或者输入值以根据需要更改透明度。

（4）“添加”按钮，点击该按钮以添加外观定义。

（5）“删除”按钮，点击该按钮以删除当前选定的外观定义。

（6）默认模拟开始外观。此下拉框指定了要在模拟开始时应用于模型中所有对象的默认外观。默认值为“隐藏”，该值适合于模拟大多数构件序列。

20.2 施工进度模拟——案例操作

本节将通过细致的步骤叙述以及重点说明，来介绍在 Navisworks 中建立一个项目简单施工进度模拟的一般过程。

20.2.1 准备工作

经过前面章节的学习，已经初步建立了一个建筑模型。现在，对这个模型进行施工进度模拟。

首先，Navisworks 并不能直接对 . rvt 文件来进行编辑操作，需要对在 Revit 中建立的 . rvt 模型进行转换，生成 . nwc 这种 Navisworks 能够对其操作的文件，有两种方式来进行这个操作。

方法一：点击文件按钮，在弹出的下拉列表中选择“导出”选项，在右侧的选项菜单中点击“NWC”选项，弹出“导出场景为”对话框，选择保存地址，键入文件名称，如图 20-14 所示。

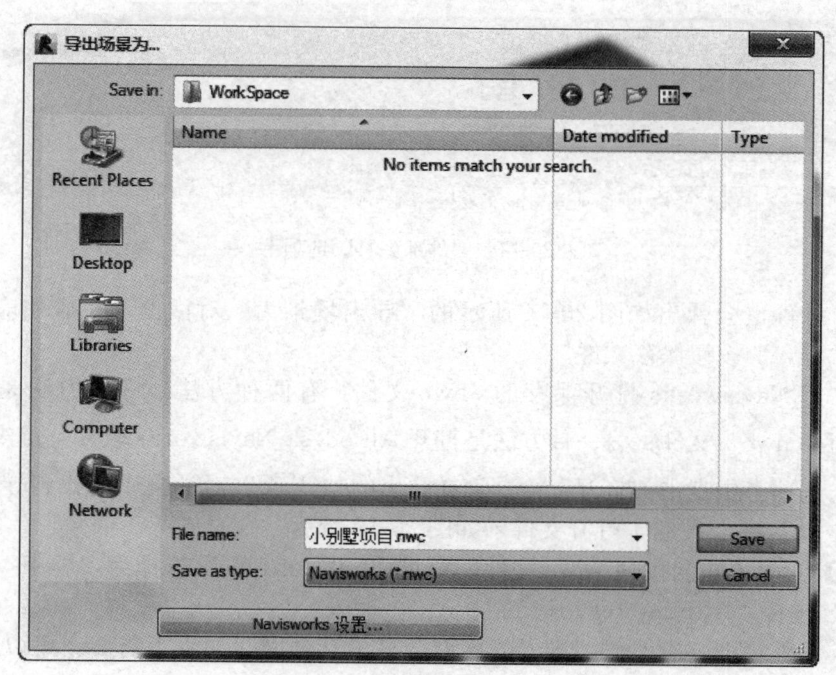

图 20-14　导出 . nwc 文件

注意到在导出 .nwc 文件的对话框下面，有一个“Navisworks 设置”按钮，点击这个按钮，弹出“Navisworks 选项编辑器”对话框，如图 20-15 所示。

在此对话框中，可以在左侧选项树中选择相应的选项，来设置想要的效果，并点击“确定”按钮来保存设置。

一切修改或设置完成之后，在“导出场景为”对话框中点击“Save”按钮，保存文件。此时，系统会弹出导出进度条对话框，如图 20-16 所示，这样就在指定的目录中保存了名为“小别墅项目”的 .nwc 文件，这个文件是 Navisworks 编辑的对象。

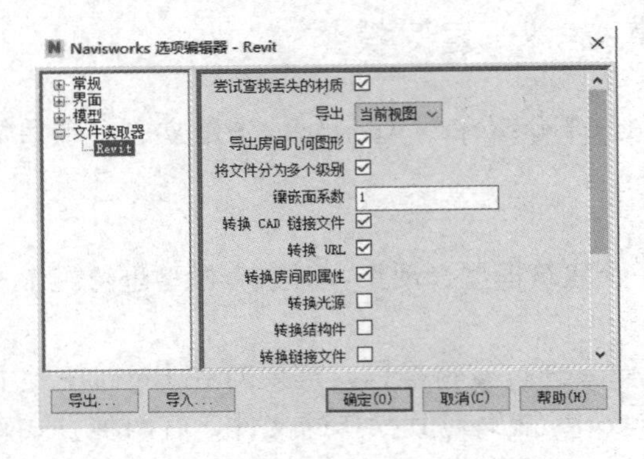

图 20-15 Navisworks 选项编辑器

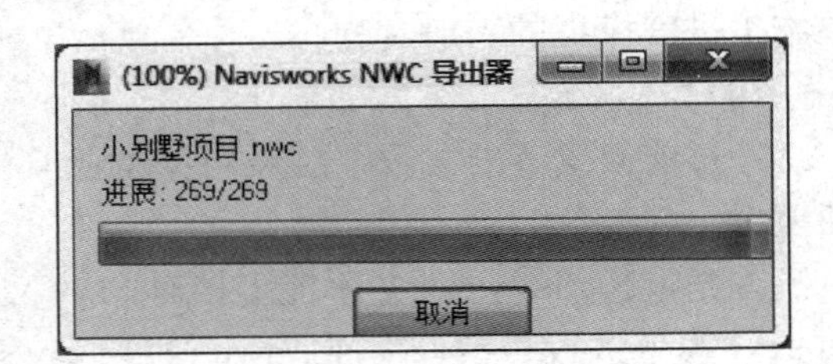

图 20-16 NWC 导出进度

方法二：在 Revit 中，点击“附加模块”选项卡中的“外部工具”选项，在弹出的菜单中选择“Navisworks 2021”选项，如图 20-17 所示。

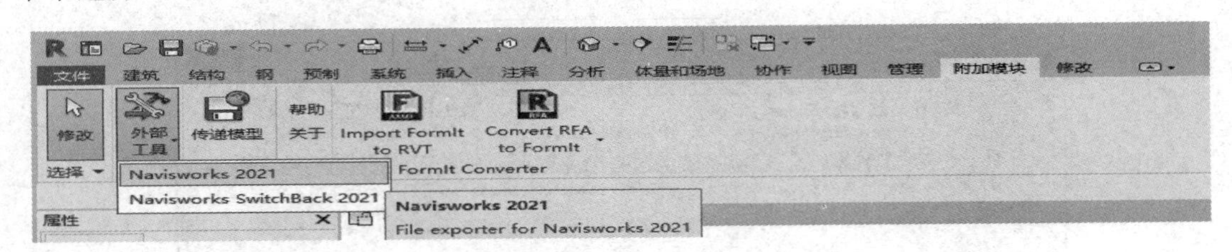

图 20-17 “外部工具”选项卡

此时，软件也会弹出如图 20-14 所示的“导出场景为”对话框，完成相应的设置之后，点击“Save”按钮保存文件。

然后，用 Navisworks 打开保存的 .nwc 文件。有两种方法：一种方法是直接双击“小别墅项目 .nwc”文件；另一种方法是打开 Autodesk Navisworks 软件，点击图标，在“打开”选项卡中点击“打开”命令，在弹出的“Open”对话框中，找到导出的 .nwc 文件，点击“Open”按钮，打开文件，如图 20-18 所示。

【提示】 为保证顺利找到 .nwc 文件，须将“Files of type”选择为“Navisworks 缓冲（*.nwc）”或者“AllFiles（*.*）”。

最后，调整视图。有时候，导入的模型会显示其轴网，如果不需要，可以在“查看”选项卡中，点击“显示轴网”按钮，来隐藏轴网。

如果需要调整模型背景，可以在软件工作区域，单击鼠标右键，选择“背景”命令，出现如图 20-19 所示的“背景设置”对话框，可以在这里修改背景模式。

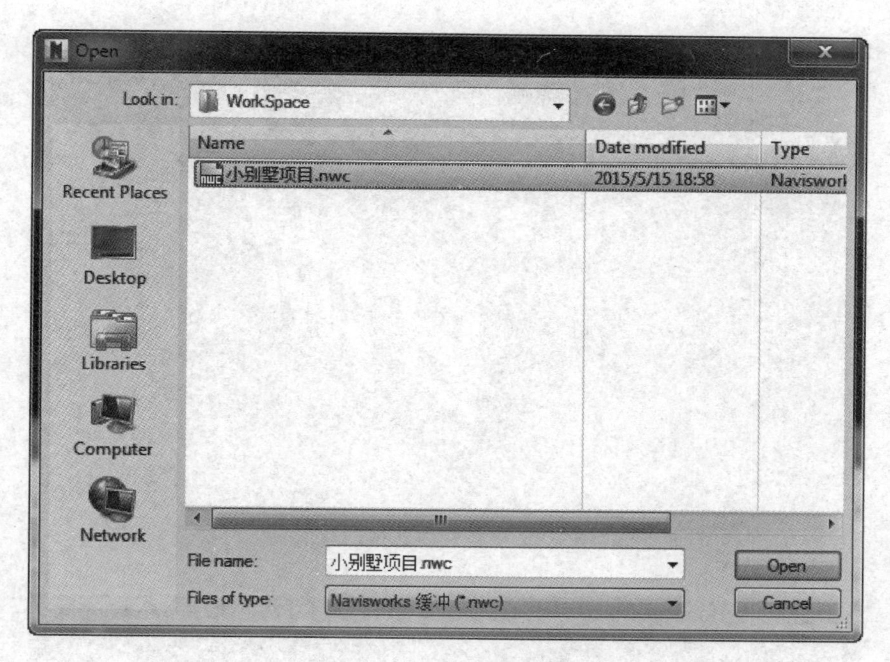

图 20-18 “Open”对话框

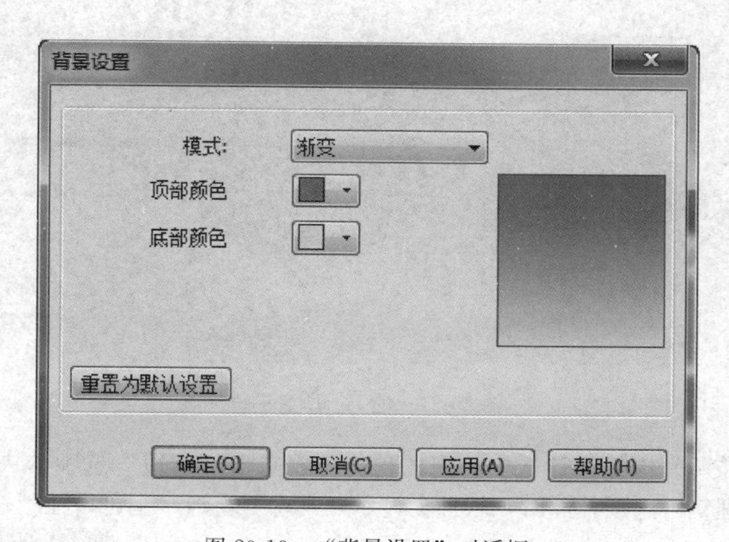

图 20-19 “背景设置”对话框

可以通过依次点击“视点”→“模式”→“着色”命令来为模型着色。通过依次点击“视点”→“光源”命令并选择合适的光源来达到视觉效果最佳（这里应用“全光源”）。

最终的视图效果如图 20-20 所示。

20.2.2 设置“集合”

在这里，以模型每一层以及楼顶为一个单位来设置集合，进行模型进度模拟。

第一步，选择地下层所有构件。为了保证地下层每一个构件都被选择，可以将除地下层以外的其他构件都隐藏。方法为：选中构件→单击鼠标右键打开菜单→点击“隐藏”选项。隐藏之后，选中地下层的所有构件，如图 20-21 所示。

图 20-20　调整后的视图效果

图 20-21　地下层所有构件

第二步，在所有构件保持选中状态的前提下，点击“常用”选项卡内的“集合”按钮，选择“管理集”选项，此时，软件会显示“集合”窗口（也可以在“查看”选项卡内点击“窗口”选项，在下拉列表中选中“集合”选项）。在“集合”窗口中，点击“保存集合”按钮，将现在选择的构件保存为一个集合。

第三步，集合重命名。以适当的频率间隔点击新建的集合，将其重命名为“地下层”（或者用鼠标右键“重命名”功能）。这样，就建立了“地下层”集合。

第四步，与建立“地下层”集合的操作类似，重复前三步的操作，分别建立“第一层”“第二层”“第三层”“屋顶”集合。最终的结果如图 20-22 所示。

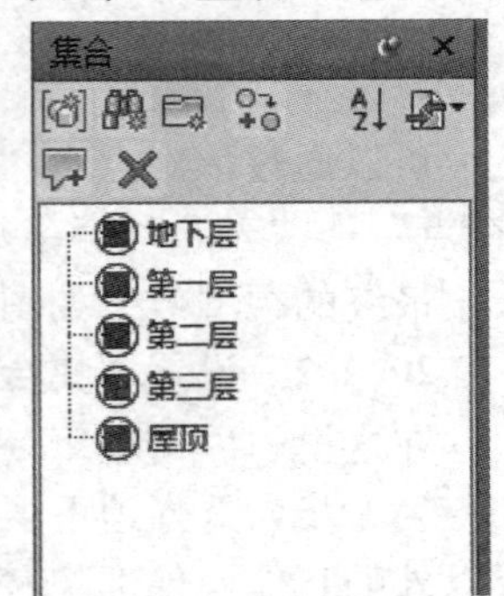

图 20-22　完成的集合

20.2.3 创建任务

(1) 点击“常用”选项卡内“工具”面板中的“TimeLiner”命令，然后点击“TimeLiner”窗口中的“任务”选项卡。

(2) 点击“添加任务”按钮，或者在任务视图中的任意位置上单击鼠标右键，选择“添加任务”命令。

【提示】可以单击现有任务，然后点击“插入任务”按钮，在选定任务上方插入任务。

(3) 输入任务名称，然后按【Enter】键。此时将该任务添加到进度中。

【提示】当任务视图中底部的任务处于选定状态时，如果按【Enter】键，则系统将在其下方创建新的任务。

重复上述步骤操作，创建5个任务，如图20-23所示。

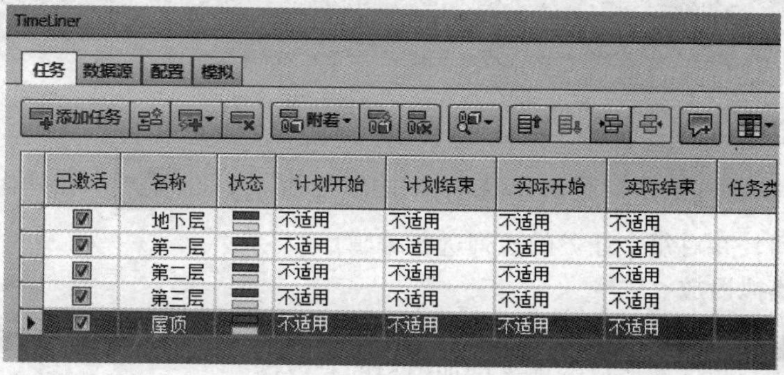

图20-23 创建的任务

20.2.4 编辑任务

1. 设置计划时间

(1) 在“TimeLiner”窗口的“任务”选项卡上，单击要修改的任务。

(2) 点击“计划开始”和“计划结束”字段中的下拉按钮将打开日历，从中可以设置“计划开始”和“计划结束”日期（图20-24）。

使用日历顶部的“左箭头”按钮和“右箭头”按钮分别前移和后移一个月，然后点击所需的日期。

(3) 依次为每一个任务编辑“计划开始”和“计划结束”日期。

图20-24 日历

2. 将任务附着到构件集合

(1) 在“集合”窗口中选中“地下层”集合。

(2) 在“地下层”集合选中的状态下，用鼠标右键单击“TimeLiner”窗口中“任务”选项卡下对应的“地下层”任务，在弹出的菜单中，点击“附着当前选择”选项，完成将“地下层”任务附着到“地下层”集合中去。

（3）相似地，将“第一层”“第二层”“第三层”“屋顶”任务，分别附着到相对应的集合中去。

3. 任务类型

由于模拟的过程是建筑物的建造过程，所以，要将所有的任务类型设置成“构造”。点击每一个任务的“任务类型”，在下拉菜单中，选择“构造”选项。最终，任务编辑结果如图 20-25 所示。

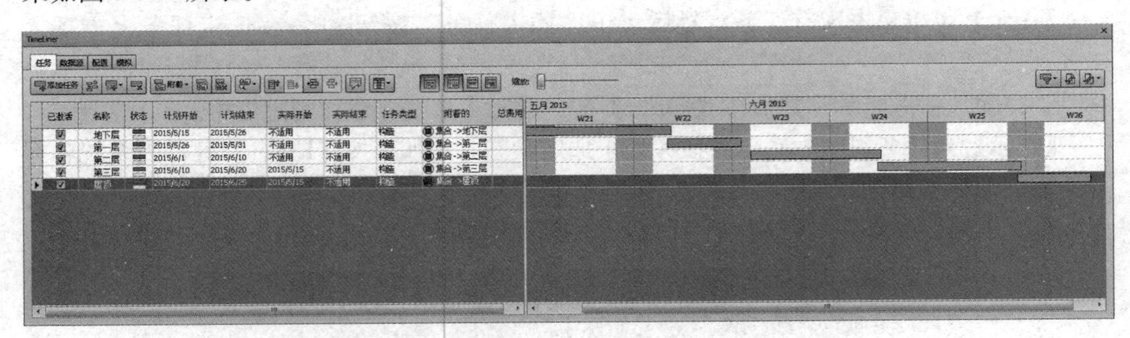

图 20-25　编辑任务

【提示】可以通过点击“任务”选项卡中的“列”按钮，在弹出的对话框中勾选想要显示的列，并对每个任务的该列进行编辑。

20.2.5　模拟播放

默认情况下，无论任务持续时间多长，模拟播放持续时间均设置为 20s。可以调整模拟持续时间以及一些其他播放选项来增加模拟的有效性。

在“TimeLiner”窗口中，点击“模拟”选项卡，然后点击“设置”按钮，在弹出的“模拟设置”对话框中，将“回放持续时间（秒）”改成“40.0”。

【提示】可以根据需要，在“模拟设置”对话框中设置模拟的其他属性。

最后，点击在“TimeLiner”窗口中“模拟”选项卡内的“播放”按钮，来进行播放模拟。“TimeLiner”窗口将在任务执行时显示这些任务，而“场景视图”显示根据任务类型随时间添加或删除的模型部分。

【提示】为保证模拟播放的顺利进行，请确保需要参与模拟的任务前“已激活”复选框处于选中状态。

20.2.6　导出动画

模拟播放正常后，将导出模拟动画。

（1）在“TimeLiner”窗口的“模拟”选项卡中，点击“导出动画”按钮。将打开“导出动画”对话框。

（2）要导出 TimeLiner 序列，所以在“源”框中选择“TimeLiner 模拟”。渲染选择“视口”，格式选择“WindowsAVI”，每秒帧数设置为“8”，如图 20-26 所示。

（3）如果需要，可以在“导出动画”对话框中设置其余框，然后点击“确定”按钮。

（4）在“另存为”对话框中，输入新的文件名和位置（如果要更改建议值）。

（5）点击“保存”按钮，开始导出动画。

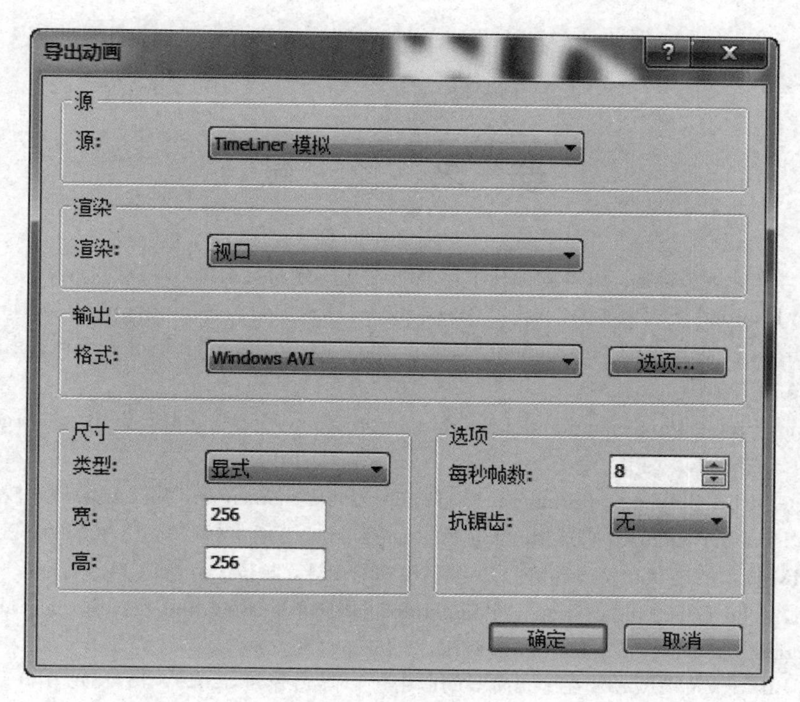
导出动画
源
源:
TimeLiner 模拟
渲染
渲染:
视口
输出
格式:
Windows AVI
选项...
尺寸
类型:
显式
宽:
256
高:
256
选项
每秒帧数:
8
抗锯齿:
无
确定
取消

图 20-26 导出动画

参 考 文 献

[1] 晋兆丰，李华东，王艳梅. BIM国外技术标准综述[J]. 建材与装饰，2017(27)：150.

[2] Bernstein H，Jones S，Russo M，et al. Green BIM—How Building Information Modeling is Contributing to Green Design and Construction[J]. Journal of Information Technology in Civil Engineering & Architecture，2015.

[3] Rowlinson，Steve. Implementation of Building Information Modeling (BIM) in Construction：A Comparative Case Study. [J]. Aip Conference Proceedings，2010.

[4] Holness G. BIM Building Information Modeling gaining momentum[J]. American Society of Heating，Refrigerating，and Air-Conditioning Engineers，Inc. 2008，50(6)：28-30，32，34，36，38-40.

[5] 孙斌. BIM技术的现状和发展趋势[J]. 水利规划与设计，2017(03)：13-14.

[6] Ganah A，John G A. Integrating Building Information Modeling and Health and Safety for Onsite Construction[J]. Safety & Health at Work，2015，6(1)：39-45.

[7] 夏中天. BIM+VR/AR/MR在施工阶段的应用[J]. 城市建筑，2019，16(15)：145-146.

[8] Hannele K，Reijo M，Sami P，et al. Challenges of the expansive use of Building Information Modeling (BIM) in construction projects[J]. Prod，2015，25(2)：289-297.

[9] 赵伟卓，徐媛媛. BIM技术应用教程(Revit Architecture 2016)[M]. 南京：东南大学出版社，2018：161.

[10] Kymmell W. Building information modeling：planning and managing construction projects with 4D CAD and simulations[M]. McGraw-Hill，2007.

[11] 徐照，徐春社，袁竞峰，等. BIM技术与现代化建筑运维管理[M]. 南京：东南大学出版社，2018：237.

[12] Takim R，Harris M，Nawawi A H. Building Information Modeling (BIM)：A New Paradigm for Quality of Life Within Architectural，Engineering and Construction (AEC) Industry[J]. Procedia - Social and Behavioral Sciences，2013，101：23-32.

[13] 姚瑞哲. BIM技术在复杂综合体项目施工阶段的应用[D]. 广州：华南理工大学，2018.

[14] 毛雪林. BIM技术在建筑结构协同设计的应用研究[D]. 成都：成都理工大学，2018.

[15] Hanna A S，Yeutter M，Aoun D G. State of Practice of Building Information Modeling in the Electrical Construction Industry[J]. Journal of Construction Engineering & Management，2013，30(12)：78-85.

[16] Jalaei F，Jrade A. Integrating building information modeling (BIM) and LEED system at the conceptual design stage of sustainable buildings[J]. Sustainable Cities & Society，2015，18：95-107.

[17] Wang J，Wang X，Shou W，et al. Building information modeling-based integration of MEP layout designs and constructability[J]. Automation in Construction，2016，61(JAN.)：134-146.

[18] Hannele K，Reijo M，Tarja M，et al. Expanding uses of building information modeling in life-cycle construction projects[J]. Work，2012，41 Suppl 1(6)：114-119.

[19] He Q，Wang G，Luo L，et al. Mapping the managerial areas of Building Information Modeling (BIM) using scientometric analysis[J]. International Journal of Project Management，2017.

[20] Jernigan, FinithE. Big BIM, little bim : the practical approach to building information modeling : integrated practi[M]. 2008.
[21] 张玲玲，刘霞，程晓慧，等. BIM 全过程造价管理实训[M]. 重庆：重庆大学出版社，2018：193.
[22] 丁志坤，刘珊，王家远. BIM 数据交换的新范式：P-BIM 实施方式及应用案例研究[J]. 建设管理研究，2018(01)：37-47.
[23] Xiao F. Transformation of Design Thinking and Method Caused by Building Information Modeling [J]. Architectural Journal，2009.
[24] Yalcinkaya M，Singh V. Building Information Modeling (BIM) for Facilities Management-Literature Review and Future Needs[M]. 2014.
[25] Lu Y，Wu Z，Chang R，et al. Building Information Modeling (BIM) for green buildings：A critical review and future directions[J]. Automation in Construction，2017，83(nov.)：134-148.
[26] M. D. Martínez-Aires，Mónica López-Alonso，María Martínez-Rojas. Building information modeling and safety management：A systematic review[J]. Safety Science，2018，101：11-18.
[27] 杜贤平. BIM 数据库智能管理系统 V1. 0[Z]. 2018.
[28] Chong H Y，Wang X. The outlook of building information modeling for sustainable development [J]. Clean Technologies and Environmental Policy，2016，18(6)：1877-1887.
[29] Larson D A，Golden K A. Entering the Brave，New World：An Introduction to Contracting for Building Information Modeling[J]. 2007.
[30] Mohd S，Latiffi A A. Building Information Modeling (BIM) application in construction planning[J]. Lutpub，2013.
[31] 冉龙彬，张超. BIM 应用中的数据传递和共享[J]. 重庆建筑，2018，17(07)：33-36.
[32] Ito K. Change beyond building information modeling to a "Digital Twin" in architecture[J]. Japan Architectural Review，2019，2(4).
[33] Chan A P C，Xiaozhi M A，Wen Y I，et al. Critical review of studies on building information modeling(BIM) in project management[J]. 工程管理前沿(英文版)，2018，005(003)：394-406.
[34] 赵坤. BIM 在大型体育馆设计建造中的应用研究[D]. 石家庄：河北科技大学，2016.
[35] Aredah A S，Baraka M A，Elkhafif M. Project Scheduling Techniques Within a Building Information Modeling (BIM) Environment：A Survey Study[J]. Engineering Management Review，IEEE，2019.
[36] Jadhav G，India I. Application of Building Information Modeling in Construction Projects -A Critical Review. 2016.
[37] 雷霆. 传统设计行业升级背景下的 BIM 正向设计研究[D]. 青岛：青岛理工大学，2019.
[38] Yang，Zhan. Building information modeling based design review and facility management：Virtual reality workflows and augmented reality experiment for healthcare project. 2018.
[39] Suryadinata T A. A review of BIM (Building Information Modeling) implementation in Indonesia construction industry[J]. Iop Conference，2018，352：012030.
[40] Ojwang K A. An Investigation Into Constructability Review Using Building Information Modeling [J]. Case Study：Commercial Facilities. 2012.
[41] 王凌云. 国内外 BIM 标准发展及 BIM 标准体系构建研究[J]. 居舍，2019(02)：13.
[42] 袁率. Review on the Application of Building Information Modeling Collaboration and Scalability[J]. 价值工程，2016，035(022)：198-199，200.
[43] Sanhudo L，Ramos N，Poas Martins J，et al. Building information modeling for energy retrofitting-A review[J]. Renewable and Sustainable Energy Reviews，2018，89：249-260.
[44] Zhou Y，Ding L，Rao Y，et al. Formulating project-level building information modeling evaluation

framework from the perspectives of organizations: A review[J]. Automation in Construction, 2017, 81: 44-55.

[45] Seyis S. Mixed method review for integrating building information modeling and life-cycle assessments[J]. Building and Environment, 2020, 173: 106703.

[46] Malagnino A, Montanaro T, Lazoi M, et al. Building information modeling and Internet of Things integration for smart and sustainable environments: A review[J]. Journal of Cleaner Production, 2021(8): 127716.

[47] Tang S, Shelden D R, Eastman C M, et al. A review of building information modeling (BIM) and the internet of things (IoT) devices integration: Present status and future trends[J]. Automation in Construction, 2019, 101(MAY): 127-139.

[48] Farzaneh A, Monfet D, Forgues D. Review of Using Building Information Modeling For Building Energy Modeling During The Design Process[J]. Journal of Building Engineering, 2019, 23: 127-135.

[49] Kim, Yea-Sang. The Status and Future of Building Information Modeling[J]. Review of Architecture and Building Science, 2010, 54(1): 15-15.

[50] 孙国强，谢健，曹以琛，等. 基于"BIM+VR"的建筑可视化设计方法及应用研究[J]. 居业，2019(08): 74-77.

[51] Kim, Hwang-Ki, An, et al. BIM(Building Information Modeling) and Analysis on Building Environment[J]. Review of Architecture and Building Science, 2010, 54(8): 14-18.

[52] Hassan S, Yaqoob N. Design management through Building Information Modeling (BIM): a review [J]. Excel International Journal of Multidisciplinary Management Studies, 2013.

[53] 姚刚. 基于BIM的工业化住宅协同设计[M]. 南京：东南大学出版社，2018: 160.

[54] Soundarya. R, Uma D. Building Information Modeling In Construction Industry-a Review.

[55] JL A, Ka B, Nl A, et al. A review for presenting building information modeling education and research in China-ScienceDirect[J]. Journal of Cleaner Production, 259.

[56] 傅瀚. 基于BIM的总承包项目管理研究[D]. 青岛：青岛理工大学，2018.

[57] Shaikh A A, Raju R, Malim N L. Global status of Building Information Modeling (BIM) - A Review[J].

[58] Moh'D A, Haron A T. Understanding the Conceptual of Building Information Modeling: A Literature Review[J]. Social Science Electronic Publishing.

[59] 王思琦. 基于BIM技术的管廊工程协同管理平台开发研究[D]. 北京：北京建筑大学，2018.

[60] Yalcinkaya M, Singh V. Building Information Modeling (BIM) for Facilities Management-Literature Review and Future Needs[J]. Springer, Berlin, Heidelberg, 2014.

[61] Lu K, Jiang X, Yu J, et al. Integration of Life Cycle Assessment and Life Cycle Cost using Building Information Modeling: A Critical Review[J]. Journal of Cleaner Production, 2020.

[62] Ivson P, Moreira A, Queiroz F, et al. A Systematic Review of Visualization in Building Information Modeling[J]. IEEE Transactions on Visualization and Computer Graphics, 2019: 1-1.

[63] Skoropinski L, Pickering L, Stokoe R. Methods and systems for processing building information modeling (bim)- based data:, US20150088467[P]. 2015.

[64] 曹孟君，李青涛，曹吉昌. 基于BIM技术的协同设计管理标准规范研究与实践[J]. 建设科技，2018(24): 66-67.

[65] Lin J, Zhang J. Review and Exploratory Text Mining of Building Information Modeling Policies in China[J]. 2018.

[66] 方磊，王立幼，叶铭. 基于BIM与GIS的工程项目三维管理平台设计与实现[J]. 中国建设信息化，2018(16)：70-72.
[67] Smith D K. Getting Started and Working with Building Information Modeling[J]. Facilities Manager，2009，25(April)：20-24.
[68] Joblot L，Paviot T，D Deneux，et al. Literature review of Building Information Modeling (BIM) intended for the purpose of renovation projects[J]. Ifac Papersonline，2017，50(1)：10518-10525.
[69] Soikkeli A. Implementing building information modeling (BIM) in precast fabrication using a re-engineering methodology[J]. 2015.
[70] Stm A，Da A，Ab A，et al. Building information modeling for facilities management：A literature review and future research directions-Science Direct[J]. Journal of Building Engineering，24(C)：100755-100755.
[71] 谢明辉，朱倩蓉. 基于IFC标准探讨国内BIM标准的统一[J]. 现代商业，2018(26)：169-170.
[72] 罗嫦玲，李珏. 基于内容分析法的中、美、英三国BIM标准的研究[J]. 土木建筑工程信息技术，2018，10(06)：21-26.
[73] Aboushady A M，Elbarkouky M. Overview of Building Information Modeling Applications in Construction Projects[C]// Architectural engineering conference：Birth and Life of the Integrated Building.
[74] Association A. Webinar - Building Information Modeling：What，How，Why[J].
[75] Cheng J C P，Lu Q，Deng Y. Analytical review and evaluation of civil information modeling[J]. Automation in Construction，2016，67(Jul.)：31-47.
[76] Bensalah M，Elouadi A，Mharzi H. Railway Information Modeling - A Review of Railway Project Management Integrating BIM[J]. International Journal of Railway，2019，12(1)：10-17.
[77] Bui N，Merschbrock C，Munkvold B E. A Review of Building Information Modelling for Construction in Developing Countries[J]. Procedia Engineering，2016，164：487-494.
[78] Palos S，Kiviniemi A，Kuusisto J. Future perspectives on product data management in building information modeling[J]. Construction Innovation，2013，14(1)：201-224.
[79] 黄园. 建设项目BIM应用成熟度评价研究[D]. 深圳：深圳大学，2017.
[80] Critical review of studies on building information modeling (BIM) in project management[J]. Frontiers of Engineering Management，2018，5(3).
[81] Azhar S. Building Information Modeling (BIM)：Trends，Benefits，Risks，and Challenges for the AEC Industry[J]. Leadership & Management in Engineering，2011，11(3)：241-252.
[82] Yalcinkaya M，Singh V. Building Information Modeling (BIM) for Facilities Management - Literature Review and Future Needs[M]. 2014.
[83] 张森，王荣，任霏霏. 英国BIM应用标准及实施政策研究[J]. 工程建设标准化，2017(12)：64-71.
[84] Smith D K，Tardiff M. Building Information Modeling：A Strategic Implementation Guide for Architects，Engineers，Constructors，and Real Estate Asset Managers[M]. Wiley，2009.
[85] Becerik-Gerber B，Kensek K. Building Information Modeling in Architecture，Engineering，and Construction：Emerging Research Directions and Trends[J]. Journal of Professional Issues in Engineering Education & Practice，2009，136(3)：139-147.